高等学校生物工程专业教材
中国轻工业"十三五"规划教材

发酵工艺与设备

孙美玲　主编

中国轻工业出版社

图书在版编目（CIP）数据

发酵工艺与设备 / 孙美玲主编 . —北京：中国轻
工业出版社，2022.8
高等学校生物工程专业教材
ISBN 978-7-5184-3472-5

Ⅰ.①发…　Ⅱ.①孙…　Ⅲ.①发酵食品—生产工艺—
高等学校—教材 ②发酵工业—工业设备—高等学校—教材
Ⅳ.①TS26

中国版本图书馆 CIP 数据核字（2021）第 070593 号

责任编辑：江　娟　贺　娜
策划编辑：江　娟　　　　　责任终审：劳国强　　封面设计：锋尚设计
版式设计：砚祥志远　　　　责任校对：宋绿叶　　责任监印：张　可

出版发行：中国轻工业出版社（北京东长安街 6 号，邮编：100740）
印　　刷：三河市万龙印装有限公司
经　　销：各地新华书店
版　　次：2022 年 8 月第 1 版第 1 次印刷
开　　本：787×1092　1/16　印张：22.5
字　　数：550 千字
书　　号：ISBN 978-7-5184-3472-5　　定价：68.00 元
邮购电话：010-65241695
发行电话：010-85119835　传真：85113293
网　　址：http://www.chlip.com.cn
Email：club@chlip.com.cn
如发现图书残缺请与我社邮购联系调换
201428J1X101ZBW

本书编写人员

主　　编　孙美玲（湖北大学知行学院）

副 主 编　刘张虎（湖北大学知行学院）

　　　　　刘　齐（湖北大学知行学院）

　　　　　吴华清（马应龙药业集团股份有限公司）

参　　编　杨登想（湖北大学知行学院）

　　　　　左祥莉（湖北大学知行学院）

　　　　　黄朝汤（湖北大学知行学院）

　　　　　刘　静（湖北大学知行学院）

　　　　　孙同清［青岛啤酒（三水）有限公司］

　　　　　文尚瑜（劲牌茅台镇酒业有限公司）

　　　　　蒋立文（湖南农业大学）

　　　　　姚小飞（武汉生物工程学院）

　　　　　谢爱娣（湖北工业大学工程技术学院）

序

  《发酵工艺与设备》教材内容包含基本工艺、单元操作设备、生物反应原理等知识点，侧重培养服务于地方经济、从事发酵行业的工程应用型人才。

  课程教学目的是使学生掌握微生物选育和扩大培养的基本原理和技术、基因工程菌构建的初步原理、微生物工业培养基优选的基本原理和方法、生物反应器参数控制的基本原理和工艺控制等内容，使其对生物学科领域的知识融会贯通，为学生将来长期从事生物、食品、酿酒、能源等领域的技术与研究工作奠定良好的基础。

  本教材是在吸纳了前人编写的相关教材优点的基础上，结合参编人员长期的实践教学经验编撰而成。在编写过程中，编者更加注重教材的整体性和系统性，力求体现教材的实用性和针对性。在发酵工艺方面，编者对发酵产品进行了归类叙述，并突出了对各种发酵产品的种类、发酵原理、发酵工艺和操作要点等的描述；在发酵设备方面，编者系统地对厌氧发酵和好氧发酵等设备进行了阐述，并通过大量的图表突出了对设备结构、功能与工作原理的介绍。同时，本教材还吸纳了国内外工业发酵研究的新知识、新成果、新技术和新概念。

  总体上讲，本教材内容符合应用型专业人才培养目标及课程教学的要求，章节层次合理，理论深度适宜，知识系统完整，对学生富有启发性，有利于激发学生的学习兴趣，全面培养学生的知识、能力和素质。教材内容通俗易懂，具有一定的深度和广度，适合生物工程、生物技术、食品科学与工程、酿酒工程等专业作为教材使用，也可供相关专业的研究生及企业技术人员参考，是一本值得推荐的好教材。

武汉大学 谢志雄

2022 年 3 月

前　　言

现代生物技术或生物工程的产物要实现工业化生产，都要借助发酵工程技术。发酵工程涉及生物工业的许多领域，例如，有机酸产业、酶制剂产业、氨基酸产业、生物制药和传统酿造等产业。优异的产品性能离不开好的工艺，较低的生产成本更离不开好的设备，所以工艺和设备是密不可分的。学生在学习某一单元工艺内容时，若不能及时地了解该单元所使用的相应设备及其操作原理，在一定程度上会造成"工艺"与"设备"知识脱节。对没有工厂经历和经验的在校学生来说，对一些设备的结构和工作原理的理解也存在较大困难。本书特点是把发酵工艺与设备两方面的内容结合起来，在内容编排上侧重于发酵机理、代谢控制、生产设备等有关理论的论述。学生可学习到工业发酵的研究对象，包括从原料到最终产品获得的整个过程，包括厌氧发酵和好氧发酵，氧传递工程理论，空气净化工程理论，灭菌工程理论，噬菌体防治理论，以及发酵产品分离提纯的原理和单元操作等内容。在章节编排上突出完整的工艺设备流程，注重实用性，删繁就简，尽量避免过多的理论分析及复杂的数学运算，重点培养学生的实际应用能力，锻炼学生从工程的角度去考虑技术问题，逐步实现由学生向工程师的转变。

本书编写分工如下：第一章由刘齐、左祥莉编写，第二章由孙美玲、姚小飞编写，第三章由刘静、刘张虎编写，第四章由孙美玲、孙同清编写，第五章由刘齐、杨登想编写，第六章由孙美玲、吴华清编写，第七章由黄朝汤、蒋立文编写，第八章由孙美玲、文尚瑜编写，第九章由孙美玲、左祥莉编写，第十章由吴华清、孙美玲编写，第十一章由刘张虎、刘静编写，第十二章由孙美玲、谢爱娣编写，全书由孙美玲主编，并负责统稿。湖北大学知行学院吴杰雄、谭陈鹏、张雯、黄迪威等参与了本书的审校工作，特此致谢。

由于编写的水平有限，书中难免存在不妥与疏漏之处，敬请各位专家、同仁及读者不吝赐教，以便修订完善。

孙美玲

2022 年 3 月于武汉

目　录

第一章　绪论

1. 了解发酵工程的概念、发展历程和发展趋势。
2. 熟悉发酵工程的应用领域及其与其他学科的关系。
3. 掌握发酵工业的内容、特点和生产类型。

第一节　发酵工程概述

一、发酵工程的定义

（一）发酵的定义

1. 发酵一词的来源

人们数千年以前就能够利用发酵现象来制备酒、酱油、食醋等，即发酵现象早已被人们所认识，但对于其本质的探索和深入研究却是近 200 年来的事。英语中发酵一词"Fermentation"是从拉丁语"Fervere"派生而来的，原意为"翻腾""沸腾"，它所描述的主要是酵母在缺氧条件下作用于果汁或麦芽浸出液中的糖产生的二氧化碳所引起的"翻腾"现象。

2. 发酵的定义

（1）"发酵"的狭义定义　在生物化学或生理学上，对于发酵的认识主要集中在"能量代谢"，将"发酵"定义为微生物在无氧条件下，分解各种有机物质产生能量的一种方式，或者更严格地说，发酵是以有机物作为电子受体的氧化还原产能反应。如葡萄糖在无氧条件下被酵母利用产生酒精和二氧化碳，同时获得能量，丙酮酸被还原为乳酸而获得能量等。

（2）"发酵"的广义定义　随着研究的深入，人们发现一些物质如"醋酸""柠檬酸"等的发酵都需要供给氧气，因此原先将"发酵"限制在无氧的条件已不再适用。同时，发酵形式的多样化使得新的发酵产品也不断涌现，其中，很多发酵产品与微生物的能量代谢没有直接关系，如氨基酸、抗生素、核苷酸、酶制剂、单细胞蛋白等产品都可以通过发酵产生，但发酵的目的并不是获得能量。因此，发酵的定义得到了一定的扩展。目前，工业上所称的发酵泛指利用生物细胞在一定条件下的活动来制造某些产品或净化环境的过程，它既包括厌氧培养的生产过程，如酒精、丙酮-丁醇、乳酸等的生产，也包括有氧培养的生产过程，如抗生素、氨基酸、酶制剂等的生产。所以，简单来讲，发酵就是"通过微生物的生长繁殖和代谢活动，产生和积累人们所需产品的生物反应过程"。甚至有些专家将发酵的定义扩展为：在合适的条件下，利用生物细胞（含动物、植物和微生物细

1

胞）内特定的代谢途径转变外界底物，生成人类所需目标产物或菌体的过程。

（二）工程的定义

人们从不同的角度对工程有不同解释。《新牛津英语词典》将工程定义为：一项精心计划和设计以实现一个特定目标的单独进行或联合实施的工作。《中国百科大辞典》将工程定义为：将自然科学原理应用到工农业生产部门中而形成的各学科的总称。这些学科是应用数学、物理学、化学、生物学等基础科学的原理，结合在科学实验与生产实践中所积累的经验而发展出来的。简而言之，工程就是，综合应用各种专门知识和技术，把生产要素组成更有效的系统。

（三）发酵工程（Fermentation Engineering）的定义

随着现代生物技术的发展，如基因工程和细胞融合等技术，发酵所使用的菌株已不再局限于天然菌株或变异菌株，很多研究者对天然菌株进行特定方向的人工改造，以此获得基因工程菌株或细胞融合菌株，进而获得某种发酵产物或提高发酵产物的产量和质量。此外，工程技术的进步也为发酵过程的控制大大提供了便利，如发酵反应器设计和放大技术、计算机控制技术、新材料技术等各种新的工程技术不断运用到发酵生产中，发酵工程应运而生。现在，人们将发酵工程定义为"采用现代工程技术手段，利用天然生物体或人工改造的生物体对原料进行加工，为人类生产有用的产品，或直接把生物体应用于工业生产的过程。"但一般情况下，发酵工程利用的仍然是微生物的某些特定功能，或者直接把微生物应用于工业生产过程，为人类生产有用产品的一种技术，基本内容包括菌种的选育、培养基的配制、灭菌、接种和扩大培养、发酵过程和产品的分离提纯等方面。

二、发酵工程与其他相关学科的关系

发酵工程是一门复合型学科，包含有生物技术、生物化学、机械制造、生产工艺、经济管理等各类学科知识。发酵工程与其他学科的关系可以分为学科内关系和学科间关系。

学科内关系主要体现在发酵工程与生命科学与技术的关联。21世纪是生命科学与技术的世纪，许多现代生物技术已经应用于人们生活当中，在粮食、能源、环境、健康、食品、检测、医疗等行业发挥着至关重要甚至是不可替代的作用。现代生物技术包括基因工程、细胞工程、发酵工程、酶工程和生化工程五大工程，它们之间相互联系，不可分割。基因工程和细胞工程主要是在分子和细胞水平对生物遗传特性进行改良以获得具有优良的生物加工特性和生物转化能力的品种。其中研究较多的是运用基因工程或细胞工程技术对微生物的遗传改良，而这些改良的微生物需要通过发酵工程完成工业化生产以获得我们所需要的工业产品（如疫苗等）；酶工程主要是指酶的结构改造、高效表达以及利用酶进行催化反应以生产人们所需产品的技术，包括分离纯化、发酵生产、结构改造和分子修饰、固定化生产等。其中发酵生产和分离纯化技术和知识属于发酵工程中的重点内容。换言之，要想获得一个性质优良的酶制剂产品，需要通过发酵工程完成大批量生产和分离纯化工作；相对于基因工程和细胞工程而言，生化工程和发酵工程都是生物技术下游技术，生化工程主要涉及生化反应及产物的分离纯化过程的放大生产，而发酵工程在分离纯化和放大生产方面与生化工程有交叉，相互联系。作为生物技术重要的组成部分，发酵工程是将现代生物技术的实验结果实现产业化，转化为社会生产力的重要环节。

学科间关系主要体现在发酵工程与机械制造、自动化控制、经济管理等学科的交叉融合。由于发酵工程需要通过各种发酵设备完成上游技术成果的扩大生产，因此其包含设备结构、工作原理、操作条件等机械制造学科的相关内容；与此同时，由于发酵工程学科的目的是实现放大生产，实现科技成果转化社会生产力，就免不了利润分析和成本核算、生产过程管理优化等经济管理学科相关的内容；随着我国工业不断发展和社会不断进步，我国工业化生产正在朝着自动化、智能化生产的方向发展，传统以人力优势进行生产的方式正在逐渐被淘汰。这就要求发酵工程学科中包含自动化控制学科相关的内容。

随着社会不断发展，传统的学科壁垒已经被打破，今后发酵工程会与更多的学科完成交叉融合以适应社会和技术的发展要求。

三、发酵工程的发展史

现代意义上的发酵工程是一个由多学科交叉、融合而形成的技术性和应用性较强的开放性的学科，其发展史可根据工业化程度分为"农产手工加工→近代发酵工程→现代发酵工程"三个发展阶段，也可根据发酵技术的进步历程分为五个阶段。

（一）按工业化程度划分发展史

1. 农产手工加工阶段

发酵工程发源于家庭或作坊式的发酵制作（农产手工加工），后来借鉴化学工程实现了工业化生产（近代发酵工程），最后又变回以微生物生命活动为中心研究、设计和指导工业发酵生产（现代发酵工程），跨入生物工程的行列。

2. 近代发酵工程阶段

原始的手工作坊式的发酵制作凭借祖先传下来的技巧和经验生产发酵产品，体力劳动繁重，生产规模受到限制，难以实现工业化生产。于是，发酵界的前人首先求教于化学和化学工程，向农业化学和化学工程学习，对发酵生产工艺进行了规范，用泵和管道等输送方式替代了肩挑手提的人力搬运，以机器生产代替了手工操作，把作坊式的发酵生产成功地推上了工业化生产的水平。发酵生产与化学和化学工程的结合促成了发酵生产的第一次飞跃。

3. 现代发酵工程阶段

通过发酵工业化生产的几十年实践，人们逐步认识到发酵工业过程是一个随着时间变化的（时变的）、非线性的、多变量输入和输出的动态的生物学过程，按照化学工程的模式来处理发酵工业生产（特别是大规模生产）的问题，往往难以收到预期的效果。从化学工程的角度来看，发酵罐就是生产原料发酵的反应器，发酵罐中培养的微生物细胞只是一种催化剂，按化学工程的思维，微生物当然难以发挥其生命特有的生产潜力。于是，追溯到作坊式的发酵生产技术的生物学内核（微生物），而对发酵工程的属性有了新的认识。发酵工程的生物学属性的认定，使发酵工程的发展有了明确的方向，发酵工程进入了生物工程的范畴。

（二）按发酵技术的进步历程划分发展史

1. 第一个阶段：1900年之前，以饮用酒精、醋等为代表的自然发酵阶段

1900年之前，在人类尚未认识到微生物时，就已经在利用微生物进行酿酒、制醋、制酱等活动。这一阶段的发酵产品多属厌氧发酵产品，且非纯种培养，人们主要凭经验传授技术，产品质量不够稳定。另外，当时仅仅是以家庭或作坊为单位的手工生产，产量较

低，直到 17 世纪古埃及人才能在大容量的木质桶中进行大规模酿造。那时的人们虽然对酿造原理不清楚，但是已经尝试对酿造过程进行控制。18 世纪末到 19 世纪初，基础培养基是用巴氏灭菌法处理，然后加入 10% 的优质醋使其呈酸性，可防治染菌污染。在 20 世纪初，在酿酒和制醋工业中已建立起过程控制的概念。据报道，1757 年，温度计在酿造工业上开始使用，1801 年，原始的热交换器有了发展，表明在这些早期的酿造中已有人开始尝试过程控制技术。

2. 第二阶段：1900—1939 年，以纯种培养为标志

随着人们对微生物认识的深入，开始了微生物纯种培养的发展历程。德国生物学家科赫发明了固体培养基，为细菌在固体培养基中的分离创造了条件，他还改进了细菌的染色法，为进一步研究细菌的形态和结构创造了有利条件。早期的固体培养基主要由明胶制成，但在细菌研究中，Hesse（科赫的学生）发现明胶固体培养基在使用过程中可以被一些细菌液化，后来又改用琼脂，一直沿用至今。在科赫手下工作的细菌学家 Petri 设计了一种培养皿，使得微生物平板分离成为可能。随着微生物的分离及纯培养技术日益完善，人类开始了人为控制微生物的发酵进程，从而使发酵生产技术得到巨大改善，提高了产品的稳定性，这对发酵工业起了巨大的推动作用。灭菌和使用密闭式发酵罐使发酵过程避免了杂菌污染，在一定程度上使啤酒、葡萄酒、酱油等生产中的腐败现象大大减少，发酵效率逐步提高，生产规模逐渐扩大，产品质量稳步提高。

这一时期的主要产品是酵母、甘油、柠檬酸、乳酸、丁醇和丙酮。其中面包酵母和有机溶剂的发酵生产有重大进步。面包酵母在发酵液中快速生长，是需氧过程，发酵液中的氧气消耗殆尽，菌体增殖受限，同时形成乙醇，使得面包酵母的数量受限。人们逐渐认识到通过控制初始麦芽汁浓度（而不是氧气）来控制细胞的生长就可以解决这一难题。因此，人们在酵母培养过程中开始不断向培养液中添加少量麦芽汁来控制酵母的生长，形成今天的补料分批培养技术，已广泛应用于发酵工业中。除了补充培养液之外，人们还通过使用蒸汽灭菌的管路向培养物中通入空气，以改善早期酵母培养物的供氧状况。

3. 第三阶段：1940—1959 年，以深层通风培养技术的建立为标志

青霉素的发现是人类历史上的一大进步，它的杀菌作用使得千百万生命免于死亡。青霉素产生菌是需氧型的，在发酵液中的含量很低，生产过程中需要维持纯种培养，无菌要求高。20 世纪 40 年代初，第二次世界大战时需要大量青霉素，但早期的青霉素生产是以湿麦麸作为培养基，采用表面培养法，以大量的扁瓶作为发酵容器进行青霉素的生物合成，占地面积大、劳动强度高、产量很低。为了改变这一现状，英、美等国的工程技术人员，特别是化学工程师参与其中，尝试采用大容积发酵罐进行发酵，对发酵罐进行改良，研制出适于纯种深层培养、带有通气和搅拌装置的发酵罐，并解决了大量培养基、生产设备的灭菌及大量无菌空气的制备问题。同时，在对青霉素进行提取精制中引入了当时新型的逆流离心萃取机作为发酵液滤液提取的主要手段，以减少青霉素在 pH 剧变时被破坏，使生产规模、产品质量和收率明显提高。深层通气发酵技术的建立大大促进了发酵工业的发展，使有机酸、维生素、激素等都可以用发酵法大规模生产。

此外，早期青霉素发酵单位极低，使发酵工业菌种改良被提上研究日程。因此，青霉素实现了大规模工业化生产的同时，上游研究人员从发霉的甜瓜中筛选到了一株适用于液体培养的产黄青霉菌株，从而将青霉素的效价提高了几百倍。同时，研究人员还发现以玉

米浆（生产玉米淀粉的副产品）和乳糖（生产干酪时的副产品）为主的培养基可以使青霉素的发酵效价再提高约 10 倍。

需要提及的是，由抗生素发酵工业发展起来的深层液体通气搅拌发酵技术是现代发酵工业最主要的生产方式，它使好氧菌的发酵生产从此走上了大规模工业化的道路。与此同时，有力地促进了其他发酵工业产品的问世，如维生素、赤霉素、氨基酸、酶和类固醇等，也促进了甾体转化、微生物酶制剂与氨基酸发酵工业的发展。

4. 第四阶段：1960—1976 年，以大规模连续发酵和代谢调控发酵技术的建立为标志

生物化学、微生物生理学、遗传学的发展促使人们对微生物的研究更加深入，这在氨基酸生物合成的研究上体现得比较好。例如，研究者利用代谢调控的手段进行微生物菌种选育和发酵条件控制。它根据氨基酸生物合成途径，采用遗传育种方法对微生物进行人工诱变，选育出某些营养缺陷株或抗代谢类似物菌株，继而在控制营养条件的情况下发酵生产，并大量积累人们所预期的氨基酸。如 1956 年，日本首先成功利用自然界存在的生物素缺陷型菌株进行谷氨酸发酵生产。由氨基酸发酵而开启的代谢控制发酵，使发酵工业进入了一个崭新的阶段。随后，核苷酸、抗生素以及有机酸等产品也利用代谢调控技术进行发酵生产。

与此同时，由于粮食紧张及对畜禽饲料的需求日益增多，一些跨国公司开始将饲料的来源转移到微生物细胞上，研究微生物细胞作为饲料蛋白，甚至以石油产品作为发酵原料。微生物蛋白饲料售价较低，所以增大其生产规模才能有大的发展前景，这就促使人们探索如何增大发酵罐的容量。因此，这一时期主要研究如何利用石油化工副产品如石蜡、醋酸、甲醇等碳氢化合物作为发酵原料生产产品，特别是生产需求日益增长的单细胞蛋白饲料，同时改进发酵设备。于是，后来就有了高压喷射式、强制循环式等多种形式的发酵罐，并逐步运用计算机及自动控制技术进行灭菌和发酵过程的 pH、溶解氧等发酵参数的控制，促使连续培养的产生，也使发酵生产朝连续化、自动化方向前进了一大步。

5. 第五阶段：1977 年至今，以基因工程的应用为标志

20 世纪 80 年代以来，由于 DNA 体外重组技术的建立，发酵工业又进入了一个崭新的阶段，即以基因工程为标志的时代。基因工程不仅能在不相关的生物间转移基因，而且还可以很精确地对一个生物的基因组进行交换，定向改变生物性状与功能，创造新"物种"。因而，基因工程可以赋予微生物生产较高等生物细胞才能产生的化合物的能力，形成新型的发酵过程（如胰岛素和干扰素的生产），使得工业微生物所产生的化合物超出了原有微生物的范围。1977 年美国试制成功的"激素释放抑制因子"也是一个成功的例子，它由 14 个氨基酸残基组成，是一种多肽激素，可抑制脑垂体激素分泌。该物质可从羊的脑垂体中提取，但 50 万只羊脑才能提取 5mg 的产品，而用基因工程菌生产时，只需 10L 的基因工程菌培养液即可获得等量产品。胰岛素可治疗糖尿病，若从猪胰脏中进行提取，720kg 的猪胰脏仅能提取 100g 胰岛素，而由 2000L 基因工程菌培养液即可提取等量胰岛素。其他新型发酵产品如乙肝疫苗、人的生长激素等，都可用基因工程菌发酵生产。

对比可知，基因工程菌的产生赋予了现代发酵工业诱人的前景和巨大的商业化潜力。

第二节　发酵工业的内容及特点

一、发酵工业的内容

发酵工程是微生物反应过程，微生物发酵的好坏是整个生产的关键，在发酵生产中也占有重要的地位。其主要包括生产菌种的选育、发酵条件的优化与控制、反应器的设计及产物的分离、提取与精制等。

发酵菌种的选育处于整个发酵工作中的上游环节，也是发酵工艺学中重要的一环。菌种品质的好坏，直接关系到发酵工艺条件的选择以及产品质量的好坏。发酵菌种选育的目的主要从生产和科研两方面出发，在科研工作中，筛选菌种的目的主要是提供分子遗传的研究材料、研究生物合成调控机制、分析生物合成途径、获得带有遗传标记的菌株、了解菌株遗传背景等；而生产工作中，筛选菌种的目的主要是提高目的产物的产量、产生新的生物活性物质、改变产品质量和组成、简化生产工艺、缩短生产周期、抵抗不良生产环境和条件以及适应新的原材料。目前菌种选育的主要包括由菌种自然变异而进行的自然选育；用人工方法引起的菌种变异或形成新的杂种，再按照工业生产的要求进行筛选获得的新的变种或杂种（诱变育种、杂交育种、原生质体育种、基因工程育种等）。

选育或构建一株优良菌种（株）仅仅是一个开始，要使优良菌种（株）的潜力充分发挥出来，还必须优化其发酵过程，以获得较高的产物浓度、较高的底物转化率以及较高的生产强度。发酵条件的优化及控制的目的是通过一系列的计算和优化，使得选育的菌种能够在合适的细胞环境、工艺操作条件和反应器控制条件下获得最多最好的目的产品。其内容主要包括胞体生长过程研究、微生物反应的化学计量以及生物反应动力学研究。其基础是进行生物反应宏观动力学和生物反应器的研究。一般情况下按照"研究生物反应过程动力学→建立动力学模型→根据动力学模型优化发酵过程"的思路来实现发酵条件的优化与控制。

作为生物发酵的主要场所，生物反应器对目标产物获得的影响十分复杂。其涉及过程操作、细胞环境、细胞形态、反应器材质、反应器形状、有无通风搅拌等因素。它们之间相互影响、相互制约。生物反应器设计的目的就是了解上述因素之间的相互关系设计出适合的反应器以构建适宜选育菌种生产的环境。生物反应器设计的内容主要包括反应器的型式、结构、操作方式、物料流动与混合的方式、物质与能量传递过程特征等。

发酵完成后，目的产物存在于发酵液中，发酵液是一个多物质的混合物，要想得到纯度较高的目的产物（疫苗、抗体等），就需要进行产物的分离、提取与精制。对于过去传统的发酵工业（乙醇、柠檬酸），分离和精制的费用只占到整个生产费用的60%。随着基因工程技术的发展，大量单克隆抗体的生产和重组 DNA 菌种的发酵生产中，分离纯化和精制的费用占到整个生产费用的80%~90%。其主要内容包括预处理和固液分离、初步分离、高度纯化以及成品精制。

二、发酵生产的类型

发酵生产的分类依据是多样的，如需氧情况、发酵原料、培养基性状、菌种纯度、发酵规模、发酵产品等，下面将对发酵生产的类型进行简单介绍。

1. 按需氧情况分类：需氧发酵、厌氧发酵、兼性厌氧发酵

（1）需氧发酵 也称为好氧发酵、通风发酵，指发酵过程需要通风供氧。例如，可利用黑曲霉进行柠檬酸发酵，利用棒状杆菌进行谷氨酸发酵，利用各类放线菌进行各类抗生素发酵等，在发酵的过程中，都要通入一定量的无菌空气。

（2）厌氧发酵 也称为无氧发酵，指在通风过程中无须通风供氧，一般需要在密闭容器中进行。例如，利用乳酸菌进行的乳酸发酵，利用梭状芽孢杆菌进行的丙酮、丁醇等产品的发酵等，都属于厌氧发酵。

（3）兼性厌氧发酵 某些微生物属于兼性厌氧微生物，在有氧和无氧条件下均可以呼吸，但是产物有所差别。例如，某些酵母菌就属于兼性厌氧微生物，它们在有氧的条件下，可以进行有氧呼吸，产生大量酵母菌体；而在缺氧的情况下，又可以进行厌氧发酵，积累代谢产物如酒精。所以在很多发酵产物的制备过程中，前期进行微生物菌种大量增殖时，常保持通氧状态，后期积累发酵产物时，需保持缺氧状态。

2. 按发酵原料分类：糖类物质发酵、石油发酵及废水发酵等

在不同的行业，人们所用的发酵原料有所差异，如在食品行业，发酵原料主要集中在糖类物质（包括淀粉等），而在环境污染物处理等方面，发酵原料还可以是石油、废水中的有机物等。

3. 按培养基性状分类：固态发酵、液态发酵

（1）固态发酵 微生物接种在固体培养基上，在没有或者几乎没有自由水存在时，用一种或多种微生物进行发酵。微生物主要吸附于固态底物的表面生长或渗透到固态底物内生长，发酵结束时培养物是湿物料状态，产物浓度高，提取工艺简单可控，因此没有大量有机废液产生，但提取物含有底物成分。固态发酵所用原料一般经济易得、富含营养物质，如麸皮、薯粉、大豆饼粉、高粱、玉米粉等。固态发酵一般采用开放式，所需设备简单，易于操作。一般过程为：原料经蒸煮灭菌等预加工后，制成含一定水分的固体物料，接入预先培养好的菌种，进行发酵。发酵成熟后适时出料，并进行适当处理，或进行产物的提取。这种方法的缺点是：所需设备不完善，机械化程度低，缺乏在线传感仪器，产品不稳定，重复性偏差。

（2）液态发酵 微生物接种在液态培养基上，培养基中始终有游离水，水是培养基中的主要组分，是以液相为连续相的生物反应过程。液态发酵整个生产过程中易于消毒灭菌和自动化操作，且所需设备目前较为完善，自动化程度高，技术比较成熟。但是，液态发酵比固态发酵过程要复杂，生产设备投资大。值得一提的是，液态发酵起源于抗生素发酵，后发展到有机酸、氨基酸、酶制剂发酵。液态发酵必须注重包括对设备以及操作严格要求在内的每一个细节，否则极易发生杂菌污染。如酶制剂的发酵生产，它的发酵产物是酶蛋白，不仅不能像抗生素那样抑制杂菌，它受杂菌污染威胁比固态发酵大一些，一旦发生污染往往整罐料就报废，运作风险较大。

4. 按操作形式分类：分批发酵、连续流加发酵、分批补料发酵

（1）分批发酵 生物反应器间歇操作，微生物在特定的条件下只完成一个生长周期的微生物培养方法。在发酵过程中，除了不断进行通气（好氧发酵）和为调节 pH 而加入的酸碱溶液外，与外界没有其他物料交换。这种发酵方法优点为：对温度的要求低，工艺操

作简单；比较容易解决杂菌污染和菌种退化等问题；对营养物的利用效率较高，产物浓度也比连续发酵要高。缺点主要包括：人力、物力、动力消耗较大；生产周期较长；生产效率低。

（2）连续流加发酵　以一定的速度向发酵罐内添加新鲜培养基，同时以相同速度流出培养液，从而使发酵罐内的液量维持恒定的发酵过程。在这一条件下，微生物完成多个生长周期。这种发酵方法优点为：可以提高设备的利用率和单位时间产量，只保持一个期的稳定状态；发酵中各参数趋于恒值，便于自动控制；易于分期控制，可以在不同的罐中控制不同的条件。缺点为：对设备的合理性和加料设备的精确性要求太高；营养成分的利用较分批发酵差，产物浓度比分批发酵低；杂菌污染的机会较多，菌种易因变异而发生退化。

（3）分批补料发酵　在微生物分批发酵过程中，以某种方式向发酵系统中补加一定物料，但并不连续地向外放出发酵液的发酵技术，使微生物完成多个生长周期，且使发酵液的体积随时间逐渐增加。它是介于分批发酵和连续发酵之间的一种发酵技术。优点为：可以解除底物的抑制、产物的反馈抑制和分解代谢物阻遏作用；可以减少菌体生长量，提高有用产物的转化率；菌种的变异及染菌易控制；便于自动化控制；避免在分批发酵中一次性投入糖过多导致细胞大量生长，耗氧过多，以致通风搅拌设备不能匹配的状况。缺点为：对补料过程中加入的物料无菌要求高，如果这个过程中处理不当，之前的过程全部作废，发酵倒罐。

5. 按发酵菌种分类：纯种发酵、混菌发酵

（1）纯种发酵　此类发酵过程使用的是纯种微生物，大多数发酵过程采用的是纯种发酵。

（2）混菌发酵　又称混合培养或混合发酵，指发酵过程使用的是多种微生物。目前少数发酵过程采用混菌发酵，但应用潜力较大。混菌发酵的类型很多，如联合混菌培养（双菌同时培养）、序列混菌培养（甲乙两菌先后培养）、共固定化细胞混合培养（甲乙两菌混在一起制成固定化细胞）和混合固定化细胞混合培养（甲乙两菌先分别制成固定化细胞，然后两者进行混合培养）等。在食品工业中，有部分产品采用的是混菌发酵，如白酒的酿造、维生素C的二步发酵法、酸奶的混菌发酵等。

6. 按发酵规模分类：研究规模发酵、中试规模发酵、生产规模发酵

（1）研究规模发酵　指在实验室小规模上进行的发酵，主要用于研究，一般反应器的容积在10~100L。

（2）中试规模发酵　指介于实验室小规模和工业生产规模之间的中试规模上进行的发酵，一般反应器的容积在100~3000L。

（3）生产规模发酵　指在工业生产的规模上进行的发酵过程，规模比中试规模大，企业不同，规模大小差异较大，但反应容器的容积一般在3000L以上。

7. 按发酵产物分类

这一分类方法可分为氨基酸发酵、有机酸发酵、抗生素发酵、酒精发酵、维生素发酵等。此种分类方法较细，不做过多介绍。

8. 按发酵产品类别分类

这一分类方法可分为以菌体为产品（如面包酵母菌、单细胞蛋白等）；以微生物的酶

为产品（如淀粉酶、蛋白酶、果胶酶等）；以微生物的代谢产物为产品（如氨基酸、多糖、维生素、抗生素、激素等）；将一个化合物经过发酵改造化学结构（如乙醇转化成乙酸、手性药物的转化等）。

三、发酵工业的特点

发酵工业和其他化学工业的最大区别在于它是利用生物体所进行的生物化学反应。其主要特点如下。

1. 原料廉价，可再生

发酵所用的原料通常以淀粉、糖蜜、玉米浆或其他农副产品等可再生的资源为主，有时甚至可以利用一些废水或废物作为发酵原料，进行生物资源的改造和更新，实现环保和发酵生产的双重效益。

2. 反应条件相对温和

一般来说，发酵都是在常温常压下进行的生物化学反应，条件要求也比较简单安全。

3. 专一性强，产物较为单一

发酵过程是通过生物体的自动调节方式来完成的，反应的专一性强，可得到较为单一的代谢产物。同时，由于生物体本身所具有的反应机制，能够专一性地和高度选择性地对某些较为复杂的化合物进行特定部位氧化、还原等化学转化反应，也可以产生比较复杂的高分子化合物。

4. 周期短，不受气候、场地制约

与动物、植物培养相比较，微生物发酵周期短且不易受气候条件和场地面积的制约。发酵周期一般是几天或几周，远低于动物、植物的生长周期。同时，发酵过程在反应器中可人为地控制规模和环境条件，而动物和植物的培养过程往往受气候条件和场地面积等外界因素的制约。因此，利用微生物发酵生产产品，企业可以根据订单量来安排生产规模，根据产品类型来安排通用发酵设备生产多种多样的发酵产品。

5. 菌种种类繁多、突变性强

菌种是进行发酵的根本因素，在自然界中，微生物的种类繁杂，且可以通过自然变异或诱导变异产生不同的菌种类别，通过菌种筛选，人们可以获得高产的优良菌株并使生产设备得到充分利用，也可以因此获得按常规方法难以生产的产品。

6. 发酵过程具有生物特性

发酵是菌种自发的生物过程，接种后，只要提供合适的营养和环境条件，发酵就可以自发进行。但在此过程中，细胞始终处于动态变化中，这些变化既受环境影响，也会对环境产生影响。从接种开始，发酵罐中营养物质浓度、细胞的数量、pH及溶氧等始终处于变化中，各个阶段环境条件微小的控制不当都可能导致发酵过程的变化，甚至导致发酵失败。

7. 预防杂菌污染至关重要

发酵过程中对杂菌污染的防治至关重要。除了必须对设备进行严格消毒处理和空气过滤外，反应必须在无菌条件下进行。一旦污染杂菌或感染了噬菌体，很可能导致整个发酵的失败，生产上遭受巨大的经济损失。因而维持无菌条件是发酵成败的关键。

综上可知，发酵工业和传统的化学工业相比，有优点，也有缺点，但优点远远大于缺点。同时，和传统发酵工艺相比，现代发酵工程除了具有上述的发酵特征之外，还有其他优越性。例如，除了使用微生物作菌种外，还可以用动植物细胞和酶，也可以用人工构建的"工程菌"来进行发酵。随着工业自动化的发展，反应设备也不再只是常规的发酵罐，而是以各种各样的生物反应器取而代之，自动化、连续化程度高，使发酵水平在原有基础上有很大的提高和创新。

第三节　发酵工程的应用领域

随着发酵工程的发展，其在不同工业领域中的应用范围也不断扩大，下面就发酵工程在医药工业、食品工业、能源工业、化学工业、冶金工业、农业、环境这七大领域中的应用进行简单介绍。

一、医药工业

发酵工程在医药工业中的应用开始得比较早，近些年微生物技术在医药领域发展迅速，微生物自身产生的抗菌、抗感染、抗肿瘤等药效的生物活性物质和在代谢过程中产生的具有药理活性的次级代谢产物，如免疫调节剂、特异性酶抑制剂、受体拮抗剂等越来越多。发酵工程制药比传统的化学或生物提取制药优点显著，化学合成药物的生产往往工艺复杂、条件苛刻、污染严重、药物毒副作用大；而动植物药物生产受资源限制，单价往往较昂贵，而且动物来源的药物因安全问题受到越来越多的限制。所以，采用生物工程技术，通过微生物发酵方法生产传统或新型药物就具有明显的优势。

发酵工程在西药中的应用较为广泛，如利用传统发酵工程生产抗生素、维生素、酶制剂以及 β-胡萝卜素等，利用转基因技术生产干扰素、胰岛素、生长因子等几十种新药和疫苗。

（1）自 1929 年英国人发现青霉菌分泌的青霉素能抑制葡萄球菌生长以后，在近百年内，抗生素的研究又有了飞速的发展，已找到的抗生素有数千种，其中具有临床效果并已利用发酵法大量生产和广泛应用的多达百余种。

（2）维生素作为六大生命要素之一，为整个生命活动所必需，也是重要的医药产品。维生素 C 的微生物发酵法早已取得重要突破，利用"大小菌落"菌株混合培养生产维生素 C 的工艺已经成熟且产业化。目前利用氧化葡萄糖杆菌与一种蜡状芽孢杆菌混合菌共固定化发酵技术，可将维生素 C 的收率提高到 80% 以上，生产周期比传统工艺缩短 1/3。

（3）莫斯科大学的研究者采用杂交方法选育到麦角固醇（维生素 D 的前体物质）含量高达 2.7% 的酵母高产菌。通过优化培养条件，有目的地调节关键基因的表达，以获得高产菌株与培养条件的双重优化，麦角固醇的微生物产量可望进一步提高。

（4）多不饱和脂肪酸如 γ-亚麻酸、二十碳五烯酸（EPA）、二十二碳六烯酸（DHA）、二十碳四烯酸（AA）等都是很有价值的医药保健产品，可通过微生物发酵法制得。

（5）甾体类激素是公认的除抗生素以外的第二大类药物，其结构复杂不易合成，随着微生物合成技术的快速发展，选择可降解甾体侧链技术使甾醇类植物也能作为甾体类激素合成的上好原料，不仅降低了寻找生产甾体类激素材料的成本，还为甾体类激素的生产提供了广阔的发展空间。

（6）干扰素作为人体免疫系统的重要组成部分，本质上是一种活性糖蛋白，由人体细胞产生，能有效调节人体免疫活性，抵抗病毒、肿瘤损害。早期干扰素的生产条件要求较高，生产成本高、效率低，近些年随着现代生物技术的发展，干扰素的生产基本转为发酵工业生产，生产量和成本上都有了很大的改善。

（7）手性药物的生产可采用酶促反应法，且以微生物酶转化法为主，可以通过固定化技术制备固定化酶或固定化细胞，使手性药物的合成朝着优质、高效、经济的方向发展。

生物转化是一门以有机化学为主，与生物技术交叉的前沿学科。基因工程、细胞融合技术在生物制药方面应用广泛，当前时期的微生物发酵制药发展则开始注重利用基因工程、细胞工程的开发利用，整体发展趋向于由宏观逐渐向微观发展，技术手段也由低端转向高科技。在微生物技术与发酵制药相互融合和共同发展的过程中，药物在数量、种类、药理性能等方面都有了极大程度的改善和发展；其次，为了提高微生物技术的实际应用水平，不断追求低成本、高效益的同时，对于微生物技术水平的要求也越来越高，对于微生物技术的发展进程也有一定的促进作用。可以说，在未来的制药工程中，微生物发酵技术发挥的技术优势会越来越明显，其带来的经济效益和社会效益也不可限量。

二、食品工业

随着我国经济水平以及生物技术的提高，发酵工程也得到了发展，在食品工业的领域也得到了有效的利用，主要体现在以下几个方面。

1. 传统食品工业

传统食品工业上很大程度地应用了发酵技术，最常见的莫过于酿酒、制醋了。发酵工程的发展有效地促使了传统食品的优质发展。在酿酒过程中，由原先的慢工程逐步变为较快的工程。我国传统的制造腐乳、黄酒、酱类等也伴随着发酵工程的发展得到了很大的进步，并在原料的利用率上也得到了大幅度的提高，且产品的品质并没有降低，反而提高了。

2. 功能性保健食品的开发

功能性食品的概念源于日本，此后各个国家均对功能性保健食品做出了相关的法律规定。常见的功能性保健品有糖醇、多不饱和脂肪酸、类胡萝卜素、乳酸菌、膳食纤维、真菌多糖等。

（1）糖醇　主要分为赤藓糖醇和木糖醇两大类，其中赤藓糖醇是通过淀粉的分解产生葡萄糖，由酵母发酵后浓缩、结晶、分离、干燥制得。这种糖醇甜度低，入口清凉，经常与高倍甜味剂一起使用。木糖醇是由木糖发酵产生的，它可以作为糖尿病患者的甜味剂、营养补充剂和辅助治疗药剂，它还是人体糖代谢的中间体，是糖尿病患者食用的营养性食糖的替代品。

（2）乳酸菌　是一类对人体有益的菌类，它能够有效防治某些人群的乳糖不耐症，促进蛋白质的吸收，使肠道菌群的构成发生有益的变化。为此人们将乳酸菌制成各种各样的类型，有片状药剂、口服液、冲剂和胶囊等。乳酸菌通过微生物发酵制得的乳酸菌制品也有很多，如酸奶、酸性乳饮料、酸性酪乳等。这些乳酸菌制品不仅在口味上博得广大群众的喜欢，更是对人体有益。

（3）类胡萝卜素 是利用红酵母发酵后分离、提取制得。它是一种天然色素，普遍存在于动物、高等植物、真菌、藻类的黄色、橙色、红色色素之中，是体内维生素的主要来源。

（4）膳食纤维 在保健品中非常常见，有防治便秘、利于减肥、预防结肠直肠癌、防治痔疮、促进钙吸收等作用。由巴氏醋酸菌和木醋杆菌等微生物一起发酵制取的膳食纤维具有良好的可溶性、持水性。

3. 在新糖源开发中的应用

糖类是人体必需的重要营养物质，传统的糖类容易导致人们患上糖尿病、肥胖症等疾病，在人们物质生活的改善下，饮食观念也发生了显著的转变。如今，人们追求的是食品的健康，目前，研究人员已经成功利用微生物发酵，生产出新的糖源，新糖源口感好、甜度不输于传统糖类，可以满足糖尿病、肝肾疾病、肥胖症患者的糖类摄取需求。

总之，现代食品工业的蓬勃发展，已显示出发酵工程技术的巨大生命力。

三、能源工业

世界能源主要来自石油，每年世界需要 13TW（$1TW = 10^{12}W$）的能源。而到 2050 年可能达到 26TW。石油燃料昂贵，不可再生且产生温室效应。利用发酵工程来转化生物质能继而获得新能源是目前很多国家的研究方向，生物工程也被誉为 21 世纪最富价值的产业之一，《今日美国》一篇文章写道，"农田作物有可能逐渐取代石油成为获得从燃料到塑料的物质来源，'黑金'也许会被'绿金'所取代。"生物质能是可再生能源，通常包括以下几个方面：木材及森林工业废弃物；农业废弃物；水生植物；油料植物；城市和工业有机废弃物；动物粪便等。目前的转化方法主要分为以下几种。

1. 燃料乙醇

以淀粉、糖、纤维素、木质素等植物资源如粮食、甜菜、甘蔗、木薯、玉米芯、秸秆、木材等为原料，通过微生物或酶的发酵作用，可以生产乙醇，以一定比例添加到汽油中作为汽车燃料，能在一定程度上减少汽油用量及对石油的依赖。一直以来，生产乙醇所用的传统原料就是玉米、甘蔗、陈化粮等粮食作物，但大量生产会对粮食安全造成威胁，影响粮食价格，破坏粮食供给平衡。因此，人们开始寻找替代原料，如研发非粮作物（木薯、甜高粱）和纤维素乙醇技术，逐步替代粮食原料最终达到以非粮食作物为主，这才是整个产业发展的方向。

2. 沼气

人畜粪便、秸秆、污水等各种有机物在密闭的沼气池内，在厌氧条件下被种类繁多的沼气发酵微生物分解转化，从而产生沼气，是多种气体的混合物，其特性与天然气相似。沼气除直接燃烧用于炊事、烘干农副产品、供暖、照明和气焊等外，还可作内燃机的燃料以及生产甲醇、福尔马林、四氯化碳等化工原料，而经沼气装置发酵后排出的料液和沉渣，含有较丰富的营养物质，可用作肥料和饲料，属于可再生能源。许多国家利用沼气作为能源取得了显著的成绩，尤其是在农村，具有较大的发展前景。

3. 生物电池

生物电池是指将生物质能直接转化为电能的装置（生物质蕴含的能量绝大部分来自太阳能，是绿色植物和光合细菌通过光合作用转化而来的）。从原理上来讲，生物质能能够直接转化为电能主要是因为生物体内存在与能量代谢关系密切的氧化还原反应。这些氧化还原反应彼此影响，互相依存，形成网络，进行生物的能量代谢。微生物燃料电池是一种利用微生物将有机物中的化学能直接转化成电能的装置。其基本工作原理是：在阳极室厌氧环境下，有机物在微生物作用下分解并释放出电子和质子，电子依靠合适的电子传递介体在生物组分和阳极之间进行有效传递，并通过外电路传递到阴极形成电流，而质子通过质子交换膜传递到阴极，氧化剂（一般为氧气）在阴极得到电子被还原与质子结合成水。作为微生物电池的电极活性物质，主要是氢、甲酸、氨等。人们已经发现不少能够产氢的细菌，其中属于化能异养菌的有 30 多种，它们能够发酵糖类、醇类、酸类等有机物，吸收其中的化学能来满足自身生命活动的需要，同时把另一部分的能量以氢气的形式释放出来，氢气作为燃料，就可制造出氢氧型的微生物电池。此外，用一种芽孢杆菌来处理人的排泄物，生产氨气，氨气作为电极活性物质，在铂电极发生电极反应，可用于宇宙飞船中。

目前已发现的能够用于发电的微生物有泥细菌、希瓦菌、红螺菌、嗜水气单胞菌，还有大肠杆菌、假单胞菌、枯草杆菌、变形细菌等。微生物发电这一令人期待的发电模式正逐渐显现出巨大的潜力。

4. 微生物采油

微生物采油是用基因工程方法构建工程菌，通过技术培养使其在生长、繁殖和代谢完成后，将产生的微生物菌体、微生物营养液、微生物代谢产物注入油层，与岩石、油、气、水相互作用使得岩石、油、气、水物性发生改变，或者单独注入营养液激活油层内微生物，使其在油层内生长繁殖，产生有利于提高采收率的代谢产物如 CO_2、甲烷等气体，从而增加了井压。同时，微生物能分泌高聚物、糖脂等表面活性剂及降解石油长链的水解酶，可降低表面张力，使原油从岩石沙土上松开，降低原油的黏度，使得一些流动性差的油藏活性提高，促使油藏从岩石缝隙中被开采出来从而实现采收率的提高。相较于其他的注水、注聚合物等采油技术手段，微生物采油技术具有资金成本低、对地层环境没有污染以及技术操作性强等优势，使得微生物采油技术在现代的三次采油过程中被广泛应用。

四、化学工业

化工产品在人类的日常生活、工农业生产中都发挥着重要的作用，极大地促进了社会的发展，人类的衣食住行都离不开化学，它是多种工业的基础。但传统的化工生产过程或化工产品已经不能完全满足可持续发展的要求。随着基因重组、细胞融合、酶的固定化等技术的发展，发酵工程不仅可提供大量廉价的化工原料和产品，而且还将有可能革新某些化工产品的传统工艺，出现少污染、省能源的新工艺，甚至一些不为人所知的性能优异的化合物也将被生物催化所合成。例如，1,3-丙二醇是一种重要的化工原料，可用于油墨、印染、涂料、化妆品、食品、润滑油和药物等方面的生产。它以葡萄糖或甘油为底物，通过微生物发酵法制备 1,3-丙二醇，具有反应条件温和、操作简单、选择性好、转化率高、副产物少、原料可再生、绿色环保等优点，已成为本产品制备领域中研究的热点和发展的趋势。

通过大力开发，人们已在发酵工程制备化工材料方面取得了许多重大的科技成果，如微生物法生产丙烯酰胺、脂肪酸、己二酸、聚 β-羟基丁酸酯等产品已达一定的工业规模；

在农药方面，许多新型的生物农药不断问世；在环保方面，固定化酶处理氯化物已达实用化水平；利用高效分离精制技术、高选择性精制技术、超临界气体萃取技术和高效双水相分离技术，开发高纯度生物化学品制造技术不断完善；在材料方面，利用微生物合成可降解塑料等。

五、冶金工业

地球上矿藏资源丰富，但随着工业发展对矿产资源需求的加大，开采力度随之加深，再加上矿物质属于非再生资源，导致全世界矿产资源原矿品位越来越低，嵌布粒度越来越细。因此对低品位、矿尾及难处理矿资源的开发利用成为此形势下的一个趋势，相比之下，对于传统的冶金技术，微生物冶金不但具有过程简单、投资少、节能、环境友好，而且对低品位矿石的金属回收、难处理矿的生物预处理、矿区污染治理方面显示出独特的优势。微生物冶金又称为微生物浸出或细菌浸出，它是利用微生物及其代谢产物作为浸矿剂，喷淋在堆放的矿石上，使矿石中的金属溶解、富集的湿法冶金技术，最后从收集的浸取液中分离、浓缩和提纯有用的金属。据报道，可用于浸矿的细菌有几十种，按它们最佳生长温度分为中温细菌、中等嗜热菌和高温细菌。目前常用的有氧化亚铁硫杆菌、氧化硫杆菌、氧化亚铁微螺菌等，冶金菌主要生存在适合自身生长而其他菌不能存活的酸性矿坑水中，在适宜的温度、pH 及无机盐浓度的条件下，以 Fe（Ⅱ）、S 或硫化矿为能源物质，在这些物质的氧化过程中获得能量，合成维持自身生长的物质，同时产生利于浸矿的酸或者其他一些代谢物。微生物冶金在矿物开采上获得成功的主要是铜、铀、金的回收，其他金属包括银、锂、锰、钼、锌、钴、钛、钡、钪等。

六、农业

发酵工程在农业中占据着非常重要的地位，主要体现在生物肥料、生物农兽药、生物饲料等。

1. 生物肥料

随着化学肥料使用量的不断增加，生态环境遭到严重破坏，如土壤结构被破坏、水体富营养化、农产品质量下降等，同时也危害了人类健康。随着生态农业和绿色农业的发展，微生物肥料应运而生。微生物肥料又称为生物肥料（主要是细菌肥料），它是指一类含有活的微生物特定制剂，应用于农业生产中，能够获得特定的肥料效应，在这种效应中，活的微生物起着关键作用。生物肥料就其肥效而言，在我国农业生产中使用最为普遍的主要有 5 类：根瘤菌生物肥料（如大豆根瘤菌、豆科牧草根瘤菌）；联合固氮菌生物肥料（如联合固氮菌 X4 菌株）；溶磷细菌或真菌生物肥料（如草生欧文菌菠萝变种 P21、荧光假单胞菌 K4、嗜气芽孢杆菌 B3-5-6 等溶磷细菌，棘孢青霉菌菌株 Z32、黑曲霉菌 11107 等溶磷真菌）；解钾菌生物肥料（如环状芽孢杆菌、硅酸盐细菌、胶质芽孢杆菌、土壤芽孢杆菌等）；促生菌生物肥料（可产生植物促生物质的菌株，主要是可以分泌吲哚乙酸的菌株，以芽孢杆菌类为主）。这些微生物经大量培养后再与适量吸附剂（如泥炭）混合而成的微生物制剂，又称菌剂或菌肥。生物肥料生产成本低，应用效果好，不污染环境，使用后不仅能增加农产品的产量，而且可以提高农产品的质量。因此，生物肥料独特的经济、社会、生态效应，可满足农产品生产安全、保持生态平衡、改良自然环境的要求，具有广阔的市场前景。

2. 生物农药

随着化学农药环境污染问题的凸显，微生物农药作为化学农药的替代品受到了越来越多的关注。广义的微生物农药是指利用微生物或其代谢产物来防治危害农作物的病、虫、草、鼠害或促进作物生长的活体微生物和农药用抗生素。狭义的微生物农药专指活体微生物农药，包括细菌、真菌、病毒等微生物体，根据用途和防治对象的不同，微生物农药可分为微生物杀虫剂（如苏云金芽孢杆菌制剂、白僵菌、核型多角体病毒等）、微生物杀菌剂（以芽孢杆菌为主）、微生物除草剂（以病原细菌、病原真菌为主，商品化的较少）、微生物杀鼠剂和微生物生长调节剂（主要是利用光合细菌生产植物生长调节剂）等。微生物农药种类繁多，目前已报道的细菌杀虫剂约 150 种，真菌杀虫剂 800 多种，昆虫病毒杀虫剂超过 1600 种，其开发和应用前景广阔。

3. 生物兽药

生物兽药是指包括生物制品在内的生物体的初级和次级代谢产物，或者生物体、生物体的组织、细胞、细胞分泌产物、体液等，利用现代生物技术学原理和方法制造的一类用于预防、诊断和治疗动物疾病的兽用制品。如兽类抗生素（泰乐霉素、抗金黄色葡萄球菌素等）、兽类干扰素（如白细胞介素）、人工抗体、免疫球蛋白、动物用免疫增强剂、酶制剂、小肽制剂、多糖类、氨基酸类及动物用疫苗等。

4. 生物饲料

发酵工程技术在微生物发酵饲料、饲料酶制剂等方面得到了广泛运用。微生物发酵饲料主要是酵母及其相关产品，是以酵母为主的多菌种发酵而成，所用原材料非常广泛，涉及米糠、秸秆、血粉、饼粕和各种食品工业下脚料，甚至是石油。微生物发酵饲料在提高饲料蛋白质、改善适口性、提高消化吸收等方面显示出了强大的优越性。发酵饲料的另一个产品是青贮饲料，微生物青贮剂可以有效控制青贮饲料发酵模式，减少青贮饲料损失，并可以有效改善青贮饲料的适口性。除了单纯生产生物饲料，发酵工程还可用于生产饲料酶制剂，是从生物中提取的具有生物催化能力的酶，再辅以其他成分，用于加速饲料加工过程、改善饲料营养价值和提高饲料质量。目前饲用酶制剂近 20 种，其中常用的酶制剂有 8 种，包括淀粉酶、蛋白酶、脂肪酶、纤维素酶、半纤维素酶、果胶酶、植酸酶和半乳糖苷酶等。

七、环境

经研究发现，微生物在处理工业"三废"、有机毒物、石油污染、有机垃圾等方面均表现出了一定的应用潜力，所以在现代化的环境保护中人们开始利用微生物发酵来改善环境。

利用微生物发酵可以处理工业"三废"、生活垃圾及农业废弃物等，不仅净化了环境，还可变废为宝。例如，可利用细菌、真菌、微藻等微生物旺盛的代谢活动吸附、转化、沉淀废水中的重金属，从而降低废水中重金属浓度或毒性，是一种成本低、效率高、环境友好的新型治理方法。活性污泥法是处理水污染的有效方法之一，是利用好氧微生物的新陈代谢和对无机物的吸附作用，形成絮状体，去除水中的有机物，以此来净化水源。生物膜法是利用一些微生物可生长在某些固体表面的特性吸附水中的有机物，通过附着的固体进行过滤，从而净化水质。利用微生物发酵生产生物可降解塑料聚羟基丁酯（PHB）等，可以缓解并逐步消除"白色污染"对环境的危害。好氧堆肥法是将好氧微生物与固体废物中容易降解的部分结合,通过降解作用转化成腐殖质,用来作肥料,不仅减轻了污染,还提高了资源利用率。

微生物法在大气污染防治上也有一定的应用,如生物除臭技术,臭气经集气装置从以上空间抽取后进入生物除臭塔,并在喷淋塔内与含有微生物种群的液体接触,由微生物的新陈代谢作用把气体净化,主要应用于垃圾处理站等产生恶臭、有害气体的场所。

某些假单胞菌、无色杆菌具有清除氰、腈剧毒化合物的功能;某些产碱杆菌、无色杆菌、短芽孢杆菌对联苯类致癌物质具有降解能力;某些微生物制剂能"吃掉"水上的浮油,在净化水域石油污染方面显示出惊人的效果。有的国家利用甲烷氧化菌生产胞外多糖或单细胞蛋白,利用 CO 氧化菌发酵 T 酸或生产单细胞蛋白,不仅消除或降低了有毒气体,还从菌体中开发了有价值的产品。此外还包括,造纸废水生产类激素,味精废液生产单细胞蛋白,甘薯废渣生产四环素,啤酒糟生产洗涤剂用的淀粉酶、蛋白酶,农作物秸秆生产蛋白饲料等,不胜枚举。

综上所述,发酵工程在各类工业上均有一定的发展潜力,正在慢慢成为国民经济的重要支柱。

第四节　发酵工程的发展趋势

随着现代生物技术的不断发展,发酵工程的应用领域不断扩大,其重要性也逐渐凸显,发酵工程领域的技术手段也逐渐成为细胞工程中大规模培养产业化的技术基础。随着人们对木质纤维素原料的研究重视,发酵工程在通用化学品及能源生产中也越来越受到重视,这使得发酵工程在人们生产生活中显得更为重要。例如,以玉米为原料生产清洁能源——乙醇;以细菌或酵母菌为生产载体生产的基因重组亚单位疫苗——乙型肝炎 HBsAg 疫苗、人乳头瘤病毒疫苗;以化工原料前体发酵大规模生产化学产品——色氨酸和长链脂肪烃。

未来,发酵工程主要在以下几个方面发展。

1. 基因工程菌的发酵生产

近年来,基因工程技术快速发展,给发酵工程带来了新的活力。通过对传统工业发酵菌种的遗传改良以提高发酵菌种的生产能力、生产性质。比如通过基因敲除技术,筛选高产红曲色素、低产黄曲霉毒素的红曲霉已获得更加安全、稳定的红曲色素发酵菌株;或者通过转基因技术使得发酵菌株获得新的性状,生产人类需要的生物技术产品。例如,将病原体中能诱导保护性免疫应答的目的抗原编码基因克隆后,插入合适的表达载体质粒中,再将重组质粒导入目的细菌或者酵母菌中使其获得表达该种蛋白质的性状,从而大量生产能够抵抗该种疾病的疫苗(目的蛋白)。

2. 新型发酵设备的研制

主要通过对生物反应器的改进或者创新以提高目的微生物的生产效率。比如固定化生物反应器即利用物理或者化学方法将目的微生物或细胞固定在固定介质上来提高产量和减轻后期发酵产品分离纯化的难度。其优点在于能够实现连续性生产、易于自动化控制;在有限空间中,能够获得更高的细胞浓度;微生物或者细胞能够重复使用;单位容积的目标产率高;发酵液中干扰性物质较少,有利于目的产品的分离纯化。

3. 通过代谢调控提高目标产物得率

随着基因组学和代谢组学的不断发展，通过代谢基因调控，增强发酵菌种目的产物代谢相关酶的表达，减弱抑制目的产物代谢相关酶的表达，从而提高发酵目的产物产量是今后发展的重点。

4. 再生资源领域的利用

随着人口增长和工业发展，生活废弃物日益增多，环境污染日益严重。利用微生物发酵对各类废弃物的生物转化，实现无害化、资源化和产业化也是今后发展的重点之一。例如，微生物发酵处理生产或生活污水，其主要是利用微生物厌氧和好氧发酵，消耗掉污水中的有机物质以及重金属等污染物，从而达到水资源循环利用的目的。其最大的优点在于能够避免化学处理方法产生的二次污染问题；提高污水中的有机物质去除率；减少臭氧的释放量；在减少污染的同时能够产生甲烷等能源物质；能够抑制病原微生物的生长和繁殖。

5. 与生化工程相结合

随着近代发酵工业发展，过去要靠化学方法合成的产品，现在逐渐被发酵方法生产取代。换言之，发酵法正在代替化学工业的功能，如化妆品、食品添加剂、饲料等产品的生产。有机化学合成方法与发酵生物合成方法结合越来越紧密，越来越多的生物半合成或化学半合成产品应用于工业生产中。微生物酶催化生物合成与化学合成相结合，使得发酵产物通过化学修饰及化学结构改造进一步为工业生产服务提供了技术可能。

6. 大型化、自动化控制的应用

现代生物技术的产业化的关键是如何高效、低能耗地进行生物反应，而这种高效取决于发酵的自动化。如何提高生产效率、产品质量、降低成本，都与大型化、自动化控制设备的开发和应用息息相关。各国也在致力于开发大型化和自动化发酵设备的研发，现代的发酵工厂不再是作坊式的企业，而是规模庞大的现代化生产企业。目前使用最大的发酵罐容量能够达到 500t，常用的发酵罐容量也能达到 100t 左右。

第五节　发酵工程对人类社会发展的意义

发酵工程作为现代生物技术中的下游技术，不仅是生产乙醇、啤酒等大众产品，同时在生物制药、抗生素生产以及功能性发酵食品行业对人类社会发展起到关键作用。

随着生命科学和技术不断发展，人类在分子水平上开始尝试疾病诊断与治疗，生物制药产业不断发展。目前生物制药产业主要依靠微生物发酵生产各类重组蛋白、疫苗、治疗性抗体、核酸类产品等目的产物。要获得这些产品，需要发酵工程技术来实现。各类利用微生物发酵生产的生物技术药物如表 1-1。

表 1-1　　　　　　　　　　各类利用微生物发酵生产的生物技术药物

类别	生物活性成分	示例
	生长激素	Somatrem、Somatropin、Saizen
激素	甲状腺刺激激素	Thyrogen（促甲状腺素）
	胰岛素	Humulin（胰岛素）、Lantus（胰岛素突变体）

续表

类别	生物活性成分	示例
酶	纤溶酶原激活剂	Alteplase（t-PA）、Abbokinase（高分子质量尿激酶）
	凝血因子	NovoSeven（凝血因子Ⅶ）、BeneFix（凝血因子Ⅸ）
	DNA 酶	Pulmozyme（治疗囊性纤维化）
细胞因子	白介素	Kineret（IL-1Ra）、Proleukin（IL-2）
	干扰素	Roferon-A（干扰素 α-2a）
	促红细胞生长素	Epogen（EPO-α）
疫苗	病毒疫苗	Engerix-B（乙肝小 s 疫苗）、Hepacare（乙肝大 s 疫苗）
	细菌疫苗	LYMErix
单克隆抗体	鼠源抗体	BEXXAR、OrthocloneOKT3，Zevalin
	嵌合抗体	ReoPro、Rituxan、REMICADE
	受体 Fc 融合蛋白	Enbrel（TNFαR-Fc）

现代抗生素的概念是指生物在其生命活动过程中产生或用其他方法获得的一种能在低浓度下选择性抑制其他生物生命活动的次级代谢产物或人工衍生物。目前抗生素的生产菌主要为放线菌（链霉菌属，*Streptomyces*；诺卡菌属，*Nocardia*），细菌（芽孢杆菌属，*Bacillus*）以及真菌（青霉属，*Penicillium*；曲霉属，*Aspergillus*）。通过发酵工程技术使得上述生产菌株生产更多、更好的抗生素为人类健康服务。

功能性食品也称为保健功能食品，指具有调节人体生理功能，适宜特定人群食用，不以治疗疾病为目的的一类食品。这类食品除了具备一般食品具备的营养功能和感官功能外，还具有一般食品所没有或不具备的调节人体生理活性的功能。功能性食品中重要的组成部分就是功能性发酵食品，即利用微生物高新生物技术（发酵、酶解等方法）制取功能性因子，生产调节机体生理功能的食品。目前较普遍的是利用微生物发酵制取功能性低聚糖、真菌多糖、活性多肽、微生态制剂、左旋肉碱等。这些食品对人类健康起到辅助作用。

思考题

1. 请描述发酵工程的概念。
2. 简要叙述发酵工程与其他各学科之间的关系。
3. 如何按发酵技术的进步历程划分其发展史？
4. 发酵工程研究内容主要是哪几方面？其具体研究的内容分别是什么？
5. 简要描述发酵生产的类型。
6. 发酵工业的特点有哪些？
7. 简要叙述发酵工程在哪些工业领域有所应用，并举例进行说明。
8. 发酵工程的未来发展趋势体现在哪几个方面？

9. 简要叙述发酵工程在哪些方面对人类社会发展起到关键作用。

参考文献

［1］ 王俊儒．天然产物提取分离与鉴定技术［M］．咸阳：西北农林科技大学出版社，2006.

［2］ 田华．发酵工程工艺原理［M］．北京：化学工业出版社，2019.

［3］ 陈坚，堵国成．发酵工程原理与技术．［M］．北京：化学工业出版社，2012.

［4］ 余龙江．发酵工程原理与技术应用［M］．北京：化学工业出版社，2017.

［5］ 杨立，龚乃超，吴士筠．现代工业发酵工程［M］．北京：化学工业出版社，2020.

［6］ 魏银萍．发酵工程技术：第2版［M］．武汉：华中师范大学出版社，2015.

［7］ 陶兴无．发酵工艺与设备：第2版［M］．北京：化学工业出版社，2015.

［8］ 陈福生．食品发酵工艺与设备［M］．北京：化学工业出版社，2011.

［9］ 郁汉冲，董国超．生物百科［M］．北京：中国经济出版社，2013.

第二章 工业发酵菌种

学习目标

1. 了解发酵工业常用的微生物。
2. 掌握微生物分离筛选的基本概念、原理及技术应用。
3. 熟悉发酵工业菌种选育、扩大培养及保藏的基本原理及技术方法。

第一节 发酵工业的常用微生物

一、细菌

细菌是一类个体微小、结构简单、具有细胞壁、主要以二分裂方式繁殖的单细胞原核微生物。细菌是自然界分布最广、数量最多并与人类关系最为密切的一类生物。在人体和动物肠道中就存在着大量以细菌为主的微生物群体，包括益生菌、条件致病菌和病原菌。在许多工业发酵和食品酿造中细菌是主要生产者，细菌同时也是导致食品腐败变质、引起食源性疾病和动植物疫病的主要微生物类群。

（一）细菌的基本形态

细菌的基本形态有 3 种，相应形态的细菌分别被称作球菌、杆菌和螺菌。自然界中杆菌最为常见，球菌次之，螺菌最少。此外，三角形、方形和圆盘形等其他形态的细菌相继被发现。许多原核微生物不仅具有固有形态，还具有一定的排列方式，这也是其生物学特性的表现。各类群微生物基本形态比较稳定。细菌的细胞形态和排列方式具有种特异性，是分类依据之一。细菌的三种常见形态如图 2-1 所示。

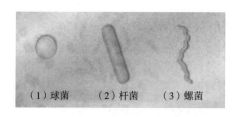

（1）球菌　　（2）杆菌　　（3）螺菌

图 2-1　细菌的三种常见形态

1. 球菌

球菌是一类细胞呈球形或近似球形的细菌。球菌繁殖时因细胞分裂面的方向不同以及分裂后子代细胞间相互黏附的松紧程度和组合状态不同，呈现出不同的排列方式，见图 2-2。

单球菌：分裂后的细胞分散而单独存在，如尿素小球菌。

双球菌：分裂后两个球菌成对排列，如肺炎双球菌。

链球菌：分裂面呈一个方向，分裂后细胞排列成链状，如乳链球菌。

四联球菌：沿两个相互垂直的平面分裂，分裂后 4 个子细胞黏附在一起呈"田"字形，如四联小球菌。

八叠球菌：以三个相互垂直的平面进行分裂，形成的 8 个子球菌彼此不分离，聚在一起呈立方体，如乳酪八叠球菌。

葡萄球菌：分裂面不规则，分裂后多个菌体无规则排列，聚在一起，像一串串葡萄，如金黄色葡萄球菌。

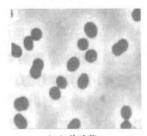 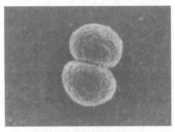 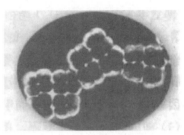

（1）单球菌　　　　　　　（2）双球菌　　　　　　　（3）链球菌

图 2-2　部分球菌的显微镜形态图

2. 杆菌

杆菌是种类最多的细菌类型，生产中用到的细菌大多数也是杆菌。细胞呈杆状，由于长宽比例不同，大小千差万别。长宽比大于 2 属长杆菌，小于 2 为短杆菌。杆菌的两端有的呈钝圆状或半圆状，有的呈平截状或刀切状，有的菌体如棒状杆菌则一端膨大。杆菌有的呈单个存在，如大肠杆菌；有的呈链状排列，如枯草芽孢杆菌；有的呈栅状排列或"V"形排列，如棒状杆菌。杆菌的长短、排列以及两端形状是其分类鉴定的依据之一。见图 2-3。

  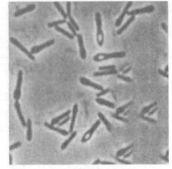

（1）短杆菌　　　　　　　（2）长杆菌　　　　　　（3）梭状芽孢杆菌

图 2-3　短杆菌、长杆菌及梭状芽孢杆菌的显微镜形态图

3. 螺菌

螺菌为弯曲的杆菌，弯曲程度不同，称谓不同。若菌体仅一个弯曲且不够一圈，呈弧

形或逗号形，称为弧菌，如霍乱弧菌；若菌体回旋呈螺旋状，有 2~6 个螺旋，称为螺旋菌，如小螺菌；若菌体旋转较多、自然状态如弹簧，则称为螺旋体。见图 2-4。

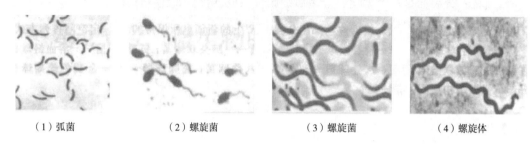

（1）弧菌　　　　　　（2）螺旋菌　　　　　　（3）螺旋菌　　　　　　（4）螺旋体

图 2-4　各类螺菌显微镜形态图

（二）细菌的大小

细菌细胞一般都很小，必须借助显微镜才能观察到，因此测量细菌的大小通常要使用放在显微镜中的显微测微尺来测量。细菌的长度单位为微米（μm），如用电子显微镜观察细胞构造或更小的微生物时，要用更小的单位纳米（nm）或埃（Å）来表示，它们之间的关系是：$1mm = 10^3 \mu m = 10^6 nm = 10^7 Å$。

球菌的大小以其直径表示，杆菌、螺菌的大小以宽度×长度来表示。螺菌的长度是以其自然弯曲状的长度来计算，而不是以其真正的长度计算的。

虽然细菌的大小差别很大，但一般都不超过几微米，大多数球菌的直径为 0.20~1.25μm。杆菌的大小一般为（0.2~1.25）μm×（0.3~0.8）μm，产芽孢的杆菌比不产芽孢的杆菌要大，螺菌的大小为（0.3~1.0）μm×（1~5.0）μm。表 2-1 所示为几种细菌的大小。

由于细菌个体大小有很大差异，以及所用固定和染色方法不同，测量结果可能不一致。一般细菌在干燥与固定过程中，细胞明显收缩，测量结果往往只能得到近似值。有关细菌大小的记载常常是平均值或代表值。

影响细菌形态变化的因素同样也影响细菌个体的大小，除少数例外。一般幼龄的菌体比成熟的或老龄的菌体大得多，但宽度变化不明显。细菌细胞大小还可能与代谢产物的积累或培养基中渗透压增加有关。

表 2-1　　　　　　　　　　　　　　几种细菌的大小

菌种	大小/μm
Streptococcus lactis（乳链球菌）	直径 0.8~1
Staphylococcus aureus（金黄色葡萄球菌）	直径 1.0~1.5
Micrococcus ureae（尿素微球菌）	直径 0.5~0.8
Escherichia coli（大肠杆菌）	（0.8~1.2）×（1.2~3.0）
Bacillus subtilis（枯草芽孢杆菌）	（0.8~1.2）×（4~6）
Clostridium botulinum（肉毒梭菌）	（0.3~0.6）×（1~3）
Spirillum rubrum（红色螺菌）	0.5×（1~2）

（三）细菌的细胞结构

细菌的一般结构即基本结构，是指任何菌体都具有的结构；而特殊结构只有某些种类的细菌才有，且对细菌的基本生命活动并非必需，包括荚膜、芽孢、鞭毛和菌毛等（图 2-5）。

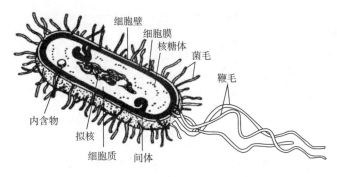

图 2-5　细菌的细胞构造示意图

1. 细胞壁

细胞壁（Cell Wall）是位于细胞膜外的一层坚韧而厚实的外层。细胞壁的生理功能主要为：①保持细胞形状：失去细胞壁后的菌体（原生质体或原生质球）将会失去其固有形态，在等渗溶液中呈多形性，在高渗溶液中将呈球形；②保护菌体：细胞壁结构坚韧，起着抗低渗和抗机械破坏作用，使菌体细胞能承受内外的渗透压差而不致发生渗透裂解；③物质交换的第一屏障：细胞壁上的许多小孔容许水分和直径小于 1nm 的物质自由通过，而阻止大分子物质通过；④为鞭毛运动提供支点：细胞壁的存在是鞭毛运动的必要条件；⑤决定细菌的抗原性、致病性以及噬菌体的特异敏感性。

大多数原核微生物没有细胞壁不能存活，而支原体无须人工处理或发生突变就天然无细胞壁，实际上就是自由生活的原生质体，它们具有独特坚韧的细胞膜，某些支原体的细胞膜中含有固醇，它增强了膜的刚性和韧性，由于没有细胞壁，支原体呈多形性。在进行细胞融合或菌种诱变时，需用溶菌酶或青霉素等破坏细菌细胞壁或抑制其合成，使革兰阳性细菌形成原生质体，革兰阴性细菌则因肽聚糖层受损后还残留部分细胞壁而形成原生质球。L-细菌是在实验室或宿主体内通过自发突变形成的遗传性稳定的细胞壁缺陷菌株。上述细胞壁失去或受损的菌体在高渗溶液中均呈球形。

细胞壁结构根据革兰染色结果，可将细菌分为染色结果呈紫色的革兰阳性（G⁺）细菌和呈红色的革兰阴性（G⁻）细菌两类。G⁺细菌细胞壁由 40 层左右网状分子构成，虽厚（20~80nm），但为单层结构，且化学组分简单，其中肽聚糖占 90%，另 10% 是磷壁酸；G⁻细菌细胞壁虽薄，但具有多层结构且成分复杂（图 2-6）。

（1）不同种类微生物的细胞壁结构

①G⁻细菌的细胞壁：G⁻细菌的细胞壁一般较薄，层次较多，成分较复杂，肽聚糖层很薄（仅 2~3nm），故机械强度弱，以 $E. coli$ 典型代表。其肽聚糖层埋藏在外膜脂多糖（LPS）层内，与 G⁺细菌的差别在于：G⁻细菌的四肽尾的第三个氨基酸分子由内消旋二氨基庚二酸（mDAP）来代替 L-Lys；G⁻ 细菌没有特殊的肽桥，H-前后两单体间的连接仅通过甲四肽尾的第四个氨基酸（D-Ala）的羧基与乙四肽尾的第三个氨基酸（mDAP）的氨基直接相连，因而只形成较稀疏、机械强度较差的肽聚糖网套外膜，又称"外壁"，是

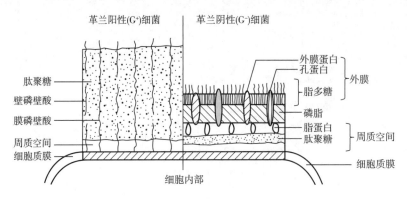

图 2-6　革兰阳性细菌和革兰阴性细菌细胞壁构造的比较

G⁻细菌细胞壁所特有的结构，它位于壁的最外层，化学成分为脂多糖、磷脂和若干种外膜蛋白。现将 G⁻ 细菌的细胞壁主要成分及结构做如下介绍。

A. 脂多糖（LPS）：脂多糖是 G⁻ 细菌细胞壁最外面一层较厚（8~10nm）的类脂多糖类物质，由类脂 A、核心多糖和 O-特异侧链（O-Specific Side Chain 或称 O-多糖或 O-抗原）这三部分组成。LPS 中的类脂 A 是革兰阴性细菌致病物质内毒素的物质基础，因其负电荷较强，故与磷壁酸相似，也有吸附镁离子、钙离子以提高其在细胞表面浓度的作用。LPS 结构的多变，决定了革兰阴性细菌细胞表面抗原决定簇的多样性；LPS 是许多噬菌体在细胞表面的吸附受体，具有控制某些物质进出细胞的部分选择性屏障功能。要维持 LPS 结构的稳定性，就必须有足够的钙离子存在。

B. 外膜蛋白：外膜蛋白指嵌合在 LPS 和磷脂层上的蛋白，有 20 余种，可分为基质蛋白——孔蛋白（通过孔的开闭可阻止抗生素进入）；外壁蛋白——外侧（与噬菌体的吸附或细菌素的作用有关）；脂蛋白——内侧（使外膜层牢固嵌进肽聚糖层）。

C. 周质空间：周质空间又称壁膜空间，指位于细胞壁与细胞膜之间的狭窄间隙，革兰阳性细菌与阴性细菌均有。内中含有多种蛋白质，例如蛋白酶、核酸酶等各种解聚酶，运送某些物质进入细胞的结合蛋白，以及趋化性的受体蛋白等。

②G⁺细菌的细胞壁：该类细菌的细胞壁厚度大（20~80nm），化学组分相对简单（90%肽聚糖和 10%磷壁酸）。现将 G⁺ 细菌细胞壁的主要成分做如下介绍。

A. 肽聚糖：肽聚糖又称黏肽、胞壁质或黏质复合物，是细菌细胞壁中的特有成分。肽聚糖分子由肽和聚糖两部分组成，其中肽包括四肽尾和肽桥两种，而聚糖则是由 N-乙酰葡糖胺和 N-乙酰胞壁酸两种单糖相互间隔连接成的长链。这种肽聚糖网格状分子交织成一个致密的网套覆盖在整个细胞上。看似十分复杂的肽聚糖分子，若把它的基本组成单位剖析一下，就显得很简单了。每一肽聚糖单体由三部分组成：a. 双糖单位，由一个 N-乙酰葡糖胺通过 β-1,4-糖苷键与另一个 N-乙酰胞壁酸相连，这个 β-1,4-糖苷键很易被溶菌酶所溶解，从而导致细菌因细胞壁肽聚糖的"散架"而死亡；b. 四肽尾（或四肽侧链），是由 4 个氨基酸分子以 L 型与 D 型交替方式连接而成的，其中两种 D 型氨基酸一般仅在细菌细胞壁上见到；c. 肽桥（或肽间桥）。

B. 磷壁酸：磷壁酸是结合在 G⁺细菌细胞壁上的一种酸性多糖，主要成分为甘油磷酸或核糖醇磷酸。磷壁酸包括两类：与肽聚糖分子进行共价结合的，称为壁磷壁酸，其含量会随培养基成分的改变而改变；跨越肽聚糖层并与细胞膜相交联的，称为膜磷壁酸或脂磷壁酸。

磷壁酸的主要生理功能：通过分子上的大量负电荷浓缩细胞周围的 Mg^{2+}，以提高细胞膜上一些合成酶的活性，贮藏元素；调节细胞内自溶素的活力，借以防止细胞因自溶而死亡；作为噬菌体的特异性吸附受体；赋予 G^+ 细菌特异的表面抗原，因而可用于菌种鉴定；增强某些致病菌（如 A 族链球菌）对宿主细胞的粘连，避免其被白细胞吞噬，并有抗补体的作用。磷壁酸有五种类型。主要为甘油磷壁酸和核糖醇磷壁酸两类。

（2）革兰染色及其机理

革兰染色法由丹麦医生克里斯蒂安·革兰于 1884 年就发明了，但其机理直到 20 世纪 80 年代方被揭示。这是一种极其重要的鉴别染色法，不仅可用于鉴别真细菌，也可用于鉴别古生菌。菌体经结晶紫初染、碘液媒染、浓度 95% 以上乙醇脱色处理和番红复染，G^+ 细菌和 G^- 细菌由于细胞壁在构造和成分上的差别，呈现出不同的染色结果。20 世纪 60 年代，萨尔顿曾提出细胞壁在革兰染色中的关键作用。1983 年，贝弗里奇等用铂代替媒染剂碘。用电子显微镜观察到结晶紫与铂的复合物可被细胞壁阻留，这就进一步证明了 G^+ 细菌和 G^- 细菌主要由于细胞壁结构和化学成分的差异而引起脱色能力的不同，最终导致染色结果不同。G^+ 细菌细胞壁较厚，肽聚糖含量较高且交联度高，结构致密，乙醇脱色时，肽聚糖网孔会因脱水而明显收缩，再加上它基本上不含类脂，故乙醇处理不能在细胞壁上溶出缝隙，结晶紫与碘复合物被阻留在细胞壁内，使菌体呈现出紫色；G^- 细菌细胞壁薄、肽聚糖含量低且交联松散且类脂含量高，乙醇处理时，肽聚糖网孔不易收缩，脂质溶解，细胞壁上形成较大的缝隙，结晶紫与碘的复合物就极易溶出，乙醇脱色后细胞又呈无色，菌体最终呈现复染染料番红的红色，而 G^+ 细菌仍为紫色。

2. 细胞膜

细胞膜约占细胞干重的 10%，厚 7~8nm，与细胞壁内层紧贴，包围细胞质，柔软而富有弹性。

细胞膜中的磷脂含量为 20%~30%，磷脂在水溶液中极易形成高度定向的双分子层，球形极性头部向外排列而非极性疏水尾部向内平行排列而构成膜的基本结构；蛋白质含量为 60%~70%，有些穿过磷脂双层，有些镶嵌其中，有些位于表面；另外细胞膜还含约 2% 的多糖。

1972 年辛格和尼科尔森提出细胞膜的液态镶嵌模型。认为膜是由球形蛋白与磷脂按照二维排列方式构成的流体镶嵌式，流动的脂类双分子层构成了膜的连续体，而蛋白质像孤岛一样无规则地漂流在磷脂类的海洋当中。

细胞膜是具有高度选择性的半透膜，含有丰富的酶系，具有重要的生理功能，主要表现在：①对细胞内外物质交换起选择性屏障作用，其上镶嵌有大量的渗透蛋白（渗透酶），控制着营养物质和代谢产物的进出；②细胞膜是细胞的代谢中心，在细胞膜上除渗透酶外，还分布着大量的呼吸酶、合成酶、ATP 合成酶等，细菌细胞的很多代谢反应在细胞膜上进行；③细胞膜是鞭毛着生的位点。

3. 中体

中体（中间体）是细胞膜内陷形成的层状、管状或囊状物，与细胞表面的细胞膜相比，中间体上镶嵌的酶蛋白更多。其功能可能与细胞壁合成、核质分裂、细菌呼吸和芽孢形成有关。细菌的能量代谢主要在中间体上进行，所以中间体又有拟线粒体之称。

4. 核区

细菌不具有真核生物那样完整的细胞核，核物质没有固定的形态和结构，无核膜包裹、也无核仁，仅较集中地分布在细胞质的特定区域内，称为拟核、类核或核区。拟核呈球状、棒状或哑铃状。拟核内仅有的一条闭合环状双链 DNA 大分子，高度折叠缠绕呈超螺旋结构，不与组蛋白结合，而与 Mg^{2+} 等阳离子和胺类等有机碱结合，以中和磷酸基团所带的负电荷，形成细菌染色体。拟核携带了细菌绝大多数的遗传信息，是细菌生长繁殖、新陈代谢和遗传变异的控制中心。

5. 质粒

质粒是细菌染色体外的遗传物质，为共价闭合环状双链 DNA 分子，分子质量介于 $(1~100) \times 10^6 u$，含数个至一百多个基因。芽孢和许多次生代谢产物（如抗生素、色素等）的合成一般受质粒控制。质粒可自我复制（与染色体同步进行）并稳定遗传，并非细菌生存和生命活动所必需，但可携带决定细菌某些遗传特性的基因，是遗传工程的重要载体。

不同质粒携带不同遗传信息，无质粒细菌不能自发产生质粒，但可通过接合、转化、转导等方式获得。质粒可整合至染色体上，并可从染色体上自发消失。

6. 核糖体

核糖体是细胞中核糖核蛋白的颗粒状结构，由核糖核酸（RNA）与蛋白质组成，其中 RNA 约占 60%，蛋白质占 40%，核糖体分散在细菌细胞质中，其沉降系数为 70S，是细胞合成蛋白质的场所，其数量多少与蛋白质合成直接相关，随菌体生长速度而异，当细菌生长旺盛时，每个菌体可有 10^4 个，生长缓慢时只有 2000 个。细胞内核糖体常成串联在一起，称为多聚核糖体。

7. 细胞质及其内含物

细胞质是在细胞膜内除核区以外的无色、透明、黏稠状物质，主要成分为水、蛋白质、核酸、脂类、少量糖和无机盐。细胞质中含有丰富的酶系，是营养物质合成、转化和代谢的场所。

除核糖体和气泡外，细胞质中还有各种颗粒状内含物，它们大多为细胞贮藏物质，数量因细菌的种类、菌龄及培养条件不同而改变，主要有异染粒、聚 β-羟丁酸、肝糖粒、淀粉粒、脂肪粒等。

气泡：由蛋白质膜（2nm 厚）构成的充满气体的泡状物。有些细菌细胞质中含有几个或多个气泡。许多光合细菌和水生细菌（例如蓝细菌、紫色与绿色光合细菌）、盐杆菌属和发硫菌属菌体的胞质中常含有气泡。气泡可调节细胞比重而调节其浮沉，使其漂浮在含有它们所需要的光强度、氧浓度和营养的合适水层位置；气泡吸收空气，空气中的氧气可供代谢需要。

异染粒：最初发现于迂回螺菌，白喉棒状杆菌等多种细菌胞质中也有异染粒存在。主要成分是多聚偏磷酸盐，是细菌特有的磷素养料贮藏颗粒。多聚偏磷酸盐对某些染料有特殊反应，产生与所用染料不同的颜色，例如可被甲苯胺蓝或亚甲基蓝等蓝色燃料染成紫红色，故得名。异染粒大小为 $0.5~1\mu m$，分子呈线状。耶尔森鼠疫杆菌的异染粒位于细胞两端，又称极体，是其重要的鉴别特征。

聚 β 羟丁酸颗粒（PHB）：是细菌特有的一种碳源和能源贮存物，是 β-羟丁酸单体经酯键相连而成的线性多聚体聚集而成的颗粒，直径 $0.2 \sim 7.0nm$。PHB 不溶于水，易被脂溶性染料（如苏丹黑）染色。根瘤菌属、固氮菌属、红螺菌属和假单胞菌属的细菌常积累 PHB 颗粒。

肝糖粒和淀粉粒：都是 $\alpha-1$，4 或 $\alpha-1$，6 糖苷键连接而成的葡萄糖聚合物。这些贮藏物通常以小颗粒比较均匀地分布在细胞质内。若这类贮藏物大量存在时，肝糖粒与碘液作用后呈红褐色，淀粉粒则呈蓝色。当环境中的碳氮比高时，菌体便进行碳素养料颗粒体的积累。

硫滴或硫粒：当环境中 H_2S 含量高时，某些细菌便在细胞内积累 S；当 H_2S 不足时，S 氧化成硫酸盐，为菌体提供生命活动所需能量。硫滴是硫元素的贮藏体，可作为好氧硫细菌的能源以及厌氧硫细菌的电子供体。

磁小体：1975 年在趋磁细菌中发现。趋磁细菌主要有水生螺菌属和嗜胆球菌属。由 Fe_3O_4 颗粒外包磷脂、蛋白或糖蛋白膜组成，大小均匀，$20 \sim 100nm$，每个菌有 $2 \sim 20$ 个。磁小体发挥导向作用，使趋磁细菌借鞭毛游向有利于其生长的环境。

脂肪粒：脂肪粒折光性较强，可被脂溶性染料染色；细胞生长旺盛时，脂肪粒增多，细胞遭破坏后，脂肪粒可游离出来。

液泡：许多活细菌细胞内有液泡，液泡主要成分是水和可溶性盐类，被一层脂蛋白的膜包围。可用中性红染色使之显现出来。液泡具有调节渗透压的功能，还可与细胞质进行物质交换。

羧酶体：自养菌中多角形或六角形，含 1，5-二磷酸核酮糖羧化酶的小体，具有固定 CO_2 的作用。

藻青素：蓝细菌中的内源性氮源和能源，颗粒状，精氨酸和天冬氨酸（1:1）的分支多肽。

（四）细菌的特殊结构

1. 荚膜

荚膜是某些细菌在一定营养条件下分泌到细胞壁外的透明或不透明的黏液状物质，位于细胞的最外层，具有明显的外缘和一定的形态，折光率低且不易着色，用碳素墨水负染色后在光学显微镜下可被观察到。荚膜使细菌在固体培养基上形成光滑型菌落。根据厚度，有大荚膜和微荚膜之分，前者即我们平常所指的荚膜，厚度大于 $0.2\mu m$，在光学显微镜下能观察到。

微荚膜较薄，厚度小于 $0.2\mu m$，也可与细胞表面牢固结合，但在光镜下不易观察到，只能用免疫学方法证实其存在。

黏液层则比荚膜松散，没有明显的边缘，并可向周围环境中扩散。由于荚膜和黏液层这两种结构的主要成分都是胞外多糖，所以又统称为多糖包被。

当多个具有荚膜的细胞发生融合，或一个具有荚膜的细胞分裂后子细胞不立即离开，便形成多个细菌共同包裹在一个荚膜中的菌胶团。

荚膜的组成因种而异，除水分外，主要是多糖（包括同型多糖和异型多糖），此外还有多肽、蛋白质、糖蛋白等。细菌如黄色杆菌属的菌种既具有 α-聚谷氨酰胺荚膜，又有含大量多糖的黏液层。荚膜的形成与环境条件有关，碳氮比高的环境有利于其生成，而炭疽芽孢杆菌则只有在动物体内才形成荚膜。

荚膜虽不是细菌的必需结构，但有许多功能。①保护作用：荚膜上大量极性基团，多糖层结合有大量的水，从而可提高细菌对干燥的抵抗力。另外可阻止噬菌体的吸附，从而避免了噬菌体的裂解作用。一些致病菌，如肺炎链球菌的荚膜还可保护它们免受宿主吞噬细胞的吞噬作用。②贮藏养料：荚膜也可作为细菌在胞外贮存的碳源和能源物质，以备急需。③屏障作用或离子交换系统：可保护细菌免受重金属离子的毒害。④表面附着作用：例如，引起龋齿的唾液链球菌和变异链球菌就会分泌一种己羰基转移酶，将蔗糖转变成果聚糖，使细菌黏附在牙齿表面，由细菌发酵糖类产生的乳酸在局部累积，腐蚀牙表珐琅质层引起龋齿，某些水生丝状细菌的鞘衣状荚膜也有附着作用。⑤细菌间的信息识别作用，如根瘤菌属。⑥堆积代谢废物。

荚膜是细菌鉴定的依据之一，某些致病菌具有难以观察到的微荚膜，用灵敏的血清学反应即可鉴定。乳酸菌中的肠膜明串珠菌的糖被主要是葡聚糖，可通过提取来制备"代血浆"或生化试剂，如葡聚糖凝胶；利用野油菜黄单胞菌的黏液层可提取胞外多糖——黄原胶（又名黄杆胶）作为食品添加剂；产生菌胶团的细菌在污水治理过程中具有分解、吸附和沉降有害物质的作用。产荚膜的细菌也存在危害，肠膜明串珠菌如果污染制糖厂的糖汁、酒类、牛奶和面包等，就会影响生产和降低产品质量；致病菌的荚膜给疾病的防治带来难度，有的链球菌荚膜引起龋齿，危害人类的健康。

2. 鞭毛

鞭毛是细菌的"运动器官"，是着生于细胞膜、穿过细胞壁、末端游离于细胞外的波形弯曲细丝状结构。鞭毛长 $15\sim20\mu m$，可超过细菌菌体许多倍，但直径仅为 $10\sim20nm$，以至于单根鞭毛不能直接在光学显微镜下观察，必须经过特殊的鞭毛染色法使其增粗。在电子显微镜下能容易地观察到鞭毛。另外也可根据细菌的运动性来间接判断鞭毛的有无，通常有以下 3 种方法：①在暗视野下观察细菌的水浸片或悬滴标本，根据其运动方式（非布朗运动）加以判断；②是在 $0.3\%\sim0.4\%$琼脂半固体直立柱中穿刺接种，如果在穿刺线周围有浑浊的扩散生长或"毛刷状"生长，说明该菌具有运动能力；③是根据菌落形态加以判断，鞭毛菌在固体培养基表面形成的菌落较大、扁平而不规则，边缘极不圆整。

按其着生位置和数目，鞭毛分为以下 3 种类型：①单生鞭毛：在菌体的一端、近端部或两端着生的单根鞭毛，如霍乱弧菌。②丛生鞭毛：在菌体的一端或两端着生的多根鞭毛，如荧光假单胞菌。③周生鞭毛：分布于整个菌体表面，如沙门菌和普通变形杆菌，相应的细菌分别被称为单端鞭毛菌、端生丛毛菌、两端鞭毛菌和周毛菌。

各类细菌中，弧菌、螺菌普遍生有鞭毛；杆菌中的假单胞菌属为极生鞭毛，有的杆菌为周生鞭毛，有的则不长鞭毛；球菌仅个别属，如动球菌属着生鞭毛。

鞭毛以旋转方式推动菌体高速前进，每秒推进的距离为菌体长度的 $5\sim50$ 倍。当环境中存在细菌需要或有害的化学物质时，鞭毛菌便借助鞭毛趋向或逃离这些物质，表现出趋化性，光合细菌则借助鞭毛表现出趋光性。

大多数能运动的原核微生物都是借助于鞭毛来运动。一些特殊的细菌类群还有其他的运动方式，例如，螺旋体还可借助细胞壁和细胞膜之间的上百根轴丝的收缩发生颤动、滚动或蛇形前进；黏细菌、嗜纤维菌和某些蓝细菌并无鞭毛，但它们能通过分泌胞外黏液，沿着固体表面进行滑行；有的水生微生物可通过气泡来调整它们在水层的位置，以获取所需要的光强度、氧气和养分。

3. 菌毛

菌毛是革兰阴性菌菌体表面密布短而直的丝状结构，可在电镜下观察到、菌毛数目很多，每个细菌可有 100~500 根菌毛。菌毛必须借助电子显微镜才能观察到，化学成分是蛋白质，具有抗原性。

菌毛与细菌运动无关，根据形态和功能的不同可以分为普通菌毛和性菌毛两类。普通菌毛数量较多（可多至数百根），均匀分布于菌体表面，作为一种黏附结构，帮助细菌黏附于宿主细胞的受体上，构成细菌的一种侵袭力；性菌毛仅见于少数革兰阴性菌，比普通菌毛长而粗，但数量少（1~4 根），并随机分布于菌体两侧。带有性菌毛的细菌具有致育性，称 F^+ 菌。当细菌间由性菌毛结合时，F^+ 菌可将毒力质粒、耐药质粒和核质等遗传物质通过管状的性菌毛输入 F^- 菌，从而使 F^- 菌也获得 F^+ 菌的某些特征。此外，性菌毛也是某些噬菌体吸附于细菌表面的受体。

菌毛的主要功能是黏附作用，能使细菌紧密黏附到各种固体物质表面，形成致密的生物膜。

4. 芽孢

某些细菌在生长发育后期，可在细胞内形成一个圆形或椭圆形、壁厚、含水量极低、抗逆性极强的休眠体，称为芽孢，有时也称其为内生孢子。由于一个细胞仅形成芽孢，故芽孢不是细菌的繁殖形式，而是休眠形式。芽孢是整个生物界中抗逆性最强的生命形式，有极强的抗热、抗干燥、抗辐射、抗化学药物和抗静水压等能力，尤其是抗热性，一般细菌的营养体不能经受 70℃ 以上的高温，但它们的芽孢却有惊人的耐高温能力。芽孢的休眠能力更是突出，在其休眠期间，检测不出代谢活力，因此称为隐生态。一般的芽孢在普通条件下可保持几年至几十年的生活力。

（五）细菌的菌落形态

1. 菌落特征

单个菌体细胞在适宜条件下大量生长繁殖，在固体培养基表面形成肉眼可见的群体，称为菌落。菌落是一个细胞繁殖形成的，是纯种细胞群或克隆。如果许多分散的纯种菌体细胞密集在培养基表面生长，大量菌落连成一片形成菌苔。

细菌的菌落一般具有如下特征：湿润、较光滑、较透明、较黏稠、易挑取、质地均匀以及菌落的正反面或边缘与中央部位的颜色一致等。菌落特征也是菌种鉴定的依据之一，细菌不同，菌落特征不同。菌落形态特征包括菌落大小、色泽、透明度、黏稠度、光滑程度、边缘特征、表面特征和隆起程度等。菌落表面有的干燥、粗糙、呈粉状，有的湿润；菌落直径有大有小，厚度也不同。

细菌在半固体培养基中生长时，出现许多特有的培养特征，例如，从半固体培养基的表面或穿刺线周围看细菌群体是否有扩散生长现象来判断细菌鞭毛的有无。

2. 斜面培养特征

将菌种划线接种到试管斜面上，培养 3~5d 后可对细菌的斜面培养特征进行观察，包括菌苔的生长程度、形状、光泽、质地、透明度、颜色、隆起和表面状况等。不同菌种形状不同，有丝状、念珠状、扩展状、假根状、树状、散点状等。

3. 液体培养特征

细菌在液体培养基中生长时，会因其细胞特征、比重、运动能力和对氧气的需求等不同，而形成不同的群体形态：多数表现为浑浊，部分表现为沉淀，一些好氧性细菌则在液面上大量生长，形成特征性的、厚薄有差异的菌醭、菌膜或环状、小片状不连续的菌膜等。

（六）细菌的繁殖

当一个细菌生活在合适条件下时，通过其连续的生物合成和平衡生长，细胞体积、质量不断增大，最终导致了繁殖。细菌的繁殖方式主要为裂殖，只有少数种类进行芽殖。

1. 裂殖

裂殖指一个细胞通过分裂而形成两个子细胞的过程。对杆状细胞来说，有二分裂、三分裂和复分裂三种方式。

（1）二分裂　典型的二分裂是一种对称的二分裂方式，即一个细胞在其对称中心形成一隔膜，进而分裂成两个形态、大小和构造完全相同的子细胞。绝大多数的细菌都借这种分裂方式进行繁殖。少数细菌中有不等二分裂繁殖方式，其结果产生了两个在外形、构造上有明显差别的子细胞。

（2）三分裂　进行厌氧光合作用的绿色硫细菌（暗网菌属），能形成松散、不规则、三维构造并由细胞链组成的网状体。其原因是除大部分细胞进行常规的二分裂繁殖外，还有部分细胞进行成对的"一分为三"方式的三分裂，形成一对"Y"形细胞，随后仍进行二分裂，其结果就形成了特殊的网眼状菌丝体。

（3）复分裂　复分裂是蛭弧菌的小型弧状细菌所具有的繁殖方式，当它在宿主细菌体内生长时，会形成不规则的盘曲的长细胞，然后细胞多处同时发生均等长度的分裂，形成多个弧形子细胞。

2. 芽殖

芽殖是指在母细胞表面（尤其在其一端）先形成一个小突起，待其长大到与母细胞相仿后再相互分离并独立生活的一种繁殖方式。

（七）工业常见的细菌菌属

1. 芽孢杆菌属

芽孢杆菌属细菌主要生产蛋白酶、淀粉酶，以及多肽类抗生素、核苷酸、氨基酸、维生素、2,3-丁二醇、果胶酶等。例如，地衣芽孢杆菌可用于生产碱性蛋白酶、甘露聚糖酶和杆菌肽；枯草芽孢杆菌可用于生产 α-淀粉酶；多黏芽孢杆菌可生产多黏菌素；巨大芽孢杆菌可生产头孢菌素酰化酶；苏云金芽孢杆菌的伴孢晶体可杀死农业害虫如玉米螟、棉铃虫，是无公害的农药。

2. 短杆菌属

该属中的黄色短杆菌是生产多种氨基酸的常用菌种；产氨短杆菌是生产核苷酸和辅酶类的菌种，如腺苷三磷酸（ATP）、肌苷酸（IMP）、辅酶I、辅酶A等。

3. 棒状杆菌属

该属中的谷氨酸棒状杆菌、北京棒状杆菌可用于生产多种氨基酸，如谷氨酸、鸟氨酸、高丝氨酸、丙氨酸、色氨酸、苯丙氨酸、赖氨酸等。

4. 乳酸杆菌属

乳酸杆菌多分布在乳制品和泡菜、酸菜等发酵食品中，在青贮饲料和人的肠道中也比较常见。该属中的多种菌被广泛用于乳酸生产和乳制品工业，如德氏乳酸杆菌是生产乳酸的重要菌种；发酵乳制品的生产菌主要有干酪乳酸杆菌、保加利亚乳酸杆菌、嗜酸乳杆菌等。

5. 双歧杆菌属

近年来，许多实验证明双歧杆菌产乙酸具有降低肠道 pH、抑制有害细菌滋生、分解致癌前体物、抗肿瘤细胞、提高机体免疫力等多种对人体健康有益的生理功能。目前发现的具有上述功能的双歧杆菌包括短双歧杆菌、长双歧杆菌、青春双歧杆菌、婴儿双歧杆菌和两歧双歧杆菌等。这些菌常用来生产微生态制剂以及口服双歧杆菌活菌制剂或含活性双歧杆菌的乳制品。

6. 明串珠菌属

该属的肠膜状明串珠菌能利用蔗糖合成大量荚膜物质，其成分为右旋糖酐，这种葡聚糖可作为血浆代用品。

7. 链球菌属

该属的乳链球菌可用于生产乳链球菌肽和乳酸菌素。其中乳链球菌肽属多肽类抗菌物质，可作为一种高效、无毒的天然食品防腐剂，已被广泛应用于多种食品、饮料的防腐保鲜；嗜热链球菌常与保加利亚乳酸杆菌混合用作酸奶和干酪生产的发酵剂；马链球菌兽疫亚种是发酵法生产透明质酸的主要菌种。

8. 梭状芽孢杆菌属

丙酮-丁醇梭状芽孢杆菌是发酵法生产丙酮-丁醇的菌种；丁酸梭状芽孢杆菌能生产丁酸；巴氏芽孢梭菌能生产己酸，它们在传统大曲酒生产中能赋予白酒浓香型香味成分，如己酸乙酯、丁酸乙酯等。

9. 大肠杆菌

工业上利用大肠杆菌制取氨基酸（如天冬氨酸、色氨酸、苏氨酸和缬氨酸等）和多种酶（如天冬酰胺酶、青霉素酰化酶、酰基转移酶、溶菌酶、谷氨酸脱羧酶、多核苷酸化酶、α-半乳糖苷酶等）；大肠杆菌经常用作分子生物学的研究材料，可作为基因工程受体菌，经改造后作为工程菌，用于生产各种多肽蛋白质类药物（如生长素、胰岛素、干扰素、白介素、红细胞生成素等）和氨基酸。

10. 醋杆菌属

该属的醋酸单胞菌和葡萄糖酸杆菌可氧化乙醇为终产物醋酸。而另一群醋酸杆菌不仅能氧化乙醇为醋酸，而且能将醋酸进一步氧化成为 H_2O 和 CO_2，是制醋工业的菌种，其生长的最佳碳源是乙醇、甘油和乳酸。此外，该属的醋酸杆菌将 D-山梨醇转化为 L-山梨糖，是二步法生产维生素 C 的重要中间产物。

11. 假单胞菌属

该属的某些菌能发酵产生维生素 B_{12}、丙氨酸、谷氨酸、葡萄糖酸、色素、α-酮基-葡萄糖酸、果胶酶、脂肪酶、酶抑制剂、一些有机酸和抗生素等产品，也能进行类固醇（甾体）的转化，有些菌株在污水处理、消除环境污染方面发挥着重要作用。

12. 黄单胞菌属

所有的黄单胞菌都是植物病原菌，导致甘蓝黑腐病的野油菜黄单胞菌可作为工业菌种生产荚膜多糖，即黄原胶。

此外，单胞菌可用来生产乙醇，固氮菌、根瘤菌可制备菌肥，用于农业生产。

二、放线菌

放线菌因菌落呈放射状而得名，是一类介于细菌和真菌之间的单细胞微生物，它的细胞构造和细胞壁的化学成分与细菌相同，而在菌丝的形成、外生孢子繁殖等方面则类似于丝状真菌。放线菌目前最大的经济价值在于能产生多种抗生素，如链霉素、红霉素、金霉素等。60%以上的抗生素由放线菌产生，常用的放线菌主要包括链霉菌属、小单孢菌属和诺卡菌属等。

（一）放线菌的基本形态

1. 个体形态

放线菌由分枝菌丝构成，直径 0.2~1.2μm，无横隔，仍然是单细胞。至今发现的放线菌均为 G⁺细菌，（G+C）含量高于任何已知细菌，为 63%~78%（摩尔分数），细胞结构与细菌相似。由于形态与功能不同，放线菌的菌丝可分为营养菌丝、气生菌丝和孢子丝。

（1）营养菌丝 营养菌丝为匍匐生长于培养基表面或生长于培养基中吸收营养物质的菌丝，又称基内菌丝或一级菌丝。一般无隔膜，直径 0.2~0.8μm，长度差别很大，有的可产生色素。

（2）气生菌丝 当营养菌丝发育到一定阶段，由营养菌丝上长出培养基外，伸向空间的菌丝为气生菌丝，又称二级菌丝。气生菌丝叠生于营养菌丝上，可覆盖整个菌落表面。在光学显微镜下观察，颜色较深，直径较粗（1.0~1.4μm），有的产色素。

（3）孢子丝 气生菌丝发育到一定阶段，其上可分化出形成孢子的菌丝，即孢子丝。其形状和排列方式因种而异，且性状较稳定，常被作为放线菌分类的依据。孢子丝的形状有直形、波浪形、螺旋状，有丛生、轮生。孢子丝继续发育可形成孢子，孢子有球形、椭圆形、杆状、瓜子形等；孢子表面呈光滑、刺状、发状和鳞片状；孢子的颜色十分丰富，有白、黑、黄或紫等不同颜色。

（二）放线菌的菌落特征

在固体培养基上多数放线菌有基内菌丝和气生菌丝的分化，气生菌丝成熟时又会进一步分化成孢子丝并产生成串的干粉状孢子，菌丝间没有毛细管水存积，于是就使放线菌产生与细菌有明显差别的菌落：干燥、不透明、表面致密的丝绒状，上有一薄层彩色的"干粉"，菌落和培养基的连接紧密，难以挑取。菌落的正反面颜色常不一致，以及在菌落边缘的琼脂平面有变形的现象等。少数原始的放线菌如诺卡菌等缺乏气生菌丝或气生菌丝不发达，菌落与细菌的菌落接近。

在液体培养基上对放线菌进行摇瓶培养时，常可见到在液面与瓶壁交界处黏着一团菌苔，培养液清而不浑，其中悬浮着许多珠状菌丝团，一些大型菌丝团则沉在瓶底等现象。

（三）放线菌的繁殖方式

1. 无性孢子

放线菌主要是通过无性孢子进行无性繁殖。当放线菌生长到一定阶段时，一部分气生菌丝分化形成孢子丝，孢子丝逐渐成熟而分化形成分生孢子，有些放线菌可生成孢囊孢子。放线菌可生成的以下几种孢子类型。

（1）凝聚孢子 当孢子丝生长到一定阶段时，在孢子丝中从顶端向基部，细胞质分段围绕核物质，逐渐凝聚成一串大小相似的小段，然后每小段外面产生新的孢子壁而形成圆形或椭圆形孢子，孢子成熟后，孢子丝自溶而消失或破裂，孢子被释放出来。大部分放线菌的孢子是按此种方式形成的。

（2）横隔孢子 孢子丝生长到一定阶段时，产生许多横隔膜，形成大小相近的小段，然后在横隔膜处断裂形成孢子。横隔分裂形成的孢子常为杆状。

（3）孢囊孢子 在气生菌丝或营养菌丝上先形成孢子囊，然后在囊内形成孢囊孢子，其过程是菌丝卷曲形成孢子囊，孢子囊继续生长，囊内形成横隔直至孢囊孢子形成，孢子囊成熟后，可释放出大量孢囊孢子。

（4）分生孢子 小单孢菌科中多数种孢子的形成是在营养菌丝上作单轴分枝，在每个枝杈顶端形成一个球形或椭圆形孢子，这种孢子称分生孢子。

（5）厚壁孢子 有些放线菌偶尔也产生厚壁孢子。

放线菌的孢子具有较强的耐干燥能力，但不耐高温，60~65℃处理10~15min即失去活力。

2. 菌丝断裂

放线菌也可借菌丝断裂形成新的菌体而起到繁殖的作用。这种繁殖方式常见于液体培养中，工业发酵生产抗生素时都以此法大量繁殖放线菌。如果震荡培养或搅拌培养，短菌丝体可形成球状颗粒。若静置培养，可在瓶壁液面处形成菌斑或菌膜，或沉于瓶底，总之不使培养基浑浊。

（四）工业常见的放线菌

1. 链霉菌属

有发育良好的分枝状菌丝体，菌丝无隔膜，孢子丝和孢子所具有的典型特征是区分各种链霉菌明显的表观特征，主要借分生孢子繁殖，是放线菌中种类最多的一个属，包括几百个种。该属可产生1000多种抗生素，用于临床的已超过100种，如链霉素、土霉素、博来霉素、井冈霉素等。此外，该属的有些菌种还可以生产维生素、酶和酶抑制剂等。

2. 诺卡菌属

在培养基上培养十几小时菌丝体开始形成横隔膜，并断裂成多形态的杆状、球状或带叉的杆状体，以此复制成新的多核菌丝体。该属中大多数种无气生菌丝，只有基内菌丝，有的则在基内菌丝体上覆盖着极薄的一层气生菌丝，有横隔膜，断裂成杆状。地中海诺卡菌可产生利福霉素，有些诺卡菌能利用碳氢化合物和纤维素等。

3. 小单孢菌属

基内菌丝发育良好，多分枝，无横隔膜，不断裂，一般不形成气生菌丝体。孢子单生，无柄，直接从基内菌丝上产生，或在基内菌丝上长出短孢子梗，顶端着生一个孢子。临床上广泛使用的庆大霉素是由该属中的绛红小单孢菌和棘孢小单孢菌产生的。

4. 链孢囊菌属

基内菌丝体分枝很多，气生菌丝体成丛、散生或同心环排列。主要特征是能形成孢子囊和孢囊孢子，有时也可形成螺旋孢子丝，产生分生孢子。该属中的一些种类可产生抗生素，如粉红链孢囊菌可产生多霉素，绿灰链孢囊菌可产生孢绿菌素，西伯利亚链孢囊菌可产生对肿瘤有一定疗效的西伯利亚霉素。

此外，还有一些种类的放线菌还能产生各种酶制剂（如蛋白酶、淀粉酶和纤维素酶等）、维生素（如维生素 B_{12}）和有机酸等。放线菌还可用于类固醇转化、烃类发酵、石油脱蜡和污水处理等化工、环保方面。近年来研究发现，某些链霉菌可作为基因工程载体的宿主细胞，是一个很有潜力的外源蛋白表达宿主系统。

三、酵母菌

酵母菌不是分类学上的名词，而是指以芽殖或裂殖方式进行无性繁殖，少数可产生子囊孢子进行有性繁殖的单细胞真核微生物。酵母菌与人类关系密切，千百年来，人类几乎天天都与酵母菌打交道。酵母菌广泛分布于自然界含糖量较高和偏酸的环境中，如水果、蔬菜、花蜜以及植物叶片上，尤其是果园、葡萄园的上层土壤中较多，空气及一般土壤中少见。有些酵母菌可利用烃类物质，在油田和炼油厂附近的土层中分离到这类酵母菌，具有净化环境的作用。工业生产中常用的酵母有啤酒酵母、假丝酵母、红酵母、面包酵母、药用酵母等，可分别用于酿酒、制造面包、生产脂肪酶等，以及用于生产可食用、药用和饲料用的酵母菌体蛋白等。

（一）酵母菌的基本形态

酵母菌是典型的真核微生物，其细胞直径一般比细菌粗 10 倍。例如，典型的酵母菌酿酒酵母菌的宽度为 2.5~10mm，长度为 4.5~21mm。因此，在光学显微镜下，可模糊地看到它们细胞内的种种结构分化。酵母菌细胞的形态通常有球状、卵圆状、椭圆状、柱状或香肠状等多种。当它们进行一连串的芽殖后，如果长大的子细胞与母细胞并不立即分离，其间仅以极狭小的面积相连，则这种藕节状的细胞串就称为假菌丝；相反，如果细胞相连，且其间的横隔面积与细胞直径一致，则这种竹节状的细胞串就称为真菌丝。

1. 细胞壁

酵母菌的细胞壁厚约 25mm，约占细胞干重的 25%，是一种坚韧的结构。其化学组分较特殊，主要由"酵母纤维素"组成。它的结构似三明治——外层为甘露聚糖，内层为葡聚糖，它们都是复杂的分枝状聚合物，其间夹有一层蛋白质分子。蛋白质约占细胞壁干重的 10%，其中有些是以与细胞壁相结合的酶的形式存在的，例如：葡聚糖酶、甘聚糖酶、蔗糖酶、碱性磷酸酶和脂酶等。据实验，维持细胞壁强度的物质主要是位于内层的葡聚糖成分。此外，细胞壁上还含有少量类脂和以环状形式分布在芽痕周围的几丁质。

2. 细胞膜

将酵母菌原生质体放在低渗溶液中破裂后，再经离心、洗涤等步骤就可得到纯净的细胞膜。细胞膜也是一种三层结构。它的主要成分是蛋白质（约占干重的 50%）、类脂（约占 40%）和少量糖类。细胞膜是由上、下两层磷脂分子以及嵌杂在其间的甾醇和蛋白质分子组成的。磷脂的亲水部分排在膜的外侧，疏水部分则排在膜的内侧。细胞膜的功能是：调节细胞外溶质运送到细胞内的渗透屏障；细胞壁等大分子成分的生物合成和装配基地；部分酶的合成和作用场所。

3. 细胞核

酵母菌具有用多孔核膜包裹起来的定形细胞核——真核。活细胞中的核可用相差显微镜加以观察；如用碱性品红或吉姆萨染色法对固定的酵母细胞进行染色，还可观察到核内的染色体（其数目因种而不同）。在电子显微镜下，可发现核膜是一种双层单位膜，其上存在着大量直径为 40~70nm 的核孔，用以增大核内外的物质交换。

酵母菌的细胞核是其遗传信息的主要贮存库。在核中存在着 17 条染色体。因为单倍体酵母细胞中 DNA 的分子质量为 $1×10^{10}u$。是人细胞中 DNA 的分子质量的 1/100，只比大肠杆菌中的分子质量大 10 倍，因此很难在显微镜下加以观察。

除细胞核外，在酵母菌的线粒体和环状的"2μm 质粒"中也含有 DNA。酵母菌线粒体中的 DNA 是一个环状分子，分子质量为 $5×10^6u$，比高等动物线粒体中的 DNA 大 5 倍，类似于原核生物中的染色体，可通过密度梯度离心而与染色体 DNA 相分离。线粒体上的 DNA 量占酵母细胞总 DNA 量的 15%~23%，它的复制是相对独立进行的。

4. 酵母菌的其他细胞构造

在成熟的酵母菌细胞中，有一个大型的液泡。其内含有一些水解酶以及聚磷酸、类脂、中间代谢物和金属离子等。液泡可能起着营养物和水解酶类的贮藏库的作用，同时还有调节渗透压的功能。

在有氧条件下，酵母菌细胞内会形成许多线粒体。它的外形呈杆状或球状，大小为（0.3~0.5）μm×0.3μm 外面由双层膜包裹着。内膜经折叠后形成峭，其上富含参与电子传递和氧化磷酸化的酶。在峭的两侧均匀地分布着圆形或多面形的基粒。峭间充满液体的空隙称为基质，它含有三羧酸循环的酶系。在缺氧条件下生长的酵母菌细胞，只能形成无峭的简单线粒体。这就说明，线粒体的功能是进行氧化磷酸化。

（二）酵母菌的菌落形态

酵母菌一般都是单细胞微生物，且细胞都是粗短的形状，在细胞间充满着毛细管水，故它们在固体培养基表面形成的菌落也与细菌相仿，一般都有湿润、较光滑、有一定的透明度、容易挑起、菌落质地均匀以及正反面和边缘、中央部位的颜色都很均一等特点。但由于酵母菌的细胞比细菌的大，细胞内颗粒较明显、细胞间隙含水量相对较少以及不能运动等特点，故反映在宏观上就产生了较大、较厚、外观较稠和较不透明的菌落。酵母菌菌落的颜色比较单调，多数都呈乳白色或矿烛色，少数为红色，个别为黑色。凡不产生假菌丝的酵母菌，其菌落更为隆起，边缘十分圆整；而会产生大量假菌丝的酵母，则菌落较平坦，表面和边缘较粗糙。酵母菌的菌落一般还会散发出一股酒香味。

（三）酵母菌的繁殖方法

酵母菌的繁殖方式有两种类型，"无性繁殖"和"有性繁殖"。

1. 无性繁殖

（1）芽殖　芽殖是酵母菌最常见的繁殖方式。在良好的营养和生长条件下，酵母菌生长迅速，这时可以看到所有细胞上都长有芽体，而且在芽体上还可形成新的芽体，所以经常可以见到呈簇状的细胞团。

（2）裂殖　酵母菌的裂殖与细菌的裂殖相似。其过程是细胞伸长，核分裂为二，然后细胞中央出现隔膜，将细胞横分为两个相等大小的、各具有一个核的子细胞。进行裂殖的酵母菌种类很少，例如裂殖酵母属的八孢裂殖酵母。

2. 有性繁殖

酵母菌是以形成子囊和子囊孢子的方式进行有性繁殖的。它们一般通过邻近的两个性别不同的细胞各自伸出一根管状的原生质突起，随即相互接触、局部融合并形成一个通道，再通过质配、核配和减数分裂，形成 4 个或 8 个子核，每一子核与其附近的原生质一起，在其表面形成一层孢子壁后，就形成了一个子囊孢子，而原有营养细胞就成了子囊。

（四）工业常见的酵母菌

1. 酵母菌属

本属种类较多，代表菌种为酿酒酵母。酿酒酵母分布在各种水果的表皮、发酵的果汁、土壤和酒曲中，特别是果园和葡萄园的土壤中较多。广泛应用于啤酒、白酒、果酒的酿造和面包的制造，由于酵母菌含有丰富的维生素和蛋白质，因而可作为药用，也可用于饲料，还可提取核酸、麦角固醇、谷胱甘肽、细胞色素 C、辅酶 A、腺苷三磷酸等多种生化产品，因此具有较高的经济价值。

2. 假丝酵母属

本属的代表种是产朊假丝酵母。产朊假丝酵母能利用工农业废液生产单细胞蛋白，其蛋白和 B 族维生素含量均超过酿酒酵母，是生产食用、药用或饲料用单细胞蛋白的优良菌种。此外，本属的热带假丝酵母能利用石油生产饲料酵母，解脂假丝酵母可用于石油脱蜡、生产柠檬酸和菌体蛋白。

3. 毕赤酵母属

本属菌对正癸烷及十六烷的氧化能力较强，其代表种粉状毕赤酵母，可利用石油、农副产品或工业废料生产单细胞蛋白、麦角固醇、苹果酸、甲醇及磷酸甘露聚糖等，此外粉状毕赤酵母是最近迅速发展的一种基因工程表达宿主。

4. 红酵母属

红酵母属没有乙醇发酵的能力，但能同化某些糖类，有的能产生大量脂肪，对烃类有弱氧化能力。此外，还可产生丙氨酸、谷氨酸、甲硫氨酸等多种氨基酸。

5. 球拟酵母属

球拟酵母属酵母菌细胞呈球形、卵形或长圆形，无假菌丝，多边芽殖，有乙醇发酵能力，能将葡萄糖转化为多元醇，为生产甘油的重要菌种。本属的酵母菌是工业生产中的重要菌种，有的菌种可进行石油发酵，可生产蛋白质或其他产品，代表种为白色球拟酵母。

四、霉菌

霉菌不是一个分类学上的名词。凡生长在营养基质上形成绒毛状、网状或絮状菌丝的真菌统称为霉菌。霉菌在自然界分布很广，大量存在于土壤、空气、水和生物体内外等处。它喜欢偏酸性环境，大多数为好氧性，多腐生，少数寄生。霉菌的繁殖能力很强，以无性孢子和有性孢子进行繁殖，多以无性孢子繁殖为主。其生长方式是菌丝末端的伸长和顶端分支，彼此交错呈网状。菌丝的长度既受遗传的控制，又受环境的影响，其分支数量取决于环境条件。菌丝或呈分散生长，或呈团状生长。工业上常用的霉菌有藻状菌纲的根霉、毛霉、犁头霉，子囊菌纲的红曲霉，半知菌类的曲霉、青霉等。它们可用于生产多种酶制剂、抗生素、有机酸及甾体激素等。

（一）霉菌菌丝基本形态

霉菌营养体的基本单位是菌丝，它的直径一般为 3~10μm，与酵母细胞类似，但比细菌或放线菌的细胞约粗 10 倍。根据菌丝中是否存在隔膜，可把所有菌丝分成无隔菌丝和有隔菌丝两大类。

霉菌菌丝细胞的构造与前述的酵母菌细胞十分相似。其外由厚实、坚韧的细胞壁所包裹，其内有细胞膜，再内就是充满着细胞质的细胞腔。细胞核也由双层的核膜包裹，其上有许多核孔，核内有一核仁。在细胞质中存在着液泡、线粒体、内质网、核糖体和膜边体等。

组成霉菌细胞壁的成分十分丰富。在细胞的成熟过程中，细胞壁的成分会发生明显的变化；处于不同进化地位的真菌，其细胞壁成分也存在着一定规律的变化。

孢子囊的菌丝尖端细胞各部位的成熟程度是不同的。在菌丝顶端有延伸区和硬化区，它们的内层是几丁质层，外层为蛋白质层；接着就是亚顶端部位（次生壁形成区），其由内至外是几丁质层、蛋白质层和葡聚糖蛋白网层；再下面就是成熟区，其由内至外为几丁质层、蛋白质层、葡聚糖蛋白质层和葡聚糖层；最后就是隔膜区。

从进化的角度来看，越是低等的、水生的真菌，其细胞壁成分就越与藻类接近，即含有较多的纤维素；较高等的、陆生的真菌，则主要含有几丁质成分。从物理形态来看，组成真菌细胞壁的成分有两大类：一类为纤维状物质，即由 β（1–4）多聚物所构成的微纤维（包括纤维素和几丁质），它使细胞壁具有坚韧的机械性能；另一类为无定型物质，例如蛋白质、甘露聚糖和葡聚糖，包括 β（1–3）、β（1–6）或 α（1–3）葡聚糖，它们混在上述纤维状物质构成的网内或网外，以充实细胞壁的结构。

（二）霉菌的菌落

霉菌的细胞呈丝状，在固体培养基上有营养菌丝和气生菌丝的分化。气生菌丝间没有毛细管水，故它们的菌落与细菌和酵母菌的不同，而与放线菌的接近。霉菌的菌落较大，质地一般比放线菌疏松，外观干燥，不透明，呈现或紧或松的蛛网状、绒毛状或棉絮状；菌落与培养基的连接紧密，不易挑取；菌落正反面的颜色、边缘与中心的颜色常不一致等。

菌落正反面颜色呈现明显差别的原因，是气生菌丝尤其是由它所分化出来的子实体的颜色往往比分散在固体基质内的营养菌丝的颜色深；而菌落中心与边缘的颜色及结构不同的原因，则是越接近中心的气生菌丝其生理年龄越大，发育分化和成熟得也越早，颜色一般也越深，这样，它与菌落边缘尚未分化的气生菌丝比起来，自然会有明显的颜色和结构上的差异。

（三）霉菌的繁殖

霉菌有着极强的繁殖能力，它们可通过无性繁殖或有性繁殖的方式产生大量新个体。虽然真菌菌丝体上任一部分的菌丝碎片都能进行繁殖，但在正常自然条件下，真菌主要还是通过形形色色的无性或有性孢子来进行繁殖的。

霉菌的无性孢子直接由生殖菌丝的分化而形成，常见的有节孢子、厚垣孢子、孢囊孢子和分生孢子。

霉菌的有性繁殖过程包括质配、核配、减数分裂三个过程，常见的有性孢子有卵孢子、接合孢子、子囊孢子、担孢子。

霉菌的孢子具有小、轻、干、多以及形态色泽各异、休眠期长和抗逆性强等特点，但它与细菌的芽孢却有很大的差别。霉菌孢子的形态常有球形、卵形、椭圆形、礼帽形、土星形、肾形、线形、针形、镰刀形等。每个个体所产生的孢子数，经常是成千上万的，有时竟达几百亿、几千亿甚至更多。孢子的这些特点，都有助于霉菌在自然界中随处散播和繁殖。

（四）工业常见的霉菌

1. 根霉属

根霉在自然界分布极广，空气、土壤及各种物体表面都有其孢子，常引起有机物霉变，使食品发霉变质，水果、蔬菜霉烂。根霉的用途广泛，其淀粉酶活性很强，是酿酒工业常用的糖化菌。根霉可生产发酵食品、饲料、葡萄糖、酶制剂（淀粉酶、糖化酶）、有机酸（如延胡索酸、乳酸等），可转化类固醇，是重要的转化类固醇的微生物。

2. 毛霉属

毛霉种类较多，在自然界中分布广泛，土壤、空气中都有很多毛霉孢子。有些毛霉能引起谷物、果品、蔬菜的腐败。毛霉的淀粉酶活性很强，可把淀粉转化为糖，在酿酒工业上用作淀粉质原料的糖化菌。毛霉能产生蛋白酶，有分解大豆蛋白质的能力，用于制作豆腐乳和豆豉。毛霉产生的淀粉酶活性很强，可将淀粉转化为糖，是酿酒工业常用的糖化菌。有些毛霉能产生柠檬酸、草酸、乳酸、琥珀酸、甘油等，并能转化类固醇。

3. 曲霉属

曲霉在自然界分布很广，土壤、谷物和各种有机物上均有存在，空气中经常有曲霉孢子。两千年前我国就已利用各种曲霉菌制酱。曲霉也是我国民间用以酿酒、制醋曲中的主要菌种，现代工业利用曲霉生产各种酶制剂（如淀粉酶、果胶酶）、有机酸（如柠檬酸、葡萄糖酸）等。发酵工业中常用的菌种有黑曲霉、米曲霉和黄曲霉。

（1）黑曲霉　黑曲霉具有多种活性强大的酶系，可用于工业生产。例如，淀粉酶用于淀粉的液化、糖化，以生产乙醇、白酒或制造葡萄糖和消化剂；果胶酶用于水解多聚半乳糖醛酸果汁澄清和植物纤维精炼；柚苷酶和陈皮苷酶用于柑橘类罐头去苦味或防止白浊；葡萄糖氧化酶用于食品脱糖和除氧防锈。黑曲霉还能产生多种有机酸如抗坏血酸、柠檬酸、葡萄糖酸和没食子酸等。某些菌系可转化类固醇，还可测定锰、铜、钼、锌等微量元素和作为霉腐实验菌。

（2）米曲霉　米曲霉含有多种酶类，糖化型淀粉酶（淀粉-1,4-葡萄糖苷酶）和蛋白酶都较强，不产生黄曲霉毒素，主要用作酿酒的糖化曲和酱油生产用的酱油曲。

（3）黄曲霉　黄曲霉产生液化型淀粉酶（α-淀粉酶）的能力较黑曲霉强，蛋白质分解力次于米曲霉。黄曲霉能分解 DNA 产生 5′-脱氧胸腺嘧啶核苷酸、5′-脱氢胞苷酸和 5′-脱氧鸟苷酸等。但黄曲霉中的某些菌系能产生黄曲霉毒素，特别是在花生或花生饼粕上易于形成，能引起家禽、家畜严重中毒以致死亡。由于黄曲霉毒素能致癌，已引起人们的极大关注。

4. 青霉属

青霉种类很多，广泛分布于空气、土壤和各种物品中，常生长在腐烂的柑橘皮上，呈蓝绿色。青霉用于生产抗生素、酶制剂（脂肪酶、磷酸二酯酶、纤维素酶）、有机酸（抗坏血酸、葡萄糖酸、柠檬酸）等。发酵青霉素的菌丝废料含有丰富的蛋白质、矿物质和 B 族维生素，可作为家畜家禽的饲料。产黄青霉和点青霉都是生产青霉素的重要菌种。

（1）产黄青霉　该菌能产生多种酶类及有机酸，在工业生产上主要用于生产青霉素，并用以生产葡萄糖氧化酶或葡萄糖酸、柠檬酸和抗坏血酸。

（2）橘青霉 橘青霉的许多菌系可产生橘霉素，也能产生脂肪酶、葡萄糖氧化酶和凝乳酶，有的菌系产生 5′-磷酸二酯酶，可用来生产 5′-核苷酸。

5. 头孢霉属

本属的顶孢头孢霉是发酵生产头孢菌素 C 的生产菌。头孢菌素 C 具有广谱抗菌作用和毒性非常低的优点。虽然其抗菌活性较低，但由顶孢头孢霉发酵提取获得的头孢菌素 C，可通过酰化酶水解法或化学裂解法除去侧链，制取其 7-氨基头孢霉烷酸（7-ACA）母核，再用固定化酰化酶法使 7-ACA 母核与新的侧链缩合（酰基化）而成为各种新型高效的半合成头孢菌素。现已发展到第三、第四代头孢菌素，它们具有抗菌谱广，血药浓度高，疗效高，用药安全，剂量小，长效稳定等优点。

6. 红曲霉属

红曲霉是腐生菌，嗜酸，特别喜乳酸，耐高温，耐乙醇，它们多出现在乳酸自然发酵的基物中。大曲、制曲作坊，酿酒醪液、青贮饲料、泡菜、淀粉厂等都是适于它们繁殖的场所。

红曲霉在发酵工业上有着重要的地位，红曲霉能产生淀粉酶、麦芽糖酶、蛋白酶、柠檬酸、琥珀酸、乙醇、麦角固醇等。有些种产生鲜艳的红曲霉红色素和红曲霉黄色素，所以我国多用其培制红曲，可作中药、食品染色剂和调味剂。某些红曲霉菌株能高产具有降血脂功能的洛伐他汀和降血压作用的 γ-氨基丁酸。

7. 木霉属

本属的绿色木霉和康氏木霉含有很强的纤维素酶（C_1 酶和 C_x 酶），能分解纤维素，是木质纤维素酶生产的主要菌。此外，还含有纤维二糖酶、淀粉酶、乳糖酶、真菌细胞壁溶解酶和青霉素 V 酰化酶等。木霉也是一类能产生抗生素的真菌，如绿木菌素、黏霉素、木菌素和环孢菌素（免疫抑制剂）等。此外，木霉还能产生核黄素，并可用于转化类固醇。

8. 白僵菌属

白僵菌的分生孢子在昆虫体上萌发后，可穿过体壁进入虫体内大量繁殖，使其死亡，死虫僵直，呈白茸毛状，故将该菌称为白僵菌。白僵菌已广泛应用于杀灭农林害虫（如棉花红蜘蛛、松毛虫和玉米膜等），是治虫效果最好的生物农药之一。

第二节 发酵工业菌种的分离筛选

微生物是获得各种生物活性产物的丰富资源，是地球上分布最广、物种最丰富的生物种群，它们既能生活在动植物生存的环境，也能生活在动植物不能生存的环境中。尤其是极端微生物为耐受极端环境而进化出的许多特殊代谢机制，使一些新的生物技术手段成为可能，各种具有特殊功能的酶类及其他活性物质，在医药、食品、化工、环保等领域有着重大的应用潜力。但自然环境下的微生物是混杂生长的，要想得到理想的菌株，就需要采取一定的方法将它们分离出来。菌株分离就是将一个混杂着各种微生物的样品通过分离技术区分开，并按照实际要求和菌株的特性采取迅速、准确、有效的方法对它们进行分离、筛选，进而得到所需微生物的过程。菌株分离与筛选是获得微生物菌株的两个关键环节，绝不可分开。分离的过程中就有筛选的作用，菌株分离要以生产实际的需要为出发点，充分了解目的代谢物的性质，以及可能产生所需目的产物的微生物分布、特性以及生长环境等，设计选择性高、目的性强的分离方法，才能快速从可能的环境和混杂的多种微生物中获得所需菌种。筛选方案是否合理的关键在于所采用的筛选方法的选择性和灵敏度，因为野生菌株本身的内含物和周围环境中的养分非常复杂，目的产物的含量极低，所以检测方法要求灵敏度高、快速，且专一性强。

菌种的分离筛选工作主要应用于以下方面：

（1）从被污染的生产及科研用菌种中重新分离筛选所需菌株。

（2）发酵生产中长期使用菌种的定期分离筛选纯化。

（3）从各种菌种选育方法处理后的微生物样品中分离筛选所需的菌株。

（4）从大自然中分离筛选新的菌株，包括寻找新的发酵产品的产生菌或寻找传统发酵产品的新的优良菌株等。

以从自然界分离筛选菌种为例，菌种的分离筛选主要有以下步骤。

一、样品的采集

为了更有效地获得目标微生物，采集样品时，可遵循一定的规律，总的原则是：样品来源越广泛，获得新菌种的可能性越大，特别是在一些如高温、高压、高盐、低 pH 等极端环境中，可找到能适应苛刻环境压力的微生物类群，这种方法已经获得成功。一般的原则是：根据目标产物或功能来确定所要典型采样方法选择的菌株类型，再根据菌株类型选择其生长环境，同时，要了解目标产物的性质和可能产目标产物的微生物种类及其生理特征。

微生物在代谢上具有一定的规律，可根据系统进化的观点来选择目的菌株，各类微生物虽然有许多差别，但是它们在生长、繁殖、代谢方面也存在一些共性，如初生代谢基本相同。若以生产初生代谢产物为目的，从细菌和真菌中往往都能分离筛选到目的菌株。相反，并不是所有微生物都能进行次生代谢，通常，只有丝状真菌、放线菌以及产芽孢的细菌能进行次生代谢，因此，如果要获得产生某些次生代谢产物的菌种，在系统进化上必须是产芽孢菌及更高级的进化种类才能筛选得到。

微生物的分布因其对碳源、氮源等的营养需求不同而不同，并且代谢类型也与其生长的外部环境条件有很大的相关性，在筛选一些具有特殊性质的微生物菌株时，则需要了解该微生物的生理特性，选择与其生理特性相近的一些特殊的环境进行采样。

一般从土壤中采集样品筛选菌种时要考虑土壤的以下特点：土壤的有机质含量和通风状况、土壤酸碱度和植被状况、地理条件以及季节因素等。

二、样品的预处理

在分离筛选目标微生物之前，对微生物的样品进行预处理，可提高目标微生物分离的效率。通常使用的预处理方法包括以下几种。

1. 物理方法

物理方法包括加热处理、膜过滤法、离心法和空气搅拌法。在分离放线菌时，热处理的方法较为有效，因为放线菌的繁殖体、孢子（如链霉菌）和菌丝片段比革兰阴性菌更加耐热，如采用 100℃、1h 或 40℃、2~6h，可以处理土壤或根土的样品，便于分离链霉菌属、马杜拉菌和小双孢菌等。加热可以减少样品中细菌的数量，虽然也常减少放线菌的数量，但能增加放线菌同细菌的比例。膜过滤法和离心法主要起到浓缩样品中微生物细胞的作用，如用膜过滤法处理水样品，以分离出小单孢菌属、内孢高温放线菌；用离心法处理海水、污泥样品，以便于分离链霉菌属等。但要注意本法应根据目的菌的类型、大小来选择不同孔的滤膜。如从发霉的稻草中筛选嗜热放线菌孢子时，可采用空心搅拌法（沉淀池），即在空气搅动下，用风筒或沉淀室收集，再用安德森采样器将含孢子的空气撞击在平板上，可以大大减少样品中的细菌数。

2. 化学法

在分离前，将分离培养基中添加某些化学物质或者在样品中加一些固体基质，或撒一些可溶性养分以强化分离，来增加特定微生物的数量。例如，在培养基中添加 1% 几丁质可分离土样和水样中链霉素菌属的放线菌；添加 $CaCO_3$ 提高培养基的 pH，来分离嗜碱放线菌。

3. 诱饵法

诱饵法是采用将一些固体物质，如用涂石蜡的棒置于培养基中，或者将花粉、蛇皮、人的头发等加到待分离的土样或水样中作诱饵，使得目的菌株富集，待其菌落长出后再进行平板分离。

三、富集培养

为了提高分离效率，可通过富集培养增加待分离目标微生物的数量，即根据不同种类的微生物生长繁殖过程对环境和营养要求的不同，使目的微生物在最适条件下迅速生长繁殖，增加数量，成为人工环境下的优势种，淘汰非目的菌株。一般采用以下方法进行富集。

1. 控制营养成分

在增殖培养基中加入各种营养成分（如唯一可利用的碳源和氮源）等，就可使可能利用此种养分的菌株因为得到充分的营养而迅速生长，其他微生物因无法分解利用这些物质，生长受到抑制，如在几丁质琼脂培养基中加入一定量的胶态几丁质或矿物盐，就可以使链霉菌属和微单孢菌属的放线菌成为优势菌；如要分离脂肪酶的产生菌，可在富集培养基中加入相应的底物作为唯一碳源，加入含菌样品，并为待分离的微生物提供最适宜的培养条件（如温度、pH、通气条件等）。能分解该底物的微生物能大量繁殖，而其他类型微生物因没有相应的碳源可以利用，生长受到抑制。但要注意，能在同一种富集培养基上繁殖的微生物，是一类营养类型相类似的群体，要得到纯的菌种还需要进一步的分离。

2. 控制培养条件

在培养过程中，常用的不同控制培养条件有：①控制不同溶氧浓度，可将好氧和厌氧微生物分开；②控制不同温度，可将嗜热和非嗜热微生物分开；③控制 pH，可将嗜酸和嗜碱微生物分开；④控制高糖或高盐浓度培养基，可获得耐高渗的微生物；⑤控制高压培养条件，可获得耐高压的微生物。此外，在培养基中加不同的抗生素可以获得具有相应抗性的微生物菌株等。

3. 控制培养基的酸碱度

筛选某些微生物时，除可通过营养状态进行选择外，还可通过其他一些条件的特殊要求加以控制培养，微生物生长繁殖的适宜酸碱度往往是不同的。将 pH 调节至 7.0~7.5，可以分离细菌和放线菌，pH 调节至 4.5~6，可以分离霉菌和酵母菌；或通过温度调节，如在分离放线菌时，将样品液在 40℃ 恒温预处理 20min，有利于孢子萌发，可以达到富集放线菌的目的。因此，结合一定营养，将培养基调至一定的 pH，更有利于排除某些不需要的微生物类型。对于筛选一些产有机酸类型的菌种，采用控制 pH 方法更为有效。

4. 添加抑制剂

分离微生物所用的培养基中，可以添加一些专一性抑制剂，这样筛选效果还会提高。添加一些抗生素和化学试剂减少非目的微生物的数量，使得目的微生物的比例提高。但是，不同的起抑制作用的物质种类和浓度是有差异的，所以应该区别分离对象，灵活使用。一般在分离细菌时，培养基中可以加入浓度为 50U/mL 制霉菌素，可有效地抑制霉菌和酵母菌的生长；而在分离霉菌和酵母菌时，可以 1:1:1 的比例添加 30U/mL 青霉素、链霉素和四环素，细菌和放线菌生长受到抑制。此外，还可以根据要分离微生物的生理特性，采用一些特殊的方法抑制非目的微生物。如分离具有耐高温特性芽孢杆菌时，可先将样品加热到 80℃ 或在 50% 乙醇溶液中浸泡 1h，可将不产芽孢的微生物杀死后，再进行分离。分离厌氧菌时，培养基中加入少量硫乙醇酸钠作为还原剂，它能降低培养基氧化还原电势，创造厌氧环境，抑制好氧菌的繁殖。

5. 控制培养温度和通气条件

根据微生物的最适生长温度进行富集，一般嗜冷微生物的最适温度在 15℃ 左右，嗜温微生物在 25~37℃，嗜热微生物在 55℃ 甚至更高。当从样品中进行菌种分离时，置于目的微生物的最适温度下培养，可在一定程度上抑制另一类微生物的生长。当分离某些特殊产物的微生物时，对温度的选择还需考虑某些内在的关系，如在筛选不饱和脂肪酸产生菌时，由于细胞膜中所含的不饱和脂肪酸含量越高，凝固点越低，细胞在较低温度下越有活力，因此在低于正常温度 10℃ 时分离效果较好。分离放线菌时，可将样品液在 40℃ 条件下预处理 20min，有利于孢子的萌发，以达到富集的目的。可见，根据需要选择合适的培养温度，可使不适合生长的菌得到淘汰。

若分离严格厌氧菌时，需准备特殊的培养装置，为厌氧菌提供适宜的生长环境，更便于分离；在筛选极端微生物时，需针对其特殊的生理特性，设计适宜的培养条件（高盐、高渗、高酸碱等），达到富集的目的。

四、菌种分离

经过富集培养后的样品，虽然目的微生物的数量得到了大大增加，但仍是各种微生物的混合物。为了进一步研究目的微生物的特性，首先须使该微生物处于纯培养状态。也就是说培养物中所有细胞只是微生物的某一个种或株，它们有着共同的来源，是同一细胞的后代。

好氧微生物的分离方法可分为两类：一类只能达到"菌落纯"，较为粗放，如稀释涂布法、平板划线分离法等，操作简便有效，多应用在工业生产中；另一类是单细胞或单孢子分离方法，可达到"菌株纯"或"细胞纯"的水平，需采用专门的仪器设备，简单的可利用培养皿或凹玻片作分离小室进行分离，复杂的则需借助显微操作装置。厌氧微生物的分离和培养有其特殊性，主要是采取各种方法使它们处于没有氧的环境或氧化还原电位低的条件下进行培养。随着对厌氧微生物培养方法的改进，发现它们在自然环境中存在的种类和数量都得到大幅度的增加，它们的作用也显得越来越重要。

因此，要根据样品经不同方法处理后得到的菌悬液中含有所需的微生物浓度以及生理生化特性，选择适宜的分离方法。稀释涂布分离法、稀释混合平板法或平板划线分离法是分离和纯化微生物的常规方法，不需要特殊的仪器设备，一般情况下都能顺利进行，达到好的效果。

如若分离工业发酵所需的厌氧菌时，如梭状芽孢杆菌、丁酸菌、光合菌、反硝化菌、脱氮排硫杆菌等，需采取厌氧培养法，否则菌体会因接触氧气而死亡，厌氧菌分离方法有加还原剂法、容器厌氧培养法、平皿厌氧培养法。

五、菌种的初筛和复筛

目的菌株被分离出来以后，还需要通过筛选来得到产物合成能力较高的菌株，以便应用于工业生产。通常根据目的微生物的特殊的生理特性或利用某些代谢产物生化反应来设计，这类微生物在分离培养基上培养时，其产物可以与指示剂、显色剂或底物等反应，表现出一定的特征，故而可定性地鉴定，而有些微生物则需要通过初筛和复筛的方法来确定。

（一）初筛

初筛是淘汰不符合要求的大部分菌株，把生产性状类似的菌株尽量保留下来，以量为主，尽可能快速、简单。初筛分为两种方式，即平板筛选和摇瓶发酵筛选。

1. 平板筛选

平板筛选是利用菌体在特定固体培养基平板上的生理生化反应，将肉眼观察不到的产量性状转化成可见的"形态"变化。平板筛选具体的方法有纸片培养显色法、透明圈法、变色圈法、生长圈法和抑菌圈法等，这些方法可以将复杂而费时的化学测定转变为平皿上可见的显色反应，大幅度地减少工作量。这些方法较为粗放，一般只能用作定性或半定量，常用于初筛，但它们可以大大提高筛选的效率。

2. 摇瓶发酵筛选

因为摇瓶振荡培养法更接近于发酵罐培养的条件，所以经平板筛选的菌株，再进行摇瓶培养，选出的菌株易于扩大培养。一般是一个菌种接种一组摇瓶，在一定的转速、合适的温度下进行振荡培养，培养的发酵液过滤后测其活力。

（二）复筛

复筛是在初筛基础上，结合发酵工业菌种的具体要求，进一步鉴定初筛所获得的几株菌种的安全性、稳定性和适应性等，尤其是其发酵生产能力，从而确定可用于发酵工业的生产菌株，或将其作为后续菌种选育的出发菌株。初筛阶段，通常淘汰 85%~90% 不符合要求的微生物，但难以得到确切的产量水平，因此需要复筛。同时，在复筛过程中，还可以对所确定的目的菌株的发酵条件和培养基进行初步优化。

六、发酵工业菌种鉴定

筛选获得目的菌株纯培养物后的首要工作就是菌种鉴定。目前，微生物鉴定工作主要包括以下内容：形态学特征、生理生化特征、血清学实验与噬菌体分型、分子生物学鉴定等，具体如下。

1. 形态学特征

形态学特征主要包括细胞表面形态、细胞内部的显微及亚显微附属结构等，以及菌落形态、颜色、大小、染色反应等特征。

2. 生理生化特征

生理生化特征包括营养类型、对碳源、氮源的利用能力、对生长因子的需求、需氧性、对温度和 pH 以及渗透压的适应性、对抗生素及抑菌剂的敏感性、代谢产物分析及其与宿主的关系等。目前，应用较广的鉴定方法包括 BIOLOG 碳源自动分析鉴定、API 数值鉴定系统（主要应用于细菌和酵母的鉴定）、全细胞脂肪酸分析鉴定系统、细菌磷酸类脂分析等。

3. 血清学实验与噬菌体分型

在生物体外进行不同微生物之间抗原与抗体反应实验（血清学实验）进行微生物的分类和鉴定，通常是对全细胞或者细胞壁、鞭毛、荚膜或黏液层的抗原性进行比较分析。目前，主要使用的方法包括：凝集反应、沉淀反应（如凝胶扩散、免疫电泳）、补体结合、直接或间接的免疫荧光抗体技术、酶联免疫以及免疫组织化学等方法。此外，也可用纯化的蛋白质（酶）进行分析，以比较不同细菌同源蛋白质之间的相似性。

4. 分子生物学鉴定

随着分子生物学技术和方法发展，生物系统分类基础发生了重大变化，对微生物的分类鉴定已不再局限于表型特征，而是进入了表型特征和分子特征相结合的时代。从分子水平上研究生物大分子特征，为微生物分类鉴定提供了简便、准确的技术和方法，其中 16S rRNA 的基因（真核微生物为 18S rRNA）序列分析技术已广泛用于微生物分类鉴定工作中。16S rRNA 参与原核生物蛋白质的合成过程，其功能是任何生物必不可少的，而且在生物进化的漫长过程中其功能保持不变。在 16S rRNA 分子中既含有高度保守的序列区域，又有中度保守和高度变化的序列区域，因此它适用于进化距离不同的各类生物亲缘关系的研究。此外，16S rRNA 大小适中，约 1.5kb，既能体现不同菌种属之间的差异，又便于序列分析。因此，16S rRNA 是生物系统发育分类研究中最有用和最常用的分子钟，利用 16S rRNA 基因序列分析技术进行微生物分类鉴定被微生物学研究者普遍接受。16S rRNA 中可变区序列因细菌不同而异，恒定区序列基本保守，所以可利用恒定区序列设计引物，将 16S rRNA 片段扩增出来，利用可变区序列的差异来对不同属、种的微生物进行分类鉴定。一般认为，16S rRNA 的基因序列同源性小于 97%，可以认为属于不同的种；同源性为 93%~95% 或更低时，可以认为属于不同的属。

应用 16S rRNA 或 18S rRNA 核苷酸序列分析法进行微生物分类鉴定，首先，要将原核或真核微生物进行培养，然后提取并纯化 16S rRNA 或 18S rRNA，分别进行序列测定，获得各相关微生物的序列资料，再与 16S rRNA 或 18S rRNA 数据库中的序列数据进行分析比较，确定其系统发育关系并确定其地位，从而可以鉴定样本中可能存在的微生物种类。

目前，常用的菌种鉴定方法及其过程如下：首先，在获得该菌种纯培养菌落特征的基础上，进一步通过显微镜、电镜等对该微生物菌体形态结构进行观察；其次，对微生物生理生化特征进行分析；再次，通过分子生物学鉴定方法对微生物基因、氨基酸序列进行同源性分析。以上过程可通俗地概括为图（该微生物菌落图、显微图以及电镜图）；表（该微生物生理生化特征分析结果一览表）；树（基于核酸序列或氨基酸序列同源性分析的系统发育分子进化树)。该方法适用于大多数微生物菌种的鉴定。如需确定微生物的亚种，还可通过随机扩增多态性分析（RAPD）、重复序列 PCR 指纹分析（rep-PCR）等方法进行进一步鉴定。

第三节　发酵工业菌种选育

发酵工业的菌种决定一个发酵产品工业化价值及发酵过程的成败。从自然界分离纯化得到的菌种，生产能力低，远不能满足工业化生产的要求，因此必须运用物理、化学、生物学、工程学等方法和手段处理菌种，打破菌种的正常生理代谢，最大限度地积累人们需要的代谢产物，最终实现工业化、产业化的目的。现代发酵工业之所以如此迅猛地发展，除了发酵工艺改进和发酵设备的不断更新外，更重要的原因就是由于不断地进行菌种的改良及选育，才使抗生素、酶制剂、有机酸、氨基酸、维生素、激素、色素、生物碱、不饱和脂肪酸以及其他各类生物活性物质等产品的产量大幅度地增长，其中一个典型的例子是青霉素产生菌特异青霉，最初发现时（1929 年），表层培养产量只有 $1 \sim 2U/mL$，后来美国一研究所实验室分离出产黄青霉，同时伴以液体深层培养，达到 $40U/mL$，在此基础上，经过多年不断地菌种选育（诱变育种）的过程，目前产量可达 $80000U/mL$ 以上，提高了 2000 多倍。

微生物菌种选育是建立在遗传和变异的基础上，一个菌种生物合成目的产物的能力是由遗传物质的结构与功能所决定的，而功能由遗传结构所控制，通过改变遗传结构来影响功能，使生物合成产物的化学结构、合成能力和活性也发生改变。

微生物菌种的选育旨在能够提供一株优异的菌种，大幅度提高微生物发酵产品的数量与质量，促进微生物发酵工业的快速发展。发酵工业菌种选育的主要目标有：提高目标产物的产量；缩短发酵周期；适应较广的原料；提高目标产物的含量或浓度；改良菌种的性状以提高其适应性；改变生物合成途径，以获得高产的新产品等。

一、常规育种

（一）自然育种

自然选育是从自然界直接分离获得单菌落或根据菌种的自发突变进行筛选而获得的菌种。自然突变可能会产生两种截然不同的结果，一种是菌种退化而导致目标产物产量或质量下降；另一种是对生产有益的突变。为了保证生产水平的稳定和提高，应经常地进行生产菌种自然选育，以淘汰退化的菌种，选出优良的菌种。自然选育还可达到纯化菌种、防止菌种衰退、稳定生产、提高发酵产量等目的。

但是自然选育的效率低，因此经常与诱变选育交替使用，以提高育种效率。自然选育的一般程序是将菌种制成菌悬液，用稀释法在固体平板上分离单菌落，再分别测定单菌落的生产能力，从中选出高水平菌种。

（二）诱变育种

诱变育种从广义上讲，可描述为采用各种科学技术手段（物理、化学、生物学以及不同组合）处理微生物菌种，并从中分离得到所需表型的变异菌种。诱变育种，是最常用的菌种改良手段，其理论基础是基因突变，主要方法是采用物理、化学或生物诱变的方法来修改目的微生物基因组，产生突变型。凡能诱发微生物基因突变，使突变频率远远超过自发突变频率的物理因子或化学物质，均可称为诱变剂。

1. 物理诱变

物理诱变是用物理诱变因子使微生物发生基因突变，物理诱变因子主要包括紫外线、X 射线、γ 射线、快中子等。近年来，又兴起了一批新型物理诱变方法，如常压室温等离子体诱变、空间技术诱变、激光及强磁场诱变等。

（1）紫外诱变 DNA 和 RNA 的嘌呤和嘧啶对紫外线都有很强的吸收能力，最大吸收峰在 260nm，紫外线可造成 DNA 链断裂，或使 DNA 分子内或分子之间发生交联反应，使同一条链相邻碱基之间或两条链碱基之间形成二聚体，阻碍碱基正常配对，从而引起微生物突变死亡，且二聚体的形成还会影响 DNA 双链的解开，进而影响其复制和转录，其中，嘧啶较嘌呤对紫外线更敏感，紫外诱变主要是形成嘧啶二聚体。综上所述，紫外线主要是引起微生物碱基转换、颠换、移码或缺失等突变，导致微生物发生遗传变异。如将紫外线照射后的微生物立即暴露于可见光下，可明显降低其死亡率，该现象称为光修复，即可见光的光能（300~500nm）可激活 DNA 光裂合酶，从而打开二聚体，修复 DNA。因此，紫外诱变整个操作过程需在暗箱或红外灯背景下进行，并在暗箱培养，以防止光修复。此外，细胞内还存在另外一种修复体系，这种修复与光无关，又称暗修复，即可通过核酸内切酶、核酸外切酶、DNA 聚合酶、连接酶四种酶协同修复 DNA 损伤。因此，紫外诱变还应注意诱变时和诱变后的培养条件，如温度等，从而避免暗修复。

（2）常压室温等离子体诱变 常压室温等离子体是在大气压下产生，温度在 25~40℃，具有高活性粒子浓度的等离子体射流，如激发态的氢原子、氧原子、氮原子、·OH 自由基等。等离子体中的活性粒子作用于微生物，能够使其细胞壁、细胞膜的结构及通透性改变，并能引起基因损伤，进而使微生物基因序列发生变化，最终导致微生物产生突变。该方法可有效造成 DNA 多样性损伤，突变率较高，并易获得遗传稳定性良好的突变株。

（3）空间技术诱变 空间技术诱变是物理诱变的一种特殊应用，即利用宇宙系列卫星、科学返回卫星、空间站及航天飞机等空间飞行器，进行搭载微生物材料的空间诱变育种，通过外层空间特殊的物理化学环境（主要诱变因素为太空辐射和微重力）引起菌种的 DNA 分子的变异和重组，从而得到目的产物产量更高的高产菌种。该方法突变频率高、突变谱广、变异幅度大，且变异性状稳定，可明显改良微生物的某些遗传特性。

2. 化学诱变

化学诱变是利用化学诱变因子使微生物发生基因突变。主要的化学诱变剂有三大类。

（1）碱基类似物 碱基类似物是与 DNA 正常碱基结构类似的化合物，即在 DNA 复制过程中，碱基类似物能取代正常碱基被错误掺入 DNA，从而引起变异，如 5-溴尿嘧啶（BU）和 2-氨基嘌呤（2-AP），都能引起 A—T 碱基对转换为 G—C 碱基对。

（2）烷化剂 烷化剂通常是指带有 1 个或多个活性烷基，该基团能够转移到其他电子密度高的分子上，使碱基许多位置上增加了烷基，从而在多方面改变氢键的能力。亚硝基胍（NTG）是最有效并应用广泛的化学诱变剂之一，诱发的突变主要是 G—C→A—T 的转化，还包括小范围切除、移码突变及 G—C 碱基对的缺失。

（3）移码突变剂 移码突变是使 DNA 序列中的一个或少数几个核苷酸发生增添或缺

失，从而导致该处后面的全部遗传密码的阅读框发生改变，并进一步引起转录和翻译错误的一类突变。该突变是一种点突变，仅针对突变发生处的编码基因，不影响突变点后其他基因的正常编码。移码突变剂如苯并芘、黄曲霉素、吖啶杂类染料等。

化学诱变剂通常都具有毒性，90%以上是致癌物质或剧毒药品，因此，开展化学诱变实验不仅要注意自身安全，也要防止污染环境。

化学诱变剂也称为掺入诱变剂，这类诱变剂要求微生物细胞必须处在代谢旺盛期（如对数生长期），才能获得最佳诱变效果，而物理诱变不存在生长状态的限制，芽孢、孢子、活化的微生物细胞都可用于物理诱变。

由于物理诱变和化学诱变机制不同，因此，采用理化因素进行复合诱变（如紫外线与化学诱变剂联合使用等），可拓宽突变谱，显著提高诱变效果。

诱变育种基本过程包括：选择合适的出发菌株，制备待处理菌悬液，诱变，筛选，评价，保藏和扩大实验等环节。诱变育种的关键技术：选择简便有效的诱变剂；挑选优良的出发菌株；选用合适的诱变剂量，通常低剂量诱变剂反复诱变筛选，更有利于高产菌株的稳定；处理单孢子悬液应均匀；充分利用复合处理的协同效应提高诱变效果；设计高效定向筛选菌株的方案。

二、细胞工程育种

细胞工程方法主要是指杂交育种，其本质是基因重组，其特点是在细胞水平上对菌种进行操作，采用杂交、接合、转化、转导、原生质体融合等遗传学方法，将不同菌种的遗传物质进行交换、重组，使不同菌种的优良性状集中在一个重组体中，从而提高产量或改善菌株发酵性能。

（一）杂交育种的遗传标记

微生物杂交育种所使用的配对菌株称为直接亲本，由于多数微生物尚未发现其有性世代，因此，直接亲本菌株应带有适当的遗传标记。常用的遗传标记有以下几种：营养缺陷型标记、抗性标记、温度敏感性标记以及其他性状标记。

（二）细菌杂交育种

细菌杂交育种一般是将供体菌株和受体菌株细胞接触，供体菌株通过 F 因子向受体菌株转移遗传物质，使两菌株间的基因进行连接、交换和重组，利用基本培养基或选择性培养基筛选重组体。其中，F 因子是菌株杂交行为的决定因素。

（三）放线菌杂交育种

放线菌与细菌一样是原核生物，没有完整的细胞核结构，有一条环状染色体，它的遗传结构与细菌相似，基因重组过程也类似于细菌，但放线菌的细胞形态和生长习性与霉菌很相似，具有复杂的形态分化，生长过程中产生菌丝体和分生孢子。放线菌杂交育种原理与霉菌差别较大，而放线菌杂交育种操作方法与霉菌基本相同。

目前放线菌杂交育种的方法主要有混合培养法、玻璃纸法和平板杂交法。这里主要介绍混合培养法。

（1）确定杂交亲本　根据选育的目的，确定杂交亲本。直接亲本和配对亲本上要求有不同的遗传标记，同时配对亲本最好还带有颜色标记。

（2）混合接种培养　将两亲本的新鲜孢子或菌丝分别接种到同一个完全培养基斜面

上，置于适宜的温度下培养。根据选育的目的确定培养时间，培养时间长，原养型重组体较多，培养时间短，异养型重组体较多。

（3）单孢子悬液的制备　将混合培养成熟的孢子用含有 0.01% 月桂酸钠的无菌水洗下，孢子液置于盛有玻璃珠的三角瓶内振摇 10min，然后经过滤、离心、洗涤，制成浓度为 $10^7 \sim 10^8$ 个/mL 的单孢子悬液。

（4）重组体的检出　由于原养型重组体对营养的需求表现了两个亲本的表型，因而可将稀释后的单孢子悬液涂布在基础培养基上培养，长出的菌落除回复突变和互养杂合系菌株外其他都是原养型重组体。异养型重组体由于仍具有某些营养缺陷型的基因，与原养型菌株相比，其代谢处于不平衡状态，因此在发酵工业中几乎没有应用价值。

（四）霉菌杂交育种

霉菌杂交育种是利用准性生殖过程中的基因重组和分离现象，将不同菌株的优良特性集合到一个新菌株中，然后通过筛选，获得具有新遗传结构和优良遗传特性的新菌株。霉菌杂交育种过程主要有以下几个环节：异核体的形成、杂合双倍体的形成和检出、体细胞重组（染色体交换和单倍化）和高产重组体的筛选等。

由此可见，有性生殖和准性生殖最根本的相同点是它们均能导致基因重组，从而丰富遗传基础，出现子代的多样性。

（五）酵母的杂交育种

酵母菌的杂交工作开展较早，1938 年就获得了酵母的杂交种，所以在基础理论和操作技术方面都比较完善。酵母杂交育种运用了酵母的单、双倍体生活周期，将不同基因型和相对的交配型的单倍体细胞经诱导杂交而形成二倍体细胞，经筛选便可获得新的遗传性状。酵母的杂交方法有孢子杂交法、群体杂交法、单倍体细胞杂交法和罕见交配法。

酵母菌有性杂交包括三个步骤：酵母子囊孢子的形成、子囊孢子的分离和酵母菌杂交重组体的获得。下面以群体杂交法进行说明。

1. 亲本单倍体细胞的分离

亲本单倍体细胞的分离包括以下两步。

（1）子囊孢子的形成　产孢子酵母通常要在生孢培养基上才能形成子囊孢子，生孢培养基的营养较为贫乏，因为在饥饿条件下比较容易发生减数分裂形成子囊孢子。

（2）子囊孢子的分离　子囊孢子的分离有酶法和机械法。酶法使用蜗牛酶水解子囊孢壁，反复激烈振荡，然后用液体石蜡悬浮孢子；机械法是将子囊用无菌水洗下后，与液体石蜡和硅藻土一起研磨，以 4500r/min 离心 10min，孢子悬浮在液体石蜡中。

2. 群体杂交

将带有不同交配型的亲本单倍体细胞置于麦芽汁培养基中混合过夜培养，当镜检发现有大量的哑铃形接合细胞时，就可以接种到微滴培养液中培养，形成的二倍体细胞就是杂种细胞。

目前酵母菌的杂交育种已经取得优异的成果。如将啤酒发酵中的上、下酵母杂交获得自杂种细胞可生产出较亲本香气和口感更好的啤酒；日本的大内宏造等选育出了具有嗜杀活性的优良清酒酵母，第一次实现了清酒酿造的纯粹发酵。

（六）原生质体融合

原生质体融合技术是现代生物技术的一个重要方面，它可将遗传性状不同的两个细胞融合为一个新细胞。通过原生质体融合进行基因重组的研究，最先在植物细胞中发展起来，随后应用于真菌，最后又扩展到原核微生物，并在原核生物方面形成了一个系统的实验体系，该技术已成为微生物育种的重要工具。

原生质体融合技术在工业发酵中的应用相当普遍，包括：①高产菌株的选育，如氨基酸、有机酸、抗生素、酶制剂、维生素、核苷酸、乙醇等工业菌株的选育；②把参与融合双方的优良性状结合在一起；③利用原生质体融合可以合成新产物，如紫色链霉菌能产紫霉素 B_1，吸水链霉菌能产生保护霉素，两者融合后，构建出一株重组菌株，产生一种新的抗生素——杂种霉素。

三、基于代谢调节的育种

基于代谢调节的育种即代谢控制育种，是通过选育特定突变型，达到改变代谢通路，降低支路代谢终产物的生产，或切断支路代谢途径，并提高细胞膜的透性等，使代谢流向目的的产物积累方向。常用的微生物代谢控制育种措施有以下几种：组成型突变菌株的选育、抗分解代谢物阻遏突变株的选育、抗（耐）反馈作用突变株的选育。

（一）组成型突变株的选育

组成型突变是指原来受调节基因和操纵基因调节的诱导酶或阻遏酶，由于调节基因或操纵基因发生变异，酶的合成变为组成型，即不再受生长条件限制，合成量恒定的一种现象。主要包括调节基因的组成型突变和操纵基因的组成型突变两种类型。

微生物在包含诱导酶或阻遏酶的情况下，阻遏物结构由特异的调节基因决定，阻遏物通过与操纵基因结合，就会使该操纵基因控制下的某结构基因簇（操纵子）的转录受到抑制，如果产生这种阻遏物的基因发生变异，它所表达的阻遏物将没有活性，不能和操纵基因结合，该现象称为调节基因的组成型突变；如果由于操纵基因发生变异，导致操纵基因不能与阻遏物相结合，这时操纵子的转录也就不再受抑制，操纵子所决定的蛋白质就会以组成型的方式被合成，该现象称为操纵基因的组成型突变。

在微生物发酵工业中，若想要获得大量高效降解某种多糖或蛋白质等生物大分子的水解酶，通常可采用组成型突变株选育方法，因为这类水解酶一般为诱导型酶，组成型突变株可以大大提高这类水解酶的表达量。目前，组成型突变育种较为有效的方法就是对菌株进行诱变处理，使调节基因发生突变，不产生有活性的阻遏物，或使操纵基因发生突变不再能与阻遏物相结合，两种方法都可达到以上目的。

组成型突变株选育的主要原则是创造一种利于组成型菌株生长而不利于诱导型菌株生长的培养条件，使组成型菌株具有生长优势。具体的定向筛选方法如下。

1. 限量诱导物恒化培养法

控制低于诱导浓度的诱导物作为碳源进行恒化连续培养。诱导型菌株不能生长，而组成型突变株因可以产生分解底物的酶而正常生长，并通过连续补加新鲜的培养基，使组成型突变株数量逐渐增多，达到可以分离的浓度。例如，对大肠杆菌半乳糖苷酶的诱导型菌株进行诱变处理，在低浓度乳糖的恒化器中连续培养，不用诱导物，可生产半乳糖苷酶的突变株也可以大量生长，分离即可获得组成型突变株。

2. 循环培养法

在一个不含诱导物的培养基上两种菌都可以正常生长，但组成型突变株已经合成特定的酶，因此，再将两种菌在一个含有诱导物为唯一碳源的培养基上进行培养时，组成型突变株适应快、调整期短，经短时间培养后，即可占较大比例，如此反复多次循环培养，组成型突变株所占比例逐渐提高，分离即可获得组成型突变株。

3. 低诱导能力底物培养法

利用诱导能力很低但能作为良好碳源的底物作为唯一碳源对诱导后的菌液进行培养，组成型突变株因能合成分解该底物的酶，可以正常生长，而需要诱导的野生型菌则不能生长，分离即可获得组成型突变株。

4. 鉴别培养基法

利用在鉴别培养基平板上，两种类型（调节基因或操纵基因）的突变株均可形成不同颜色菌落的特性，可以直接挑选出组成型突变株。例如，利用甘油培养基培养大肠杆菌时，诱导型菌株不产酶，组成型突变株可产生半乳糖苷酶，菌落长出后喷洒邻硝基苯-半乳糖苷，组成型菌株的菌落由于能水解它而呈现硝基苯的黄色，诱导型则无颜色变化，分离即可获得组成型突变株。

5. 诱导抑制剂法

有些化合物能阻止某些酶的诱导合成，利用诱导物作为唯一碳源或氮源，添加诱导抑制剂后，只有组成型突变株能合成酶利用底物进行生长。例如，利用乳糖为诱导剂培养大肠杆菌时，在培养基中添加诱导抑制剂 α-硝基苯基-β-岩藻糖苷，只有组成型突变株可利用底物乳糖进行正常生长，分离即可获得组成型突变株。

（二）抗分解代谢物阻遏突变株的选育

在微生物代谢过程中，一些易分解利用的碳源或氮源及其降解代谢产物，阻遏那些与较难分解的碳源或氮源利用相关的酶的合成，该现象称为分解阻遏。如果能筛选获得抗分解阻遏的突变株，则更便于发酵控制，简化发酵工艺，提高发酵水平。

1. 分解代谢物阻遏

分解代谢物阻遏又称广义的葡萄糖效应，是指所有迅速代谢物质都能抑制较慢代谢物质所需酶的合成，涉及一种激活蛋白对转录作用的调控，即在分解代谢物阻遏中，只有当一种称为分解物激活蛋白（CAP）首先结合到启动子上游后，RNA 聚合酶才能与启动基因结合。cAMP 由腺苷酸环化酶催化 ATP 而产生，无论在原核生物或高等生物中，cAMP 都是多种调控系统的重要因素，葡萄糖能抑制 cAMP 形成并促进 cAMP 水解并分泌到胞外，葡萄糖进入细胞后，胞内的 cAMP 水平下降，RNA 聚合酶不能与启动子结合。因此，分解代谢物阻遏实际上是胞内 cAMP 缺少的结果。

在微生物发酵工业上，一般通过使用缓慢利用的碳氮源，如多糖、黄豆饼粉等，或流加低浓度的易利用的碳氮源，如葡萄糖、氨水等方法来避开分解代谢物阻遏作用。例如，高浓度的葡萄糖对青霉素转酰酶、链霉素转脒基酶和放线菌色素合成酶等抗生素产生的关键酶均具有分解阻遏作用。主要是由于葡萄糖分解产物的积累，阻遏了抗生素合成关键酶基因的表达，从而抑制了抗生素合成。因此，在实际生产中，通常采用流加葡萄糖或应用混合碳源的方式控制葡萄糖分解中间产物的积累来减少其对发酵的不利影响。

2. 抗碳源分解代谢物阻遏突变株的筛选

碳源分解代谢物阻遏是指微生物在混合碳源条件下优先利用速效碳源，且该碳源的代谢产物会抑制其他非速效碳源代谢相关酶的基因表达和活性，从而影响非速效碳源的利用。抗碳源分解代谢物阻遏突变株的筛选即通过选育抗葡萄糖结构类似物突变株的方法，筛选抗碳源分解代谢物阻遏突变型。葡萄糖结构类似物包括 2-脱氧-D-葡萄糖和 3-甲基-D-葡萄糖等。如利用紫外线、亚硝基胍等对里氏木霉进行诱变处理，采用低剂量、多次复合诱变处理方法，以 2-脱氧-D-葡萄糖作为降解产物阻遏物进行高效筛选，选育得到一株抗碳源分解代谢阻遏的突变株，使纤维素酶活性提高了 3 倍。

3. 抗氮源分解代谢物阻遏突变株的筛选

氮源分解代谢物阻遏主要是指分解含氮底物的酶受快速利用氮源的阻遏，次级代谢的氮降解物阻遏主要指铵盐和其他快速利用的氮源对抗生素等生物合成具有分解阻遏作用。通过选育抗氨类似物和氨基酸类似物抗性突变株的方法筛选抗氮源分解代谢物阻遏突变型。氨结构类似物主要是甲胺等。如螺旋霉素的生物合成受铵根离子的阻遏，通过诱变选育获得耐甲胺的突变株，就可以解除此阻遏作用，从而提高螺旋霉素的发酵效价。

（三）抗（耐）反馈作用突变株的选育

在生物合成途径中，广泛存在着反馈作用，即末端产物阻遏或抑制合成途径（包括分歧途径）中第一个酶的表达或活性，降低末端产物的浓度就能积累代谢途径中间体，克服反馈作用，可从以下两方面着手。

1. 降低末端产物浓度

降低末端产物浓度主要是通过筛选代谢障碍突变株即营养缺陷型来实现。营养缺陷型是由结构基因突变引起合成代谢中一个酶失活直接使某个生化反应发生遗传性障碍，使菌株丧失合成某种物质的能力，导致该菌株在培养基中不添加这种物质，就无法生长，其在微生物遗传学上具有特殊的地位，不仅广泛应用于阐明微生物代谢途径，而且在工业微生物代谢控制育种中也具有重要意义。

营养缺陷型有三种主要利用形式：可以阻断代谢途径，积累中间代谢产物；可以通过阻断分支代谢途径，改变代谢流向，从而积累另一条代谢途径的代谢产物；可以改变代谢流向，解除代谢终产物对合成途径的反馈抑制。育种中可以利用营养缺陷型菌株这一特性来积累有用的中间代谢产物。利用营养缺陷型协助解除代谢反馈调控机制，已在氨基酸、核苷酸等初级代谢和抗生素次级代谢发酵中得到很有价值的应用。

渗漏缺陷型是一种特殊的营养缺陷型，是遗传性障碍不完全的突变型，其特点是酶活性下降但没有完全丧失，并能在基本培养基上少量生长。获得渗漏型的方法是把大量营养缺陷型菌株接种在基本培养基平板上，挑选生长特别慢且菌落小的即可。利用渗漏缺陷型的优点是既能少量地合成代谢产物，又不造成反馈抑制的现象。

改变细胞膜和细胞壁的通透性，使其有利于产物的分泌，也是降低末端产物浓度的一种途径。例如，谷氨酸生产菌的细胞膜磷脂含量高时，细胞的通透性较差；磷脂含量低时，通透性较好。

2. 抗反馈作用突变株的选育

抗反馈作用突变株是一种解除合成代谢反馈调节机制的突变型菌株，其特点是所需产物不断积累，不会因其浓度超量而终止生产。有两种情况可以造成抗反馈调节突变，一种是由于结构基因突变而使变构酶不能和代谢终产物相结合，因此，失去了反馈抑制作用，称为"抗反馈抑制突变型"；另一种是由于调节基因突变引起调节蛋白不能和代谢终产物相结合而失去阻遏作用，因此，称为"抗阻遏突变型"。操纵基因突变也能造成抗阻遏作用，产生类似于组成型突变的现象。

一般来说，抗阻遏突变可能使胞内的酶成倍地增长，而抗反馈抑制突变胞内酶量无变化。从作用效果上讲，二者都会造成终产物大量积累，而且往往两种突变同时发生，难以区别，通常统称为"抗反馈调节突变型"。

在实际应用中，抗反馈突变株通常可以用添加末端产物类似物的方法来筛选。抗反馈调节的结构类似物主要有：Lys/苯酯基赖氨酸、α-氯己内酰胺、V-甲基赖氨酸；Thr/邻甲基-L-苏氨酸；Met/乙硫氨酸，末端产物类似物和末端产物结构类似，因而能够引起反馈作用，但是它们不能参与生物合成，因此，在培养基中添加末端产物类似物，出发菌株由于代谢途径受阻不能合成所需的末端产物，从而导致细胞死亡；对类似物不敏感的突变体将不受反馈抑制或阻遏的影响，在有类似物存在情况下也能正常合成该末端产物。如添加类似物 D-精氨酸，诱变选育获得的谷氨酸棒杆菌抗反馈突变株，可明显提高 L-精氨酸产量。工业应用过程中，也可通过诱变选育改变菌体代谢流向，筛选无泡沫突变株。

四、基因工程育种

基因工程也称遗传工程、重组 DNA 技术，是现代生物技术的核心，是以人们可控制的方式来分离和操作特定的基因或蛋白，该技术已在氨基酸、核苷酸、维生素、抗生素、多糖、有机酸、酶制剂等成功应用，且部分工程菌已获准进行专门生产，如细菌 α-淀粉酶、凝乳酶、L-苏氨酸、L-苯丙氨酸等。据悉，丹麦的诺维信公司的工业酶已有 75% 是由工程菌生产，传统发酵领域里的基因工程菌数量也正在迅速上升。

1973 年科恩和博伊尔首次成功地完成了 DNA 分子的体外重组实验，宣告基因工程的诞生，也为微生物育种带来了一场革命。与传统育种方法不同的是，基因工程育种不但可以完全突破物种间的障碍，实现真正意义上的远缘杂交，而且这种远缘杂交既可跨越微生物之间的种属障碍，还可实现动物、植物、微生物之间的杂交。同时，利用基因工程方法，人们可以"随心所欲"地进行自然演化过程中不可能发生的新的遗传组合，创造全新的物种。因此，广义的基因工程育种包括所有利用 DNA 重组技术将外源基因导入微生物细胞，使后者获得前者的某些优良性状或者利用后者作为表达场所来生产目的产物。然而，真正意义上的微生物基因工程育种应该仅指那些以微生物本身为出发菌株，利用基因工程方法进行改造而获得的工程菌，或者是将微生物甲的某种基因导入微生物乙中，使后者具有前者的某些性状或表达前者的基因产物而获得的新菌种，本节仅就传统意义上的基因工程菌的构建和基于基因工程技术的相关分子育种（如基因工程改造菌株、基因定位突变、定向进化等）加以介绍。

（一）基因工程原理

基因工程又称遗传工程、重组 DNA 技术，是指将一种或多种生物的基因与载体在体外进行拼接重组，然后转入另一种生物（受体），使受体按人们的愿望表现出新的性状。

在基因水平上，运用人为方法将所需的某一供体生物的遗传物质提取出来，在离体条件下用适当的工具酶进行切割后与载体连接，然后导入另一细胞，使外源遗传物质在其中进行正常复制和表达。与传统育种技术相比，基因工程育种技术是人们在分子生物学指导下的可预先设计和控制的育种新技术，它可实现超远缘杂交，也是最新、最有前途的一种育种新技术。

（二）基因工程步骤

基因工程介绍的是基因的克隆和蛋白质的表达。其过程包括以下几个步骤：①目的基因获得；②载体的选择与准备；③目的基因与载体切割与连接；④重组 DNA 导入宿主细胞；⑤重组体的筛选与鉴定；⑥外源基因的表达。

特别需要指出的是，目的基因被克隆后，为了提高其表达产率进而提高生产能力，还可以用不同的方法进行操纵，如控制基因剂量和控制基因表达等。

基因剂量的控制主要通过载体来实现。不同质粒在细菌中的拷贝数不同，有时会相差很大。这种差异使质粒载体携带外源基因进入宿主细胞后自主复制能力出现差异，自然影响了目的基因的表达量。一般来说，单基因高数量拷贝的质粒可提高菌株生产力。然而，有时某单一基因的高拷贝数量有利于细胞调节机制的自动平衡，不一定能保证提高菌株生产力，甚至可能有害。理想的情况是结构基因具有高拷贝数，而调节基因则保持低拷贝数。当涉及多基因的产物时，克隆多拷贝质粒上的几个基因或整个操纵子 DNA 是比较有利的。

就某一特定基因而言，其表达水平的高低是由操纵子起始端的启动子和末端的终止区控制的。启动区结构直接控制 DNA 聚合酶与核糖体结合的效率。通过对 DNA 序列的操纵可以改变启动区的活性。首先鉴定出基因的启动区，然后通过点诱变或置换技术将启动区进行改造，使启动子的启动效率大大加强，从而增加目的基因的表达量，达到提高菌株生产能力的目的。

五、蛋白质工程育种

酶或蛋白质在医药、工业和环境保护中起着重要的作用，为了获得具有新功能的酶或蛋白质，可以通过以下方式实现：寻找新的物种，再从中分离筛选新蛋白，或者通过对现有菌株中天然功能蛋白进行改造。在实际需求中，通常对蛋白质的性质有特殊要求，天然蛋白难以满足，因此，在体外对蛋白质进行改造已成为医药和工业领域中获得新功能蛋白质的重要方法，以该方法选育获得具有新功能蛋白质的菌种被称为蛋白质工程育种。目前，蛋白质工程育种的方法分为理性设计（定点突变、定向改造）和非理性的体外定向进化（随机突变、定向筛选）两大类。

（一）定点突变技术

定点突变是基于蛋白质工程的理论，以计算机预测的蛋白质结构和功能为基础，设计新蛋白质的氨基酸序列，应用重组 DNA 技术设计并构建具有新性质的蛋白质或酶的过程，这种方法称为理性设计方法，适用于三维结构已被解析的蛋白质，被视为第二代基因工程。定点突变现也普遍用于菌种改良，通过改变蛋白质一级结构而改变蛋白质的性质，如蛋白酶在高 pH 和高温条件下获得新的稳定性或底物专一性。利用定点突变技术对天然酶蛋白的催化性质、底物特异性和热稳定性等进行改造已有很多成功的实例，但定点突变技术只能对天然酶蛋白中少数的氨基酸残基进行替换，酶蛋白的高级结构基本维持不变，因而对酶功能的改造较为有限。随着人们对蛋白质结构与功能认识的深入，近年来，出现了融合蛋白和融合酶技术。这种技术根据蛋白质的结构允许某个结构域的插入与融合，使用DNA 重组技术让不同基因或基因片段融合，经合适的表达系统表达后即可获得由不同功能蛋白拼合在一起而形成的新型多功能蛋白。目前，融合蛋白技术已被广泛应用于多功能工程酶的构建与研究中，并已显现出较高的理论及应用价值。

（二）定向进化技术

定向进化是近几年新兴的一种蛋白质改造策略，可以在尚不知道蛋白质的空间结构，或者根据现有的蛋白质结构知识尚不能进行有效的定点突变时，借鉴实验室手段在体外模拟自然进化的过程（随机突变、重组和选择），使基因发生大量变异并定向选择出所需性质或功能的蛋白质。这类方法的共同特点是不需要了解目标蛋白的结构信息，依赖基因随机突变技术，建立突变体文库，辅以适当的高通量筛选方案，可简便快速地实现对目标蛋白的定向进化。

六、代谢工程育种

代谢工程或途径工程是由美国加州理工学院化学工程系教授贝利于 1991 年首先提出的，是一门利用重组 DNA 技术对细胞物质代谢、能量代谢及调控网络信号进行修饰与改造，进而优化细胞生理代谢、提高或修饰目标代谢产物以及合成全新的目标产物的新学科。代谢工程所采用的概念来自反应工程和用于生化反应途径分析的热力学。它强调整体的代谢途径而不是个别酶反应。代谢工程育种可以大大减少育种工作中的盲目性，提高育种效率和效果。

（一）代谢工程遵循的原理

代谢工程是一个多学科高度交叉的新领域，其主要目标是通过定向性地组合细胞代谢途径和重构代谢网络，达到改良生物体遗传性状的目的。因此，它必须遵循下列基本原理。

（1）涉及细胞物质代谢规律及途径组合的生物化学原理，它提供了生物体的基本代谢图谱和生化反应的分子机理。

（2）涉及细胞代谢流及其控制分析的化学计量学、分子反应动力学、热力学和控制学原理，这是代谢途径修饰的理论依据。

（3）涉及途径代谢流推动力的酶学原理，包括酶反应动力学、变构抑制效应、修饰激活效应等。

（4）涉及基因操作与控制的分子生物学和分子遗传学原理，它们阐明了基因表达的基本规律，同时也提供了基因操作的一整套相关技术。

（5）涉及细胞生理状态平衡的细胞生理学原理，它为细胞代谢机能提供了全景式的描述，因此是一个代谢速率和生理状态表征研究的理想平台。

（6）涉及发酵或细胞培养的工艺与工程控制的生化工程和化学工程原理，化学工程将工程方法运用于生物系统的研究无疑是最合适的渠道。从一般意义上来说，这种方法在生物系统的研究中融入了综合、定量、相关等概念。更为特别的是，它为速率过程受限制的系统分析提供了独特的工具和经验，因此在代谢工程领域中具有举足轻重的意义。

（7）涉及生物信息收集、分析与应用的基因组学、蛋白质组学原理，随着基因组计划的深入发展，各生物物种的基因物理信息与其生物功能信息汇集在一起，这为途径设计提供了更为广阔的表演舞台，这是代谢工程技术迅猛发展和广泛应用的最大推动力。由此可见，代谢工程是一门综合性的科学，现仍处于起步时期。

（二）代谢工程的基本过程

代谢工程研究的主要目的是通过重组 DNA 技术构建具有能合成目标产物的代谢网络途径或具有高产能力的工程菌（细胞株、生物个体），并使之应用于生产。其研究的基本程序通常由代谢网络分析（靶点设计）、遗传操作和结果分析三个方面组成。代谢工程研究技术的主要内容包括以下三个方面。

（1）微点阵、同位素示踪和各种常规的及现代高新生化检测技术。

（2）结合遗传信息学、系统生物学、组合化学、化学计量学、分子反应动力学、化学工程学及计算机科学的分析技术。

（3）涉及几乎所有的分子生物学和遗传学的操作技术。

代谢工程是非常重要的菌种改良手段。在分析细胞代谢网络的基础上，理性设计并通过基因操作重构分子，以提高目的产物产量、降低成本和生产新代谢物。代谢工程与细胞的基因调控、代谢调控和生化工程密切相关。可以通过改变代谢流和代谢途径来提高发酵产品的产量、改善生产过程、构建新的代谢途径和产生新的代谢产物。

第四节　发酵工业菌种的扩大培养及保藏

一、菌种的扩大培养

菌种的扩大培养是发酵生产的第一道工序，该工序又称为种子制备。种子制备不仅要使菌体数量增加，更重要的是，经过种子制备要培养出具有高质量的生产种子供发酵生产使用。因此，如何提供发酵产量高、生产性能稳定、数量足够而且不被其他杂菌污染的生产菌种，是种子制备工艺的关键。

（一）菌种扩大培养的任务

工业生产规模越大，每次发酵所需的种子就越多。要使小小的微生物在几十小时的较短时间内，完成如此巨大的发酵转化任务，那就必须具备数量巨大的微生物细胞。菌种扩大培养的目的就是要为每次发酵罐的投料提供相当数量的代谢旺盛的种子。因为发酵时间的长短和接种量的大小有关，接种量大，发酵时间则短。将较多数量的成熟菌体接入发酵罐中，就有利于缩短发酵时间，提高发酵罐的利用率，并且也有利于减少染菌的机会。因此，种子扩大培养的任务是，不但要得到纯而壮的菌体，而且还要获得活力旺盛的、接种数量足够的菌体。对于不同产品的发酵过程来说，必须根据菌种生长繁殖速度快慢决定种子扩大培养的级数，抗生素生产中，放线菌的细胞生长繁殖较慢，常常采用三级种子扩大培养。一般 50t 发酵罐多采用三级发酵，有的甚至采用四级发酵，如链霉素生产。有些酶制剂发酵生产也采用三级发酵。而谷氨酸及其他氨基酸的发酵所采用的菌种是细菌，生长繁殖速度很快，一般采用二级发酵。

（二）菌种制备的过程

细菌、酵母菌的种子制备就是一个细胞数量增加的过程。细菌的斜面培养基多采用碳源限量而氮源丰富的配方，牛肉膏、蛋白胨常用作有机氮源。细菌培养温度大多数为37℃，少数为28℃，细菌菌体培养时间一般 1~2d，产芽孢的细菌则需培养 5~10d。霉菌、放线菌的种子制备一般包括两个过程，即在固体培养基上生产大量孢子的孢子制备和在液体培养基中生产大量菌丝的种子制备过程。

1. 孢子制备

孢子制备是种子制备的开始，是发酵生产的一个重要环节。孢子的质量、数量对以后菌丝的生长、繁殖和发酵产量都有明显的影响。不同菌种的孢子制备工艺有其不同的特点。

（1）放线菌孢子的制备　放线菌的孢子培养一般采用琼脂斜面培养基，培养基中含有一些适合产孢子的营养成分，如麸皮、豌豆浸汁、蛋白胨和一些无机盐等。碳源和氮源不要太丰富（碳源约为1%，氮源不超过0.5%），碳源丰富容易造成生理酸性的营养环境，不利于放线菌孢子的形成，氮源丰富则有利于菌丝繁殖而不利于孢子形成。一般情况下，干燥和限制营养可直接或间接诱导孢子形成。放线菌斜面的培养温度大多数为28℃，少数为37℃，培养时间为5~14d。

采用哪一代的斜面孢子接入液体培养，视菌种特性而定。采用母斜面孢子接入液体培养基有利于防止菌种变异，采用子斜面孢子接入液体培养基可节约菌种用量。菌种进入种子罐有两种方法。一种为孢子进罐法，即将斜面孢子制成孢子悬浮液直接接入种子罐。此方法可减少批与批之间的差异，具有操作方便、工艺过程简单、便于控制孢子质量等优点，孢子进罐法已成为发酵生产的一个方向。另一种方法为摇瓶菌丝进罐法，适用于某些生长发育缓慢的放线菌，此方法的优点是可以缩短种子在种子罐内的培养时间。

（2）霉菌孢子的制备　霉菌的孢子培养，一般以大米、小米、玉米、麸皮、麦粒等天然农产品为培养基。这是由于这些农产品中的营养成分较适合霉菌的孢子繁殖，而且这类培养基的表面积较大，可获得大量的孢子。霉菌的培养温度一般为25~28℃，培养时间为4~14d。

2. 种子制备

种子制备是将固体培养基上培养出的孢子或菌体转入液体培养基中培养，使其繁殖成大量菌丝或菌体的过程。种子制备所使用的培养基和其他工艺条件，都要有利于孢子发芽、菌丝繁殖或菌体增殖。

（1）摇瓶种子　制备某些孢子发芽和菌丝繁殖速度缓慢的菌种，需将孢子经摇瓶培养成菌丝后再进入种子罐，这就是摇瓶种子。摇瓶相当于微缩了的种子罐，其培养基配方和培养条件与种子罐相似。

摇瓶种子进罐，常采用母瓶、子瓶两级培养，有时母瓶种子也可以直接进罐。种子培养基要求比较丰富和完全，并易被菌体分解利用，氮源丰富有利于菌丝生长。原则上各种营养成分不宜过浓，子瓶培养基浓度比母瓶略高，更接近种子罐的培养基配方。

（2）种子罐种子　种子制备的工艺过程，因菌种不同而异，一般可分为一级种子、二级种子和三级种子的制备。孢子（或摇瓶菌丝）被接入体积较小的种子罐中，经培养后形成大量的菌丝，这样的种子称为一级种子，把一级种子转入发酵罐内发酵，称为二级发酵。如果将一级种子接入体积较大的种子罐内，经过培养形成更多的菌丝，这样制备的种子称为二级种子，将二级种子转入发酵罐内发酵，称为三级发酵。同样道理，使用三级种子的发酵，称为四级发酵。

种子罐的级数主要决定于菌种的性质和菌体生长速度及发酵设备的合理应用。种子制备的目的是要形成一定数量和质量的菌体。孢子发芽和菌体开始繁殖时，菌体量很少，在小型罐内即可进行。发酵的目的是获得大量的发酵产物，产物是在菌体大量形成并达到一定生长阶段后形成的，需要在大型发酵罐内才能进行。同时若干发酵产物的产生菌，其不同生长阶段对营养和培养条件的要求有差异。因此，将两个目的不同、工艺要求有差异的生物学过程放在一个大罐内进行，既影响发酵产物的产量，又会造成动力和设备的浪费，因而需分级培养，而种子罐级数减少，有利于生产过程的简化及发酵过程的控制，可以减少因种子生长异常而造成发酵的波动。

种子培养要求一定量的种子，在适宜的培养基中，控制一定的培养条件和培养方法，从而保证种子正常生长。工业微生物培养法分为静置培养和通气培养两大类型，静置培养法即将培养基盛于发酵容器中，在接种后，不通空气进行培养。而通气培养法生产的菌种以需氧菌和兼性需氧菌居多，它们生长的环境必须供给空气，以维持一定的溶解氧水平，使菌体迅速生长和发酵，又称为好气性培养。

种子培养一般采用以下几种方法。

①表面培养法：表面培养法是一种好氧静置培养法。针对容器内培养基物态又分为液态表面培养和固体表面培养。相对于容器内培养基体积而言，表面积越大，越易促进氧气由气液界面向培养基内传递。这种方法菌的生长速度与培养基的深度有关，单位体积的表面积越大，生长速度越快。

②固体培养法：固体培养又分为浅盘固体培养和深层固体培养，统称为曲法培养。它起源于我国酿造生产特有的传统制曲技术。其最大特点是固体曲的酶活性高。

③液体深层培养：液体深层种子罐从罐底部通气，送入的空气由搅拌桨叶分散成微小气泡以促进氧的溶解。这种由罐底部通气搅拌的培养方法，相对于由气液界面靠自然扩散使氧溶解的表面培养法来讲，称为深层培养法。其特点是容易按照生产菌种对于代谢的营养要求以及不同生理时期的通气、搅拌、温度与培养基中氢离子浓度等条件，选择最佳培养条件。

a. 深层培养基本操作的三个控制点

灭菌：发酵工业要求纯培养，因此在种子培养前必须对培养基进行加热灭菌。所以种子罐具有蒸汽夹套，以便将培养基和种子罐进行加热灭菌，或者将培养基由连续加热灭菌器灭菌，并连续输送于种子罐内。

温度控制：培养基灭菌后，冷却至培养温度进行种子培养，由于随着微生物的生长和繁殖会产生热量，搅拌也会产生热量，所以要维持温度恒定，需在夹套中或盘管中通冷却水循环。

通气、搅拌：空气进入种子罐前先经过空气过滤器除去杂菌，制成无菌空气，而后由罐底部进入，再通过搅拌将空气分散成微小气泡。为了延长气泡滞留时间，可在罐内装挡板产生涡流。搅拌的目的除增加溶解氧以外，还可使培养液中的微生物均匀地分散在种子罐内，促进热传递，并使加入的酸和碱均匀分散等。

b. 几种深层培养法

控制培养法：根据罐内部的变化情况，掌握短暂时间内状态变量的变化以及可能测定的环境因子对微生物代谢活动的影响，并以此为基础进行控制培养，以达到产物的最优培养条件。为此，用测定状态变量的传感器取得数据，经电子计算机进行综合分析，再将其结果作为反馈调节的信号，将环境（培养条件）控制于给定的基准内。这就称为电子计算机控制培养，目前已大量用于露天大罐啤酒发酵。

载体培养法：载体培养法脱胎于曲法培养，同时又吸收了液体培养的优点，是近年来新发展的一种培养方法。特征是以天然或人工合成的多孔材料代替麸皮之类的固体基质作为微生物的载体，营养成分可以严格控制。发酵结束，只要将菌体和培养基挤压出来进行抽提，载体又可以重新使用。

两步法：在酶制剂的两步法液体深层培养中，每一步菌体相同而培养条件不同，因为微生物生长与产酶的最适条件有很大的差异。例如，往培养基中添加葡萄糖能大大增加菌体或菌丝的生长，然而却严重阻碍许多种酶的合成。加强培养液的通气虽然能促进微生物的生长，可是在多数场合下反而抑制酶的合成。为了取得高活力酶，必须制定一种调节方法，既要求细胞的单位酶活性高，又要求细胞数量多，也就是说，给菌体在各种生理时期创造不同的条件。两步法液体深层培养就是实现这种调节的具体措施之一。酶制剂生产两步法的特点是将菌体生长条件（生长期）与产酶条件（生产期）区分开来。菌体先在丰富的培养基上大量繁殖，然后收集菌体浓缩物，洗涤后再转入添加诱导物的产酶培养基，在此期间，菌体积累大量的酶，一般不再繁殖，营养成分或诱导物得到充分的利用。

（三）影响菌种质量的因素

种子质量是影响发酵生产水平的重要因素。种子质量的优劣，主要取决于菌种本身的遗传特性和培养条件两个方面。这就是说既要有优良的菌种，又要有良好的培养条件才能获得高质量的种子。

1. 影响孢子质量的因素及其控制

孢子质量与培养基、培养温度、湿度、培养时间、接种量等有关，这些因素相互联系、相互影响，因此必须全面考虑各种因素，认真加以控制。

（1）培养基　构成孢子培养基的原材料，其产地、品种、加工方法和用量对孢子质量都有一定的影响。生产过程中孢子质量不稳定的现象，常常是原材料质量不稳定所造成的。原材料产地、品种和加工方法的不同，会导致培养基中的微量元素和其他营养成分含量的变化。例如，由于生产蛋白胨所用的原材料及生产工艺的不同，蛋白胨的微量元素含量、磷含量、氨基酸组分均有所不同，而这些营养成分对于菌体生长和孢子形成有重要作用。琼脂的牌号不同，对孢子质量也有影响，这是由于不同牌号的琼脂含有不同的无机离子。

此外，水质的影响也不能忽视。地区的不同、季节的变化和水源的污染，均可成为水质波动的原因。为了避免水质波动对孢子质量的影响，可在蒸馏水或无盐水中加入适量的无机盐，供配制培养基使用。例如，在配制生产四环素的斜面培养基时，有时在无盐水内加入 0.03%（NH_4）$_2HPO_4$、$0.028\%KH_2PO_4$ 及 $0.01\%MgSO_4$，确保孢子质量，提高四环素发酵产量。

为了保证孢子培养基的质量，斜面培养基所用的主要原材料，糖、氮、磷含量需经过化学分析及摇瓶发酵实验合格后才能使用。制备培养基时要严格控制灭菌后的培养基质量。斜面培养基使用前，需在适当温度下放置一定的时间，使斜面无冷凝水呈现，水分适中有利于孢子生长。

配制孢子培养基还应该考虑不同代谢类型的菌落对多种氨基酸的选择。菌种在固体培养基上可呈现多种不同代谢类型的菌落，各种氨基酸对菌落的表现不同。氮源品种越多，出现的菌落类型也越多，不利于生产的稳定。斜面培养基上用较单一的氮源，可抑制某些不正常型菌落的出现；而对分离筛选的平板培养基则需加入较复杂的氮源，使其多种菌落类型充分表现，以利筛选。因此在制备固体培养基时有两条经验：①供生产用的孢子培养基或制备砂土孢子或传代所用的培养基要用比较单一的氮源，以便保持正常菌落类型的优势；②选种或分离用的平板培养基，则需采用较复杂的有机氮源，目的是便于选择特殊代谢的菌落。

（2）培养温度和相对湿度　微生物在一个较宽的温度范围内生长。但是，要获得高质量的孢子，其最适温度区间很狭窄。一般来说，提高培养温度，可使菌体代谢活动加快，缩短培养时间，但是，菌体的糖代谢和氮代谢的各种酶类，对温度的敏感性是不同的。因此，培养温度不同，菌的生理状态也不同，如果不是用最适温度培养的孢子，其生产能力就会下降。不同的菌株要求的最适温度不同，需经实践考察确定。例如，龟裂链霉菌斜面最适温度为 36.5~37℃，如果高于 37℃，则孢子成熟早，易老化，接入发酵罐后，就会出现菌丝对糖、氮利用缓慢，氨基氮回升提前，发酵产量降低等现象。培养温度控制低一些，则有利于孢子的形成。龟裂链霉菌斜面先放在 36.5℃ 培养 3d，再放在 28.5℃ 培养 1d，所得的孢子数量比在 36.5℃ 培养 4d 所得的孢子数量增加 3~7 倍。

斜面孢子培养时，培养室的相对湿度对孢子形成的速度、数量和质量有很大影响。空气中相对湿度高时，培养基内的水分蒸发少；相对湿度低时，培养基内的水分蒸发多。例如，在我国北方干燥地区，冬季由于气候干燥，空气相对湿度偏低，斜面培养基内的水分蒸发得快，致使斜面下部含有一定水分，而上部易干瘪，这时孢子长得快，且从斜面下部向上长。夏季时空气相对湿度高，斜面内水分蒸发得慢，这时斜面孢子从上部往下长，下部常因积存冷凝水，致使孢子生长得慢或孢子不能生长。实验表明，在一定条件下培养斜面孢子时，在北方相对湿度控制在 40%~45%，而在南方相对湿度控制在 35%~42%，所得孢子质量较好。一般来说，真菌对相对湿度要求偏高，而放线菌对相对湿度要求偏低。

在培养箱培养时，如果相对湿度偏低，可放入盛水的平皿，提高培养箱内的相对湿度，为了保证新鲜空气的交换，培养箱每天宜开启几次，以利于孢子生长。现代化的培养箱恒温、恒湿，并可换气，不用人工控制。

最适培养温度和相对湿度是相对的，如相对湿度、培养基组分不同，对微生物的最适温度会有影响。培养温度、培养基组分不同也会影响到微生物培养的最适相对湿度。

（3）培养时间和冷藏时间　丝状菌在斜面培养基上的生长发育过程可分为五个阶段：孢子发芽和基内菌丝生长阶段；气生菌丝生长阶段；孢子形成阶段；孢子成熟阶段；斜面衰老菌丝自溶阶段。

①孢子的培养时间：基内菌丝和气生菌丝内部的核物质和细胞质处于流动状态，如果把菌丝断开，各菌丝片断之间的内容是不同的，有的片断中含有核粒，有的片断中没有核粒，而核粒的多少也不均匀，该阶段的菌丝不适宜于菌种保存和传代。而孢子本身是一个独立的遗传体，其遗传物质比较完整，因此孢子用于传代和保存均能保持原始菌种的基本特征。但是孢子本身也有年轻与衰老的区别。一般来说衰老的孢子不如年轻的孢子，因为衰老的孢子已在逐步进入发芽阶段，核物质趋于分化状态。孢子的培养工艺一般选择在孢子成熟阶段时终止培养，此时显微镜下可见到成串孢子或游离的分散孢子，如果继续培养，则进入斜面衰老菌丝自溶阶段，表现为斜面外观变色、发暗或发黄、菌层下陷、有时

出现白色斑点或发黑。白斑表示孢子发芽长出第二代菌丝,黑色显示菌丝自溶。孢子的培养时间对孢子质量有重要影响,过于年轻的孢子经不起冷藏,如土霉素菌种斜面培养4.5d,孢子尚未完全成熟,冷藏7~8d菌丝即开始自溶。而培养时间延长半天(即培养5d),孢子完全成熟,可冷藏20d也不自溶。过于衰老的孢子会导致生产能力下降,孢子的培养时间应控制在孢子量多、孢子成熟、发酵产量正常的阶段终止培养。

②孢子的冷藏时间:斜面孢子的冷藏时间,对孢子质量也有影响,其影响随菌种不同而异,总的原则是冷藏时间宜短不宜长。曾有报道,在链霉素生产中,斜面孢子在6℃冷藏2个月后的发酵单位比冷藏1个月的低18%,冷藏3个月后则降低35%。

(4)接种量 制备孢子时的接种量要适中,接种量过大或过小均对孢子质量产生影响。因为接种量的大小影响到在一定量培养基中孢子的个体数量的多少,进而影响到菌体的生理状态。凡接种后菌落均匀分布整个斜面,隐约可分菌落者为正常接种。接种量过小斜面上长出的菌落稀疏,接种量过大则斜面上菌落密集一片。一般传代用的斜面孢子要求菌落分布较稀,适于挑选单个菌落进行传代培养。接种摇瓶或进罐的斜面孢子,要求菌落密度适中或稍密,孢子数达到要求标准。一般一支高度为20cm、直径为3cm的试管斜面,丝状菌孢子数要求达到10^7以上。

接入种子罐的孢子接种量对发酵生产也有影响。例如,青霉素产生菌之一的球状菌的孢子数量对青霉素发酵产量影响极大,若孢子数量过少,则进罐后长出的球状体过大,影响通气效果;若孢子数量过多,则进罐后不能很好地维持球状体。

除了以上几个因素需加以控制之外,要获得高质量的孢子,还需要对菌种质量加以控制。用各种方法保存的菌种每过1年都应进行1次自然分离,从中选出形态、生产性能好的单菌落接种孢子培养基。制备好的斜面孢子,要经过摇瓶发酵实验,合格后才能用于发酵生产。

(四) 影响种子质量的因素及其控制

种子质量主要受孢子质量、培养基、培养条件、种龄和接种量等因素的影响。摇瓶种子的质量主要以外观颜色、效价、菌丝浓度或黏度以及糖氮代谢、pH变化等为指标,符合要求方可进罐。

种子的质量是发酵能否正常进行的重要因素之一。种子制备不仅是要提供一定数量的菌体,更为重要的是要为发酵生产提供适合发酵、具有一定生理状态的菌体。种子质量的控制,将以此为出发点。

1. 培养基

种子培养基的原材料质量的控制类似于孢子培养基原材料质量的控制。一方面,种子培养基的营养成分应适合种子培养的需要,一般选择有利于孢子发芽和菌丝生长的培养基,在营养上易于被菌体直接吸收和利用,营养成分要适当地丰富和完全,氮源和维生素含量较高,这样可以使菌丝粗壮并具有较强的活力。另一方面,培养基的营养成分要尽可能地和发酵培养基接近,以适合发酵的需要,这样的种子一旦移入发酵罐后也能比较容易适应发酵罐的培养条件。发酵的目的是获得尽可能多的发酵产物,其培养基一般比较浓,而种子培养基以略稀薄为宜。种子培养基的pH要比较稳定,以适合菌的生长和发育。pH的变化会引起各种酶活性的改变,对菌丝形态和代谢途径影响很大。例如,种子培养基的pH控制对四环素发酵有显著影响。

2. 培养条件

种子培养应选择最适温度，前面已有叙述。培养过程中通气搅拌的控制重要，各级种子罐或者同级种子罐的各个不同时期的需氧量不同，应区别控制，一般前期需氧量较少，后期需氧量较多，应适当增大供氧量。在青霉素生产的种子制备过程中，充足的通气量可以提高种子质量。例如，将通气充足和通气不足两种情况下得到的种子都接入发酵罐内，它们的发酵单位可相差1倍。但是，在土霉素发酵生产中，一级种子罐的通气量小一些却对发酵有利。通气搅拌不足可引起菌丝结团、菌丝粘壁等异常现象。生产过程中，有时种子培养会产生大量泡沫而影响正常的通气搅拌，此时应严格控制，甚至可考虑改变培养基配方，以减少发泡。

对青霉素生产的小罐种子，可采用补料工艺来提高种子质量，即在种子罐培养一定时间后，补入一定量的种子培养基，结果是种子罐放罐体积增加，种子质量也有所提高，菌丝团明显减少，菌丝内积蓄物增多，菌丝粗壮，发酵单位增高。

3. 种龄

种子培养时间称为种龄。在种子罐内，随着培养时间的延长，菌体量逐渐增加。但是菌体繁殖到一定程度，由于营养物质消耗和代谢产物积累，菌体量不再继续增加，而是逐渐趋于老化。由于菌体在生长发育过程中，不同生长阶段的菌体的生理活性差别很大，接种种龄的控制就显得非常重要。在工业发酵生产中，一般都选在生命力极为旺盛的对数生长期，菌体量尚未达到最高峰时移种。此时的种子能很快适应环境，生长繁殖快，可大大缩短在发酵罐中的迟滞期（调整期），缩短在发酵罐中的非产物合成时间，提高发酵罐的利用率，节省动力消耗。如果种龄控制不适当，种龄过于年轻的种子接入发酵罐后，往往会出现前期生长缓慢、泡沫多、发酵周期延长以及因菌体量过少而菌丝结团现象，引起异常发酵等；而种龄过老的种子接入发酵罐后，则会因菌体老化而导致生产能力衰退。在土霉素生产中，一级种子的种龄相差2~3h，转入发酵罐后，菌体的代谢就会有明显的差异。

最适种龄因菌种不同而有很大的差异。细菌的种龄一般为7~24h，霉菌种龄一般为16~50h，放线菌种龄一般为21~64h。同一菌种的不同罐批培养相同的时间，得到的种子质量也不完全一致，因此最适的种龄应通过多次实验，特别要根据本批种子质量来确定。

二、菌种的衰退、复壮和保藏

（一）菌种衰退的现象及原因

随着菌种保藏时间的延长或菌种的多次转接传代，菌种本身所具有的优良的遗传性状逐渐减退或丧失，表现为目的代谢产物合成能力下降。常见的菌种退化现象中，最易觉察到的是菌落形态、颜色的改变；产孢子能力减弱，如放线菌、霉菌在斜面上多次传代后产生"光秃"等现象；生理上，表现为菌种代谢活动的下降，如菌种发酵力下降，产酶能力衰退，抗生素发酵单位减少等，所有这些方面都对发酵生产不利。因此，为了能使菌种的优良性状持久延续下去，研究与生产中就必须做好菌种的复壮工作，即在各菌种的优良性状还没出现退化之前，定期进行纯种分离和性能测定。

菌种的退化不是突然之间发生的，而是一个日积月累的过程，个别的细胞突变不会影响到整个群体表型的改变，这时如果不及时发现并采用有效措施而一直移种传代，就会造成群体中负突变个体的比例逐渐增高，当负突变细胞达到某一数量级后，群体的表型就会出现退化。

造成菌种退化的主要原因如下。

（1）菌种自发突变或回复突变，引起菌体本身的自我调节和 DNA 修复。

（2）细胞质中控制产量的质粒脱落或核内 DNA 和质粒复制不一致。

（3）基因突变。

（4）不良的培养和保藏条件。

（二）菌种衰退的防止

1. 合理的育种

选育菌种时所处理的细胞应使用单核的，避免使用多核细胞。

2. 选用合适的培养基

选取营养相对贫乏的培养基作菌种保藏培养基，因为变异多半是通过菌株的生长繁殖而产生的，当培养基营养丰富时，菌株会处于旺盛的生长状态，代谢水平较高，为变异提供了良好的条件，大大提高了菌株的退化概率。

3. 创造良好的培养条件

在生产实践中，创造一个适合原种生长的条件可以防止菌种的退化，如干燥、低温、缺氧等。

4. 控制传代次数

由于微生物存在自发突变，而突变都是在繁殖过程中发生表现出来的，所以应尽量避免不必要的移种和传代，把必要的传代降低到最低水平，以降低自发突发的概率。

5. 利用不同类型的细胞进行移种传代

在有些微生物中，如放线菌和霉菌，由于该菌的细胞常含有几个核或甚至是异核体，因此用菌丝接种就会出现不纯和衰退，而孢子一般是单核的，用它接种时，就没有这种现象发生。有人在研究中发现，用构巢曲霉的分生孢子传代就容易退化，如果改用子囊孢子移种传代则不易退化。

6. 采用有效的菌种保藏方法

用于工业生产的微生物菌种，其主要性状都属于数量性状，而这类性状恰是最容易退化的。因此，有必要研究和制定出更有效的菌种保藏方法以防止菌种退化。

（三）衰退菌种复壮的方法

退化菌种的复壮可通过纯种分离和性能测定等方法来实现，其中一种方法是从退化菌种的群体中找出少数尚未退化的个体，以达到恢复菌种的原有典型性状，另一种方法是在菌种的生产性能尚未退化前就经常而有意识地进行纯种分离和生产性能的测定工作，以使菌种的生产性能逐步有所提高。一般退化菌种的复壮措施如下。

1. 纯种分离

采用平板划线分离法、稀释平板法或涂布法，把仍保持原有典型优良性状的单细胞分离出来，经扩大培养恢复原菌株的典型优良性状，若能进行性能测定则更好。还可用显微镜操纵器将生长良好的单细胞或单孢子分离出来，经培养恢复原菌株性状。

2. 淘汰衰退的个体

芽孢产生菌经过高温（80℃）处理，不产生芽孢的个体将会被淘汰，可对未被淘汰的芽孢进行培养，以达到复壮的目的。

3. 选择合适的培养条件

一般认为保藏后的菌种接种到保藏之前的同一培养基上，有利于菌种性状的恢复，但也应该认识到保藏后的菌种的生理特性可能发生较大的变化，特别是出现生长因子的缺乏。由于菌种在保藏时培养基营养成分相对较少，在此培养基上传代会导致菌种生理特性的衰退。可在复壮培养基上加入生长因子让其复壮效果更好，如 PDA 培养基加入维生素和蛋白胨等，使衰退的平菇菌种复壮。

4. 通过寄主进行复壮

寄生型微生物的退化菌株可接种到相应寄主体内以提高菌株的活力。

5. 联合复壮

对退化菌株还可用高剂量的紫外线辐射和低剂量的 DTG 联合处理进行复壮。

（四）　发酵工业菌种的保藏

菌种是一个国家的重要自然资源，菌种保藏工作是一项重要的微生物学基础工作，在发酵工业中，具有良好稳定性状的生产用菌种的获得十分不容易，微生物是具有生命活力的，但其繁殖速度很快，在传代过程中容易变异和死亡。如何利用良好的微生物菌种保藏技术，使菌种经长时间保藏后不但存活，而且保证高产突变株不改变表型和基因型，尤其是不改变初级代谢产物和次级代谢产物生产的高产能力很关键。所以，如何保持菌种的优良稳定性状是研究菌种保藏的关键课题。

在工业生产中因菌种变异造成的经济损失是可想而知的，导致次级代谢产物的产量下降是菌种变异带来的直接后果。例如，青霉属或链霉菌连续经过 7~10 次传代培养后，会完全丧失合成青霉素或新生霉素的能力。发酵过程的后续阶段对菌体的不当处理也会造成同样的后果。采取有效的菌种保藏、种子制备及发酵放大体系可以避免或减少这些损失。

无论用何种方法保藏菌种，其基本原理是一致的，即挑选处于休眠体（如分生孢子、芽孢等）的优良纯种，如干燥、低温、缺氧及缺乏营养、添加保护剂或酸度中和剂等手段，使微生物代谢、生长受抑制，则保藏中的微生物不进行增殖，也就很少发生突变。理想的菌种保藏方法应具备下列条件。

（1）经长期保藏后菌种存活健在。

（2）保证高产突变株不改变表型和基因型，特别是不改变初级代谢产物和次级代谢产物生产的高产能力。

就实际而言，保藏的菌种要其不发生变异是相对的，现在还没有一种方法能使菌种绝对不变化，我们所能做到的是采用最合适的方法，使菌种的变异和死亡降低到最低程度。

（五）　菌种保藏的方法

微生物菌种保藏技术很多，主要是根据其自身的生化生理特性，但原理基本一致，一般采用低温、干燥、缺氧、保持培养基的营养成分处于最低水平、添加保护剂或酸度中和剂等方法，挑选优良纯种，使微生物生长在代谢不活泼、生长受抑制的环境中处于"休眠"状态，抑制其生长繁殖能力。一种优良的保藏方法，首先要求该保藏的菌种在长时间保藏下其优良性状不发生改变，其次该保藏方法本身应该经济和简便，在科研、生产中能广泛应用。菌种保藏方法多种多样，下面介绍常用的几种方法。

1. 斜面传代保藏法

斜面传代保藏法是将菌种定期在新鲜琼脂斜面培养基上、液体培养基中或穿刺培养，然后在4℃冰箱保存。可用于实验室中各种微生物保藏，此法简单易行，且不要求任何特殊的设备。但缺点是此方法易发生培养基干枯、菌体自溶、基因突变、菌种退化、菌株污染等不良现象。因此要求最好在基本培养基上传代，目的是能淘汰突变株，同时转接菌量应保持较低水平。此方法一般保存时间为3~6个月。

2. 干燥载体保藏法

此法适用于产孢子或芽孢的微生物的保藏。它的操作方法如下：先将菌种接种于适当的载体上，如河砂、土壤、硅胶、滤纸和麸皮等，以保藏菌种。其中以砂土保藏用得较多，制备方法为：将河砂经24目过筛后用10%~20%盐酸浸泡3~4h，以去除其中的有机物，用清水漂洗至中性，烘干后，将高度约1cm的河砂装入小试管中，121℃间歇灭菌3次。用无菌吸管将孢子悬液滴入砂粒小管中，经真空干燥8h，于常温或低温下保藏均可，保存期为1~10年。土壤法则以土壤代替砂粒，不需酸洗，经风干、粉碎，然后同法过筛、灭菌即可。一般细菌芽孢常用砂管保藏，霉菌的孢子多用麸皮管保藏。

3. 麸皮保藏法

此法也称曲法保藏，即以麸皮作载体，吸附接入的孢子，然后在低温干燥条件下保藏。其制作方法是按照不同菌种对水分要求的不同，将麸皮与水以一定的比例［（1：0.8）~（1：1.5）］拌匀，装量为试管体积2/5，湿热灭菌后经冷却，接入新鲜培养的菌种，室温培养至孢子长成。将试管置于盛有氯化钙等干燥剂的干燥器中，于室温下干燥数日后移入低温下保藏；干燥后也可将试管用火焰熔封，再保藏，效果更好。该法适用于产孢子的霉菌和某些放线菌，保藏期在1年以上。因该法操作简单、经济实惠，工厂较多采用。

4. 甘油溶液悬浮法

这是一种最简单的菌种保藏方法，将菌体悬浮于15%~20%甘油溶液中，封好口后，放于冰箱保藏室低温保藏。基因工程菌、细菌和酵母等保存期可达1年以上。如果放在超低温冰箱（-80~-70℃）保藏，有些菌保存期可达5年以上。

5. 矿物油浸没保藏法

此方法可用于丝状真菌、酵母、细菌和放线菌的保藏，且简便有效。将化学纯的液体石蜡（矿物油）经高温蒸汽灭菌，放在40℃恒温箱中蒸发其中的水分，然后注入培养成熟的菌种斜面上，矿物油液面高出斜面约1cm，直立保存在室温下或冰箱中。以液体石蜡作为保藏物质时，应对需保藏的菌株预先做实验，因为某些菌株如酵母、霉菌、细菌等能利用液体石蜡作为碳源，还有些菌株对液体石蜡保藏敏感。一般保藏菌株2~3年应做一次存活实验。

6. 真空冷冻干燥保藏法

真空冷冻干燥保藏法是当今较为理想的一种保藏方法。其原理是在较低的温度下（-18℃），将细胞快速地冻结，与此同时保持细胞的完整，而后在真空中使水分升华。在低温环境下，微生物的生长、繁殖都停止了，能减少变异的发生。此法是微生物菌种长期保藏最为有效的方法之一，对各种微生物都适用，而且大部分微生物菌种可以在冻干状态下保藏10年之久而不丧失活力，但操作过程复杂，并要求一定的设备条件。

此方法的基本操作：先将菌种培养到最大稳定期后，然后制成悬浮液并与保护剂混合，保护剂常选用脱脂乳、蔗糖、动物血清、谷氨酸钠等，菌液浓度为 $10^9 \sim 10^{19}$ 个/mL，取 $0.1 \sim 0.2$ mL 菌悬液置于安瓿管中，用低温乙醇或干冰迅速冷冻，再于减压条件下使冻结的细胞悬液中的水分升华至 $1\% \sim 5\%$，使培养物干燥。最后将管口熔封，低温保藏。

7. 冷冻保藏

冷冻保藏是指将菌种于 $-20℃$ 以下低温保藏，冷冻保藏是微生物菌种保藏行之有效的方法。通过冷冻，使微生物代谢活动停止。一般而言，冷冻温度越低，效果越好。为了保藏的结果更佳，通常需要在培养物中加入一定量的冷冻保护剂，同时还要认真掌握好冷冻速度和解冻速度。冷冻保藏的缺点是培养物运输较困难。

8. 寄主保藏

此法适用于一些难于用常规方法保藏的动植物病原菌和病毒。

9. 基因工程菌的保藏

随着基因工程的发展，更多的基因工程菌需要得到合理的保藏，这是由于它们的载体质粒等所携带的外源 DNA 片段的遗传性状不太稳定，且其外源质粒复制子很容易丢失。另外，对于宿主细胞质粒基因通常非生长必需，一般情况下当细胞丢失这些质粒时，生长速度会加快。而由质粒编码的抗生素抗性在富集含此类质粒的细胞群体时极为有用。当培养基中加入抗生素时，抗生素提供了有利于携带质粒的细胞群体的生长选择压力。而且在运用基因工程菌进行发酵时，抗生素的加入可帮助维持质粒复制与染色体复制的协调。由此看来基因工程菌最好应保藏在含低浓度选择剂的培养基中。

（六）菌种保藏的注意事项

1. 菌种在保藏前所处的状态

大多数菌种都保藏其休眠态，如芽孢与孢子。对于保藏用的芽孢与孢子需采用新制斜面上生长旺盛的培养物，培养时间与温度皆影响其保藏质量。培养时间太长，生产性能减弱，时间过短，保藏时易死亡。要取得较好的保藏效果，一般稍低于生长最适温度培养至孢子成熟的菌种即可保藏。

2. 菌种保藏所用的基质

低温保藏所用的斜面培养基，碳源和营养成分比例应该少些，否则会使代谢增强及产酸，严重影响保藏时间。冷冻干燥用到的保护剂，很多经过加热后物质会变性或分解，如脱脂乳，过度的加热将会形成有毒物质，加热灭菌时应注意。砂土管保藏时应将砂和土彻底洗净，防止其中含有过多的有机物，影响菌种的代谢或者经过灭菌后产生的一些有毒物质。

3. 操作过程对细胞结构的损害

冷冻操作过程中，冻结速度缓慢容易导致微生物细胞内形成较大的冰晶，对细胞结构造成机械损伤。真空干燥时也会影响细胞的结构，加入适当的保护剂就是为了尽可能地减轻冷冻干燥所引起对细胞结构的损坏。细胞结构的损坏不仅能使菌种保藏的死亡率增加，同时易导致菌种发生变异，造成菌种性能的衰退。

思考题

1. 发酵工业常用微生物的种类有哪些？每种列举出三个典型代表，并说明其主要的发酵产品。

2. 发酵产物分离的特点有哪些？工业生产针对不同产品如何选择分离方法？请举例分析。

3. 初筛和复筛的要求有何不同？初筛和复筛的目的分别是什么？

4. 简要说明诱变育种的步骤。诱变育种应注意哪些问题？

5. 简述菌种保藏的原理和目的？

6. 工业生产中使用的微生物菌种为什么会发生衰退？

7. 菌种衰退表现在哪些方面？防止菌种衰退的措施有哪些？

8. 菌种保藏的方法有哪些？

参考文献

［1］余龙江．发酵工程原理与技术应用［M］．北京：高等教育出版社，2016.

［2］李学如，涂俊铭．发酵工艺原理与技术［M］．武汉：华中科技大学出版社，2014.

［3］韩北忠．发酵工程［M］．北京：中国轻工业出版社，2013.

［4］党建章．发酵工艺教程［M］．北京：中国轻工业出版社，2016.

［5］霍乃蕊，余知和．微生物生物学［M］．北京：中国农业大学出版社，2018.

［6］谢晖．现代工科微生物学教程［M］．西安：西北电子科技大学出版社，2018.

［7］胡斌杰，郝喜才．食品生产工艺［M］．郑州：河南大学出版社，2018.

［8］蒋新龙．发酵工程［M］．杭州：浙江大学出版社，2011.

第三章　工业发酵培养基

 学习目标

1. 掌握工业发酵培养基中的碳源、氮源、无机盐和生长调节物质类型及功能，发酵培养基的设计和优化方法。

2. 熟悉工业上常用的碳源、氮源、无机盐和生长调节物质及其对发酵的影响。

3. 了解微生物培养基的类型和功能，工业发酵培养基的要求。

培养基（Medium）是人工配制的，适合微生物生长繁殖或产生代谢产物的营养基质。无论是以微生物为材料的研究，还是利用微生物生产生物制品，都必须进行培养基的配制，它是微生物学研究和微生物发酵工业的基础。

在微生物的发酵生产中，由于生产菌的生理生化特性、发酵设备和工艺条件的不同，所采用的培养基是各不相同的。即使同一个菌种，不同的培养目的、不同的发酵阶段，其培养基组成也不完全一样。应用合适的培养基能充分发挥生产菌合成微生物产物的能力，提高产品的质量和产量。对于某个特定的菌种，往往要经过较长时间的实验室研究，并经过一定的生产实践，才能确定一个适合菌体生长和产生目的代谢产物的培养基配方。然而，这个培养基配方也不是一成不变的，随着菌种遗传特性的改变、培养基原料来源的变化、发酵工艺条件的改进以及发酵罐结构的不同，需要不断进行改进和完善。

适合大规模发酵的培养基应该具备的共同特点如下。

①培养基中营养成分的含量和组成能够满足菌体生长和产物合成的需求。

②发酵副产物尽可能少。

③培养基原料价格低廉，性能稳定，资源丰富，便于运输和采购。

④培养基的选择应能满足总体工业的要求。

完善的培养基设计是实验室的实验、实验工厂和生产规模的放大中的一个重要步骤。在发酵过程中，我们的目的产品是菌体或代谢产物，而发酵培养基是否适合于菌体的生长或积累代谢产物，对最终产品的得率具有非常大的影响。在培养基的设计过程中要遵循培养基的组成必须满足细胞的生长和代谢产物所需的元素，并能提供生物合成和细胞维持活力所需的能量的原则。目前还不能完全从生化反应的基本原理来推断和计算出适合某一菌种的培养基配方，只能用生物化学、细胞生物学、微生物学等的基本理论，参照前人所使用的较适合某一类菌种的经验配方，再结合所用菌种和产品的特性，采用摇瓶、玻璃罐等小型发酵设备，按照一定的实验设计和实验方法对经验培养基中成分和含量进行优化。实验室中摇瓶发酵优化培养基只是培养基优化研究的第一步，而发酵器中培养基优化可以在摇瓶培养基优化的基础之上来完成。

第一节　工业发酵培养基的基本要求

工业培养基（Industrial Medium）是提供微生物生长繁殖和生物合成各种代谢产物所需要的，按一定比例配制的多种营养物质的混合物。培养基的组成对菌体的生长繁殖、产物的生物合成、产品的分离精制以及产品的质量和产量都有显著的影响。

虽然不同微生物的生长状况不同，且发酵产物所需的营养条件也不同，但是对于所有发酵生产用培养基的设计而言，仍然存在一些共同遵循的基本要求，如所有的微生物都需要碳源、氮源、无机盐、水和生长因子等营养成分。在小型实验中，所有培养基的组分可以使用纯度较高的化合物即采用合成培养基，但对工业生产而言，即使纯度较高的化合物在市场供应方面能满足生产的需要，也会由于经济效益原则而不宜在大规模生产中应用。因此对于大规模的发酵工业生产，除考虑上述微生物需要外，还必须十分重视培养基的原料价格和来源的难易。

一般设计适宜于工业大规模发酵的培养基就要遵循以下原则。

①必须提供合成微生物细胞和发酵产物的基本成分。

②有利于减少培养基原料的单耗，即提高单位营养物质的转化率。

③有利于提高产物的浓度，以提高单位容积发酵罐的生产能力。

④有利于提高产物的合成速率，缩短发酵周期。

⑤有利于减少副产物的形成，便于产物的分离纯化。

⑥原料价格低廉，质量稳定，取材容易。

⑦所用原料尽可能减少对发酵过程中通气搅拌的影响，利于提高氧的利用率，降低能耗。

⑧有利于产品的分离纯化，并尽可能减少"三废"物质的产生。

第二节　工业发酵培养基的成分及来源

营养物质是微生物构成菌体细胞的基本原料，也是获得能量以及维持其他代谢机能和生命活动的物质基础。微生物吸取何种营养物质取决于微生物细胞的化学组成。在一系列微生物细胞化学成分（表3-1）的分析研究中，微生物细胞与其他生物细胞的化学组成并没有本质上的区别。微生物细胞的平均含水量在80%左右，其余20%左右为干物质，而这些干物质含有蛋白质、核酸、碳水化合物、脂类和矿物质等。从化学元素来看主要是由碳、氢、氧、氮、磷、硫、钾、钙、镁等组成，其中碳、氢、氧、氮的比例大约占到整个干物质的90%以上，所以它们是构成有机物质的四大元素。因此，在配制培养基时必须有足够的碳源、氮源、水和无机盐。此外，有些合成能力差的微生物需要添加适当的生长辅助类物质，才能维持其正常的生长。

表 3-1　　　　　　　　　　微生物细胞的化学成分

主要成分	细菌	酵母菌	霉菌
水分（占细胞湿重）/%	75~85	70~80	85~90

续表

主要成分	细菌	酵母菌	霉菌
蛋白质/%	50~80	32~75	14~20
碳水化合物/%	12~28	27~63	7~40
脂类/%	5~20	2~15	4~40
核酸/%	10~20	6~8	1~5
无机盐/%	2~30	4~7	6~12

注：除水分外，主要成分含量以其占细胞干重的百分比表示。

一、碳源

凡是可以被微生物利用，构成细胞代谢产物的营养物质统称为碳源。碳源用于构成微生物细胞和代谢产物中碳素的来源，并为微生物的生长繁殖和代谢活动提供能源。其主要功能有三个：一是提供微生物生长繁殖所需的能源；二是提供微生物合成菌体的碳成分；三是提供合成目的产物的碳成分。

微生物对于碳源化合物的需求是相当广泛的。根据来源不同，可将碳源物质划分为无机碳源物质和有机碳源物质。除少数具有光合色素的蓝细菌、绿硫细菌、紫硫细菌、红螺菌能够像植物那样利用太阳光能还原二氧化碳合成碳水化合物作为碳源之外，一些化能自养型细菌如硝化细菌和硫化细菌还能够利用还原态无机物作为供氢体来还原二氧化碳，同时无机物的氧化还能产生化学能。但是绝大多数的细菌以及全部的放线菌和真菌都是以有机物作为碳源的，当然不同的微生物对于不同碳源的分解和利用情况是不一样的。糖类是较好的碳源，尤其是单糖（葡萄糖、果糖）、双糖（蔗糖、麦芽糖、乳糖），绝大多数的微生物都能利用。此外，简单的有机酸、氨基酸、醇、醛、酚等含碳化合物也能够被许多微生物利用。

工业生产所用微生物绝大多数是异养菌，不像自养菌那样能够利用光、还原态无机物或碳酸盐作为能源物质，只能利用有机物作为能源。对于异养微生物，碳源又兼作能源，称为双功能营养物（Difunctional Nutrient）。

工业生产常用的碳源有糖类、油脂、有机酸、醇和碳氢化合物等。如碳源贫乏时，蛋白质水解物或氨基酸等也被作为碳源使用。

（一）糖类

糖类是发酵培养基中使用最广泛的碳源，主要有葡萄糖、糖蜜和淀粉等（表3-2）。淀粉可用酸法或酶法水解产生葡萄糖，满足生产使用。

表 3-2　　　　　　　　　　工业上常用的碳源及来源

碳源	来源
葡萄糖	纯葡萄糖、水解淀粉
乳糖	纯乳糖、乳清粉

续表

碳源	来源
淀粉	大麦、花生粉、燕麦粉、黑麦粉、大豆粉等
蔗糖	甜菜糖蜜、甘蔗糖蜜、粗红糖、精白糖等

葡萄糖是工业发酵中最常用的单糖，它是由淀粉加工制备的，有固体粉状和葡萄糖糖浆两种产品形式。葡萄糖是碳源中最容易利用的单糖，所以常作为培养基的主要成分，并且也作为促进细胞快速生长的一种有效的糖类物质。它被广泛用于抗生素、氨基酸、有机酸、多糖、类固醇转化等发酵生产中。

但葡萄糖过多会加速菌体的呼吸，在通气不足、溶解氧不能满足需要的情况下，其代谢中间产物如丙酮酸、乳酸、乙酸等不完全氧化而积累在菌体或培养基中，会导致培养基的 pH 下降，影响某些酶的活性，从而抑制微生物的生长和产物的合成。葡萄糖还会引起葡萄糖效应，阻遏微生物利用其他的糖。由于葡萄糖等快速利用的糖对产物合成有调节作用，应控制其浓度，一般是将其和缓慢利用的多糖组成混合碳源，既有利于菌体生长，又有利于产物形成。

工业发酵生产中用的双糖主要有蔗糖、乳糖和麦芽糖。蔗糖、乳糖可以使用其纯制产品，也可以使用含有此二糖的糖蜜和乳清，麦芽糖多用其糖浆。

糖蜜是制糖生产时的结晶后母液，是制糖工业的副产物，主要含蔗糖（总糖含量可达 50%~75%）、氮素、无机盐和维生素等营养物质，是微生物发酵培养基廉价物美的碳源。常用在酵母和丙酮、丁醇的生产中，在酒精生产中，糖蜜代替甘薯粉，可以省去糖化工序，简化了生产工艺。

糊精、淀粉及其水解液等多糖是仅次于葡萄糖的常用碳源，尤其是淀粉克服葡萄糖代谢过快的弊病，价格也比较低廉。玉米淀粉及其水解液多用于抗生素、核苷酸、氨基酸、酶制剂等发酵；小麦淀粉、燕麦淀粉和甘薯淀粉等常在有机酸、醇等发酵中使用。淀粉有直链淀粉和支链淀粉之分，在培养基中用量较大时，发酵液比较稠，一般大于 2.0% 时要加入一定的 α-淀粉酶先行水解，它们必须水解成单糖后才能被吸收利用，因此所用微生物必须具有能够水解淀粉、糊精的胞外酶。

酒精、简单的有机酸、烷烃等含碳物质在发酵过程中作为碳源，虽然它们的价格比相等数量的粗碳水化合物要昂贵很多，但由于纯度较高，便于发酵结束后产物的回收和精制。甲烷、甲醇和烷烃已经用于微生物菌体的生产，例如将甲醇作为底物生产单细胞蛋白，用烷烃进行有机酸、维生素等的生产。

（二）油和脂肪

在培养基中糖类物质缺乏或微生物生长的某一阶段，许多微生物可以利用脂类作为碳源和能源生长。许多霉菌和放线菌都具有比较活跃的脂肪酶，在脂肪酶的作用下，油或脂肪被水解为甘油和脂肪酸，在有氧时，进一步氧化成 CO_2 和 H_2O，并释放出大量的能量。可用的油脂类有豆油、菜籽油、葵花籽油、猪油、鱼油、棉籽油、玉米油、亚麻籽油、橄榄油等。

当微生物利用脂肪作为碳源时，所消耗的氧量增加，因此要供给比糖代谢更多的氧，不然大量的脂肪酸和代谢中的有机酸会积累，从而引起 pH 的下降，并影响微生物酶系统的作用。

在发酵过程中加入的油脂还兼有消泡的作用。

（三）有机酸及其盐类

一些微生物对乳酸、柠檬酸、乙酸、延胡索酸等及其盐类有很强的氧化能力，因此这些有机酸和它们的盐也能作为微生物的碳源。

有机酸作为碳源，氧化产生的能量被菌体用于生长繁殖和代谢产物的合成。

在利用有机酸时，发酵液的 pH 会随着有机酸氧化而上升，尤其是有机酸盐氧化时，常伴随着碱性物质的产生，使 pH 进一步上升。对整个发酵过程中 pH 的调节和控制增加困难。

醋酸盐作为碳源被氧化时，反应如下：

$$CH_3COONa + 2O_2 \longrightarrow 2CO_2 + H_2O + NaOH$$

（四）烃和醇类

近年来随着石油工业的发展，烷烃（一般是从石油裂解中得到的 14～18 碳的直链烷烃混合物，以及甲烷、乙烷、丁烷等）用于有机酸、氨基酸、维生素、抗生素和酶制剂的工业发酵中。

甘油、甲醇、乙醇、山梨醇等也用于发酵碳源或生产某些单细胞蛋白。其他碳源物质如碳酸气、石油、正构石蜡、天然气等石油化工产品，也是许多微生物的碳源。

例如，嗜甲烷棒状杆菌可以利用甲醇为碳源生产单细胞蛋白，对甲醇的转化率可达 47% 以上。乳糖发酵短杆菌以乙醇为碳源生产谷氨酸，对乙醇的转化率为 31%，产率达 78g/L。

二、氮源

凡能提供微生物生长繁殖所需氮元素的营养源，称为氮源。氮占细菌干重的 12%～15%，是构成生物细胞蛋白质和核酸的主要元素。氮素对微生物的生长发育有着重要的意义，微生物利用它在细胞内合成氨基酸和碱基，进而合成蛋白质、核酸等细胞成分，以及含氮的代谢产物。其主要功能有四个：一是构成微生物细胞结构物质，如氨基酸、蛋白质、核酸等；二是合成含氮代谢产物；三是作为酶的组成成分或维持酶的活性；四是调节渗透压、pH、氧化还原电位；五是当培养基中碳源不足时，可作为补充碳源等。

根据氮源的来源不同，常用的氮源可分为两大类：有机氮源和无机氮源。

（一）有机氮源

工业上常用的有机氮源都是一些廉价原料，如花生饼粉、黄豆饼粉、棉籽饼粉、玉米浆、玉米蛋白粉、蛋白胨、酵母粉、鱼粉、蚕蛹粉、尿素、废菌丝体和酒糟（表 3-3）。有机氮源在微生物分泌的蛋白酶作用下，水解成氨基酸被菌体吸收利用，或进一步分解，最终用于合成菌体的细胞物质和含氮的目的产物。

表 3-3　　　　　　　　　　　　　　工业上常用的氮源及其含氮量

氮源	含氮量（质量分数）/%	氮源	含氮量（质量分数）/%
大麦	1.5～2.0	花生粉	8.0

续表

氮源	含氮量（质量分数）/%	氮源	含氮量（质量分数）/%
甜菜糖蜜	1.5~2.0	燕麦粉	1.5~2.0
甘蔗糖蜜	1.5~2.0	大豆粉	8.0
玉米浆	4.5	乳清粉	4.5

有机氮源除含有丰富的蛋白质、多肽和游离氨基酸外，还含有糖类、脂肪、无机盐、维生素及某些生长因子，因而微生物在含有机氮的培养基中表现出生长旺盛、菌丝浓度增加迅速的特点。

在配制培养基时，应该将其他物质的含量充分考虑进去。

有机氮源还能提供次级代谢产物的氮素来源，影响微生物次级代谢产物的产量和组分。更为重要的是还含有目的产物合成所需的诱导物、前体等物质。玉米浆中含有的磷酸肌醇对红霉素、链霉素、青霉素和土霉素等的生产有促进作用；植物蛋白胨能够提高麦白霉素 A_1 组分的产量；酵母膏含有利福霉素生物合成的诱导物。

因此，有机氮源是影响发酵水平的重要因素之一。

某些氨基酸不仅能作为氮源，而且是微生物药物的前体物质，因此在培养基中直接加入这些氨基酸可以提高代谢产物的产量。在培养基中加入缬氨酸可以提高红霉素的发酵单位，因为在此发酵过程中缬氨酸既是菌体的氮源，又是红霉素生物合成的前体；α-氨基己二酸、缬氨酸和半胱氨酸既可以作为青霉素和头孢菌素产生菌的营养物质，又可以作为青霉素和头孢菌素的主要前体；玉米浆中的苯乙酸和苯丙氨酸有合成青霉素 G 的前体作用；色氨酸是合成硝吡咯菌素和麦角碱的前体；甲硫氨酸和苏氨酸的存在可提高赖氨酸的产量；甘氨酸是 L-丝氨酸合成的前体。

但是，由于氨基酸成本高，一般不直接使用，而是通过有机氮源的分解来获得氨基酸。

黄豆饼粉是发酵工业中最常用的有机氮源。但是，黄豆的产地和加工方法不同，营养物质种类、水分和含油量也随之不同，对菌体的生长和代谢有很大影响。黄豆饼粉有全脂黄豆粉（油脂含量在 18% 以上）、低脂黄豆粉（含油脂量 9% 以下）和脱脂黄豆粉（含油脂量 2% 以下）。

玉米浆是玉米淀粉生产中的副产品，为黄褐色的浓稠不透明的絮状悬浮物，是一种很容易被微生物利用的氮源。玉米浆有玉米浆粉和液态玉米浆（干物质含量在 50% 左右）两种，它们除了含有丰富的氨基酸（丙氨酸、赖氨酸、谷氨酸、缬氨酸、苯丙氨酸），还含有还原糖、有机酸、磷、微量元素和生长因子。由于玉米浆含有较多的有机酸（如乳酸、苯乙酸），其 pH 偏低，一般在 4.0 左右。玉米的来源和加工条件不同，玉米浆的质量常有较大的波动，对菌体生长和代谢有很大的影响。

蛋白胨是由动物组织或植物蛋白质经酶或酸水解而获得的由胨、肽、氨基酸组成的水溶性混合物，经真空干燥或喷雾干燥后制得的产品。原材料和加工工艺的不同，蛋白胨中营养成分的组成和含量差异较大。

酵母粉一般是啤酒酵母或面包酵母的菌体粉碎物；酵母膏是以酵母为原料，经酶解、脱色脱臭、分离和低温浓缩（喷雾干燥）而制成的。酵母粉和酵母膏都含有蛋白质、多肽、氨基酸、核苷酸、维生素和微量元素等营养成分，但质量有很大的差异。

鱼粉是一种优质的蛋白质原料，约含60%的粗蛋白，还含有游离氨基酸、脂肪、氯化钠和微量元素等成分。

尿素因其成分单一，所以不具有其他有机氮源的特点。但在青霉素和谷氨酸等生产中仍常被采用。尤其在谷氨酸生产中，尿素可以使 α-酮戊二酸还原并氨基化，从而提高谷氨酸的产量。

（二）无机氮源

常用的无机氮源有铵盐、硝酸盐和氨水。无机氮源成分简单，质量稳定，易被菌体吸收利用，所以也称为迅速利用的氮源。铵盐中的 NH_4^+ 与细胞中有机氮处于相同的氧化水平（细胞内的含氮物质也都以氨基或亚氨基的形式存在），可被菌体直接吸收用于合成细胞物质；因此 NH_4OH 最容易利用，$(NH_4)_2SO_4$ 次之。硝酸盐中的硝态氮需还原成氨后才能被微生物吸收利用，因此铵盐比硝酸盐能更快被微生物利用。

无机氮源被菌体作为氮源利用后，培养液中就留下了酸性或碱性物质，这种经微生物生理作用（代谢）后能形成酸性物质的无机氮源称为生理酸性物质，如硫酸铵；若菌体代谢后能产生碱性物质的，则此种无机氮源称为生理碱性物质，如硝酸钠。正确使用生理酸碱性物质，对稳定和调节发酵过程的 pH 有积极作用。例如在制液体曲时，用 $NaNO_3$ 作氮源，菌丝长得粗壮，培养时间短，且糖化力较高。这是因为 $NaNO_3$ 的代谢而得到的 $NaOH$ 可以中和曲霉生长中释放的酸，使 pH 稳定在工艺要求的范围内。

氨水是发酵工业常用的无机氮源，除了作为氮源之外，还可以调节 pH，在许多微生物发酵生产中都有通氨工艺。例如在青霉素、链霉素、四环类抗生素的发酵生产中采用通氨工艺后，发酵单位均有不同程度的提高。在红霉素的发酵生产中通氨工艺不仅可以提高红霉素的产量，而且可以增加有效组分的比例。

在采用通氨工艺时应注意两个问题：一是氨水碱性较强，因此在使用时要防止局部过碱，应少量多次加入，并加强搅拌；二是氨水中含有多种嗜碱性微生物，因此在使用前要用石棉等过滤介质进行过滤除菌，防止因通氨而引起的染菌污染。

根据被微生物利用速度的不同，氮源也分为速效氮源（Available Nitrogen Source）和迟效氮源（Delayed Nitrogen Source）。无机氮源或以蛋白质降解产物形式存在的有机氮，如玉米浆，可以直接被菌体吸收利用，这些氮源被称为速效氮源。黄豆饼粉、花生饼粉、酵母膏等有机氮源中所含的氮存在于蛋白质中，必须在微生物分泌的蛋白酶作用下，水解成氨基酸和多肽以后，才能被菌体直接利用，它们则被称为迟效氮源。

速效氮源通常有利于菌体的生长，但在微生物药物的发酵生产中也会出现类似于葡萄糖效应的现象——"铵阻遏"效应，即由于速效氮源（特别是铵）被微生物快速吸收利用而使其中间代谢物阻遏了次级代谢产物的合成，使次级代谢产物的产量大幅度下降。

迟效氮源一般有利于代谢产物的形成，在抗生素发酵过程中，往往将速效氮源和迟效氮源、有机氮源和无机氮源按一定比例配成混合氮源，以控制菌体生长与目的代谢产物的形成，达到提高抗生素产量的目的。在早期的时候加入易同化的氮源——无机氮源或速效氮源，到中期菌体的代谢酶系已形成，则可利用迟效氮源。

三、无机盐及微量元素

微生物在生长繁殖和代谢产物的合成过程中，需要某些无机离子如硫、磷、镁、钙、钠、钾、铁、铜、锌、锰、钼和钴等。无机盐（Miner Alsalts）是微生物生命活动所不可缺少的物质，主要功能是构成菌体成分、作为酶的组成部分、酶的激活剂或抑制剂、调节培养基渗透压、调节 pH 和氧化还原电位等。微生物对无机盐的需要量很少，但无机盐含量对菌体生长和产物的生成影响很大。

各种不同的生产菌以及同一种生产菌在不同的生长阶段对这些物质的需求浓度是不相同的。无机盐及微量元素对微生物生理活性的作用与其浓度相关，一般它们在低浓度时对微生物生长和目的产物的合成有促进作用，在高浓度时常表现出明显的抑制作用。

硫、磷、镁、钙、钠、钾等元素所需浓度相对较大，一般在 $10^{-4} \sim 10^{-3} \mathrm{mol/L}$ 范围内，属大量元素，在配制培养基时需以无机盐的形式加入。而铁、铜、锌、锰、钼和钴等所需浓度在 $10^{-8} \sim 10^{-6} \mathrm{mol/L}$ 范围内，属微量元素。由于天然原料如花生饼粉、黄豆饼粉等和自来水中微量元素都以杂质等状态存在，因此，配制复合培养基时一般不需单独加入。但有些发酵工业中配制合成培养基或某个特定培养基时需要单独加入微量元素，例如生产维生素 B_{12} 的时候，因为钴元素是维生素 B_{12} 的组成成分，其需求量随产物量的增加而增加，所以尽管采用天然复合培养基，还是需要加入氯化钴以补充钴元素的不足。

不同的微生物对于一种元素的需求有很大的差别，例如铁的需要量在有的生产菌中属大量元素，而在有的生产菌中需要量很少，只是微量元素。

磷是核酸、磷脂、辅酶或辅基（如辅酶1、辅酶Ⅱ、辅酶A）等物质的组成成分。三磷酸腺苷（ATP）是重要的能量传递者，参与一系列的代谢反应。磷酸盐能促进糖代谢的进行，有利于微生物的生长繁殖。磷酸盐对次级代谢产物的合成具有调节作用，如在链霉素、土霉素和新生霉素等的生物合成中，低浓度的磷酸盐能促进产物的合成，但高浓度的磷酸盐则抑制产物的合成。磷酸盐还能调节代谢流向，如在金霉素发酵过程中，金色链霉菌能通过糖酵解途径和单磷酸己糖途径利用糖类，而且金霉素的生物合成与单磷酸己糖途径密切相关。当磷酸盐浓度较高时，有利于糖酵解途径的进行，导致初级代谢旺盛、菌丝大量生成和丙酮酸积累，使单磷酸己糖途径受到抑制，从而降低了金霉素的合成。磷酸盐在培养基中还具有缓冲作用，可以缓冲发酵过程中 pH 的变化。微生物对磷的需要量一般为 $0.005 \sim 0.01 \mathrm{mol/L}$。工业生产上常用 $K_3PO_4 \cdot 3H_2O$、K_3PO_4 和 $Na_2HPO_4 \cdot 12H_2O$、$Na_2HPO_4 \cdot 2H_2O$ 等磷酸盐，也可直接用磷酸。

硫存在与细胞的蛋白质中，是蛋白质中含硫氨基酸和某些维生素的组成成分。半胱氨酸、甲硫氨酸、辅酶 A、生物素、硫胺素和硫辛酸等都含有硫，活性物质谷胱甘肽中也含有硫。硫还是某些抗生素如青霉素、头孢菌素的组成元素。

镁是代谢途径中许多重要酶（如己糖磷酸化酶、柠檬酸脱氢酶、烯醇化酶、羧化酶等）的激活剂。镁离子不但影响基质的氧化，还影响蛋白质的合成。对一些氨基糖苷类抗生素（如卡那霉素、链霉素、新霉素）的产生菌，镁离子能促使与菌体结合的抗生素向培养液中释放，提高菌体对自身所产生抗生素的耐受能力。

镁常以硫酸镁的形式加入培养基中，既补充镁也补充硫。但硫酸镁在碱性条件下会形成氢氧化镁沉淀，因此配制培养基时要注意 pH 的影响。

铁是细胞色素、细胞色素氧化酶和过氧化氢酶的组成部分，是菌体生命活动必需的元素之一。但铁离子的含量对多种代谢产物的生物合成有较大的影响，如青霉素、四环素和麦迪霉素的发酵生产中，Fe^{2+} 含量要求在 $20\mu g/mL$ 以下，超过就具有较强的抑制作用，产量显著下降，当 Fe^{2+} 含量达到 $60\mu g/mL$ 时青霉素产量下降30%。当工业上采用铁制的发酵罐时，发酵罐内的溶液即使不加任何含铁化合物，其铁离子浓度也已达 $30\mu g/mL$。因此，这些产品的发酵应使用不锈钢发酵罐。另外，一些天然原料中也含有铁，所以发酵培养基一般不再加入含铁化合物。

钠、钾、钙是微生物发酵培养基的必要成分。钠离子与维持细胞渗透压有关，故在培养基中常加入少量钠盐，但用量不能过高，否则会影响微生物的生长。钾离子也与细胞渗透压和细胞膜的通透性有关，并且还是许多酶（如磷酸丙酮酸转磷酸酶、果糖激酶）的激活剂，能促进糖代谢。谷氨酸发酵产物生成所需要的钾盐比菌体生长需要量高，因此，钾盐少长菌体，钾盐足够产谷氨酸。钙离子是某些蛋白酶的激活剂，参与细胞膜通透性的调节，钙离子还是细菌形成芽孢和某些真菌形成孢子所必需的。常用的碳酸钙不溶于水，几乎是中性，但它能与微生物代谢过程中产生的酸起反应，形成中性盐和二氧化碳，后者从培养基中逸出，因此碳酸钙对培养液 pH 的变化有一定的缓冲作用。在配制培养基时应注意三点：一是钙盐过多会形成磷酸钙沉淀而降低培养基中可溶性磷的含量，因此当培养基中磷和钙浓度较高时，应将两者分别灭菌或逐步补加；二是先要将除 $CaCO_3$ 以外的培养基用碱调到 pH 接近中性，再将 $CaCO_3$ 加入培养基中，这样可防止 $CaCO_3$ 在酸性培养基中被分解而失去其在发酵过程中的缓冲能力；三是要严格控制碳酸钙中 CaO 等杂质的含量。

锌、钴、锰、铜等元素大部分作为酶的辅基和激活剂，需量微少，但又不可缺少。锌是碱性磷酸酶、脱氢酶、肽酶的组成成分；钴是肽酶的组成成分；锰是超氧化物歧化酶、氨肽酶的组成成分；铜是氧化酶、酪氨酸酶的组成成分。对于某些特殊的菌株和产物，有些微量元素具有独特的作用，能促进次级代谢产物的生物合成。微量的锌离子能促进青霉素、链霉素的合成；微量的锰离子能促进芽孢杆菌合成杆菌肽；微量的钴离子能增加庆大霉素和链霉素的产量。微量元素因需要量很少，除了合成培养基，一般复合培养基中作为碳、氮源的农副产品天然原料中，本身就含有某些微量元素，不必另加。

四、水

水是微生物细胞的主要组成成分，占到湿重的 $70\% \sim 80\%$，不同种类的微生物细胞的含水量都有所不同，且同种微生物处于不同发育时期、不同环境时其含水量也有差异，一般情况下幼龄的细胞含水量多而衰老或者休眠体中的含水量少。水是微生物机体必不可少的组成成分。培养基中的水在生产菌生长和代谢过程中不仅提供了必需的生理环境，而且具有重要的生理功能。

水是最优良的溶剂，生产菌没有特殊的摄食及排泄器官，营养物质、氧气和代谢产物等必须溶解于水后才能进出细胞内外；通过扩散进入细胞的水可以直接参加一些代谢反应，并在细胞内维持蛋白质、核酸等生物大分子稳定的天然构象，同时又是细胞内几乎所有代谢反应的介质；水的比热容较高，是一种热的良导体，能有效地吸收代谢过程中所放出的热量，并及时将热量迅速散发出细胞外，从而使细胞内温度不会发生明显的波动；水从液态变为气态所需的蒸发热较高，有利于发酵过程中热量的散发。由于水是配制培养基的介质，因此，当培养基配制完成后培养基中的水已足够微生物需要。

生产中使用的水有深井水、地表水、自来水、纯净水。对于发酵工厂来说，恒定的水源是至关重要的，因为在不同水源中存在的各种物质对微生物发酵代谢影响甚大，特别是水中的矿物质组成对酿酒工业和淀粉糖化影响甚大。在啤酒酿造业的早期，工厂的选址是由水源决定的，当然现在可以通过物理或化学的方法处理得到去离子或脱盐的工业用水，但在建造工厂的时候也应考虑附近水源的质量。

水质要定期检测，水源质量的主要参数包括 pH、溶解氧、可溶性固体、污染程度以及矿物质组成和含量。在抗生素发酵工业中，有时水质的好坏是决定菌种能否发挥其生产能力的重要因素。在酿酒工业中，水质是获得优质酒的关键因素之一。

五、生长代谢调节物质

发酵培养基中某些成分的加入可以有助于调节产物的形成，这些添加的物质一般被称为生长调节物质（Growth Regulating Substance）。生长代谢调节物质包括生长因子、前体、产物抑制剂和促进剂。

（一）生长因子

生长因子（Growth Factor）是一类微生物生长代谢必不可少，但不能用简单的碳源或氮源生物合成的一类特殊的营养物质。生长因子不是所有微生物都必需的，它只是对于某些自己不能合成这些成分的微生物才是必不可少的营养物。根据化学结构及代谢功能，生长因子主要有三类：维生素、氨基酸、碱基及其衍生物，此外还有脂肪酸、卟啉、甾醇等。

维生素是被发现的第一类生长因子，也是微生物生长所需要的一大类营养物质。大多数维生素是辅酶的重要组成部分。如可催化氧化还原反应的黄素酶的辅基就是由核黄素（维生素 B_2）组成的，硫胺素（维生素 B_1）是脱羧酶、转醛酶、转酮酶的辅基。有些维生素在微生物的糖和脂肪代谢中起到关键作用。如泛酸是辅酶 A 的组成成分，其在脂肪代谢中至关重要。还有些维生素对于生命活动是必需的。如烟酸经过氨化后生成烟酰胺，该物质是烟酰胺腺嘌呤二核苷酸（NAD）和烟酰胺腺嘌呤二核苷酸磷酸（NADP）的组成成分。这两种物质是微生物生命活动中能量的主要形式。生物素的作用主要影响谷氨酸生产菌细胞的通透性，同时也影响菌体的代谢途径。如以糖质原料为碳源的谷氨酸生产菌均为生物素缺陷型，以生物素为生长因子，对发酵的调控起到重要的作用。微生物对维生素的需求量较低，一般是 $1 \sim 50 \mu g/L$，有时甚至更低。

L-氨基酸是蛋白质的主要组成成分，有的 D-氨基酸是细菌细胞壁和生理活性物质的组成成分。作为生长因子的氨基酸其添加量一般为 $20 \sim 50 \mu g/L$。添加时，可以直接提供氨基酸，也可以提供含有所需氨基酸的小肽。

碱基包括嘌呤和嘧啶，其主要功能是用于合成核酸和一些辅酶及辅基。有些生产菌可利用核苷、游离碱基作为生长因子，有些生产菌只能利用游离碱基。核苷酸一般不能作为生长因子，但有些生产菌既不能合成碱基，又不能利用外源碱基，需要外源提供核苷或核苷酸，而且需要量很大。

不同的生产菌所需的生长因子各不相同，有的需要多种生长因子，有的仅需要一种，还有的不需要生长因子。同一种生产菌所需的生长因子也会随生长阶段和培养条件的不同而有所变化。

生长因子的需要量一般很少。有机氮源是这些生长因子的重要来源，多数有机氮源含有较多的 B 族维生素和微量元素及一些微生物生长不可缺少的生长因子天然原料，如酵母膏、玉米浆、麦芽浸出液、肝浸液或其他新鲜的动植物浸液都含有丰富的生长因子，因此配制复合培养基时，不需单独添加生长因子。最具代表性的是玉米浆，含有乳酸、少量还原糖和多糖，还含有丰富的氨基酸、核酸、维生素、无机盐等，因此常用作为提供生长因子的物质。

但是，有些微生物可以合成并分泌大量维生素等生长因子，因此，可用作维生素的生产菌。例如，利用阿舒假囊酵母（*Eremothecium ashbyii*）和棉阿舒囊霉（*Ashbya gossypii*）生产维生素 B_2，用作维生素 B_{12} 生产菌的有谢氏丙酸杆菌（*Propionibacterium shermanii*）、橄榄链霉菌（*Streptomyces olivaceus*）、灰色链霉菌（*S. griseus*）与巴氏甲烷八叠球菌（*Methanosarcina barkeri*）等。

（二）前体

在微生物代谢产物的生物合成过程中，有些化合物能直接被微生物利用构成产物分子结构的一部分，化合物本身的结构没有大的变化，这些物质称为前体（Precursor）。

前体最早是在青霉素的生产过程中发现的。在青霉素生产时，人们发现添加玉米浆后，青霉素单位可从 20U/mL 增加到 100U/mL。进一步研究表明，发酵单位增加的主要原因是玉米浆中含有苯乙胺和苯丙氨酸，它能被优先结合到青霉素分子中，从而提高了青霉素 G 的产量。

前体必须通过生产菌的生物合成过程，才能掺入产物的分子结构中。在一定条件下，前体可以起到控制菌体代谢产物的合成方向和增加产量的作用。例如在青霉素发酵中加入苯乙酸或苯乙酰胺可以提高青霉素 G 的产量，而且使青霉素 G 的比例提高到 99%，若不加入前体，青霉素 G 只占青霉素总量的 20%~30%。

根据前体的来源，可将前体分为外源性前体和内源性前体。外源性前体是指生产菌不能合成或合成量极少，必须由外源添加到培养基中供给其合成代谢产物，如青霉素 G 的前体苯乙酸、青霉素 V 的前体苯氧乙酸。外源性前体是发酵培养基的组成成分之一。内源性前体是指生产菌在细胞内能自身合成的、用来合成代谢产物的物质，如头孢菌素 C 生物合成中的 α-氨基己二酸、半胱氨酸和缬氨酸是内源性前体。

需要注意的是，有些外源性前体物质，如苯乙酸、丙酸等浓度过高会对菌体产生毒性，此外，前体相对价格较高，添加过多，容易引起挥发和氧化，因此在生产中为了减少毒性和提高前体的利用率，补加前体宜采用少量多次的间歇补加方式。一些常见的前体见表 3-4。

表 3-4　　　　　　　　　　　　　几种常见的前体

产物	前体	产物	前体
青霉素 G	苯乙酸及其衍生物	放线菌素 C_3	肌氨酸
链霉素	肌醇、甲硫氨酸、精氨酸	维生素 B_{12}	钴化物

续表

产物	前体	产物	前体
金霉素	氯化物	胡萝卜素	β-紫罗兰酮
红霉素	正丁醇	L-色氨酸	邻氨基苯甲酸
灰黄霉素	氯化物	L-丝氨酸	甘氨酸

（三）产物促进剂和抑制剂

在发酵培养基中加入某些微量的化学物质，可促进目的代谢产物的合成，这些物质被称为促进剂（Accelerant）。产物促进剂指那些非细胞生长所必需的营养物，又非前体，但加入后却能提高产量的添加剂，包括酶的诱导物、表面活性剂等。例如，加巴比妥盐能使利福霉素的发酵单位增加；在四环素的发酵培养基中加入硫氰化苄或2-巯基苯并噻唑可控制三羧酸循环中某些酶的活性，增强戊糖循环，促进四环素的合成。

促进剂提高产量的机制还不完全清楚，其原因可能是多方面的。如在酶制剂的生产中，有些促进剂本身是酶的诱导物；有些促进剂是表面活性剂，可改善细胞的透性，改善细胞与氧的接触从而促进酶的分泌与生产；也有人认为表面活性剂对酶的表面失活有保护作用；有些促进剂的作用是沉淀或螯合有害的重金属离子。洗净剂、吐温-80、植酸、二乙胺四乙酸（EDTA）、聚乙烯醇等均能促进酶的产量，表3-5为一些添加剂对产酶的促进作用。

在发酵过程中加入某些化学物质会抑制某些代谢途径的进行，同时会使另一代谢途径活跃，从而获得人们所需的某种代谢产物，或使正常代谢的中间产物积累起来，这种物质被称为抑制剂（Suppressant）。如在四环素发酵时，加入溴化物可以抑制金霉素的生物合成，而使四环素的合成加强；在利福霉素B发酵时，加入二乙基巴比妥盐可抑制其他利福霉素的生成。一些抗生素的抑制剂见表3-6。

表3-5　　　　　　　　　　　各种添加剂对产酶的促进作用

添加剂	酶	微生物	酶活性增加倍数
吐温	纤维素酶	真菌	20
	淀粉酶	真菌	4
	蔗糖酶	真菌	16
	酯酶	真菌	6
大豆提取物	蛋白酶	米曲霉	2.87
洗净剂	蛋白酶	栖土曲霉	1.6
植酸质	蛋白酶	曲霉、枯草杆菌、假丝酵母	2~4
聚乙烯醇	糖化酶	筋状拟内孢霉	1.2
苯乙醇	纤维素酶	真菌	4.4
醋酸+维生素	纤维素酶	绿色毛霉	2

表 3-6　　　　　　　　　　　　　　　　一些抗生素的抑制剂

抗生素	被抑制的产物	抑制剂
链霉素	甘露糖链霉素	甘露聚糖
去甲基链霉素	链霉素	乙硫氨酸
四环素	金霉素	溴化物、巯基苯并噻唑、硫脲嘧啶、硫脲
去甲基金霉素	金霉素	磺胺化合物、乙硫氨酸
头孢菌素 C	头孢菌素 N	L-甲硫氨酸
利福霉素 B	其他利福霉素	巴比妥药物

第三节　微生物的培养基类型

微生物的培养基类型种类很多，可以根据培养基组成成分的纯度、培养基物理状态、培养基用途等进行分类。在工业发酵中，培养基往往根据生产流程和作用分为斜面培养基、种子培养基和发酵培养基。

一、斜面培养基

斜面培养基（Agarslant Culture Media）是供微生物细胞生长繁殖或进行菌种的保藏，既包括细菌、酵母菌的斜面培养，也包括霉菌、放线菌的孢子培养。因此斜面培养基也称为孢子培养基（Spore Media），供菌种繁殖孢子。斜面培养基能使菌体迅速生长，或产生大量的优质孢子，且不易引起菌种发生变异。

不同菌种的孢子培养基是不相同的，产黄青霉和金色链霉菌用的分别是小米培养基和麸皮培养基；球状青霉用大米培养基；灰色链霉菌用豌豆浸液、葡萄糖、氯化钠、蛋白胨琼脂培养基。对于一定的菌种，采用什么样的孢子培养基最合适，需要通过大量的实验和长期的摸索来确定。

培养细菌和酵母菌的斜面培养基富含有机氮源，有利于菌体的生长繁殖，能获得更多的细胞。但放线菌和霉菌的孢子培养基营养则不要太丰富，碳源和氮源（特别是有机氮源）的浓度要低，否则不易产孢子。如灰色链霉菌在葡萄糖—硝酸盐的合成培养基上都能很好地生长和产生孢子，但若加入 0.5%酵母膏或酪蛋白后，就只长菌体而不产孢子。添加的无机盐的浓度要适量，否则会影响孢子数量和孢子质量。培养基的 pH 和湿度要适宜，否则孢子的生长量会受到影响，如培养青霉菌孢子的大米培养基，其水分需控制在 20%~25%。

二、种子培养基

种子培养基是为了保证在生长中能获得优质孢子或营养细胞的培养基，一般指的是种子罐的培养基和摇瓶种子的培养基，其作用是进行种子的扩大培养，增加细胞数目，使菌体长成年轻、代谢旺盛、活力高的种子。一般要求营养成分要比较丰富和完全，含容易被利用的碳源、氮源、无机盐和维生素等，氮源、维生素丰富，氮源一般既含有机氮源又含无机氮源，因为天然有机氮源中的氨基酸能刺激孢子萌发，无机氮源有利于菌丝体的生长，原料要精。营养物质的总浓度以略稀薄为宜，以保持一定的溶解氧水平，有利于大量菌体的生长繁殖。

同时应尽量考虑各种营养成分的特性，使培养基的 pH 在培养过程中能稳定在适当的范围内，以有利菌种的正常生长和发育。有时，最后一级种子培养基还需加入使菌种能适应发酵条件的成分，使种子进入发酵培养基后能迅速适应，快速生长。菌种的质量关系到发酵生产的成败，所以种子培养基的质量非常重要。

三、发酵培养基

发酵培养基是生产中用于供菌种生长繁殖并积累发酵产品的培养基。一般数量较大，配料较粗。发酵培养基除了要使菌种转接后能迅速生长达到一定的浓度，更要使菌体迅速合成所需的目的产物。发酵培养基中碳源含量往往高于种子培养基。若生产氨基酸等含氮的化合物，则应增加氮源，添加足够的铵盐或尿素等氮素化合物。在大规模生产时，原料应来源充足，成本低廉，还应有利于下游的分离提取。

对于发酵培养基来说，其营养成分要适当丰富和完全，既有利于菌种的生长繁殖，又不至于使菌体过量繁殖而抑制了目的产物的合成；培养基 pH 稳定地维持在目的产物合成的最适 pH 范围；根据目的产物生物合成的特点，添加特定的元素、前体、诱导物和促进剂等对产物合成有利的物质；控制原料的质量，避免原料波动对生产造成的影响。

第四节　发酵培养基的设计原理与优化方法

对于微生物的生长及发酵，其培养基成分非常复杂，特别是有关微生物发酵的培养基，各营养物质和生长因子之间的配比，以及它们之间的相互作用是非常微妙的。面对特定的微生物，人们希望找到一种最适合其生长及发酵的培养基，在原来的基础上提高发酵产物的产量，以期达到生产最大发酵产物的目的。发酵培养基的优化在微生物产业化生产中举足轻重，是从实验室到工业生产的必要环节。能否设计出一个好的发酵培养基，是一个发酵产品工业化成功中非常重要的一步。以工业微生物为例，选育或构建一株优良菌株仅仅是一个开始，要使优良菌株的潜力充分发挥出来，还必须优化其发酵过程，以获得较高的产物浓度（便于下游处理），较高的底物转化率（降低原料成本）和较高的生产强度（缩短发酵周期）。

现代分离的微生物绝大部分是异养型微生物，它需要碳水化合物、蛋白质和前体等物质提供能量和构成特定产物的需要。其营养物质一般包括碳源、氮源（有机氮源、无机氮源）、无机盐及微量元素、生长因子、前体、产物促进和抑制剂等。另外，在设计培养基时还必须把经济问题和原材料的供应问题等因素一起考虑在内。

如果在知道产物结构或者产物合成途径的情况下，我们可以有意识地加入构成产物和合成途径中所需的特定结构物质。我们也可以结合某一菌株的特定代谢途径，加入阻遏或者促进物质，使目的产物过量合成。例如，青霉素的合成会受到赖氨酸的强烈抑制，而赖

氨酸合成的前体 α-氨基己二酸可以缓解赖氨酸的抑制作用，并能刺激赖氨酸的合成。这是因为 α-氨基己二酸是合成青霉素和赖氨酸的共同前体。如果赖氨酸过量，它就会抑制这个反应途径中的第一个酶，减少 α-氨基己二酸的产量，从而进一步影响青霉素的合成。

一、发酵培养基的设计原理

一般来讲，培养基的设计首先是培养基成分的确定，然后再决定各成分在培养基中的比例。但目前还不能完全从生化反应的基本原理来推断和计算出适合某一菌种的培养基配方，只能用生物化学、细胞生物学、微生物学等的基本理论，参照前人所使用的较适合某一类菌种的经验配方，再结合所用菌种和产品的特性，采用摇瓶、实验室发酵罐等小型发酵设备，按照一定的实验设计和实验方法选择出较为适合的培养基。

一般在考虑菌种对培养基的要求时，除了考虑基本要求之外，从微生物生长、产物合成的角度还应考虑以下几点。

（一）菌体的同化能力

一般只有小分子能够通过细胞膜进入细胞内进行代谢，微生物之所以能够利用复杂的大分子是由于微生物能够合成并分泌各种各样的水解酶系，在胞外将大分子水解成微生物直接利用的小分子物质。由于微生物种类不一样，所分泌的水解酶类也不同。有些微生物由于水解酶系的缺乏只能够利用简单的物质，而有些微生物则可以利用较为复杂的物质。因而在考虑培养基成分选择的时候，必须充分考虑菌种的同化能力，从而保证所选用的培养基成分是微生物能够利用的。在选取用淀粉、黄豆饼粉这类原料作为培养基时，必须考虑微生物是否具备分泌胞外淀粉酶和蛋白酶的能力。

葡萄糖是几乎所有的微生物都能利用的碳源，因此在培养基选择时一般被优先考虑，但工业上如果直接选用葡萄糖作为碳源，成本相对较高，一般采用淀粉水解糖。在工业生产上，将淀粉水解为葡萄糖的过程称为淀粉的糖化，所得的糖液称为淀粉水解糖液。

淀粉水解糖液中的主要糖类是葡萄糖。因水解条件的限制，糖液中一般会有少量的麦芽糖以及其他一些双糖、低聚糖等复合糖类，这些低聚糖的存在不仅降低了原料的利用率，而且会影响糖液的质量，降低糖液可利用的营养成分。为了保证生产出高产、高质量的发酵产物，水解糖液必须达到一定的质量指标，表 3-7 是谷氨酸发酵生产中水解糖液的质量指标。影响淀粉水解糖液的质量因素除了原料本身的原因之外，还很大程度上与制备方法密切相关，目前淀粉水解糖的方法有酸法、酸酶法和双酶法，其中双酶法制得的糖液质量最好（表 3-8）。

许多有机氮源都是复杂的大分子蛋白质。有些微生物如大多数氨基酸生产菌，缺乏蛋白质分解酶，不能直接分解蛋白质，必须将有机氮源水解后才能被利用，常用的有黄豆饼粉、花生饼粉和玉米浆的水解液。

表 3-7　　　　　　　　　　　　谷氨酸发酵生产中水解糖液的质量指标

项目	质量要求
色泽	浅黄色、杏黄色，透明
糊精反应	无

续表

项目	质量要求
还原糖含量	18%左右
葡萄糖值（DE 值）	90%以上
透光率	60%以上
pH	4.6~4.8

表 3-8　　　　　　　　　　　不同糖化工艺所得糖液质量比较

项目	酸法	酸酶法	双酶法
葡萄糖（DE 值）/%	91	95	98
葡萄糖含量（占干重）/%	86	93	97
灰分/%	1.6	0.4	0.1
蛋白质/%	0.08	0.08	0.10
色度/%	0.30	0.008	0.003
羟甲基糠醛/%	10.0	0.3	0.2
葡萄糖得率/%	80~90	比酸法高 5%	比酸法高 10%

（二）培养基对菌体代谢的阻遏与诱导的影响

培养基的配制过程中，考虑碳源和氮源的类型时，应根据微生物的特性和培养的目的，注意速效碳（氮）源和迟效碳（氮）源的相互配合，发挥各自的优势。

对于快速利用的碳源葡萄糖来说，菌体利用葡萄糖时产生的分解代谢产物会阻遏或抑制某些代谢产物合成所需酶系的形成或酶的活性，即发生"葡萄糖效应"，也称为"葡萄糖分解阻遏作用"。"葡萄糖效应"是研究大肠杆菌利用各种不同混合碳源时发现的，当大肠杆菌培养于含有葡萄糖和乳糖的培养基中，菌体出现两次生长旺盛期。这是大肠杆菌首先利用葡萄糖进行生长繁殖，在葡萄糖耗尽后，过一段时间菌体才开始利用乳糖再生长繁殖。后来的酶学实验证实，当葡萄糖存在时，细菌不利用其他糖。在上述培养基中即使加入乳糖酶诱导物，葡萄糖没耗尽，利用乳糖的酶系也不能合成。后来在许多微生物学的实验中发现，葡萄糖分解代谢产物的阻抑作用普遍存在于微生物的生化代谢中。一般考虑分批补料或连续补料的方式来控制微生物对底物的合适的利用速率，以解除"葡萄糖效应"来得到更多的目的产物。

在酶制剂生产过程中，也应考虑碳源的分解代谢阻遏的影响。对许多诱导酶来说，易被利用的碳源如葡萄糖和果糖等不利于产酶，而一些难被利用的碳源如淀粉和糊精等对产酶是有利的（表 3-9）。因此，淀粉、糊精等多糖也是常用的碳源，特别是在酶制剂生产中几乎都是以淀粉类原料为碳源。

表 3-9　　　　　　　　　　　碳源对地衣芽孢杆菌和黑曲霉生长和产酶的影响

碳源	生物量/（g/L）	α-淀粉酶活性/（U/mL）	果胶酶活性/（U/mL）
葡萄糖	4.20	0	0.77
果糖	4.18	0	0
蔗糖	4.02	0	0.66
糊精	3.06	38.2	0.52
淀粉	3.09	40.2	1.92

微生物利用氮源的能力因菌种、菌龄的不同而有差异。多数能分泌胞外蛋白酶的菌种在有机氮源上可以很好地生长。同一微生物处于生长的不同时期时对氮源的利用能力不同，在生长早期容易利用易同化的铵盐和氨基氮，在生长中期则由于细胞的代谢酶系已经形成，利用蛋白质的能力增强，因此在培养基中有机和无机氮源应当混合使用。

有些目的产物会受到氮源的诱导与阻遏，这在蛋白酶的生产中表现尤为明显。除个别微生物（如黑曲霉生产酸性蛋白酶需高浓度的铵盐），通常蛋白酶的生产受培养基中蛋白质或脂肪的诱导，而受铵盐、硝酸盐以及氨基酸的代谢阻遏。因此在培养基中应当考虑使用蛋白质等有机氮源。

（三）碳氮比对菌体代谢调节的重要性

培养基中碳氮比对微生物生长繁殖和产物合成的影响极为显著。微生物在不同的生长阶段对碳氮比的最适要求也不一样。一般来讲，因为碳源既作为碳骨架参与菌体和产物的合成又作为生命过程中的能源，所以比例要求比氮源高。

对于孢子培养基来说，营养不能太丰富（特别是有机氮源），否则不利产孢子；对于发酵培养基来说既要利于菌体的生长，又能充分发挥菌种合成代谢产物的能力。氮源过多，会使菌体生长过于旺盛，pH 偏高，不利于代谢产物的积累；氮源不足，则菌体繁殖量少，从而影响产量。碳源过多则容易形成较低的 pH；若碳源不足则容易引起菌体的衰老和自溶。碳氮比合适，但碳源和氮源浓度偏高，会导致菌体的大量繁殖，发酵液黏度增大，影响溶解氧浓度，容易引起菌体的代谢异常，影响产物合成。碳氮比合适，但碳源和氮源浓度过低，会影响菌体的繁殖，同样不利于产物的积累。

一般工业发酵培养基的碳氮比为 100：（0.2~2.0）。但在谷氨酸发酵中因为产物含氮量较多，所以氮源比例相对高些，一般在谷氨酸发酵生产中的碳氮比为 100：（15~21）。若碳氮比过低，则会出现只长菌体而几乎不合成谷氨酸的现象。同时也要注意，碳氮比也随碳源和氮源的种类以及通气搅拌等条件而异，因此很难确定一个统一的比值。

（四）pH 对不同菌体代谢的影响

微生物的生长和代谢除了需要适宜的营养环境外，其他环境因子也应处于适宜的状态。其中 pH 就是极为重要的环境因子。

微生物在利用营养物质时，由于酸碱物质的积累或代谢时酸碱物质的形成都会造成培养基 pH 的波动。发酵过程中调节 pH 的方式一般不主张直接用强酸或强碱来调节，因为培养基 pH 的异常波动常常是由于某些营养成分过多或过少而造成的，因此用强酸或强碱虽然可以调节 pH，但不能解决引起 pH 异常的根本原因，其效果往往不甚理想。

合理配制培养基是保证发酵过程中 pH 能满足工艺要求的决定因素之一。因而在选取培养基的营养成分时，除了考虑营养的需求外，也要考虑其代谢后对培养体系中 pH 缓冲体系的贡献，从而保证整个发酵过程中 pH 能够处于较为适宜的状态。

生理酸性物质和生理碱性物质的用量也要适当，否则会引起发酵过程中发酵液的 pH 大幅度波动，影响菌体生长和产物的合成。因此，要根据菌种在现有工艺和设备条件生长和合成产物时 pH 的变化情况、最适 pH 的控制范围（一般霉菌和酵母菌比较适于微酸性环境，放线菌和细菌适于中性或微碱性环境）综合考虑生理酸碱物质及其用量，从而保证在整个发酵过程中 pH 都能维持在最佳状态。

（五）其他

孢子培养基中无机盐浓度会影响孢子数量和孢子颜色。发酵培养基中高浓度磷酸盐抑制次级代谢产物的生物合成。

对于不能合成自身生长所需要的生长因子的菌种，要选用含有生长因子的复合培养基或在培养基中添加生长因子。同时也要考虑菌种在代谢产物合成中对特殊成分如前体、促进剂等的需要。

配制培养基的时候还要考虑原材料对泡沫形成的影响、原材料来源的稳定性和长期供应情况，以及原材料彼此之间不能发生化学反应。

因此对于培养基中每一个成分，都应考虑其浓度对菌体生长和产物合成的影响。

要确定一个适合工业规模生产的发酵培养基，首先必须做好调查研究工作，了解菌种的来源、生长规律、生理生化特性和一般的营养要求。其次，对生产菌种的培养条件，生物合成的代谢途径，代谢产物的化学性质、分子结构，提取方法和产品质量要求等也需要有所了解，以便在选择培养基时做出合适的选择。

最好先以一种较好的化学合成培养基为基础，先做一些摇瓶实验，然后进一步做小型发酵罐培养，摸索菌种对各种主要营养物质，在合成培养基上得出一定结果后，再做复合培养基实验；最后通过实验确定各种发酵条件和培养基的关系。

二、发酵培养基的优化方法

培养基不仅影响产物的产率，而且还可能影响产物的组成和产量，因此要对培养基进行优化。培养基的成分选择、配方的设计一般会按照设计原理来进行，但最终培养基配方的确定还是需要通过实验来获得。培养基设计与优化过程一般要经过以下几个步骤。

（1）根据以前的经验以及培养基成分确定时必须考虑的一些问题，初步确定可能的培养基组分。

（2）通过单因素优化实验确定最为适宜的各个培养基组分及其最适浓度。

（3）最后通过多因子实验，进一步优化培养基的各种成分及其最适浓度。

一种适宜的培养基首先应该满足产物的高效合成，即所使用的培养基原材料的转化率要高。发酵过程的转化率通常涉及理论转化率和实际转化率。其中，理论转化率是指理想状态下根据微生物的代谢途径进行物料衡算，所得出的转化率的大小。

对于确定的化学反应，其反应理论转化率可以通过反应方程式的物料衡算得出。生物反应其本质上也是化学反应，因此，理论转化率也是通过反应方程式的物料衡算得出的。

由于生物反应的复杂性，要给出反应物和产物的代谢总反应方程式，必须对生物代谢过程的每一步反应进行深入的解析。因而，对于很多产品和反应底物要给出定量的代谢总反应方程式，至少在目前来讲是相当困难的，但是这方面的研究一直是发酵控制研究中的重点。一些主要的代谢产物，因为它们的代谢途径比较清楚，所以可以给出它们的代谢总反应方程式，然后对理论转化率进行计算。例如，在酒精生产中葡萄糖转化为酒精的理论转化率计算如下：

葡萄糖转化为酒精的代谢总反应衡算式为：

$$C_6H_{12}O_6 \longrightarrow 2C_2H_5OH + 2CO_2$$

葡萄糖转化为酒精的理论转化率为式（3-1）。

$$Y = \frac{2 \times 46}{180} = 0.51 \tag{3-1}$$

式中　Y——理论转化率

而实际转化率是指发酵实验所得转化率的大小。在实际发酵过程中因为副产物的形成、原料利用不彻底、抑制剂的存在等因素存在，实际转化率往往小于理论转化率。但理论转化率为培养基成分浓度的确定提供了重要的参考。在发酵过程中如何控制实际转化率尽可能接近于理论转化率是发酵控制的一个目标。

由于发酵培养基成分众多，且各因素常存在交互作用，很难建立理论模型；另外，由于测量数据常包含较大的误差，也影响了培养基优化过程的准确评估，因此培养基优化工作的量大且复杂。许多实验技术和方法都在发酵培养基优化上得到应用，如生物模型、单因子实验、正交实验设计、响应面分析、遗传算法设计等。但每一种实验设计都有它的优点和缺点，不可能只用一种实验设计来完成所有的工作。

（一）单因子实验

实验室最常用的优化方法是单因子实验，这种方法是在假设因素间不存在交互作用的前提下，通过一次改变一个因素的水平而其他因素保持恒定水平，然后逐个因素进行考察的优化方法。

现以枯草芽孢杆菌生产 α-淀粉酶为例，介绍培养基的实验设计步骤。

在无碳基础培养基中分别以 20g/L 的浓度加入可溶性淀粉、麦芽糖、乳糖、蔗糖、葡萄糖 5 种碳源，在无氮基础培养基中分别以 5g/L 的浓度加入有机氮源酵母粉、蛋白胨、牛肉膏和 2g/L 的无机氮源硫酸铵、氯化铵、硝酸钾，摇床培养 2d，测定 α-淀粉酶的酶活性以确定最佳碳源和最佳氮源的种类。

由图 3-1 可以看出，在不同碳源中，可溶性淀粉和葡萄糖较有利于菌株产酶，其中可溶性淀粉为碳源时，酶活性最高，为 169U/mL，原因可能是一定浓度的淀粉对产酶有诱导作用。

由图 3-2 可以看出，在不同氮源中，有机氮源蛋白胨为氮源时，酶活性最高，为162U/mL，无机氮源中氯化铵酶活性最高，为 90U/mL，结果表明有机氮源对产酶的促进作用明显优于无机氮源。无机氮源作为培养基中的唯一氮源，菌体生长缓慢，产酶量不高，而在有机氮源中，蛋白胨是最佳的氮源，因其主要成分是各种氨基酸、肽类等可溶性氮化合物，有利于菌体生长和产酶。

在确定碳源和氮源的基础上分别添加 2g/L 的磷酸氢二钾、磷酸氢二钠和 0.3g/L 的硫酸锌、硫酸铁、氯化钙进行无机盐种类的确定。

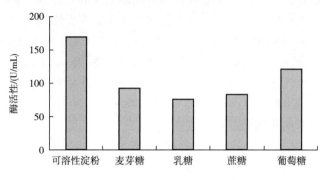

图 3-1　不同碳源对菌株产酶的影响

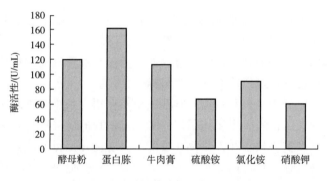

图 3-2　不同氮源对菌株产酶的影响

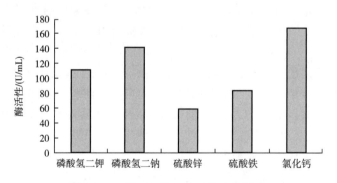

图 3-3　不同无机盐对菌株产酶的影响

　　由图 3-3 可以看出，磷酸盐中用磷酸氢二钠的酶活性最高，其他金属盐中以氯化钙的加入得到的酶活性最高，因此选择这两种无机盐作为基础培养基的无机盐种类。

　　但是由于考察的因素间经常存在交互作用，使得该方法并非总能获得最佳的优化条件。另外，当考察的因素较多时，需要太多的实验次数和较长的实验周期。所以现在的培养基优化实验中一般不单独采用这种方法，而是先通过单因子实验确定培养基组分，然后通过多因子实验确定培养基中各组分的浓度。

(二) 正交实验设计

正交实验设计是多因子实验中的一种常用方法,通过合理的实验设计,可用少量的具有代表性的实验来代替全面实验,较快地取得实验结果。正交实验的实质就是选择适当的正交表,合理安排实验、分析实验结果的一种实验方法。

例如,要考察可溶性淀粉浓度、蛋白胨浓度和氯化钙浓度对枯草芽孢杆菌生产 α-淀粉酶的影响。每个因素设置 3 个水平进行实验。A 因素是可溶性淀粉浓度,设 A1、A2、A3,3 个水平;B 因素是蛋白胨浓度,设 B1、B2、B3,3 个水平;C 因素为氯化钙浓度,设 C1、C2、C3,3 个水平。这是一个 3 因素 3 水平的实验,各因素的水平之间全部可能组合有 3^3 种,即 27 种。所以全面实验可以分析各因素的效应及交互作用,也可选出最优水平组合。但全面实验包含的水平组合数较多,工作量大,在有些情况下无法完成。

若实验的主要目的是寻求最优水平组合,则可利用正交表来设计安排实验。正交实验设计的基本特点是用部分实验来代替全面实验,通过对部分实验结果的分析,了解全面实验的情况。正因为正交实验是用部分实验来代替全面实验的,它不可能像全面实验那样对各因素效应、交互作用一一分析;当交互作用存在时,有可能出现交互作用的混杂。虽然正交实验设计有上述不足,但它能通过部分实验找到最优水平组合,因而很受实际工作者青睐。具体可以分为下面四步。

①根据问题的要求和客观的条件确定因子和水平,列出因子水平表。

②根据因子和水平数选用合适的正交表,设计正交表头,并安排实验。

③根据正交表给出的实验方案,进行实验。

④对实验结果进行分析,选出较优的"实验"条件以及对结果有显著影响的因子。

前面我们利用单因子实验得出了枯草芽孢杆菌初步优化的培养基组成为可溶性淀粉 20g/L、蛋白胨 5g/L、磷酸氢二钠 2g/L、氯化钙 0.3g/L。

1. 列出因子水平表

以可溶性淀粉、蛋白胨、磷酸氢二钠、氯化钙的浓度作为 4 个影响因素,进行正交实验,设计因子水平表 (表 3-10),优化发酵条件。

表 3-10   **4 因素 3 水平表**

水平	因素			
	A 氯化钙/ (g/L)	B 可溶性淀粉/ (g/L)	C 蛋白胨/ (g/L)	D 磷酸氢二钠/ (g/L)
1	0.2	15	4	1
2	0.3	20	5	2
3	0.4	25	6	3

2. 设计正交表

正交表的选择是正交实验设计的首要问题。确定了因素及其水平后,根据因素、水平及需要考察的交互作用的多少来选择合适的正交表。正交表的选择原则是在能够安排下实验因素和交互作用的前提下,尽可能选用较小的正交表,以减少实验次数。

一般情况下,实验因素的水平数应等于正交表中的水平数;因素个数(包括交互作用）应不大于正交表的列数；各因素及交互作用的自由度之和要小于所选正交表的总自由度，以便估计实验误差。若各因素及交互作用的自由度之和等于所选正交表总自由度，则可采用有重复正交实验来估计实验误差。此例有 4 个 3 水平因素，可以选用 L_9（3^4）或 L_{27}（3^{13}）；因本实验仅考察四个因素对菌种产酶的影响效果，不考察因素间的交互作用，故宜选用 L_9（3^4）正交表（表 3-11）。

表 3-11 实验方案和实验结果

实验号	因素				
	A 氯化钙	B 可溶性淀粉	C 蛋白胨	D 磷酸氢二钠	酶活性/（U/mL）
1	1	1	1	1	220
2	1	2	2	2	201
3	1	3	3	3	245
4	2	1	2	3	167
5	2	2	3	1	185
6	2	3	1	2	211
7	3	1	3	2	236
8	3	2	1	3	179
9	3	3	2	1	256

3. 结果分析

通过实验要分清各因素及其交互作用的主次顺序，分清哪个是主要因素，哪个是次要因素；判断因素对实验指标影响的显著程度；找出实验因素的优水平和实验范围内的最优组合，即实验因素各取什么水平时，实验指标最好；分析因素与实验指标之间的关系，即当因素变化时，实验指标是如何变化的。极差分析法是正交实验结果分析最常用方法，计算简便，直观，简单易懂，以上例为实例来说明极差分析过程。

我们需要计算 K_i、k_i 和 R_i（极差），其中 K_i 表示任一列上水平号为 i 时，所对应的实验结果之和，由 K_i 大小可以判断第 i 列因素优水平和优组合。k_i 为 K_i 的平均值，即 K_i/s，其中 s 为任一列上各水平出现的次数。R_i 为第 i 列因素的极差，反映了第 i 列因素水平波动时，实验指标的变动幅度。R_i 越大，说明该因素对实验指标的影响越大。根据 R_i 大小，可以判断因素的主次顺序。在任一列上 R 为 max $\{K_1, K_2, K_3\}$ 与 min $\{K_1, K_2, K_3\}$ 的差值。

以 A 因素为例，分析 A 因素各水平对实验指标的影响。由表 3-11 可以看出，A1 的影响反映在第 1、2、3 号实验中，A2 的影响反映在第 4、5、6 号实验中，A3 的影响反映在第 7、8、9 号实验中。

A 因素的 1 水平所对应的实验指标之和 K_{A1} 为 666，平均值 k_{A1} 为 222；A 因素的 2 水平所对应的实验指标之和为 K_{A2} 为 563，平均值 k_{A1} 为 188；A 因素的 3 水平所对应的实验

指标之和为 K_{A3} 为 671，平均值 k_{A1} 为 224（见表 3-12）。根据正交设计的特性，对 A1、A2、A3 来说，三组实验的实验条件是完全一样的（综合可比性），可进行直接比较。如果因素 A 对实验指标无影响时，那么 k_{A1}、k_{A2}、k_{A3} 应该相等，但由上面的计算可见，k_{A1}、k_{A2}、k_{A3} 实际上不相等。说明，A 因素的水平变动对实验结果有影响。因此，根据 k_{A1}、k_{A2}、k_{A3} 的大小可以判断 A1、A2、A3 对实验指标的影响大小。由于实验指标为酶活性，而 $k_{A3} > k_{A1} > k_{A2}$，所以可断定 A3 为 A 因素的优水平。

同理，如表 3-12 所示，可以计算并确定 B3、C3、D1 分别为 B 因素、C 因素、D 因素的优水平。四个因素的优水平组合 A3B3C3D1 为本实验的最优水平组合，即在含氯化钙 0.4g/L、可溶性淀粉 25g/L、蛋白胨 6g/L、磷酸氢二钠 1g/L 的培养基中菌株产酶较好。

根据极差 R_i 的大小，可以判断各因素对实验指标的影响主次。以 R_A 为例，计算极差 R_i 结果，R_A 即 k_{A3} 与 k_{A2} 的差值，为 36，以此类推，R_B 为 49，R_C 为 19，R_D 为 23。比较各 R 值大小，可见 $R_B > R_A > R_D > R_C$，所以因素对实验指标影响的主次顺序是 BADC。即可溶性淀粉含量影响最大，其次是氯化钙含量和磷酸氢二钠含量，而蛋白胨含量的影响最小。优方案往往不包含在正交实验方案中，应验证，即用此组合摇瓶发酵，酶活性可达 289U/mL，与 9 个实验相比，酶活性显著提高。

表 3-12   正交实验结果

实验号	因素				酶活性/（U/mL）
	A 氯化钙	B 可溶性淀粉	C 蛋白胨	D 磷酸氢二钠	
1	1	1	1	1	220
2	1	2	2	2	201
3	1	3	3	3	245
4	2	1	2	3	167
5	2	2	3	1	185
6	2	3	1	2	211
7	3	1	3	2	236
8	3	2	1	3	179
9	3	3	2	1	256
K_1	666	623	610	661	
K_2	563	565	624	648	
K_3	671	712	666	591	
k_1	222	208	203	220	
k_2	188	188	208	216	
k_3	224	237	222	197	
R	36	49	19	23	

正交实验设计注重如何科学合理地安排实验，可同时考虑几种因素，寻找最佳因素水平结合，但它不能在给出的整个区域上找到因素和响应值之间的一个明确的函数表达式即回归方程，从而无法找到整个区域上因素的最佳组合和响应面值的最优值。

正交方法可以用来分析因素之间的交叉效应，但需要提前考虑那些因素之间存在交互作用，再根据考虑来设计实验。因此，没有预先考虑的两因素之间即使存在交互作用，在结果中也得不到显示。

对于多因素、多水平的科学实验来说，正交法需要进行的次数仍嫌太多，在实际工作中常常无法安排，应用范围受到限制。

（三）响应面分析法

响应面分析（Response Surface Analysis，RSM）方法是数学与统计学相结合的产物，和其他统计方法一样，由于采用了合理的实验设计，能以最经济的方式，用很少的实验数量和时间对实验进行全面研究，科学地提供局部与整体的关系，从而取得明确的、有目的的结论。它与"正交设计法"不同，响应面分析方法以回归方法作为函数估算的工具，将多因子实验中因子与实验结果的相互关系，用多项式近似把因子与实验结果（响应值）的关系函数化，以此可对函数的面进行分析，研究因子与响应值之间，因子与因子之间的相互关系，并进行优化。我们可以通过把几种实验方法的结合，减少实验工作量，但又得到比较理想的结果。首先充分调研和以前实验的基础上，用部分因子设计对多种培养基组分对响应值影响进行评价，并找出主要影响因子；再用最陡爬坡路径逼近最大响应区域；最后用中心组合设计及响应面分析确定主要影响因子的最佳浓度。近年来较多的报道都是用响应面分析法来优化发酵培养基，并取得比较好的成果。

另外，在缺乏某一菌株的生理代谢和合成调控机制知识的情形时，可通过摇瓶实验先用 Plackett-Burman 法从手边可获得的多种培养基中确定出重要因素，然后用响应面优化设计法或均匀设计法得到各重要因素的最佳水平值。

总之，培养基的优化通常包括以下几个步骤：①所有影响因子的确认；②影响因子的筛选，以确定各个因子的影响程度；③根据影响因子和优化的要求，选择优化策略；④实验结果的数学或统计分析，以确定其最佳条件；⑤最佳条件的验证。

在实际的生产中，培养基的优化通常和培养条件的优化紧密结合在一起，所以微生物发酵培养基的优化需要同时注重两个方面的内容：一是对培养基进行优化，二是对发酵的条件，如温度、pH、通气量、搅拌速度等进行优化和控制。

思考题

1. 什么是工业培养基？设计适宜于工业大规模发酵的培养基要遵循哪些原则？
2. 说明发酵培养基设计过程中应该注意的问题。
3. 工业发酵常用的碳源有哪些？
4. 工业发酵中常用的有机氮源和无机氮源有哪些？
5. 什么是理论转化率和实际转化率？
6. 何谓种子培养基？说明其特点和主要功能。
7. 发酵过程中引起 pH 改变的原因有哪些？如何通过培养基设计维持 pH 相对稳定？
8. 什么是"葡萄糖效应"？在发酵过程中怎样解决这个问题？

9. 培养基设计与优化过程一般是怎样的？

参考文献

［1］余龙江. 发酵工程原理与技术应用［M］. 北京：化学工业出版社，2008.

［2］顾国贤. 酿造酒工艺学［M］. 北京：中国轻工业出版社，1996.

［3］姚汝华，周世水. 微生物工程工艺原理［M］. 广州：华南理工大学出版社，2005.

［4］俞俊堂. 生物工艺学［M］. 北京：化学工业出版社，2003.

［5］沈萍. 微生物学［M］. 北京：高等教育出版社，2000.

［6］焦瑞声. 微生物工程［M］. 北京：化学工业出版社，2003.

［7］钱铭镛. 发酵工程最优化控制［M］. 南京：江苏科学技术出版社，1998.

［8］陈坚，李寅. 发酵过程优化原理与实践［M］. 北京：化学工业出版社，2003.

第四章　灭菌与除菌工艺及设备

学习目标

1. 了解发酵生产中的无菌概念，掌握有害微生物的控制方法。
2. 掌握培养基灭菌和无菌空气的制备方法。
3. 熟悉设备与管道的清洗与灭菌。

第一节　发酵生产中有害微生物的控制

一、发酵生产中的无菌概念

在发酵工业中，绝大多数是利用好气性微生物进行纯种培养，培养基及无菌空气则是微生物生长和代谢必不可少的条件。在适宜的条件下，空气及培养液中侵染的微生物会迅速大量繁殖，消耗大量的营养物质并产生各种代谢产物；干扰甚至破坏预定发酵的正常进行，使发酵率下降，甚至彻底失败。如若在发酵过程中染上杂菌，则会带来以下危害：①杂菌会消耗营养成分；②杂菌会分解产物；③杂菌会产生代谢产物；④杂菌繁殖后，会改变反应液的 pH；⑤会发生噬菌体污染。

针对发酵中各环节对微生物杂菌的防控，这里介绍几个关于发酵生产中无菌的概念。

（1）灭菌　利用物理或化学的方法杀死或除去物料及设备中所有的微生物，包括营养细胞、细菌芽孢和孢子。

（2）消毒　利用物理或化学方法杀死物料、容器、器具内外及环境中的病原微生物，一般只能杀死营养细胞而不能杀死芽孢。

（3）除菌　用过滤方法除去空气或液体中的微生物及其孢子。

（4）防腐　用物理或化学方法杀死或抑制微生物的生长和繁殖。

在实际生产过程中，为了防止杂菌或噬菌体的污染，通常采用消毒与灭菌技术，二者合称为发酵生产中的无菌技术。此外，由于在实际生产中无法实现每批次发酵都完全达到无杂菌污染，所以在实际生产中工业发酵中允许的染菌概率为 10^{-3}，即 1000 批次发酵中仅允许 1 次染菌。

二、有害微生物的控制方法

工业生产中常用的控制有害微生物的方法有化学灭菌、射线灭菌、干热灭菌、湿热灭菌和过滤介质除菌等。在发酵工业中，大量培养液的灭菌一般采用湿热灭菌，空气的除菌大多采用介质过滤除菌，具体的采用何种灭菌方法要根据灭菌的对象、灭菌效果、设备条件和经济指标来确定。实际生产中所需的灭菌方式要根据发酵工艺要求而定，要在避免染

菌的同时，尽量简化灭菌流程，从而减少设备投资和动力消耗。

1. 化学灭菌

化学灭菌是用化学药品直接作用于微生物而将其杀死的方法。一般化学药剂无法杀死所有的微生物，而只能杀死其中的病原微生物，所以只能起消毒剂的作用，而不能起灭菌剂的作用。能迅速杀灭病原微生物的药物，称为消毒剂。能抑制或阻止微生物生长繁殖的药物，称为防腐剂。但是一种化学药物是杀菌还是抑菌，常不易严格区分。常用的化学药剂有：石炭酸、甲醛、氯化汞、碘酒、酒精等。由于化学药剂会与培养基中的蛋白质等营养物质发生反应，加入后还不易去除，所以不适用于培养基的灭菌，主要用于生产车间环境、无菌室空间、接种操作前小型器具及双手的消毒等，但染菌后的培养基可以采用化学药剂处理。化学药品灭菌的使用方法，根据灭菌对象的不同有浸泡、添加、擦拭、喷洒、气态熏蒸等。常用的化学灭菌剂有以下几种。

（1）酒精溶液　酒精是脱水剂和脂溶剂，可使微生物细胞内的原生质蛋白脱水、变性凝固，导致微生物死亡。酒精的杀菌效果和浓度有密切关系，其最有效的杀菌浓度为75%（体积分数），浓度过高时会使细胞表层的蛋白质凝固，阻碍酒精进一步向细胞内渗入，因此作为杀菌剂使用的酒精浓度一般都是75%。由于酒精对蛋白质的作用没有选择性，故对各类微生物均有效。一般细菌比酵母菌对酒精更敏感，在大多数情况下10%的酒精就能抑制细菌，只有粪链球菌和乳酸菌能耐受较高的酒精浓度。一些酵母菌可以耐受浓度为20%的酒精，而50%的酒精可在短时间内杀灭包括真菌分生孢子在内的所有微生物营养细胞，但不能杀灭细菌芽孢。酒精溶液常用于皮肤和器具表面杀菌。

（2）甲醛　甲醛的气体和水溶液均具有广谱杀菌、抑菌作用，甲醛是强还原剂，能与蛋白质的氨基结合，使蛋白质变性，对细菌营养细胞、芽孢、霉菌和病毒均有杀灭作用。对细菌芽孢有较强的杀灭能力，对细菌的杀灭能力比对霉菌强，对真菌的杀灭能力较弱。甲醛的杀菌速度较慢，所需的灭菌时间较长，常用作物品表面和环境的消毒剂以及工业制品的防霉剂，一般采用液体浸泡和气体熏蒸的方式。其缺点是穿透力差。

（3）漂白粉　漂白粉的化学名称是次氯酸盐［次氯酸钠（NaClO）］，它是强氧化剂，也是廉价易得的灭菌剂。它的杀菌作用是次氯酸钠分解为次氯酸，次氯酸在水溶液中不稳定，分解为新生态氧和氯，使细菌受强烈氧化作用而导致死亡，具广谱杀菌性，对细菌营养细胞、芽孢、噬菌体等均有效。杀菌效果受温度和pH影响，5~15℃范围内，温度每上升10℃，杀菌效果可提高一倍以上，pH越低，杀菌能力越强，但有机物的存在会降低杀菌效果。漂白粉是发酵工业生产环境最常用的化学杀菌剂，使用时配成5%溶液，用于喷洒生产场地。但应注意，并非所有噬菌体对漂白粉都敏感。

（4）高锰酸钾　高锰酸钾溶液的灭菌作用是使蛋白质氨基酸氧化，从而使微生物死亡，常用浓度为0.1%~0.25%。

（5）过氧乙酸　过氧乙酸是强氧化剂，是高效、广谱、速效的化学杀菌剂，对细菌营养细胞、芽孢、病毒和真菌均有高效杀灭作用。一般使用0.02%~0.20%的溶液，喷洒或喷雾进行空间灭菌，由于有较强的腐蚀性，不可用于金属器械的灭菌。使用过氧乙酸溶液时应新鲜配制，一般可使用3d。酒精对过氧乙酸有增效作用，如以酒精溶液配制其稀溶液可提高杀菌效果。表4-1为过氧乙酸杀灭细菌芽孢的浓度和时间。

表 4-1　　　　　　　　　　　　过氧乙酸杀灭细菌芽孢的浓度和时间

细菌名称	过氧乙酸浓度/%	杀灭时间/min	细菌名称	过氧乙酸浓度/%	杀灭时间/min
硬脂嗜热芽孢杆菌	0.05	15	蜡状芽孢杆菌	0.01~0.04	1~90
	0.1~0.5	1~5		0.3	3
凝结芽孢杆菌	0.05	5~10	炭疽芽孢杆菌（TN 疫苗菌株）	1.0	5
	0.1~0.2	1~5			
枯草芽孢杆菌	0.1~0.5	15~30	类炭疽芽孢杆菌	1.0	30
	1.0	1			

注：所用芽孢被 20%蛋白质保护。

（6）新洁尔灭　新洁尔灭是阳离子表面活性剂类洁净消毒剂，易吸附于带负电的细菌细胞表面，可改变细胞的通透性，干扰菌体的新陈代谢从而产生杀菌作用；抗菌谱广、杀菌力强。对革兰阳性菌的杀灭能力较强，对革兰阴性杆菌和病毒作用较弱。10min 能杀死营养细胞，对细菌芽孢几乎没有杀灭作用。一般用于器具和生产环境的消毒，不能与合成洗涤剂合用，不能接触铝制品，常使用 0.25%的溶液。

（7）戊二醛　戊二醛具广谱杀菌特性，对细菌营养细胞、芽孢、真菌和病毒均有杀灭作用；杀菌效率高、速度快，常用的杀菌剂型可在数分钟内达到杀菌效果，近几十年来使用范围逐渐扩大。酸性条件下戊二醛对芽孢并无杀灭作用，加入适当的激活剂，如 0.3%碳酸氢钠，使戊二醛溶液的 pH 为 7.5~8.5 时，才表现出强大的杀芽孢作用；但碱化后的戊二醛稳定性差，放置数周后会失去杀菌能力。常用 2%的溶液，用于器具、仪器等的灭菌。

（8）酚类　苯酚（二元酚或多元酚）作为消毒剂和杀菌剂已有百年历史，但苯酚毒性较大，易污染环境，且水溶性差，常温下对芽孢无杀灭作用，使其应用受到限制。杀菌机理是使微生物细胞的原生质蛋白发生凝固变性。而酚类衍生物如甲酚磺酸，水溶性有所提高，且毒性降低。使用浓度一般为 0.1%~0.15%的溶液，可在 10~15min 杀死大肠杆菌。

（9）焦碳酸二乙酸　焦碳酸二乙酸的相对分子质量为 162，可溶于水和有机溶剂。在pH 为 8.0 的水溶液中，杀死细菌和真菌的浓度为 0.01%~1%（体积分数），pH 为 4.5 或以下时，杀菌能力更强，是比较理想的培养基灭菌剂。由于它在水中的溶解度小，灭菌时应均匀添加到培养基中。能杀灭噬菌体，切断噬菌体的单链 DNA，抑制噬菌体 DNA 和蛋白质合成，并抑制寄主细胞自溶，是杀灭噬菌体有效的化学药剂。但是它有腐蚀性，应注意勿接触皮肤。

（10）抗生素　抗生素是很好的抑菌剂或灭菌剂，但各种抗生素对细菌的抑制或杀灭均有选择性，一种抗生素不能抑制或杀灭所有细菌，所以抗生素很少作为杀菌剂。

使用以上化学药剂灭菌时应注意化学药剂的具体使用条件，减少其他因素对杀菌、抑菌效果的影响。化学杀菌剂混合或复配使用时，应注意不同物质之间的配伍性，以求达到最佳的使用效果。有些杀菌剂还需要轮换、间断使用，以免微生物出现耐药性。

2. 射线灭菌

射线灭菌是利用紫外线、高能电磁波或放射性物质产生的 γ 射线进行灭菌的方法。在发酵工业中常用紫外线进行灭菌，波长范围在 200~275nm 的紫外线具有杀菌作用，杀菌作用较强的范围是 250~270nm，波长为 253.7nm 的紫外线杀菌作用最强。在紫外灯下直接暴露，一般情况下繁殖型微生物 3~5min，芽孢约 10min 即可被杀灭。但紫外线的透过物质能力差，一般只适用于接种室、超净工作台、无菌培养室及物质表面的灭菌。紫外灯开启 30min 就基本可以达到灭菌的效果，时间长了浪费电力，缩短紫外灯使用寿命，增大臭氧浓度，影响操作人员的身体健康。不同微生物对紫外线的抵抗力不同，一般来说对杆菌杀灭力强，对球菌次之，对酵母菌、霉菌等较弱，因此为了加强灭菌效果，紫外线灭菌往往与化学灭菌结合使用。

3. 干热灭菌

最简单的干热灭菌方法是将金属或其他耐热材料在火焰上灼烧，称为灼烧灭菌法。灭菌迅速彻底，但使用范围有限，多在接种操作时使用，只能用于接种针接种环等少数对象的灭菌。实验室常用的干热灭菌方法是干热空气灭菌法，采用电热干燥箱作为干热灭菌器。微生物对干热的耐受力比对湿热强得多，因此干热灭菌所需要的温度较高、时间较长。细菌的芽孢是耐热性最强的生命形式。所以，干热灭菌时间常以两种有代表性的细菌芽孢的耐热性作为参考标准（表 4-2）。干热条件一般为在 160℃ 条件下保温 2h，灭菌物品用纸包扎或带有棉塞时不能超过 170℃。主要用于玻璃器皿、金属器材和其他耐高温物品的灭菌。

表 4-2   一些细菌的芽孢干热灭菌所需时间

菌名	不同温度下的杀死时间/min						
	120℃	130℃	140℃	150℃	160℃	170℃	180℃
炭疽杆菌	—	—	180	60~120	9~90	—	—
肉毒梭菌	120	60	15~60	25	20~25	10~15	5~10
产气荚膜羧菌	50	15~35	5				
破伤风梭菌	—	20~40	5~15	15	12	3	1
土壤细菌	—	—	—	180	30~90	15~60	15

4. 湿热灭菌

湿热灭菌是利用饱和蒸汽进行灭菌。蒸汽冷凝时释放大量潜热，并具有强大的穿透力，在高温和有水存在时，微生物细胞中的蛋白质、酶和核酸分子内部的化学键和氢键受到破坏，致使微生物在短时间内死亡。湿热灭菌的效果比干热灭菌好，这是因为一方面细胞内蛋白质含水量高，容易变性；另一方面高温水蒸气对蛋白质有高度的穿透力，从而加速蛋白质变性而迅速死亡。多数细菌和真菌的营养细胞在 60℃ 下处理 5~10min 后即可杀死，酵母菌和真菌的孢子稍耐热，要用 80℃ 以上的高温处理才能杀死，而细菌的芽孢最耐热，一般要在 120℃ 下处理 15min 才能杀死。一般湿热灭菌的条件为 121℃ 维持 20~30min。常用于培养基发酵设备、附属设备、管道和实验器材的灭菌。

5. 过滤除菌

利用过滤的方法阻留微生物，达到除菌的目的。本方法只适用于澄清流体的除菌。工业上利用过滤方法大量制备无菌空气,供好氧微生物的液体深层培养过程使用。在产品提取过程中,也可以利用无菌过滤的方法处理料液,以获得无菌产品。

以上几种灭菌方法有时可以结合使用。表4-3列出了以上几种灭菌方法的特点及适用范围。

表 4-3 几种灭菌方法的特点及适用范围

灭菌方法	特点	适用范围
化学灭菌法	使用范围较广,可以用于无法用加热方法进行灭菌的物品	常用于环境空气的灭菌及一些物品表面的灭菌
射线灭菌法	使用方便,但穿透力较差,适用范围有限	一般适用于无菌室、无菌箱、摇瓶间和器具表面的灭菌
灼烧灭菌法	方法简单、灭菌彻底,但适用范围有限	适用于接种针、玻璃棒、试管口、三角瓶口、接种管口等的灭菌
干热空气灭菌法	灭菌后物料干燥,方法简单,但灭菌效果不如湿热灭菌	适用于金属与玻璃器皿的灭菌
湿热灭菌法	蒸汽来源容易、潜力大、穿透力强、灭菌效果好、操作费用低,具有经济和快速的特点	广泛用于生产设备及培养基的灭菌
过滤除菌法	不改变物性而达到灭菌的目的,设备要求高	常用于生产中空气的净化除菌,少数用于容易被破坏的培养基的灭菌

第二节 培养基灭菌

一、培养基灭菌的定义

培养基灭菌是指从培养基中杀灭有生活能力的细菌营养体及其孢子,或从中将其除去。一般工业规模的液体培养基灭菌,杀灭杂菌比除去杂菌更为常用。

二、培养基灭菌的目的

培养基灭菌的目的主要是杀灭培养基中的微生物,为后续发酵过程创造无菌的条件。

三、培养基染菌的危害

使用的培养基和设备须经灭菌;好氧培养中使用的空气应经除菌处理;设备应严密,发酵罐维持正压环境;培养过程中加入的物料应经过灭菌;使用无污染的纯粹种子。

生产菌和杂菌同时生长,生产菌丧失生产能力;在连续发酵过程中,杂菌的生长速度有时会比生产菌生长得更快,结果使发酵罐中以杂菌为主;杂菌及其产生的物质,使提取精制发生困难;杂菌会降解目的产物;杂菌会污染最终产品;发酵时如污染噬菌体,可使生产菌发生溶菌现象。

四、培养基灭菌的要求

培养基灭菌的要求如下。

（1）达到要求的无菌程度。

（2）尽量减少营养成分的破坏，在灭菌过程中，培养基组分的破坏，是由两个基本类型的反应引起的，培养基中不同营养成分间的相互作用；对热不稳定的组分如氨基酸和维生素等的分解。

1. 湿热灭菌

不同微生物的生长对温度的要求不同，一般都有一个维持自身活动的最适生长温度范围。在最低温度范围内微生物尚能生长，但生长速度非常缓慢，代谢作用几乎停止而处于休眠状态，世代时间无限延长。在最低和最高温度之间，微生物的生长速率随温度升高而增加，超过最适温度后，随温度升高，生长速率下降，最后停止生长，微生物就会死亡。微生物受热死亡的原因主要是高温使微生物体内的一些重要蛋白质发生凝固、变性，从而导致微生物无法生存而死亡。杀死微生物的极限温度称为致死温度。在致死温度下，杀死全部微生物所需的时间称为致死时间。高于致死温度的情况下，随温度的升高，致死时间也相应缩短。一般的微生物营养细胞在60℃下加热10min即可全部被杀死，但细菌的芽孢在100℃下加热数十分钟乃至数小时才能被杀死。不同微生物对热的抵抗力不同，常用热阻来表示。热阻是指微生物细胞在某一特定条件下（主要是指温度和加热方式）的致死时间。一般评价灭菌彻底与否的指标主要是看能否完全杀死热阻大的芽孢杆菌。表4-4列出了一些微生物的相对热阻和对灭菌剂的相对抵抗力。

表4-4　　　　　　　　一些微生物的相对热阻和对灭菌剂的相对抵抗力

灭菌方式	大肠杆菌	霉菌孢子	细菌芽孢	噬菌体或病毒
干热	1	2~10	1000	1
湿热	1	2~10	$3×10^6$	1~5
苯酚	1	1~2	$1×10^9$	30
甲醛	1	2~10	250	2
紫外线	1	5~100	2~5	5~10

（1）微生物受热的死亡定律　在一定温度下，微生物的受热死亡遵循分子反应速度理论。在微生物受热死亡过程中，活菌数逐渐减少，其减少量随残留活菌数的减少而递减，即微生物的死亡速率（dN/dt）与任何一瞬时残存的活菌数成正比，称之为对数残留定律，用式（4-1）表示：

$$-\frac{\mathrm{d}N}{\mathrm{d}t}=k \cdot N \tag{4-1}$$

式中　N——培养基中残存的活菌数，个

　　　t——灭菌时间，min

　　　k——灭菌反应速度常数或菌比死亡速率，min^{-1}，k值的大小与灭菌温度和菌种特性有关

$\mathrm{d}N/\mathrm{d}t$——活菌数的瞬时变化速率，即死亡速率，个/s。

上式通过积分可得式（4-2）至式（4-4）。

$$\int_{N_0}^{N_t} \frac{\mathrm{d}N}{N} = -k\int_0^t \mathrm{d}t \qquad (4-2)$$

$$\ln\frac{N_0}{N_t} = kt \qquad (4-3)$$

$$t = \frac{1}{k} \cdot \ln\frac{N_0}{N_t} = \frac{2.303}{k} \cdot \lg\frac{N_0}{N_t} \qquad (4-4)$$

式中　N_0——灭菌开始时原有的菌数，个

　　　N_t——灭菌结束时残留的菌数，个

根据上述的对数残留方程式，灭菌时间取决于污染程度（N_0）、灭菌程度（残留的活菌数 N_t）和灭菌反应速度常数 k。如果要求达到完全灭菌，即 $N_t = 0$，则所需的灭菌时间 t 无限延长，事实上是不可能的。实际设计时常采用 $N_t = 0.001$（即在 1000 批次灭菌中只有 1 批次是失败的）。

菌体死亡属于一级动力学反应式。灭菌反应速度常数 k 是判断微生物受热死亡难易程度的基本依据。不同微生物在同样的温度下 k 值是不同的，k 值越小，则微生物越耐热。温度对 k 值的影响遵循阿伦尼乌斯定律，即式（4-5）：

$$k = A\mathrm{e}^{-\frac{\Delta E}{RT}} \qquad (4-5)$$

式中　A——比例常数，s^{-1}

　　　ΔE——活化能，J/mol

　　　R——气体常数，8.314J/（mol·K）

　　　T——绝对温度，K

培养基在灭菌以前，存在各种各样的微生物，它们的 k 值各不相同。式（4-5）也可以写成式（4-6）：

$$\ln k = -\frac{\Delta E}{2.303RT} + \ln A \qquad (4-6)$$

这样就得到只随灭菌温度而变的灭菌速度常数 k 的简化计算公式，可求得不同温度下的灭菌速度常数。细菌芽孢的 k 值比营养细胞小得多，细菌芽孢的耐热性要比营养细胞大。同一种微生物在不同的灭菌温度下，k 值不同，灭菌温度越低，k 值越小；灭菌温度越高，k 值越大。如硬脂嗜热芽孢杆菌 1518，104℃ 时 k 值为 0.0342min^{-1}，121℃ 时 k 值为 0.77min^{-1}，131℃ 时 k 值为 15min^{-1}。可见，温度增高，k 值增大，灭菌时间缩短。表 4-5 列出几种微生物 k 值。

表 4-5　　　　　　　　　　　　　　120℃时不同细菌的 k 值

菌种	k 值/min^{-1}	菌种	k 值/min^{-1}
枯草芽孢杆菌 FS5230	0.043~0.063	嗜热脂肪芽孢杆菌 FS617	0.043
嗜热脂肪芽孢杆菌 FS1518	0.013	产气梭状芽孢杆菌	0.03

（2）杀灭细菌芽孢的温度和时间　成熟的细菌芽孢除含有大量的吡啶二羧酸钙盐成分外，还处于脱水状态，成熟芽孢的核心只含有营养细胞水分的 10%~30%。这些特性都大大

增加了芽孢的抗热和抵抗化学物质的能力。在相同的温度下杀灭不同细菌芽孢所需的时间是不同的，一方面是因为不同细菌芽孢对热的耐受性是不同的，另外培养条件的不同也使耐热性产生差别。因此，杀灭细菌芽孢的温度和时间一般根据实验确定，也可以推算确定。例如，Rahn 计算 100~135℃ 范围内大多数细菌芽孢的温度系数 Q_1（温度每升高 10℃ 时灭菌反应速度常数与原灭菌反应速度常数之比）为 8~10，以此为基准推算不同温度下的灭菌时间，结果见表 4-6。

表 4-6 不同温度下的灭菌时间

温度/℃	100	110	115	121	125	130
时间/min	1200	150	51	15	6.4	2.4

（3）湿热灭菌的优点 蒸汽来源容易，操作费用低，本身无毒；蒸汽有强的穿透力，灭菌易于彻底；蒸汽有很大的潜热；操作方便，易管理。

2. 分批灭菌（间歇灭菌）

在发酵罐中进行实罐灭菌，是典型的分批灭菌。全过程包括升温、保温、降温三个过程。

在分批灭菌过程中

$$\ln \frac{N_0}{N} = \ln \left(\frac{N_0}{N_1} \times \frac{N_1}{N_2} \times \frac{N_2}{N} \right) = \ln \frac{N_0}{N_1} + \ln \frac{N_1}{N_2} + \ln \frac{N_2}{N} \tag{4-7}$$

因为升温、冷却阶段 T 是时间 t 的函数，K 不是常数，所以：

$$\ln \frac{N_0}{N} = A \int_0^{t_1} e^{-\Delta E/RT} \mathrm{d}t \tag{4-8}$$

$$\ln \frac{N_1}{N_2} = K_h (t_2 - t_1) \tag{4-9}$$

$$\ln \frac{N_2}{N} = A \int_{t_2}^{t_3} e^{-\Delta E/RT} \mathrm{d}t \tag{4-10}$$

式中　K_h——保温阶段的孢子比热死亡速度常数

T——介质温度，K

t——时间，min

h——蒸汽相对于介质的热焓，kJ/kg

（1）保证间歇灭菌成功的要素

①内部结构合理（主要是无死角），焊缝及轴封装置可靠，蛇管无穿孔现象；

②压力稳定的蒸汽；

③合理的操作方法。

（2）培养基间歇灭菌过程中应注意的问题

①温度和压力的关系；

②泡沫问题；

③投料过程中，麸皮和豆饼粉等固形物在罐壁上残留的问题；

④灭菌结束后应立即引入无菌空气保压。

3. 连续灭菌

（1）连续灭菌设备的结构 连续灭菌设备的结构见图 4-1~图 4-6。

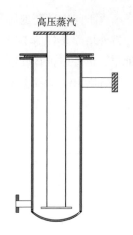

图 4-1 套管式连消塔图

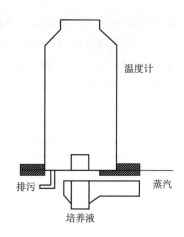

图 4-2 喷嘴式连消塔图

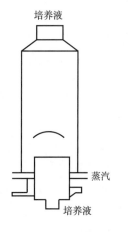

图 4-3 连消器图

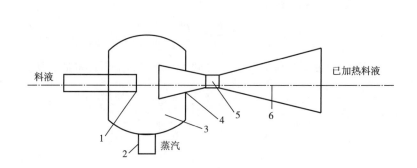

图 4-4 喷射加热器

1—喷嘴 2—吸入口 3—吸入室 4—混合喷嘴 5—混合段 6—扩大管

图 4-5 薄板换热器

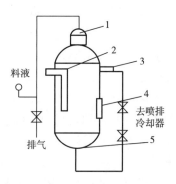

图 4-6 维持罐

1—人孔 2—进料器 3—出料管 4—温度计插座 5—排进管

（2）连续灭菌与分批灭菌的比较

①连续灭菌的优缺点

优点：保留较多的营养质量；容易放大；较易自动控制；糖受蒸汽的影响较少；缩短灭菌周期；在某些情况下，可使发酵罐的腐蚀减少；发酵罐利用率高；蒸汽负荷均匀。

缺点：设备比较复杂，投资较大。

②分批灭菌的优缺点

优点：设备投资较少；染菌的危险性较小；人工操作较方便；对培养基中固体物质含量较多时更为适宜。

缺点：灭菌过程中蒸汽用量变化大，造成锅炉负荷波动大，一般只限于中小型发酵装置。

五、影响灭菌的因素

培养基要达到较好的灭菌效果受多种因素的影响，主要表现在以下几个方面。

1. 培养基成分

培养基中的油脂、糖类和蛋白质会增加微生物的耐热性，使微生物的受热死亡速率变慢，这主要是因为有机物质会在微生物细胞外形成一层薄膜，影响热的传递，所以就应提高灭菌温度或延长灭菌时间。例如，大肠杆菌在水中60~65℃加热10min便死亡；在10%糖液中，需70℃加热4~6min；在30%糖液中，需70℃加热30min。灭菌时，对灭菌效果和营养成分的保持都应兼顾，既要使培养基彻底灭菌，又要尽可能减少培养基营养成分的破坏。相反培养基中高浓度的盐类、色素会减弱微生物细胞的耐热性，一般较易灭菌。

2. 培养基成分的颗粒度

培养基成分的颗粒越大，灭菌时蒸汽穿透所需的时间越长，灭菌难，颗粒小，灭菌容易。一般对小于1mm颗粒的培养基，可不必考虑颗粒对灭菌的影响，但对于含有少量大颗粒及粗纤维培养基的灭菌，特别是存在凝结成团的胶体时会影响灭菌效果，则应适当提高灭菌温度或过滤除去。

3. 培养基的 pH

pH 对微生物的耐热性影响很大。微生物一般在 pH 6.0~8.0 时最耐热；pH 6.0，氢离子易渗入微生物细胞内，从而改变细胞的生理反应促使其死亡。培养基 pH 值越低，灭菌所需的时间越短。培养基的 pH 与灭菌时间的关系见表 4-7。

表 4-7　　　　　　　　　　　　培养基的 pH 与灭菌时间的关系

温度/℃	孢子数/（个/mL）	灭菌时间/min				
		pH6.1	pH5.3	pH5.0	pH4.7	pH4.5
120	10000	8	7	5	3	3
115	10000	25	25	12	13	13
110	10000	70	65	35	30	24
100	10000	340	720	180	150	150

4. 微生物细胞含水量

微生物含水量越少，灭菌时间越长。孢子、芽孢含水量少，代谢缓慢，要很长时间的高温才能杀死。因为含水量很高的物品，蛋白质不易变性（表4-8）。灭菌时，如果是含水量很高的物品，高温蒸汽的穿透效果会降低，所以也要延长时间。

表4-8　　　　　　　　　　　　　含水量与凝固温度的关系

含水量/%	50	25	18	6	0
凝固温度/℃	56	74~78	80~92	145	160~170

5. 微生物性质与数量

各种微生物对热的抵抗力相差较大，细菌的营养体酵母、霉菌的菌丝体对热较为敏感，而放线菌、酵母、霉菌孢子对热的抵抗力较强。处于不同生长阶段的微生物，所需灭菌的温度与时间也不相同，繁殖期的微生物对高温的抵抗力要比衰老时期抵抗力小得多，这与衰老时期微生物细胞中蛋白质的含水量低有关。芽孢的耐热性比繁殖期的微生物更强。在同一温度下，微生物的数量越多，所需的灭菌时间越长，因为微生物在数量比较多的时候，耐热个体出现的机会也越多。天然原料尤其是麸皮等植物性原料配制的培养基，一般含菌量较高，而用纯粹化学试剂配制的组合培养基，含菌量低。

6. 冷空气排除情况

高压蒸汽灭菌的关键问题是为热的传导提供良好条件，而其中最重要的是使冷空气从灭菌器中顺利排出。因为冷空气导热性差，阻碍蒸汽接触欲灭菌物品，并且还可降低蒸汽分压使之不能达到应有的温度。如果灭菌器内冷空气排除不彻底，压力表所显示的压力就不单是罐内蒸汽的压力，还有空气的分压。罐内的实际温度低于压力表所对应的温度，造成灭菌温度不够，如表4-9所示。检验灭菌器内空气排除度，可采用多种方法，最好的办法是灭菌锅上同时装有压力表和温度计。

表4-9　　　　　　　　　　　　蒸汽压力与罐内实际温度关系

蒸汽压力/atm	罐内实际温度/℃				
	未排除空气	排除1/3空气	排除1/2空气	排除2/3空气	完全排除空气
0.3	72	90	94	100	109
0.7	90	100	105	109	115
1.0	100	109	112	115	121
1.3	109	115	118	121	126
1.5	115	121	124	126	130

注：1atm≈100kPa。

7. 泡沫

在培养基灭菌过程中，培养基中发生的泡沫对灭菌很不利，因为泡沫中的空气形成隔热层，使热量难以渗透进去，不易杀死其中潜伏的微生物。因而，无论是分批灭菌还是连续灭菌，对易起泡沫的培养基均需加消泡剂，以防止或消除泡沫。

8. 搅拌

在灭菌的过程中进行搅拌是为了使培养基充分混匀，不至于造成局部过热或灭菌死角，在保证不过多的破坏营养物质的前提下达到彻底灭菌的目的。

第三节　无菌空气制备

在发酵工业中,绝大多数是利用好气性微生物进行纯种培养,空气则是微生物生长和代谢必不可少的条件。但空气中含有各种各样的微生物,这些微生物随着空气进入培养液,在适宜的条件下,它们会迅速大量繁殖,消耗大量的营养物质并产生各种代谢产物;干扰甚至破坏预定发酵的正常进行,使发酵产率下降,甚至彻底失败。因此,无菌空气的制备就成为发酵工程中的一个重要环节。空气净化的方法很多,但各种方法的除菌效果、设备条件和经济指标各不相同。实际生产中所需的除菌程度根据发酵工艺要求而定,既要避免染菌,又要尽量简化除菌流程,以减少设备投资和正常运转的动力消耗。本节将讨论合理选择除菌方法,决定除菌流程以及选用和设计满足生产需要的除菌设备等。

一、无菌空气的概念

发酵工业应用的"无菌空气"是指通过除菌处理使空气中含菌量降低至一个极低的百分数,从而能控制发酵污染至极小机会。此种空气称为"无菌空气"。

二、空气中微生物的分布

通常微生物在固体或液体培养基中繁殖后,很多细小而轻的菌体、芽孢或孢子会随水分的蒸发、物料的转移被气流带入空气中或黏附于灰尘上随风飘浮,所以空气中的含菌量随环境不同而有很大差异。一般干燥寒冷的北方空气中的含菌量较少,而潮湿温暖的南方则含菌量较多;人口稠密的城市比人口少的农村含菌量多;地面又比高空的空气含菌量多。因此,研究空气中的含菌情况,选择良好的采风位置和提高空气系统的除菌效率是保证正常生产的重要内容。各地空气中所悬浮的微生物种类及比例各不相同,数量也随条件的变化而异,一般设计时以含量为 $10^3 \sim 10^4$ 个/m^3 进行计算。

三、发酵对空气无菌程度的要求

各种不同的发酵过程,由于所用菌种的生长能力、生长速度、产物性质、发酵周期、基质成分及 pH 的差异,对空气无菌程度的要求也不同。如酵母培养过程,其培养基以糖源为主,能利用无机氮,要求的 pH 较低,一般细菌较难繁殖,而酵母的繁殖速度又较快,能抵抗少量的杂菌影响,因此对无菌空气的要求不如氨基酸、抗生素发酵那样严格。而氨基酸与抗生素发酵因周期长短不同,对无菌空气的要求也不同。总的来说,影响因素是比较复杂的,需要根据具体情况而定出具体的工艺要求。一般按染菌概率为 10^{-3} 来计算,即 1000 次发酵周期所用的无菌空气只允许 1~2 次染菌。

虽然一般悬浮在空气中的微生物,大多是能耐恶劣环境的孢子或芽孢,繁殖时需要较长的调整期。但是在阴雨天气或环境污染比较严重时,空气中也会悬浮大量的活力较强的微生物,它进入培养物的良好环境后,只要很短的调整期,即可进入对数生长期而大量繁殖。一般细菌繁殖一代仅需 20~30min,如果进入一个细菌,则繁殖 15h 后,可达 10^9 个。如此大量的杂菌必使发酵受到严重干扰或失败,所以计算是以进入 1~2 个杂菌即失败作为依据的。

四、空气含菌量的测定

空气是许多气态物质的混合物，主要成分是氮气和氧气，还有惰性气体及二氧化碳和水蒸气。除气体外，尚有悬浮在空气中的灰尘，而灰尘主要由构成地壳的无机物质微粒、烟灰和植物花粉等组成。一般城市灰尘多于农村，夏天多于冬天，特别是气候温和湿润地区，空气中的菌量较多。据统计，大城市每立方米空气中的含菌数为 3000~10000 个。要准确测定空气中的含菌量来决定过滤系统或查定过滤空气的无菌程度是比较困难的。一般采用培养法和光学法测定其近似值。前者在微生物学中已有介绍，后者系用粒子计数器通过微粒对光线的散射作用来测量粒子的大小和含量。这种仪器可以测量空气中直径为 $0.3~0.5\mu m$ 微粒的各种浓度，比较准确，但它只是微粒观念，不能反映空气中活菌的数量。

（一）空气除菌方法

大多数需氧发酵是通入空气进行的。在使用之前必须加以处理以除去其中的有害成分。对空气的要求随发酵类型不同而异，厚层固体曲需要的空气量大，压力不高，无菌度不严格，一般选用离心式通风并经适当的空调处理（温度、湿度）就可以了。酵母培养消耗空气量大，无菌度也不十分严格，但需要一定压力以克服发酵罐的液柱阻力，所以一般采用罗茨鼓风机或高压离心式鼓风机通风。而对于密闭式深层好氧发酵则需要严格的无菌度，必须经过除菌措施，由于空气中含有水分和油雾杂质，又必须经过冷却、脱水、脱油等步骤，因此，无菌空气的制备须经过一个复杂的空气处理过程。同时，为了克服设备和管道的阻力并维持一定的罐压，需采用空气压缩机。

发酵工业应用的"无菌空气"是指通过除菌处理使空气中含菌量降低在一个极低的百分数，从而能控制发酵污染为极小机会。此种空气称为"无菌空气"。生产上使用的空气量大，要求处理的空气设备简单，运行可靠，操作方便，现就各种除菌方法简述如下。

1. 辐射灭菌

α 射线、X 射线、β 射线、γ 射线、紫外线、超声波等从理论上讲都能破坏蛋白质，破坏生物活性物质，从而起到杀菌作用。但应用较广泛的还是紫外线，它在波长为 2265~3287Å 时杀菌效力最强，通常用于无菌室和医院手术室。但杀菌效率较低，杀菌时间较长。一般要结合甲醛蒸气等来保证无菌室的无菌程度。

2. 加热灭菌

虽然空气中的细菌芽孢是耐热的，但温度足够高也能将它破坏。例如，悬浮在空气中的细菌芽孢在 218℃ 下 24s 就被杀死。但是如果采用蒸汽或电热来加热大量的空气，以达到灭菌目的，这样太不经济。利用空气压缩时产生的热进行灭菌对于无菌要求不高的发酵来说则是一个经济合理的方法。

利用压缩热进行空气灭菌的流程见图 4-7（1）。空气进口温度为 21℃，出口温度为 187~198℃，压力为 0.7MPa。压缩后的空气用管道或贮气罐保温一定时间以增加空气的受热时间，促使有机体死亡。为防止空气在贮气罐中走短路，最好在罐内加装导筒。这种灭菌方法已成功地运用于丙酮-丁醇、淀粉酶等发酵生产上。图 4-7（2）是一个用于石油发酵的无菌空气系统，采用涡轮式空压机，空气进机前利用压缩后的空气进行预热，以提高进气温度并相应提高排气温度，压缩后的空气用保温罐维持一定时间。

采用加热灭菌法时，要根据具体情况适当增加一些辅助措施以确保安全。因为空气的导热系数低，受热不很均匀，同时在压缩机与发酵罐间的管道难免有泄漏，这些因素很难排除，因此通常在进发酵罐前装一台空气分过滤器。

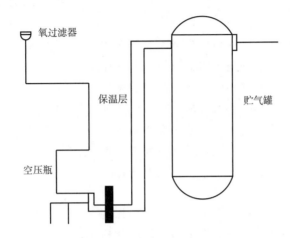

（1）利用压缩热进行空气灭菌的流程

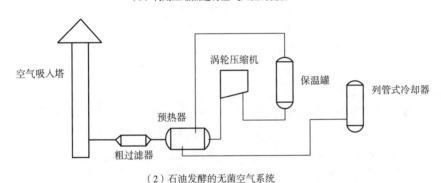

（2）石油发酵的无菌空气系统

图 4-7　利用压缩热进行空气灭菌的流程和石油发酵的无菌空气系统

3. 静电除菌

近年来一些工厂已使用静电除尘器除去空气中的水雾、油雾和尘埃，同时也除去了空气中的微生物。对于微米级的微粒去除率达 99%，消耗能量小，每处理 1000m³ 的空气每小时只耗电 0.4~0.8kW。空气的压力损失小，一般仅为（3~15）×133.3Pa。但对设备维护和安全技术措施要求较高。

静电防尘是利用静电引力来吸附带电粒子而达到除尘、除菌的目的。悬浮于空气中的微生物，其孢子大多带有不同的电荷，没有带电荷的微粒进入高压静电场时都会被电离变成带电微粒。但对于一些直径很小的微粒，它所带的电荷很小，当产生的引力等于或小于气流对微粒的拖带力或微粒布朗扩散运动的动量时，则微粒就不能被吸附而沉降，所以静电除尘对很小的微粒效率较低。

静电除菌装置按其对菌体微粒的作用可分成电离区和捕集区。管式静电除尘器如图 4-8 所示。

用静电除菌净化空气有如下优点：①阻力小，约 1.01325×10⁴Pa；②染菌率低，平均低于 10%~15%；③除水、除油的效果好；④耗电少。

缺点是设备庞大，需要采用高压电技术，且一次性投资较大；对发酵工业来说，其捕集率尚嫌不够，需要采取其他措施。

4. 介质过滤

介质过滤是目前发酵工业中常使用的空气除菌方法。它采用定期灭菌的干燥介质来阻截流过的空气中所含的微生物，从而制得无菌空气。常用的过滤介质有棉花、活性炭或玻璃纤维、有机合成纤维、有机和无机烧结材料等。由于被过滤的气溶胶中微生物的粒子很小，一般只有 0.5~2μm，而过滤介质的材料一般孔径都大于微粒直径几倍到几十倍，因此过滤机理比较复杂。

随着工业的发展，过滤介质逐渐由天然材料棉花过渡到玻璃纤维、超细玻璃纤维和石棉板、烧结材料（烧结金属、烧结陶瓷、烧结塑料）、微孔超滤膜等。而且过滤器的形式也在不断发生变化，出现了一些新的形式和新的结构，把发酵工业中的染菌控制在极小的范围。

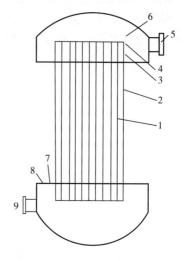

图 4-8　管式静电除尘器
1—钢丝（电晕电极）　2—钢管（沉淀电极）
3—高压绝缘瓷瓶　4，7—钢板　5—空气进口
6—封头　8—法兰　9—空气出口

5. 过滤除菌的机理

目前发酵工厂采用的空气过滤设备大多数是深层过滤器和玻璃纤维过滤纸过滤器，所用的过滤介质一般是棉花、活性炭，也有用玻璃纤维、焦炭和超细玻璃纤维、尼龙等。对不同的材料、不同规格、不同填充情况，都会得到不同的过滤效果。

空气溶胶的过滤除菌原理与通常的过滤原理不一样，一方面是由于空气溶胶中气体引力较小，且微粒很小，常见悬浮于空气中的微生物粒子在 0.5~2μm，深层过滤所用的过滤介质——棉花的纤维直径一般为 16~20μm，填充系数为 8% 时，棉花纤维所形成的孔隙为 20~50μm；超细玻璃纤维滤板因纤维直径很小，为 1.0~1.5μm，湿法抄造紧密度较大，所形成的网格孔隙为 0.5~5μm。微粒随气流通过滤层时，滤层纤维所形成的网格阻碍气流直线前进，使气流无数次改变运动速度和运动方向，绕过纤维前进。这些改变引起微粒对滤层纤维产生惯性冲击、重力沉降、阻拦、布朗扩散、静电吸引等作用而将微粒滞留在纤维表面上。

图 4-9 为单纤维的流动模型。这是带颗粒的气流流过纤维截面的假想模型。当气流为层流时，气体中的颗粒随气流做平行运动，接近纤维表面的颗粒（即气流宽度为 b 中的颗粒）；被纤维捕获，而大于 b 的气流中的颗粒绕过纤维继续前进。因为过滤层是无数层单纤维组成的，所以就增加了捕获的机会。下面分述颗粒被捕获的作用机理以及它们的大小和关系。

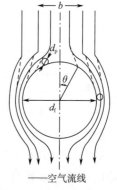

——空气流线
b—气流宽度　d_p—颗粒直径　d_f—纤维直径
图 4-9　单纤维的流动模型

（1）惯性捕集作用　在过滤器中的滤层交错着无数的纤维，好像形成层层的网格，随着纤维直径减小，充填密度的增大，所形成的网格就越紧密，网格的层数也就越多，纤维间的间隙就越小。当带有微生物的空气通过滤层时，无论顺纤维方向流动或是垂直于纤维方向流动，仅能从纤维的间隙通过。由于纤维交错所阻迫，使空气要不断改变运动方向和速度才能通过滤层。图 4-9 中的 d_f 为纤维断面的直径，当微粒随气流以一定速度垂直向纤维方向运动时，因障碍物（介质）的出现，空气流线由直线变成曲线，即当气流突然改变方向时，沿空气流线运动的微粒由于惯性作用仍然继续以直线前进。

惯性使它离开主导气流；走的是图中虚线的轨迹。气流宽度 b 以内的粒子，与介质碰撞而被捕集。这种捕集由于微粒直冲到纤维表面，因摩擦黏附，微粒就滞留在纤维表面上，这称为惯性冲击滞留作用。

惯性捕集是空气过滤器除菌的重要作用，其大小取决于颗粒的动能和纤维的阻力，也就是取决于气流的流速。惯性力与气流流速成正比，当流速过低时，惯性捕集作用很小，甚至接近于零；当空气流速增至足够大时，惯性捕集则起主导作用。

纤维能滞留微粒的宽度区间 b 与纤维直径 d_f 之比，称为单纤维的惯性冲击捕集效率 η_1。计算公式如式（4-11）。

$$\eta_1 = \frac{b}{d_f} \tag{4-11}$$

b 的大小由微粒的运动惯性所决定。微粒的运动惯性越大，它受气流换向干扰越小，b 值就越大。同时，实践证明，捕集效率是微粒惯性力的无因次准数 φ 的函数，如式（4-12）。

$$\eta_1 = f(\varphi) \tag{4-12}$$

准数 φ 与纤维的直径、微粒的直径、微粒的运动速度的关系为式（4-13）。

$$\varphi = \frac{c\rho_p d_p^3 v_0}{18\mu d_f} \tag{4-13}$$

式中　c——层流滑动修正系数

$\quad\quad v_0$——微粒（即空气）的流速，m/s

$\quad\quad d_f$——纤维直径，m

$\quad\quad d_p$——微粒直径，m

$\quad\quad \rho_p$——微粒密度，kg/m^3

$\quad\quad \mu$——空气黏度，Pa·s

由式（4-13）可见，空气流速 v_0 是影响捕集效率的重要参数。在一定条件下（微生物微粒直径、纤维直径、空气温度），改变气流的流速就是改变微粒的运动惯性力；当气流速度下降时，微粒的运动速度随之下降，微粒的动量减少，惯性力减弱，微粒脱离主导气流的可能性也减少，相应纤维滞留微粒的宽度 b 减小，即捕集效率下降。气流速度下降到微粒的惯性力不足以使其脱离主导气流对纤维产生碰撞，即在气流的任一处，微粒也随气流改变运动方向绕过纤维前进，即 $b=0$ 时，惯性力无因次准数 $\varphi = 1/16$，纤维的碰撞滞留效率等于零，这时的气流速度称为惯性碰撞的临界速度 v_0。v_0 是空气在纤维网格间隙的真实速度，它与容器空截面时空气速度 v_s 的关系受填充密度 α 的影响。

临界速度 v_0 随纤维直径和微粒直径而变化。图 4-10 表示了几种不同直径的微粒对不同直径纤维的临界速度。

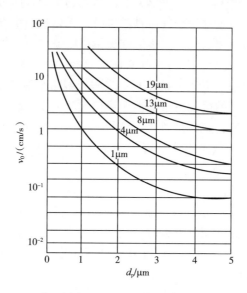

图 4-10　几种不同直径的微粒对不同直径纤维的临界速度

（2）拦截捕集作用　气流速度降低到惯性捕集作用接近于零时，此时的气流速度为临界速度。气流速度在临界速度以下时，微粒不能因惯性滞留于纤维上，捕集效率显著下降。但实践证明，随着气流速度的继续下降，纤维对微粒的捕集效率又回升，说明有另一种机理在起作用，这就是拦截捕集作用。微生物微粒直径很小，重量很轻，它随低速气流流动慢慢靠近纤维时，微粒所在的主导气流流线受纤维所阻，从而改变流动方向，绕过纤维前进，而在纤维的周边形成一层边界滞流区。滞流区的气流速度更慢，进到滞流区的微粒慢慢靠近和接触纤维而被黏附滞留，称为拦截捕集作用。拦截捕集作用对微粒的捕集效率与气流的雷诺准数和微粒与纤维直径比的关系，可以总结式（4-14）。

$$\eta_2 = \frac{1}{2(2.00-\ln Re)}\left[2(1+R)\ln(1+R) - (1+R) + \frac{1}{1+R}\right] \qquad (4-14)$$

式中　R——微粒和纤维的直径比，$R = \dfrac{d_p}{d_f}$

　　　d_p——微粒直径，m

　　　d_f——纤维直径，m

　　　Re——气流的雷诺准数，$Re = \dfrac{d_f v \rho}{\mu}$

此公式虽然不能完善地反映各参数变化过程纤维截留微粒的规律，但对气流速度等于或小于临界速度时计算得的单纤维截留效率还是比较接近实际的。

直径很小的微粒在很慢的气流中能产生一种不规则的运动，称为布朗扩散。扩散运动的距离很短，在较大的气流速度和较大热纤维间隙中是不起作用的，但在很慢的气流速度和较小的纤维间隙中，扩散作用大大增加了微粒与纤维的接触机会，从而被捕集。

设微粒扩散运动的最大距离为 $2x$，则离纤维 $2x$ 处气流中的微粒都可能因扩散运动与纤维接触，滞留在纤维上，这就增加了纤维的捕集效率。扩散捕集效率的计算可用拦截捕集的经验公式计算，但其中微粒的直径应以扩散距离代入计算，故得式（4-15）。

$$\eta_3 = \frac{1}{2\ (2.00-\ln Re)} \left[2 + \left(1+\frac{2x}{d_f}\right) \ln \left(1+\frac{2x}{d_f}\right) - \left(1+\frac{2x}{d_f}\right) + \frac{1}{1+\frac{2x}{d_f}} \right] \quad (4-15)$$

式中　$\dfrac{2x}{d_f} = \left[1.12 \times 2\ (2.00-\ln Re)\ B_M/vd_f \right]^{1/3}$

B_M——微粒扩散率，$B_M = cKT/3\pi\mu d_p$

Re——雷诺准数

T——绝对温度，K

（3）重力沉降作用　微粒虽小，但仍具有重力。当微粒重力超过空气作用于其上的浮力时，即发生一种沉降加速度。当微粒所受的重力大于气流对它的拖带力时，微粒就发生沉降现象。就单一重力沉降而言，大颗粒比小颗粒作用显著，一般 50μm 以上的颗粒沉降作用才显著。对于小颗粒只有气流速度很慢时才起作用。重力沉降作用一般是与拦截作用相配合，即在纤维的边界滞留区内。微粒的沉降作用提高了拦截捕集作用。

（4）静电吸附作用　干空气对非导体的物质做相对运动摩擦时，会产生静电现象，对于纤维和树脂处理过的纤维，尤其是一些合成纤维更为显著。悬浮在空气中的微生物大多带有不同的电荷。有人测定微生物孢子带电情况时发现，约有 75% 的孢子具有 1～60 负电荷单位，15% 的孢子带有 5～14 正电荷单位，其余 10% 则为中性，这些带电荷的微粒会被带相反电荷的介质所吸附。此外，表面吸附也属这个范畴，如活性炭的大部分过滤效能应是表面吸附作用。图 4-11 是单纤维除菌总效率 η_s（包括惯性、扩散、拦截等作用）与气流速度的关系。

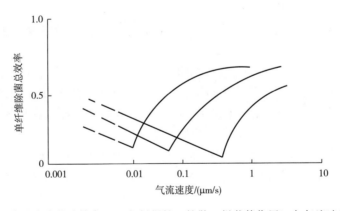

图 4-11　单纤维除菌总效率 η_s（包括惯性、扩散、拦截等作用）与气流速度的关系

上述机理中，有时很难分辨是哪一种单独起作用。总的来说，当气流速度较大时（约大于 0.1m/s），惯性捕集是主要的。而流速较小时，扩散作用占优势。前者的除菌效率随气流速度增加而增加，后者则相反。而在两者之间，在 η_s 极小值附近，可能是拦截作用占优势。

以上几种作用机理在整个过程中，随着参数变化有着复杂的关系，目前还未能做准确的理论计算。

6. 空气过滤除菌的流程

（1）空气净化的工艺要求 空气过滤除菌流程是生产对无菌空气要求具备的参数（如无菌程度、空气压力、温度等），并结合吸气环境的空气条件和所用空气除菌设备的特性，根据空气的性质而制订的。

对于一般要求的低压无菌空气，可直接采用一般鼓风机增压后进入过滤器，经一、二次过滤除菌而制得。如无菌室、超净工作台等用作层流技术的无菌空气就是采用这种简单流程。自吸式发酵罐是由转子的抽吸作用使空气通过过滤器而除菌的。而一般的深层通风发酵，除要求无菌空气具有必要的无菌程度外，还要具有一定高的压力，这就需要比较复杂的空气除菌流程。

供给发酵用的无菌空气，需要克服介质阻力、发酵液静压力和管道阻力，故一般使用空压机。从大气中吸入的空气常带有灰尘、沙土、细菌等；在压缩过程中，又会污染润滑油或管道中的铁锈等杂质。空气经压缩，一部分动能转换成热能，出口空气的温度在120~160℃，起到一定的杀菌作用，但在空气进入发酵罐前，必须先行冷却；而冷却出来的油、水，又必须及时排出，严防带入空气过滤器中，否则会使过滤介质（如棉花等）受潮，失去除菌性能。空气在进入空气过滤器前，要先经除尘、除油、除水，再经空气过滤器除菌，制备净化空气送入发酵罐，供菌体生长与代谢的需要。具体过程如下。

①首先将进入空压机的空气粗滤，滤去灰尘、沙土等固体颗粒。这样还有利于空压机的正常运转，提高空压机的寿命。

②将经压缩后的热空气冷却，并将析出的油、水尽可能除掉。常采用油水分离器与去雾器相结合的装置。

③为防止往复压缩机产生脉动，和一般的空气供给一样，流程中需设置一个或数个贮气罐。

④空气过滤器一般采用两台总过滤器（交叉使用）和每个发酵罐单独配备分过滤器相结合的方法，以达到无菌。

（2）过滤除菌的一般流程 空气过滤除菌一般是把吸气口吸入的空气先进行压缩前过滤，然后进入空气压缩机。从空气压缩机出来的空气（一般压力在 0.2MPa 以上，温度120~160℃），先冷却至适当温度（20~25℃）除去油和水，再加热至 30~35℃，最后通过总空气过滤器和分过滤器（有的不用分过滤器）除菌，从而获得洁净度、压力、温度和流量都符合工艺要求的灭菌空气。一般，空气净化采取如图 4-12 所示的工艺流程。

在上述工艺过程中，各种设备系围绕两个目的：一是提高压缩前空气的质量（洁净度）；另一个是去除压缩空气中所带的油和水。提高压缩前空气的质量的主要措施是提高空气吸气口的位置和加强吸入空气的压缩前过滤。

①空气吸气口：提高空气吸气口的高度可以减少吸入空气的微生物含量。据报道，吸气口每提高 3.05m，微生物数量减少一个数量级。由于空气中的微生物数量因地区、气候而不同；因此吸气口的高度也必须因地制宜，一般以离地面 5~10m 为好。在吸气口处需要设置防止颗粒及杂物吸入的筛网（也可以装在粗过滤器上），以免损坏空气压缩机。如果将粗过滤器提高到相当于吸气口的高度，则不需另设吸气口。

②粗过滤器：吸入的空气在进入压缩机前先通过粗过滤器过滤，可以减少进入空气压

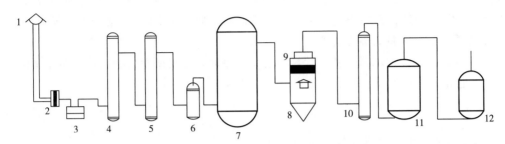

1—空气吸气口　2—粗过滤器　3—空气压缩机　4——级空气冷却器　5—二级空气冷却器　6—分水器
7—空气贮罐　8—旋风分离器　9—丝网除沫器　10—空气加热器　11—总空气过滤器　12—分过滤器

图 4-12　空气净化工艺流程图

缩机的灰尘和微生物，减少往复式空气压缩机活塞和气缸的磨损，减轻介质过滤除菌的负荷。常用的粗过滤器有油浸铁丝网、油浸铁环和泡沫塑料等。

　　③去除压缩空气中所带的油和水：空气中的微生物通常不单独游离存在，而依附在尘埃和雾滴上。因此，空气进入压缩机前应尽量除去尘埃和雾滴。空气中的雾滴不仅带有微生物，还会使空气过滤器中的过滤介质受潮而降低除菌效率，以及使空气过滤器的阻力增加。为此，必须设法使进入过滤器的空气保持相对湿度在 50%～60%。从空气压缩机出来的空气，温度为 120℃（往复式压缩机）或 150℃（涡轮式压缩机），其相对湿度大大降低，如果在此高温下就进入空气过滤器过滤，可以减少压缩空气中夹带的水分，使过滤介质不致受潮。但是一般的过滤介质耐受不了这样高的温度。因此，压缩空气一般先通过冷却，降低温度，提高空气的相对湿度，使其达到饱和状态并处于露点以下，使其中的水分凝结为水滴或雾沫，从而将它们分离除去。冷却去水后，再将压缩空气加热，降低其相对湿度，使其未除去的水分不致凝结出来，然后进行过滤。

　　空气通过往复式压缩机的气缸后缩带来的油雾滴，同样会黏附微生物，降低过滤器的除菌效率及使过滤阻力增大，但通过冷却后可以和水一起分离除去。如果往复式压缩机采用半无油润滑或无油润滑，则可以大大降低压缩空气的油雾含量。现将去除油、水的工艺过程所需设备及其作用概述如下。

　　一级空气冷却器：用 30℃左右的水，把从压缩机出来的 120℃或 150℃的空气冷却到 40～50℃。

　　二级空气冷却器：用 9℃冷水或 15～18℃地下水，把 40～50℃的空气冷却到 20～25℃。冷却后的空气，其相对湿度提高到 100%，由于温度处于露点以下，其中的油、水即凝结为油滴和水滴。

　　空气贮罐：用以沉降大的油滴和水滴及稳定压力。

　　旋风分离器：用以分离 50μm 以上的液滴及部分较小的液滴。

　　丝网除沫器：用以分离 5μm 以上的液滴。使用丝网除沫器需控制好空气的流速，并不断去掉凝结下来的油水。在空气压力为 0.2MPa（表压）的情况下，最佳的空气流速应为 1～2m/s（空床速度），在此操作条件下可以去掉较小的雾滴。

　　空气加热器：分离油、水以后的空气的相对湿度仍然为 100%，当温度稍微下降时（例如冬天或过滤器阻力下降很大时）就会析出水来，使过滤介质受潮。因此，还必须使用加热器来提高空气温度，降低空气的相对湿度（要求在 60%以下），以免析出水来。

除空气预处理外，影响空气除菌的重要因素还有空气过滤器的过滤介质及操作。

7. 介质过滤除菌的设备及计算

（1）深层过滤效率和过滤器的计算　过滤效率就是滤层所滤去的微粒数与原来微粒数的比值，它是衡量过滤器过滤能力的指标，如式（4-16）。

$$\eta = \frac{N_1 - N_2}{N_1} \tag{4-16}$$

式中　N_1——过滤前空气中的微粒含量，个/cm^2

$\qquad N_2$——过滤后空气中的微粒含量，个/cm^2

N_2/N_1——过滤前后空气中的微粒含量比值，即穿透滤层的微粒数与原有微粒数的比值，称为穿透率

实践证明，空气过滤器的过滤效率主要与微粒的大小、过滤介质的种类和规格（纤维直径）、介质的填充密度、介质层厚度以及气流速度等因素有关。

（2）对数穿透定律　研究过滤器的过滤规律时，先排除一些复杂的因素，假定：

①过滤器中过滤介质每一纤维的空气流态并不因其他邻近纤维的存在而受影响；

②空气中的微粒与纤维表面接触后即被吸附，不再被气流带走；

③过滤器的过滤效率与空气中微粒的浓度无关；

④空气中的微粒在滤层中递减均匀，即每一纤维薄层除去同样百分率的菌体。这样，空气通过单位滤层后，微粒浓度下降量与进入此介质的空气中的微粒浓度成正比，即得式（4-17）。

$$-\frac{\mathrm{d}N}{\mathrm{d}L} = KN \tag{4-17}$$

式中　$\dfrac{\mathrm{d}N}{\mathrm{d}L}$——单位滤层所除去的微粒数，个/cm

$\qquad N$——在滤层某一位置处空气中的微粒浓度，个/m^2

$\qquad K$——过滤常数（决定于过滤介质的性质和操作情况），cm^{-1}

将上式整理，积分，可得式（4-18）和式（4-19）。

$$-\frac{\mathrm{d}N}{NL} = K\mathrm{d}L$$

$$-\int_{N_1}^{N_2} \frac{\mathrm{d}N}{N} = K\int_0^1 \mathrm{d}L$$

$$\ln \frac{N_2}{N_1} = -KL \tag{4-18}$$

$$\text{或 } \lg \frac{N_2}{N_1} = -K'L \tag{4-19}$$

式中　N_1——进入滤层时空气中的微粒浓度，个/m^2

$\qquad N_2$——过滤后空气中的微粒浓度，个/m^2

上式称为对数穿透定律，它表示进入滤层的微粒数与穿透滤层的微粒数之比的对数是滤层厚度的函数。N_2/N_1 称为微粒通过介质的穿透率，以 P 表示，则介质层过滤效率 η 用 $1-P$ 表示。所以上式也可写成：

$$\ln P = -KL \qquad (4-20)$$

$$\eta = 1 - P = 1 - 1/e^{KL} \qquad (4-21)$$

（3）介质层厚度的计算　根据对数穿透定律式，得：

$$L = \frac{1}{K} \ln \frac{N_1}{N_2} \qquad (4-22)$$

或

$$L = \frac{1}{K} \lg \frac{N_1}{N_2} \qquad (4-23)$$

式中的 N_1 可根据进口空气的菌体浓度、空气流量及持续使用时间算出。如空气中的原始菌浓度为 10000 个/ m^3，空气流量为 200 m^3/min，持续使用 2000h，则 N_1 为 2.4×10^{11} 个菌，N_2 一般可假定为 10^{-3} 个菌，即在规定使用时间内透过一个菌的概率为千分之一。于是 $N_1/N_2 = 2.4 \times 10^{14}$，在设计空气过滤器时，我们常把 $N_1/N_2 = 10^{15}$ 作为设计指标。

上式中的 K 值与纤维介质的性质、直径、填充率、气流速度以及菌体大小有关，K 值可以从式（4-24）求得：

$$K = \frac{4\overline{\eta}_s (1 + 4.5\alpha)\alpha}{\pi d_f (1 - \alpha)} \qquad (4-24)$$

式中　$\overline{\eta}_s$——单纤维过滤效率

α——介质填充率，等于介质层的视密度 γ_b（即单位体积填充层中介质的质量）/介质的真密度 γ_α

d_f——介质纤维的直径，m

$\overline{\eta}_s$ 单纤维除菌效率多受不同气流速度的影响，是各种捕集作用的综合结果。$\overline{\eta}_s = \eta_1 + \eta_2 + \eta_3 + \eta_4 + \eta_5$，但实际运用时计算比较困难，所以我们选择特定的条件，从实验求得 K（或 K'）值。

对 $d_f = 16\mu m$ 的棉花纤维，填充系数为 8% 时，不同空气流速下测得 K' 值，如表 4-10 所示；对 $d_f = 14\mu m$ 的玻璃纤维，填充系数为 8% 时，不同空气流速下测得 K' 值，如表 4-11 所示。

表 4-10　　棉花纤维的 K' 值

空气流速 v_0（m/s）	0.05	0.10	0.50	1.0	2.0	3.0
K'（1/cm）	0.193	0.135	0.1	0.195	1.32	2.55

表 4-11　　玻璃纤维的 K' 值

空气流速 v_0（m/s）	0.03	0.15	0.3	0.92	1.52	3.15
K'（1/cm）	0.567	0.252	0.193	0.394	1.50	6.05

对数穿透定律是以四点假定为前提推导出来的。实践证明，对于较薄的滤层是符合实际的，但随着滤层的增加，产生的偏差就大。空气在过滤时，微粒含量沿滤层而均匀递减，故 K' 值为常数。但实际上，当滤层较厚时，递减就不均匀，即 K' 值发生变化，滤层越厚，K' 值变化越大。这说明对数穿透定律不够完善，需要校正。

（4）过滤压力降　空气通过过滤层需要克服与介质的摩擦而引起的压力降，ΔP 是一种能量损失，损失随滤层的厚度、空气的流速、过滤介质的性质、填充情况而变化，可用式（4-25）计算。

$$\Delta P = cL \frac{2\rho v^2 \alpha^m}{\pi d_f} \tag{4-25}$$

式中　L——过滤层厚度，m

　　　ρ——空气密度，kg/m^8

　　　α——介质填充系数

　　　v——空气实际在介质间隙中的流速，m/s

$$v = v\sqrt{(1-\alpha)} \tag{4-26}$$

式中　L——过滤器空罐空气流速，m/s

　　　d_f——纤维直径，m

　　　m——实验指数，棉花介质 $m=1.45$；$19\mu m$ 玻璃纤维介质 $m=1.35$；$8\mu m$ 玻璃纤维介质 $m=1.55$

　　　c——阻力系数是 Re 准数的函数，通过实验得出：当以棉花作过滤介质时，$c \approx 100/Re$ 当以玻璃纤维作过滤介质时，$c \approx 52Re$

　　可见，过滤常数或过滤效率随介质的填充率及单纤维过滤效率的增加而增加，随纤维直径的增加而下降。然而单纤维过滤效率，则随气体流速的增加而增加，也随纤维直径的增加而减少。由此可见，要用一定高度的介质过滤器取得较大的除菌效率，应选用纤维较细而填充率较大的介质，并采用较大的气流速度。但随着填充率及气流速度的增大及纤维直径的减小，通过介质层的阻力（即压力降）将增加，使空压机的出口压力受到影响。阻力过大，还容易导致介质层被吹翻。而气流速度过大，摩擦过激，则会引起某些介质（如活性炭、棉花等）的焚化。

五、空气过滤器与过滤介质

　　过滤介质是过滤除菌的关键，它的好坏不但影响到介质的消耗量、动力消耗（压力降）、劳动强度、维护管理等，而且决定设备的结构、尺寸，还关系到运转过程的可靠性。迄今用得比较多的纤维过滤器是用棉花或玻璃纤维结合活性炭作为过滤介质的过滤器。但这种过滤器存在不少缺点：①设备庞大；②介质耗量大；③阻力大；④更换拆装不方便；⑤劳动强度大等。近年来很多研究者按不同的作用机理寻求新的过滤介质，并测试其过滤性能，如超细玻璃纤维、其他合成纤维、微孔烧结材料和超滤微孔薄膜等。

　　1. 空气过滤器

　　（1）纤维状及颗粒状介质过滤器　以纤维状或颗粒状介质层为滤床的过滤器为立式圆筒形，内部填充过滤介质，以达到除菌的目的。

　　空气过滤器的尺寸主要是确定过滤器的内径 D 和有效过滤的高度，最后定出整个过滤器的高度尺寸。过滤器的内径 D 可以根据空气量及流速求出，如式（4-27）。

$$D = \sqrt{\frac{4v}{\pi v_a}} \tag{4-27}$$

式中　v——空气流过过滤器时的体积流量，m^3/s

　　　v_a——空气流过过滤器截面的速度，m/s

流速一般取 0.2~0.5m/s，按操作情况而定，尽量使过滤器在较高过滤效率的气流速度区运行。通过过滤器的压力降一般为 0.02~0.05MPa。目前有的过滤器控制的流速较低，仅为 0.1~0.2m/s，相应的压力降也较小。

过滤器的有效过滤介质高度 L 一般在实验数据的基础上，按对数穿透定律进行计算。但由于滤层太厚，耗用棉花太多，安装困难，阻力损失很大，故工厂常用活性炭作间层，以改善这些因素。这本来是不符合计算要求的。通常总的高度 L 中，上下棉花层厚度为总过滤层的 1/4~1/3，中间活性炭层为 1/2~1/3，在铺棉花层之前先在下孔板铺上一层 30~40 目的金属丝网和织物（如麻布等），使空气均匀进入棉花滤层。填充物的装填顺序如下：

孔板→铁丝网→麻布→棉花→麻布→活性炭→麻布→棉花→麻布→铁丝网→孔板。

装填介质时要求紧密均匀，压紧一致。压紧装置各厂不一，可以在周边固定螺栓压紧，可以用中央螺栓压紧，也可以利用顶盖的密封螺栓压紧，其中利用顶盖压紧比较简便。有些工厂为了防止棉花受潮下沉后松动，在压紧装置上加装缓冲弹簧，弹簧的作用是保持在一定的位移范围内对孔板的一定压力。

在填充介质区间的过滤器圆筒外部有装夹套的，夹套的作用是在消毒前后对过滤介质加热，在北方也可以作为冬天温度太低时保温用。如果仅作为消毒后吹干的加热用，则对直径大的过滤器来说效果很低，热量很难从周边传到过滤器中部。同时使用温度也要十分小心控制，温度过高，则容易使棉花焦化而局部丧失过滤效能，甚至有烧焦着火的危险。

空气一般从下部圆筒切线方向通入，从上部圆筒切线方向排出，以减少阻力损失，出口不宜安装在顶盖，以免检修时拆装管道困难。

过滤器上方应装有安全阀、压力表，罐底装有排污孔，以便经常检查空气冷却是否完全，过滤介质是否潮湿等。

（2）平板式纤维纸分过滤器 这种过滤器是适应充填薄层的过滤板或过滤纸，其结构如图 4~13 所示。它由筒身、顶盖、滤层、夹板和缓冲层构成。空气从筒身中部切线方向进入，空气中的水雾、油雾沉于筒底，由排污管排出，空气经缓冲层通过下孔板经薄层介质过滤后，从上孔板进入顶盖经排气孔排出。缓冲层可装填棉花、玻璃纤维或金属丝网等。顶盖法兰压紧过滤孔板并用垫片密封，上下孔板用螺栓连接，以夹紧滤纸和密封周边。为了使气流均匀进入和通过过滤介质，在上下孔板应先铺上 30~40 目的金属丝网和织物（麻布），使过滤介质（滤板或滤纸）均匀受力，夹紧于中间，周边要加橡胶圈密封切勿让空气走短路。过滤孔板既要承受压紧滤层的作用，也要承受滤层两边的压力差，孔板的开孔一般直径为 5~10mm，孔的中心距为 10~20mm。

过滤器的直径可由式 4-27 确定，空气在过滤器内的流速为 0.5~1.5m/s，且阻力很小，未经树脂处理的单张滤纸在空气流速为 3.6m/s 时仅为 29.4Pa。经树脂处理或混有木浆的滤纸，阻力稍大。

（3）管式过滤器 平板式过滤器过滤面积局限于圆筒的截面积。当过滤面积要求较大时，则设备直径很大。若将过滤介质卷装在孔板上，如图 4-14 所示，这样，总的过滤面积要比平板式大很多。但使用卷装滤纸时要防止空气从纸缝走短路，这种过滤器的安装和检查比较困难。为了防止孔管密封的底部死角积水，封管底盖要紧靠滤孔。

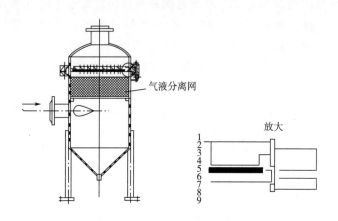

图 4-13　平板式纤维纸分过滤器
1—上孔板　2—垫圈　3—铜丝网　4—麻布　5—滤纸
6—麻布　7—铜丝网　8—垫圈　9—下孔板

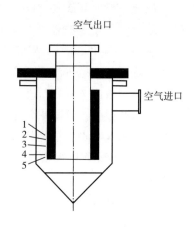

图 4-14　管式过滤器
1—铜丝网　2—麻布　3—滤纸
4—扎紧带　5—滤筒

（4）折叠式低速过滤器　在一些要求过滤阻力损失很小，过滤效率比较高的场合，如洁净工作台、洁净工作室或自吸式发酵罐等，都需要设计、生产一些低速过滤器来满足它们的需要。超细纤维纸的过滤特性是气流速度越低，过滤效率越高。为了将很大的过滤面积安装在较小体积的设备内，可将长长的滤纸折成瓦楞状，安装在楞条支撑的滤框内，滤纸的周边用环氧树脂与滤框黏结密封。滤框有木制和铝制两种规格，需要反复杀菌的应采用铝制滤框，使用时将滤框用螺栓固定压紧在过滤器内，底部用垫片密封。

选择过滤器时，应按通过空气的体积流量和流速进行计算。一般选择流速在 0.025m/s 以下，这时通过的压力损失约为 20×133.3Pa。超细纤维的直径很小，间隙很窄，容易被微粒堵塞孔隙而增大压力损失。为了提高过滤器的过滤效率和延长滤芯寿命，一般都加中效过滤设备，或采用静电除尘配合使用。目前，我国一般采用玻璃纤维或泡沫塑料的中效过滤器配合使用；这样较大的微粒和部分小微粒被中效过滤器滤去，以减少高效过滤表面的微粒堆积和堵塞过滤网格的现象。当使用时间较长，网格堵塞，阻力增大到 5333Pa 时，就应该更换新的滤芯。

2. 空气过滤介质

空气过滤介质不仅要求除菌效率高，还要求能用高温灭菌、不易受油水沾污而降低除菌效率；阻力小、成本低、来源充足、经久耐用及便于调换操作。常用的空气过滤介质有棉花和活性炭（总过滤器及分过滤器）、玻璃棉和活性炭（一级过滤）、超细玻璃纤维纸（一般用于分过滤器）、石棉滤板（分过滤器）等。据测定，超细玻璃纤维纸的除菌效率最好，但易为油、水所沾污。在空气预处理较好的情况下，采用超细玻璃纤维纸作为总过滤器及分过滤器的过滤介质，染菌率很低，但在空气预处理较差的情况下，其除菌效率往往受影响。棉花和活性炭过滤器，因介质层厚、体积大、吸油水的容量大、受油、水影响要比超细玻璃纤维纸好一些，但是这种过滤器调换过滤介质时劳动条件差。因此，改进空气净化的前处理工艺，用超细玻璃纤维纸或其他介质来代替棉花、活性炭是有待解决的问题。

新的过滤介质还有烧结材料、多孔材料等高效滤菌材料。目前试用烧结金属板、烧结金属管作为分过滤器和总过滤器的过滤介质已取得初步效果，还需要进一步实验。此外，近年来出现的微孔过滤介质，如硝酸纤维酯类和聚四氟乙烯类微孔滤膜，在有预过滤的情况下，能绝对过滤干燥或潮湿的空气中平均直径大于孔径（推荐用 0.2μm）的微生物，这是一类值得重视的新型过滤介质。

3. 空气过滤器的操作要点

为了使空气过滤器始终保持干燥状态，当过滤器用蒸汽灭菌时，应事先将蒸汽管和过滤器内部的冷凝水放掉，灭菌蒸汽的压力应保持在 0.17~0.2MPa（表压）。开始时先将夹套预热（有的空气过滤器无夹套则不需预热），然后将蒸汽直接冲入介质层中：小型过滤器的灭菌时间约为 0.5h，蒸汽从上向下冲；大型过滤器的灭菌时间约为 1h，蒸汽一般先从下向上冲 0.5h，再从上向下冲 0.5h。过滤器灭菌后应立即引入空气，以便将介质层内部的水分吹出，但温度不宜过高，以免介质被烤焦或焚化。蒸汽压力和排气速度不宜过大，以避免过滤介质被冲翻而造成短路。

在使用过滤器时，如果发酵罐的压力大于过滤器的压力（这种情况主要发生在突然停止进空气或空气压力忽然下降），则发酵液会倒流到过滤器中来。因此，在过滤器通往发酵罐的管道上应安装单向阀门，操作时必须予以注意。

第四节　设备与管道的清洗与灭菌

一、常用清洗剂及清洗方法

在工业发酵生产中，工业污垢的来源有生产原料介质和产品；冷却介质、微生物、腐蚀产物等，如果不及时清洗附着于设备和管道中的工业污垢，那么将会给企业生产带来以下危害。

（1）影响生产的正常运行。严重结垢、生产设备利用率低或富含营养物质的发酵液的残留导致杂菌污染。

（2）杂菌消耗大量营养基质和产物，使生产效率和收率下降。杂菌污染及其代谢产物会改变发酵液的物化及流变特性，妨碍产物的分离纯化。

（3）杂菌直接以产物为基质，造成产物生成量锐减而导致发酵失败。

（4）增加生产成本。

1. 设备和管道清洗的目的

维持正常生产，延长设备寿命；提高生产能力，改善产品质量；减少能耗，降低生产成本；减少生产事故，利于身体健康；改善设备外观，净化、美化环境。

2. 常用清洗方法与设备

工业用清洗剂绝大多数都是水溶液，生物工业及食品、制药等行业所用溶剂水水质要求较高。理想的清洗剂应能溶解或分解有机物，分散固形物，具漂洗和多价螯合作用，而且还有一定的杀菌作用。但是至今仍未有一种单一的洗涤剂具有上述的所有性质，所以目前的清洗剂都是由碱或酸、表面活性剂、磷酸盐或螯合剂等复配而成。

（1）碱和酸　烧碱溶液是很好的蛋白质和脂肪洗涤剂。硅酸钠是良好的水溶液分散剂，对积垢的分散十分有效。另外，磷酸三钠因为有良好的分散性和乳化性，使用也较普遍。

（2）表面活性剂　为了有效发挥洗涤剂的作用，需添加表面活性剂以减小污垢的表面张力，使污垢物更易去除。表面活性剂可分成阴离子型、阳离子型、非离子型和两性型等类型。表4-12列举了一些用于清洗罐或管道的清洗剂配方。

表 4-12　　　　　　　　　　　一些用于清洗罐或管道的清洗剂配方

应用场合	罐 CIP 清洗系统用	管道清洗用	应用场合	罐 CIP 清洗系统用	管道清洗用
0.1mol/L NaOH	4.0		硅酸钠		0.4
磷酸三钠	0.2		碳酸钠		1.2
表面活性剂		0.1	硫酸钠		1.2
三聚磷酸钠		1.0			

（3）消毒杀菌剂　最常用的化学消毒剂是次氯酸钠，近几年，二氧化氯逐渐取代次氯酸钠。虽然，次氯酸溶液对许多金属包括不锈钢都有腐蚀作用，但在 pH8.0~10.5 的溶液中，及较低的温度下，用 50~200mg/L 的氯浓度并尽量缩短与设备的接触时间，可使腐蚀作用降到最小。

（4）特殊清洗试剂　在某些场合，需要把与有机物表面紧密结合的蛋白质分离洗脱出来，例如色谱分离柱树脂的处理。这些树脂易被烧碱等破坏。

3. 设备、管路、阀门等管件的清洗

传统的设备清洗方法是将设备拆卸后进行人工或半机械法清洗。这种方法劳动强度大，效率低。现代化生产已普遍采用 CIP 清洗系统（在位清洗），使清洗过程达到自动化或半自动化。但有些特殊设备还需用人工清洗。

（1）管件和阀门　表4-13是典型的管件清洗操作程序。

表 4-13　　　　　　　　　　　管件清洗操作程序

操作步骤	漂洗时间/min	温度/℃	操作步骤	漂洗时间/min	温度/℃
1. 清水漂洗	5~10	常温	4. 消毒剂处理	15~20	常温
2. 洗涤剂洗涤	15~20	常温~75℃	5. 清水漂洗	5~10	常温
3. 清水漂洗	5~10	常温			

（2）罐的洗涤　对于小型罐，常用的方法是在罐内放入洗涤剂浸泡。对于大型罐，通常是在罐顶以一定的速度喷洒洗涤剂，通常使用的两类喷射洗涤设备为球形静止喷洒器和旋转式喷射器。球形静止喷洒器结构较简单，价格较低，可提供连续的表面喷射，即使有一两个喷孔被堵塞，对喷洗操作影响不大，还可自我清洗，但喷射压力不高，喷射距离有限，所以对器壁的冲洗主要是冲洗作用而非喷射冲击作用。

（3）生物加工下游过程设备的清洗　色谱分离柱的清洗有其特殊性。通常，填充的

PHLC 介质对碱较敏感，不能耐受 NaOH 等碱性洗涤剂，这时可用硅酸钠代替。若色谱系统使用的是软性介质，则只能在低压力和流速下进行清洗。某些情况下（如 CIP 冲洗）不能提供充足的清洗度时，应将填充基质卸下来再用洗涤剂浸泡洗涤。

对错流的微滤或超滤系统常使用 CIP 系统清洗。

（4）辅助设备的清洗　辅助设备（泵、过滤器、热交换器）的清洗是比较简单的，但也必须注意：①空气过滤器和液体过滤装置不易清洗干净，必要时需用人工进行清洗。②无论何种热交换设备，若是用于培养基的加热或冷却，换热面上的结垢或焦化是很难避免的，也不易清洗，适当提高介质流速对减少此问题非常有效。

4. CIP（原位）清洗系统及设备

CIP 清洗系统有多种形式，传统上是一种一次性洗涤系统，即消毒剂只供使用一次即舍去。一次性使用系统适用于那些贮存寿命短，易变质，不宜重复使用的消毒剂。一次性使用系统是较小型的固定的单元装置，其结构示意图如图 4-15 所示。它包括一个含有进水孔及水平探针的罐和一台离心泵用以驱动洁净的洗涤剂的循环利用，并设有一喷射口以通入加热蒸汽或添加经计量泵计量的洗涤剂。

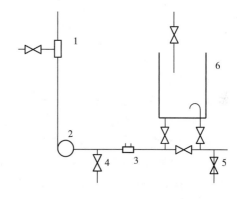

图 4-15　一次性 CIP 清洗系统
1—过滤器　2—循环泵　3—喷射器　4—蒸汽进口
5—排污阀　6—洗涤剂贮罐

若生产设备只用于生产单一产品，洗涤剂可重复利用，不仅节省洗涤剂用量，而且减少排污对环境的污染。洗涤剂重复利用系统如图 4-16 所示。用循环回收水配制初洗涤液，可节省用水。配料罐内有换热蛇管，用以加热洗涤剂，用泵使洗涤剂循环。从贮罐中心取样测量洗涤剂浓度以保证其正常值。需配置中和罐以备加酸中和碱性洗涤剂。

集一次性和循环使用于一体的混合系统是对罐和管道的 CIP 清洗系统而设计的，由预定程式实行控制，如图 4-16。该系统包含洗涤剂及水的回收罐、循环泵、过滤器等。预洗用水使用回收水，用完后可直接排放或贮留一段时间以进行中间洗涤。洗涤剂可使用混合洗涤剂，如果需要，也可用化学洗涤剂。要确保洗涤温度在预定的范围内。洗涤剂及漂洗用水循环使用一定次数，当其所含的脏污物达到一定浓度后就不宜回收而需排放废弃。

5. 清洁程度的确认

（1）清洁程度的检验　清洁程度检验系统和方法包括设备检验、操作检验和成效检验。

设备安装及操作期间的检验应是相应特定的，即处于手动状态。执行清洗程序时进行检验，确证设备不同部位残留的污脏物的去除、清洗程序的执行状况，然后分析这些地方脏污物的各种残留成分。

（2）表面清洁规范　无残留固体赃污物或垢层；在良好光线下无可见污染物，且在潮湿或干燥的状况下，表面均没有明显的气味；手摸表面，无明显的粗糙或滑溜感；把白纸印在表面后检查无不正常颜色；在排干水后表面无残留水迹；在波长 340～380nm 光线检

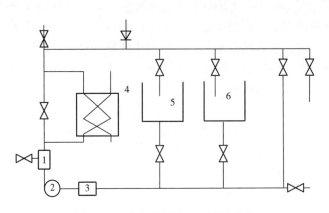

图 4-16　多次使用的 CIP 清洗系统
1—过滤器　2—循环泵　3—喷射器　4—混合加热罐　5—洗涤剂罐　6—回用水回收罐

查表面无荧光物质。

除上述检验外还应进行一些定量的检查，主要是检查蛋白质和细胞残留物。

蛋白质脏污物的检测方法为：先用标准浓度蛋白质溶液把表面润湿后再干燥，置于某容器或管路中作实验表面。然后按工艺规程对含上述实验表面之容器或管路进行洗涤操作。洗涤过程结束后取出实验表面并把水甩干去掉，把硝化纤维纸压在表面上以吸收蛋白质残留，把消化纤维纸浸入考马斯亮蓝溶液后放入醋酸溶液中，过夜，根据蓝色的深浅，确定蛋白质残留情况。

致热物质的检测也是必要的，传统实验方法是动物实验，通常往实验兔子体内注入一定量的热原试样并检测其体温的升高，再根据预先绘制的标准曲线查出其浓度。近年，出现了 LAL（Limulus Amoebocyte Lysate）检验法，可检出 10^{-7} 低浓度的内霉素。

最后，还必须检查最终漂洗结果，常用方法是将一滴酚酞试剂滴在漂洗过的样本表面，若试剂变红则表明存在 NaOH 残留。

二、设备及管路的杀菌

1. 概述

蒸汽加热灭菌方法是最普遍的杀菌方法，加热灭菌可把微生物细胞及孢子全部杀死。对于一个优良的蒸汽灭菌系统，加热时间和温度是最重要的两个参数和常用的经验数据（表 4-14）。

实验室常用的三角瓶等玻璃仪器及小量的培养基杀菌常用 0.1MPa 的饱和蒸汽（表压）即 121℃下灭菌 15min。管路的杀菌，一般用 121℃、30min，而较小型的发酵罐约需 45min，若是大型而复杂的发酵系统则需 1h。系统越大，其热容量也越大，热量传递到其中的每一点所需的时间也就越长。

表 4-14	杀菌温度与所用时间关系		
杀菌温度/℃	121	126	134
所用时间/min	15	10	3

设备用蒸汽灭菌，通常选择 0.15~0.2MPa 的饱和蒸汽，这样既可较快使设备和管路达到所要求的灭菌温度，又使操作较安全。当然，对于大型设备和较长管路，可用压强稍高的蒸汽。此外，灭菌开始时，必须注意把设备和管路中存留的空气充分排尽，否则造成假压而实际灭菌温度达不到工艺要求。

对于哺乳动物细胞培养，蒸汽必须由特制的纯蒸汽发生器产生，并经不锈钢管道输送，因普通的钢制蒸汽设备有铁锈等杂质，可能污染产品或成为微生物的营养源。

为确保蒸汽加热灭菌高效、安全，应确保如下几点。

（1）设备的所有部件均能耐受 130℃高温。

（2）为减少死角，尽可能采用焊接并把焊缝打磨光滑要避免死角和缝隙。

（3）若管路死端无可避免，要保证死端的长度不大于管径的 6 倍，且应装设一蒸汽阀用以蒸汽灭菌。

（4）尽量避免在灭菌和非灭菌的空间只装设一个阀门，以保证安全。

（5）所有阀门均应利于清洗、维护和杀菌，最常用的是隔膜阀。设备的各部分均可分开灭菌，且需有独自的蒸汽进口阀。

2. 发酵罐及容器的灭菌

发酵罐或容器的灭菌都有一定的耐压耐温要求，要求能承受 0.15MPa 饱和蒸汽的灭菌。罐和容器在使用前必须进行耐压和气密性实验。检查方法是：保持温度不变，检查压强是否恒定，可检查罐的压强是否改变来确定是否存在渗透。检测气压的压力表罐体连接管应尽量短，同时尽可能装置小蒸汽阀以确保灭菌彻底。空气分布器和浸没管路与旁路进口管的蒸汽灭菌管路配置分别如图 4-17 和图 4-18 所示。

3. 容器的排料系统蒸汽杀菌

罐和容器的排料口设在最低点，首先能彻底干净排出料液，同时便于清洗、排污及灭菌。罐排料管蒸汽灭菌管路配置如图 4-19 所示。

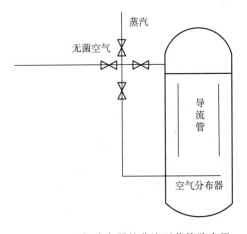

图 4-17　空气分布器的蒸汽灭菌管路布置

罐内通气灭菌过程中，阀门 A、C 和 F 开启，阀门 B、D 和 F 关闭。此管路配置既能保证正常通气加热杀菌，又能使阀门 A、B 和 C 经受彻底的通气杀菌，杂菌要侵入，必须经过两个阀座才能进入罐中，这样的配管有利于保证罐系统的无菌。

4. 罐的 CIP 清洗系统蒸汽杀菌配管

自动化清洗系统（CIP）的蒸汽灭菌配置如图 4-20、图 4-21 所示，在蒸汽加热灭菌过程中，阀门 B 和 C 打开，阀门 A 关闭，故整套清洗喷洒头装置均可经受彻底的蒸汽加热灭菌过程。

5. 空气过滤器的杀菌

空气过滤器用来过滤除去空气中的微生物，为生物生产过程提供无菌空气。空气过滤器主要有两大类，一种是纤维介质或带有微孔的金属、塑料等，另一种为膜式，现在膜式

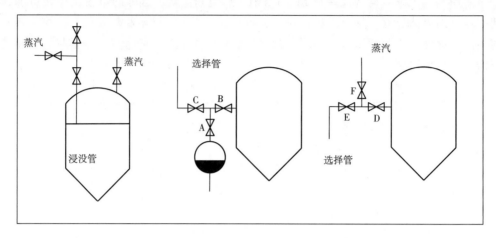

图 4-18　浸没管路与旁路进口管的杀菌布管

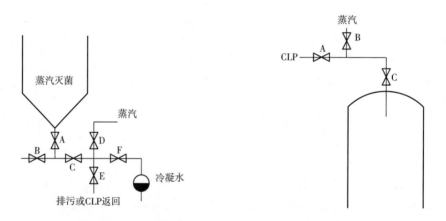

图 4-19　罐排料管蒸汽灭菌管路配置　　图 4-20　发酵罐搅拌器密封装置的蒸汽灭菌配置

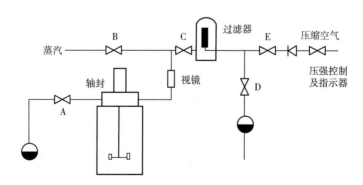

图 4-21　机械搅拌发酵罐搅拌轴封装置的蒸汽灭菌配置

过滤器的应用越来越广。过滤器的杀菌主要是采用干饱和蒸汽。图 4-22（1）是过滤器连同发酵罐同时加热灭菌的管路布置。这种配管较简单，可使过滤器和罐同时杀菌。若将空气过滤器的进出气口接头改换，并在进空气管道上加装蒸汽进出管，在操作过程中控制此蒸汽管的进气压强高于直接通入发酵罐的蒸汽压强 0.025MPa，可使蒸汽顺利通过管路和过滤介质，彻底加热杀菌，同时蒸汽冷凝水不会聚集于过滤器或管路中，保证杀菌安全性。其管路连接如图 4-22（2）所示。

若发酵过程需要更换空气过滤器，可把杀菌管路和阀门等改为图 4-22（3）的配置。

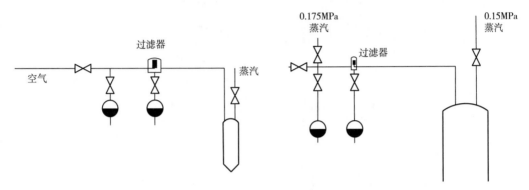

（1）发酵罐空气过滤器的加热灭菌配置　　　　　　（2）较理想的空气过滤器的加热灭菌配置

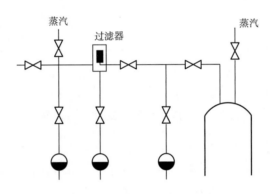

（3）过滤器单独灭菌的管路配置

图 4-22　过滤器的管路配置

6. 管道和阀门的杀菌

隔膜式阀门（图 4-23）是使用最为广泛的一种阀门，隔膜阀蒸汽加热杀菌有三种方法。

一是蒸汽直接通过阀门，阀门与管路均充满蒸汽，可保证杀菌彻底，这是最佳的方式。

二是利用隔膜阀上的取样和排污小阀门，通入蒸汽或放出蒸汽冷凝水，使隔膜两边充分灭菌。

三是确保阀门接管的盲端管长与管径之比不大于 6 倍，且必须保证管内不积存冷凝水。这种方法容易发生灭菌不彻底。

在杀菌过程中每个罐及其管道尽可能分开灭菌，如图 4-24 灭菌时，关闭阀门 A 和 F，依次打开阀门 E、D、B 和 C，最后开启蒸汽阀，通入蒸汽灭菌。灭菌结束，先关闭阀门 E

然后关闭阀门 C，阀门 F 开启以免管路因蒸汽冷凝而产生真空后漏入污染物。此时便可打开阀门 A 把罐 1 的培养基压送到罐 2。

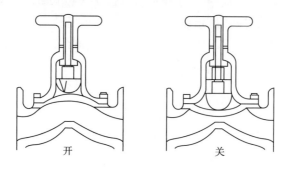

图 4-23　隔膜式阀门

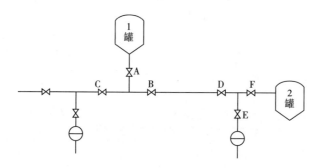

图 4-24　两个罐及连接管的蒸汽杀菌

7. 灭菌程度的检验

发酵设备的蒸汽杀菌过程及效果是否符合要求，需要有严格的检验方法。杀菌效果的检测通常有两种方式，一种是直接微生物培养法；另一种是杀菌蒸汽的温度和压力监控法。

杀菌蒸汽的温度和压力监控法，是设法确保所有被杀菌的设备、管路的每处均有足够的蒸汽压力（温度）和必需的灭菌时间。

思考题

1. 工业上所谓的无菌概念是什么？空气除菌的方法有哪些？简述这些方法的原理和优缺点。

2. 有害微生物的控制方法有哪些？

3. 分析工业生产中采用高温瞬时灭菌的依据。

4. 如何对培养基进行实罐灭菌？

5. 空气介质过滤除菌的流程分为几种？简述其特点。

6. 在空气过滤除菌之前为什么要进行预处理？

7. 常用管路及设备的清洗剂种类有哪些？

8. 实罐灭菌和空罐灭菌的异同有哪些？

参考文献

[1] 黄秀梨. 微生物学：第 2 版 [M]. 北京：高等教育出版社，2003.

[2] 叶勤. 发酵过程原理 [M]. 北京：化学工业出版社，2005.

[3] 贾士儒. 生化反应工程原理 [M]. 北京：科学出版社，2002.

[4] 贾士儒. 生物工程专业实验 [M]. 北京：中国轻工业出版社，2004.

[5] 姜淑荣，杨清香. 发酵分析检验技术 [M]. 北京：化学工业出版社，2008.

[6] 李季伦，张伟心，杨启瑞，等. 微生物生理学 [M]. 北京：北京农业大学出版社，1993.

[7] 李津，俞咏霍，董德祥. 生物制药设备和分离纯化技术 [M]. 北京：化学工业出版社，2004.

[8] 李友荣，马辉文. 发酵生理学 [M]. 长沙：湖南科学技术出版社，1989.

[9] 李育阳. 基因表达技术 [M]. 北京：科学出版社，2001.

[10] 梁世中. 生物工程设备 [M]. 北京：中国轻工业出版社，2003.

[11] 李艳. 发酵工业概论 [M]. 北京：中国轻工业出版社，1999.

[12] 李艳. 发酵工程原理及技术 [M]. 北京：科学出版社，2008.

[13] 熊宗贵. 发酵工艺学 [M]. 北京：中国医药科技出版社，1995.

[14] 熊宗贵. 生物技术制药 [M]. 北京：高等教育出版社，2005.

[15] 夏焕章，熊宗贵. 生物技术制药 [M]. 北京：高等教育出版社，2006.

[16] 奚旦立. 清洁生产与循环经济 [M]. 北京：化学工业出版社，2005.

[17] 肖冬光. 微生物工程原理 [M]. 北京：中国轻工业出版社，2004.

[18] 肖锦. 城市污水处理及回用技术 [M]. 北京：化学工业出版社，2002.

[19] 徐浩. 工业微生物学基础及其应用 [M]. 北京：科学出版社，1991.

[20] 严希康. 生化分离工程 [M]. 北京：化学工业出版社，2001.

[21] 颜方贵. 发酵微生物学 [M]. 北京：中国农业大学出版社，1999.

[22] 杨柳燕，肖琳. 环境微生物技术 [M]. 北京：科学出版社，2003.

[23] 杨汝德. 现代工业微生物学 [M]. 广州：华南理工大学出版社，2001.

第五章　厌氧发酵工艺及设备

 **学习目标**

1. 掌握厌氧发酵的合成机理。
2. 了解厌氧发酵工艺。
3. 熟悉酒精和啤酒发酵设备的结构与特点。

厌氧发酵是在厌氧微生物（乳酸菌、酵母菌等）作用下，将有机质降解为甲烷、二氧化碳、乙醇等物质的生化过程。此过程不需要氧气参与，如乳酸杆菌生产乳酸，芽孢杆菌生产丙酮、丁醇等。值得一提的是兼性厌氧的酵母菌，其在有氧条件下，大量繁殖菌体细胞，在缺氧条件下，则进行厌氧发酵积累酒精等代谢产物。

与好氧发酵相比，厌氧发酵具有能够在短时间内将潜在有机废物中的低品位生物能转化为可直接利用的高品位生物能；无须通风，设备简单，运行成本低；适合于处理高浓度的有机废水或废物；能够形成性质稳定的产物等优点。同时其也有微生物生长速度慢，处理效率低；发酵设备体积偏大；发酵过程容易产生有气味的气体（硫化氢）等缺点。

厌氧发酵由于不需要提供氧气，因此其工艺与设备较为简单。主要包括固态厌氧发酵和液态厌氧发酵两种。固态厌氧发酵是传统的厌氧发酵方式，能够因地制宜地利用现有的农业副产品为原料进行发酵生产，生产设备也较为简陋。我国传统的白酒及酱油等产品的生产都是固态厌氧发酵完成的，这种方法简单易行，但是劳动强度大，不利于机械自动化操作，产品稳定性不够，微生物生长较慢，产品的产量有限。液态厌氧发酵是利用现代化发酵罐等设备，采用大剂量接种，严格控制发酵条件完成生产的方式。目前酒精、丙酮、乳酸、丁醇和啤酒等产品均是采用液态厌氧发酵生产的。

第一节　厌氧发酵产物的合成机制

一、糖酵解途径

糖酵解途径（EMP）是指无氧条件下，葡萄糖在微生物体内降解为丙酮酸并伴随 ATP 产生的过程，该途径是生物最古老、最原始的获取能量方式，在生物体内普遍存在。其主要包括活化、裂解和放能三个阶段。经过 EMP 途径，一个葡萄糖分子最终裂解成两分子的丙酮酸并产生两个 ATP。

活化阶段主要是一分子的葡萄糖在己糖激酶作用下，由生物体提供一分子 ATP 形成 6-磷酸葡萄糖；6-磷酸葡萄糖在磷酸己糖异构酶的作用下改变空间结构形成 6-磷酸果糖；6-磷酸果糖在 6-磷酸果糖激酶作用下，由生物体提供一分子 ATP 生成 1,6-二磷酸果糖，从而完成活化阶段生化反应。该阶段一分子葡萄糖在各种酶作用下，接受两分子的 ATP

的活化磷酸基团，形成 1,6-二磷酸果糖。

裂解阶段是 1,6 二磷酸果糖在醛缩酶作用下生成一分子磷酸二羟基丙酮和一分子 3-磷酸甘油醛。此过程六碳糖分子裂解为两分子的三碳糖结构。其中磷酸二羟基丙酮和 3-磷酸甘油醛之间可以通过磷酸丙糖异构酶实现相互之间结构转化。

放能阶段是 3-磷酸甘油醛在 3-磷酸甘油醛脱氢酶作用下，有生物体提供 NAD^+ 和游离磷酸基团转变为 1,3-二磷酸甘油酸和 NADH。1,3-二磷酸甘油酸在磷酸甘油酸激酶作用下，由生物体提供 ADP 转变为 3-磷酸甘油酸和一分子的 ATP。一分子 3-磷酸甘油酸在磷酸甘油酸变位酶作用下生成 2-磷酸甘油酸，2-磷酸甘油酸再烯醇化酶作用下生成一分子磷酸烯醇式丙酮酸，磷酸烯醇式丙酮酸在丙酮酸激酶作用下，由生物体提供 ADP 生成丙酮酸和一分子 ATP。

糖酵解途径广泛存在于生物有机体中，在无氧和有氧条件下都能进行，是葡萄糖进行有氧或无氧分解的共同代谢，其主要目的是获得生命运动所需的能量（ATP，NADH，NADPH 等）。糖酵解过程中产生多种中间产物，这些中间产物可以作为其他代谢途径中的起始物质或中间物合成其他物质，因此糖酵解途径与其他代谢途径紧密相连，实现物质间的相互转化。其中反应所生成的丙酮酸在有氧条件下直接进入三羧酸循环产生能量，而在无氧条件下，根据不同微生物及环境条件生成不同的代谢产物（甲烷、乳酸、丙酮、乙醇、甘油等）。

二、沼气（甲烷）发酵机制

甲烷发酵（Methane Fermentation）是有机物在厌氧条件下经过甲烷菌（Methane Bacteria）分解产生甲烷和 Atp 的过程。甲烷菌是厌氧菌，不产生孢子。其目的是提供进一步生物处理的易降解基质和生产气体燃料（甲烷）。目前用于甲烷发酵的菌株主要有甲烷细菌（Methane Bacterium），甲烷球菌（Methane Nococci），甲烷微菌属（Methano Microbium）等。有机物的甲烷发酵不是由单一菌种完成的，是由发酵细菌、产氢产乙酸细菌、同型乙酸细菌等多菌种联合发酵完成的，它们各司其职，完成整个甲烷发酵过程。发酵细菌是一个混合细菌群，主要由厌氧细菌组成，主要作用是将大分子有机物水解为小分子可利用物质。产氢产乙酸细菌能够将水解的产物转化为二氧化碳、氧气以及乙酸，其主要作用是将不能被甲烷菌利用的有机物质转化为能够被利用的乙酸。同型产乙酸细菌是混合营养性厌氧细菌，不仅能够利用有机基质产生乙酸，也能利用氢气和二氧化碳产生乙酸。甲烷发酵过程主要分为水解、酸化、气化三个阶段。

水解阶段是将环境中（废水或污泥）的不溶态有机物（蛋白质、多糖、脂类物质）水解成为单体化合物（氨基酸、葡萄糖、甘油、脂肪酸）的过程。此过程主要是一些厌氧发酵细菌参与反应，目的是为后面发酵生产可燃性气体提供可以利用的基质物质。

酸化阶段主要分为两类，水解阶段产生的氨基酸、葡萄糖、甘油等物质在发酵菌的继续作用下产生两类物质。第一类是产生甲酸、甲醇、甲胺等物质；第二类是产生丙酸、丁酸、乳酸、乙醇等物质，这类物质在产氢产乙酸菌的作用下生成乙酸、二氧化碳和还原氢。

气化阶段主要是酸化阶段产生的两类产物经过甲烷菌的发酵作用产生甲烷和二氧化碳。甲酸、甲醇、甲胺直接氧化还原为甲烷，乙酸在甲烷菌作用下生成甲烷和二氧化碳。

三、乳酸发酵机制

乳酸发酵是乳酸菌在无氧条件下，经 EMP 途径生成的丙酮酸在乳酸脱氢酶的作用下，有生物机体提供还原氢氢生成乳酸的过程。乳酸发酵是严格的厌氧发酵，在乳制品工业中使用非常之多，如酸奶生产、奶酪生产等。用于乳酸发酵的乳酸菌也不是单一菌种，而是一大类能够利用碳水化合物（葡萄糖）产生大量乳酸的细菌的统称，主要包括乳杆菌属（*Lactobacillus*）、链球菌属（*Streptococcus*）、双歧杆菌属（*Bifidobacterium*）、明串珠菌属（*Leuconostoc*）等。乳酸发酵可分为同型乳酸发酵、异型乳酸发酵和双歧乳酸发酵三种类型。

同型乳酸发酵主要存在于嗜酸乳杆菌（*Lactobacillus acidophilus*）和德氏乳杆菌（*Lactobacillus delbrueckii*）中，其主要通过 EMP 途径生成乳酸。由于乳酸杆菌中缺乏脱羧酶，不能将 EMP 途径产生的丙酮酸直接脱羧形成乙醛，因此其只能以丙酮酸作为受氢体，在乳酸脱氢酶和辅酶 I 作用下，有生命体提供 NADH 生成乳酸。在该过程中一分子 EMP 途径产生的丙酮酸生成一分子的乳酸和一个 ATP。

异型乳酸发酵主要存在于肠膜明串珠菌（*Leuconostoc mesenteroides*）和葡聚糖明串珠菌（*Leuconostoc dexteanicum*）中，其主要通过磷酸戊糖酮解途径生成乳酸。葡萄糖在己糖激酶作用下形成 6-磷酸葡萄糖，6-磷酸葡萄糖在 6-磷酸葡萄糖脱氢酶作用下生成 6-磷酸葡萄糖酸，在 6-磷酸葡萄糖酸脱氢酶作用下，生成 5-磷酸核酮糖，5-磷酸核酮糖在 5-磷酸核酮糖-3-差向异构酶的作用下改变空间结构变成 5-磷酸木酮糖，5-磷酸木酮糖在磷酸酮解酶作用下分解为一分子乙酰磷酸和一分子 3-磷酸甘油醛。乙酰磷酸经磷酸转乙酰酶作用转化为乙酰 CoA，再经乙醛脱氢酶和醇脱氢酶催化最终生成乙醇；3-磷酸甘油醛则经过 EMP 途径生成丙酮酸，再经过同型乳酸发酵途径生成乳酸。

双歧乳酸发酵主要存在于双歧杆菌（*Bifidobacterium bifidum*）中，主要通过磷酸己糖解酮途径生成乳酸。葡萄糖在己糖激酶作用下形成 6-磷酸葡萄糖，6-磷酸葡萄糖在磷酸己糖解酮酶作用下生成 6-磷酸果糖。6-磷酸果糖分解为一分子的 4-磷酸赤藓糖和一分子的乙酰磷酸，乙酰磷酸转化为一分子的乙酸，而一分子的 4-磷酸赤藓糖和另外一分子的 6-磷酸果糖生成两分子的 5-磷酸木酮糖。5-磷酸木酮糖在磷酸己糖解酮酶作用下生成两分子的 3-磷酸甘油和两分子的乙酰磷酸，3-磷酸甘油再通过 EMP 途径转化为丙酮酸，进而生成乳酸，而乙酰磷酸转化为乙酸。

从上述乳酸发酵产物合成机制可以看出，同型乳酸发酵中 1 分子葡萄糖能够转化为 2 分子的乳酸，其理论转化率为 100%；而异型乳酸发酵中，一分子的葡萄糖转化为一分子的乳酸和一分子的乙醇，理论转为率为 50%；双歧乳酸发酵中，一分子的葡萄糖转化为一分子的乳酸和一个半分子的乙酸，理论转化率也只有 50%。同型乳酸发酵乳酸的理论得率最高。

四、丙酮-丁醇发酵机制

丙酮-丁醇发酵是指丙酮-丁醇梭菌属在厌氧条件下，经 EMP 途径产生的丙酮酸生成丙酮-丁醇的过程。生产丙酮-丁醇的细菌主要有丙酮-丁醇梭菌（*Clostridium acetobutylicum*）、巴氏梭菌（*Clostridium pasteurianum*）、贝氏梭状芽孢杆菌（*Clostridium beijerinckii*）等。其发酵过程主要分为产酸和产溶剂两个阶段，在发酵初期，产生大量的有机酸。当酸度达到一定值后，进入产溶剂期，此时有机酸被大量还原，产生丙酮、丁醇、乙醇等目的物质。

产酸阶段是发酵菌株利用糖类物质形成乙酸、丁酸等有机酸物质的过程。葡萄糖能够通过 EMP 途径被发酵菌株所利用，而无碳糖主要通过磷酸戊糖途径（HMP）转化为 6-磷酸果糖和 3-磷酸甘油醛，进入 EMP 途径产生丙酮酸和乙酰 CoA 及二氧化碳。乙酰 CoA 在磷酸酰基转移酶的作用下生成酰基磷酸酯，再经由乙酸激酶的催化生成乙酸；乙酰 CoA 在硫激酶、3-羟基乙酰 CoA 脱氢酶、巴豆酶和丁酰 CoA 脱氢酶四种酶的催化下生成丁酰 CoA，然后在经过磷酸丁酰转移酶催化生成丁酰磷酸盐，最后经丁酸激酶去磷酸化生成丁酸。

产溶剂阶段是糖代谢途径向产溶剂代谢转变的过程。其转变的机制尚不清楚，有人认为这种转变是环境中酸类物质积累和 pH 降低所引起的。在产酸期，大量的有机酸的积累不利于细胞生长，产溶剂阶段被认为可能是减少环境中有机酸，减少其对细胞生长的保护机制。在产溶剂阶段关键酶是乙酰乙酰-CoA、乙酸/丁酸-CoA 转移酶，其有广泛的羧酸特异性，能够催化乙酸或者丁酸的 CoA 转移反应。乙酰乙酰-CoA 转移酶在转化乙酰乙酰 CoA 为乙酰乙酸的过程中利用乙酸或者丁酸作为 CoA 的接受体，而乙酰乙酸脱羧形成丙酮。乙酸和丁酸在乙酰乙酰-CoA、乙酸/丁酸-CoA 转移酶的催化下重利用，生成乙酰 CoA 和丁酰 CoA，丁酰 CoA 经过丁酰 CoA 转移脱羧酶催化形成丁醛，再经过脱氢酶催化形成丁醇。

五、乙醇发酵机制

乙醇发酵是指在厌氧条件下，微生物通过 EMP 途径将葡萄糖转化为丙酮酸后，丙酮酸进一步脱羧形成乙醛，乙醛最终被还原为乙醇的过程。乙醇发酵典型发酵菌种是酵母菌，工业上主要用于工业燃料以及酿酒生产。丙酮在酵母菌中通过丙酮酸脱羧酶催化形成一分子乙醛和一分子二氧化碳，此过程需要焦磷酸硫胺素（Thiamine Pyrophosphate，TPP）作为辅酶参与反应。乙醛再在乙醇脱氢酶（Alcohol Dehydrogenase）的催化下被还原形成乙醇。

从整个反应过程可以计算，1g 葡萄糖理论能够生成 0.51g 乙醇，在实际生产中往往达不到这样一个转化率。主要是由于生成乙醇的前体物质丙酮酸，是微生物体内代谢反应的枢纽物质，除了产生乙醇外，还参与甘油、乳酸、丙酮等物质的发酵。同时参与反应的葡萄糖，有 5%用于合成酵母细胞和其他副产物，因此实际乙醇发酵的产率没有理论计算的高。

六、甘油发酵机制

这种厌氧发酵主要存在于酵母厌氧条件下，HMP 途径中裂解阶段产生的磷酸二羟基丙酮，在辅酶 I 和 α-磷酸甘油脱氢酶的作用下生成 α-磷酸甘油，α-磷酸甘油在 α-磷酸甘油磷酸酯酶的作用下转化为甘油。在酵母发酵生产过程中，乙醇的发酵生产和甘油的发酵生产是竞争关系，甘油发酵途径中的磷酸二羟基丙酮和乙醇发酵途径中乙醛都能竞争性地作为受氢体而进入相应发酵途径中。因此需要根据不同的发酵目的采用不同的方法获得目的产物。倘若需要利用酵母厌氧发酵产生酒精时，就需要抑制磷酸二羟基丙酮生成，使其导向 3-磷酸甘油醛的方向进行反应以获得更多的丙酮酸,从而获得更多的乙醇。倘若需要利用酵母厌氧发酵产生甘油时,就必须尽可能减少代谢途径中乙醛的产生。一般采用两种方法来实现。

第一种方法是亚硫酸钠甘油发酵法。该方法主要是在发酵醪中加入亚硫酸钠,使得酵母菌代谢过程中产生的乙醛与亚硫酸钠发生加成反应生成难溶于水的乙醛亚硫酸钠晶体。这样乙醛不能和磷酸二羟基丙酮竞争作为氢受体,从而使得代谢朝着生成甘油的方向进行。这种发酵被称为酵母的二型发酵。此过程中,由于磷酸二羟基丙酮不能进入糖酵解的第三阶段,因此 1 分子葡萄糖只能产生一分子的甘油,整个发酵过程的净产能为零。

第二种方法是碱法甘油发酵。该方法通过调节酵母培养液 pH(7.5 以上),在此碱性环境下 2 分子的乙醛发生歧化反应,经氧化还原成等量的乙酸和乙醇。此时乙醛被完全消耗掉而不能作为氢的受氢体,这样磷酸二羟基丙酮就成为了唯一的受氢体,从而朝着生成甘油的方向进行。这种发酵被称为酵母的三型发酵。此过程中,同样碱法甘油发酵也不能为酵母细胞生长提供能量,在实际生产中需要向发酵醪中不断补充成熟的酵母菌才能使得甘油发酵顺利进行。

第二节　厌氧发酵的工艺控制

发酵成功与否,目的产物的得率是否高,一个重要的因素是发酵工艺条件的控制。影响微生物厌氧发酵的因素有很多,包括物理因素、化学因素、生物因素。物理的影响因素有温度、搅拌转速、表观黏度、料液流量等;化学影响因素包括物质浓度、pH,产物浓度、氧化还原电位等;生物影响因素包括菌丝形态、菌体浓度、菌体比生长速率、基质消耗速率、酶活等。其中菌体浓度、温度、pH、泡沫等对发酵过程影响较大,是厌氧发酵工艺控制的关键。

一、温度对发酵的影响及控制

温度在厌氧发酵过程中对微生物的影响是最大的,温度微小改变都会导致菌体生长失败和次生代谢产物代谢途径的改变。微生物的生命活动和代谢产物的生成与温度有着密切的关系。例如,在甲烷发酵过程中,细菌代谢活动高峰在两个温度段,一个是 35~38℃,另一个是 50~65℃。大多数甲烷发酵微生物在 35~38℃时大量繁殖,菌体能够快速生长。在 40~50℃都不太适应,产气率会下降。随着温度升高,微生物的代谢越发旺盛,甲烷的产量逐渐增多。当温度增加到 53~55℃时,高温菌种次生代谢活动增加,产气速率变快。当温度超过 65℃时,微生物被杀死,细胞数量急剧减少,产气速率也随之快速下降。甲烷发酵微生物一般分为低温微生物、中温微生物和高温微生物,在大多数厌氧反应器中,高温微生物降解速率>中温微生物降解速率>低温微生物降解速率;中温微生物产气率高于低温微生物,而高温微生物和中温微生物的产气率相差不大。

影响发酵的温度变化因素很多,包括生物热、搅拌热、蒸发热、辐射热等,这些统称为发酵热。在发酵过程中,由于菌体对培养基利用,进行各类生化反应会释放热到发酵环境中。水分蒸发也会带走一部分热量。总体来说,发酵热可用下面公式表示:

$$Q_{发酵} = Q_{生物} - Q_{蒸发} - Q_{辐射}$$

其中生物热指微生物在生长繁殖过程中，由于自身生命活动所产生的大量热量。这种热量的来源主要是培养基中的碳水化合物、脂肪、蛋白质被微生物分解利用所释放出来的。释放出来的能量部分用来合成高能化合物（ATP），供微生物合成和代谢活动的需要，部分用来合成产物，其余部分都以热能的形式释放到发酵环境中。其随着菌种、培养基成分和发酵周期的不同而不同。对某一种的微生物菌种而言，生物热的产生具有强烈的时间性，只是在进入对数生长期之后大量产生，成为发酵过程热平衡的主要因素。培养基的成分越丰富，菌体利用营养物质的速率越大，其产生的生物热也就越大。

蒸发热主要是发酵过程中以蒸汽形式散发到发酵罐的液面，再由排气管带走的热量。进行热交换同时必然会引起发酵液水分的蒸发，水分蒸发以及排除的气体夹带着部分显热散失到外界。

辐射热是指因罐内外温差，使发酵液中有部分热通过罐体向外辐射。辐射热的大小取决于罐内外温差的大小。通常来说，冬天影响较大，夏天影响较小。

（一）温度对微生物生长的影响

温度对微生物的影响，不仅表现在对菌体表面的作用，而且因热平衡的关系，热传递到菌体内部，对菌体内部的结构物质都产生影响。微生物的生长表现是一系列复杂的生化反应综合结果，其反应速率常常会受到温度的影响。一般而言，微生物的生长活化能 E_μ 比死亡活化能 E_a 小，因此死亡速率比生长速率对温度变化更为敏感。不同的微生物，其最适生长温度是不同的，大多数微生物在 $20 \sim 40℃$ 的温度范围内生长，嗜冷菌最适生长温度在 $10℃$，嗜温菌最适生长温度在 $30 \sim 35℃$，而嗜热菌最适生长温度在 $50℃$ 以上。这主要是因为微生物种类不同，所具有的酶系及其性质不同，所要求的最适温度也就不同。而且同一种微生物，培养条件不同，最适温度也不相同。如果厌氧发酵中能够选择最适生长温度较高的发酵菌株，对生产有很大的好处，这样既可以减少杂菌污染机会，又可减少由于发酵热和夏季培养所需的降温辅助设备和能耗。

除了最适生长温度之外，温度对微生物生长的影响还体现在生长速率。一般微生物的生长速率随着温度升高而增加，每升高 $10℃$，生长速率大致会增加一倍。当温度超过最适生长温度，生长速率就将随着温度增加而迅速下降。另一方面，不同生长阶段的微生物对温度的反应也不相同，处于迟缓期的细菌对温度影响十分敏感。如果微生物在最适生长温度附近，可以缩短其生长的延迟期，而将其置于较低的温度，则会增加其延迟期。孢子的萌发时间也在一定的温度范围内随温度上升而缩短。对于对数生长期的细菌来说，如果温度略低于最适生长温度条件下培养，即使在发酵过程中升温，其破坏作用也减弱。故在最适温度范围内提高对数生长期的培养温度，既有利于菌体生长，也避免热作用的破坏。

（二）温度对基质消耗的影响

温度可以改变影响基质的消耗和比生长速率。比生长速率和糖的比消耗速率关系式为：$q_s = m + B\mu$。其中 m 为维持因子，即生长速率为零时的葡萄糖消耗量，m 与渗透压调节、代谢产物生成、转移性及除繁殖以外的其他生物转化等过程所需的能量有关。这个过程受温度的影响，m 和温度也有密切关系。B 为生长系数，即在同一生长速率下，B 越大，同一比生长速率下糖消耗量也越大。

从生长过程来看，当温度处在最适生长温度时是最合适的。但从实际生产来看，要适度抑制生长，因为在最适生长温度下会造成菌体过量生长，会导致细胞群体的退化和目的产物的产率降低。因此，当温度对产物合成影响不大时，适当提高温度以减少生长，对节约产能是有利的。

（三）温度对产物合成的影响

在发酵过程中，温度对生长和生产的影响是不同的。一般从酶反应动力学来看，发酵温度升高，酶反应速率增大，生长代谢速度加快，但酶本身容易因过热而失去活性，表现在菌体容易衰老，发酵周期缩短，影响最终产量。温度除了直接影响发酵过程中的各种反应速率外，还通过改变发酵液的物理性质来影响产物的合成。例如温度影响氧的溶解度和基质的传质速率以及养分的分解和吸收速率，间接影响产物的合成。

温度还会影响生物合成的方向。例如，四环素发酵中所用的金色链霉菌，其发酵过程中同时能产生金霉素，在低于30℃下，合成金霉素的能力较强；合成四环素的比例随温度的升高而增大，当达到35℃时只产生四环素，而金霉素合成几乎停止。近年来还发现温度对代谢有调节作用。在低温（20℃）时，氨基酸合成途径的终产物对第一个酶的反馈抑制作用比在正常生长温度（37℃）下更大。故可考虑在抗生素发酵后期降低发酵温度，使蛋白质和核酸的正常合成途径提早关闭，从而使发酵代谢转向目的产物合成。

（四）发酵温度的控制

1. 最适温度的定义

最适温度是指最适于菌的生长或产物的生成的温度，它是一个相对概念，是在一定发酵条件下测定的结果。不同的菌种、不同培养条件以及不同的生长阶段，最适温度会有所不同。

由于适合菌体生长的最适温度往往与发酵产物合成的最适温度不同，故经常根据微生物生长及产物合成的最适温度不同进行二阶段发酵。

2. 二阶段发酵

由于最适合菌体生长的温度不一定适合发酵产物的合成，故在实际发酵过程中往往不能在整个发酵周期内仅选一个最适培养温度，而需建立二阶段发酵工艺，例如，青霉素产生菌的最适生长温度是30℃，而青霉素合成分泌的最适温度是20℃。因此，在生长初期抗生素还未开始合成的阶段，菌体的生物量需大量积累，主要是需要促进菌丝迅速繁殖，大量积累生物量。这时应优先考虑采用菌体最适生长温度。到抗生素分泌期，菌丝已长到一定浓度，这时应优先考虑采用抗生素生物合成的最适温度。

3 其他发酵条件

在通气条件较差的情况下，最适发酵温度通常选择比正常良好通气条件下的发酵温度低一些。这是由于在较低的温度下，氧溶解度大一些，菌的生长速率则小些，从而防止因通气不足可能造成的代谢异常。

培养基成分和浓度也会影响到最适温度的选择。如在使用基质浓度较稀或较易利用的培养基时，提高培养温度会使养料过早耗竭，导致菌丝自溶，发酵产量下降。例如，提高红霉素发酵温度，在玉米浆培养基中的效果就不如在黄豆粉培养基中的效果好，因后者相对难以利用，提高温度有利于菌体对黄豆粉的同化。

4. 变温培养

在抗生素发酵过程中，采用变温培养往往会比恒温培养获得的产物更多。例如，在四环素发酵中，前期0~30h以稍高温度促使菌丝迅速生长，以尽可能缩短菌体生长所需的时间；此后 30~150h 则以稍低温度尽量延长的抗生素合成与分泌所需的时间；150h 后又升温培养，以刺激抗生素的大量分泌，虽然这样使菌丝衰老加快，但因已接近放罐，升温不会降低发酵产量且对后处理十分有利。又如，根据计算机模拟发酵温度的最佳点，得到青霉素发酵的最适温度是起初 5h 维持在 30℃，随后降到 25℃ 培养 35h，再降到 20℃ 培养85h，最后回升到 25℃ 培养 40h 放罐。采用这种变温培养在该实验条件下青霉素产量比25℃ 恒温培养高 14.7%。

以上实例说明，在发酵过程中，通过最适发酵温度的选择和合理控制，可以有效地提高发酵产物的产量，但实际应用时还应注意与其他条件的配合。

二、pH 对发酵的影响及控制

pH 是表征微生物生长及产物合成的重要状态参数之一，也是反映微生物代谢的综合指标。因此必须掌握发酵过程中 pH 的变化规律，以便在线实时监控，使其处于最佳状态。

（一）发酵过程中 pH 变化的规律

微生物生长阶段和产物合成阶段的最适 pH 通常是不一样的。这不仅与菌种特性有关，也与产物的化学性质有关。一些抗生素合成的最适 pH 如下：链霉素和红霉素为中性偏碱，6.8~7.4；金霉素、四环素为 5.9~6.33；青霉素为 6.5~6.8。

在发酵过程中，pH 是动态变化的，这与微生物的代谢活动及培养基性质密切相关。一方面，微生物通过代谢活动分泌有机酸如乳酸、乙酸、柠檬酸等或一些碱性物质，从而导致发酵环境的 pH 变化；另一方面，微生物通过利用发酵培养基中的生理酸性盐或生理碱性盐从而引起发酵环境的 pH 变化。所以，要注意发酵过程中初始 pH 的选择和发酵过程中 pH 的控制，使其适合于菌体的生长和产物的合成。

发酵液 pH 的改变将对发酵产生很大的影响。①会导致微生物细胞原生质体膜的电荷发去改变。原生质体膜具有胶体性质，在一定 pH 时原生质体膜可以带正电荷，而在另一pH 时，原生质体膜则带负电荷。这种电荷的改变同时会引起原生质体膜对个别离子渗透性的改变，从而影响微生物对培养基中营养物质的吸收及代谢产物的分泌，妨碍新陈代谢的正常进行。如产黄青霉的细胞壁厚度随 pH 的增加而减小，其菌丝的直径在 pH6.0 时为$2~8\mu m$，在 pH7.4 时，则为 $1.8~2\mu m$，呈膨胀酵母状细胞，随 pH 下降菌丝形状可恢复正常。②pH 变化还会影响菌体代谢方向。如采用基因工程菌毕赤酵母生产重组人血清白蛋白，生产过程中最不希望产生蛋白酶。在 pH5.0 以下，蛋白酶的活性迅速上升，对白蛋白的生产很不利；而 pH 在 5.6 以上则蛋白酶活性很低，可避免白蛋白的损失。不仅如此，pH 的变化还会影响菌体中的各种酶活性以及菌体对基质的利用速率，从而影响菌体的生长和产物的合成。故在工业发酵中维持生长和产物合成的最适 pH 是生产成败的关键之一。③pH 变化对代谢产物合成的影响。培养液的 pH 对微生物的代谢有更直接的影响。在产气杆菌中，与吡咯并喹啉醌（PQQ）结合的葡萄糖脱氢酶受培养液 pH 影响很大。在钾营养限制性培养基中，pH8.0 时不产生葡萄糖酸，而在 pH5.0~5.5 时产生的葡糖糖酸和 2-酮葡萄糖酸最多。此外，在硫或氨营养限制性的培养基中，此菌生长在 pH5.5 时产生葡萄糖酸与 2-酮葡萄糖酸，但在 pH6.8 时不产生这些化合物。发酵过程中在不同 pH 范围内以恒定速率（0.055%/h）加糖，青霉素产量和糖耗并不一样。

（二）发酵 pH 的控制

选择最适发酵 pH 的准则是获得最大比生产速率和合适的菌体量，以获得最高产量。以利福霉素为例，由于利福霉素 B 分子中的所有碳单位都是由葡萄糖衍生的，在生长期葡萄糖的利用情况对利福霉素 B 的生产有一定的影响。实验证明，其最适 pH 在 7.0~7.5。当 pH 在 7.0 时，平均得率系数达到最大值；pH6.5 时其为最小值。在利福霉素 B 发酵的各种参数中，平均得率系数最为重要。故 pH7.0 是生产利福霉素 B 的最佳 pH。在此条件下，葡萄糖的消耗主要用于合成产物，同时也能保证合适的菌体量。

实验结果表明，生长期和生产期的 pH 分别维持在 6.5 和 7.0，利福霉素 B 的产率比整个发酵过程的 pH 维持在 7.0 的情况下的产率提高 14%。醋酸杆菌纤维素发酵中，在搅拌和增加溶氧条件下，纤维素的生产会受到极大地限制。这是由于在分批培养中，醋酸杆菌能将葡萄糖降解为葡萄糖酸和葡萄糖酮酸，从而夺走合成纤维素所需的原料。但韩国的学者所用的纤维素高产菌株醋酸杆菌 *A. xylinum* BRC5 以葡萄糖为唯一碳源，却能将发酵产生的葡萄糖酸转化为纤维素。不管采用何种碳源，菌体对其利用都需要有一个较长的诱导期，从而使得纤维素的总产率变低。研究发现，在分批培养的前期葡萄糖代谢为葡萄糖酸的 pH 是 4.0，在生产期将 pH 调整到 5.5，可大幅度提高纤维素的产量并缩短发酸时间。消耗 40g/L 的葡萄糖可以获得 10g/L 的纤维素，约为对照（pH 恒定）时产量的 1.5 倍。

控制 pH 在合适的范围应首先从基础培养基的配方考虑，然后通过加酸碱或中间补料来控制。在青霉素发酵中，按照生产菌的生理代谢需要，调节加糖速率来控制 pH 与用恒速加糖、pH 由酸碱控制的方法相比，青霉素产量提高了 25%。有些抗生素品种，如链霉素、用发酵过程中补充一定量的氨控制 pH 的下降，在合适的抗生素合成范围内既调节了 pH 又补充了产物合成所需的氮。在发酵液的缓冲能力不强的情况下，pH 可反映菌的生理状况。如 pH 上升超过最适值。意味着菌体处于饥饿状态，可加糖调节，而糖的过量又会使 pH 下降。发酵过程中使用氨水中和有机酸来调节 pH 需谨慎，过量的氨会使微生物中毒，导致呼吸强度急速下降。故在需要用通氨气来调节 pH 或补充氮源的发酵过程中，可通过监测溶氧浓度的变化防止菌体出现氨过量中毒。

一般地，pH 调控通常有以下几种方法。

（1）配制合适的培养基，调节培养基初始 pH 至合适范围并使其有很好的缓冲能力。

（2）培养过程中加入非营养基质的酸碱调节剂，如 $CaCO_3$ 等防止 pH 过度下降。

（3）培养过程中加入基质性酸碱调节剂，如氨水等。

（4）加生理酸性或碱性盐基质，通过代谢调节 pH。

（5）将 pH 控制与代谢调节结合起来，通过补料来控制 pH。

在实际生产过程中，一般可以选取其中一种或几种方法，并结合 pH 的在线检测情况对 pH 进行速有效控制，以保证 pH 长期处于合适的范围。

三、基质浓度对发酵的影响与控制

基质是指供微生物生长及产物合成的原料，有时也称为底物，主要包括碳源、氮源和无机盐等。基质的种类和浓度直接影响到菌体的代谢变化和产物的合成。在实际发酵过程中，基质的浓度主要依靠补料来维持，所以发酵过程中一定要控制好补料的时间和数量，使发酵过程按合成产物最大可能的方向进行。

供给微生物生长及产物合成的原料即培养基的组分，除根据微生物特性和产物的生物合成特点给予搭配外，从底物控制的角度要考虑以下两个方面因素。

1. 培养基的质量

现代化的大生产是在基本统一的工艺条件下进行的，需要有质量稳定的原料。原料的质量不仅表示其中某一个方面的质量要求，而且要进行全面考查。在实际生产中，往往只注意到原料主要成分的含量，而忽略其他方面的质量。实际上，目前还无法全面测定用于工业发酵的大多数天然有机碳源和氮源所含有的组分及含量，某一碳源或氮源对某一产生菌的生长和产物的合成是"优质"的，但很可能对另一种产生菌的生长和产物的合成是"劣质"的。因此，考察某一原料，特别是天然有机碳源和有机氮源的质量时，除规定的诸如外观、含水量、灰分、主要成分含量等参数外，更重要的是需经过实验评价来确定，否则，将会被"假象"所迷惑。

2. 培养基的数量

培养液中底物及代谢物的残留量是发酵控制的重要参数，控制底物浓度在适当的程度，可以防止底物的抑制和阻遏作用，也可以控制微生物处于适当的生长阶段。底物浓度的控制与检测方法有极大的关系。如当前用斐林试剂或类似的方法测定还原糖残留量，其结果是反映培养液中所有参与反应的还原性物质的还原能力，不能真实反映还原糖的残留量。所以，对于底物浓度的检测项目与方法的选择十分重要。为避免发酵过程中补加的底物或前体发生抑制或阻遏作用，所补加的量应保持在出现毒性反应的剂量以下。有时即使出现偶尔的过量也会造成损害，所以补加的方式应根据底物消耗的速度连续流加以避免出现不足或过量。在国内，大多沿用人工控制补料，而且为了管理方便，常来用延长间隔时间的做法，这种补料方法的后果是补料间隔时间越久，一次补入的底物越多，造成的抑制或阻遏作用越不易消失，甚至出现不可逆的损伤。这种补料方式，大大降低了增产效果，有时甚至导致倒罐，现在很多发酵工厂都采用自动控制系统，根据发酵罐内的菌体浓度、底物浓度等进行自动补料。这种补料方式能适时适量地补充基质，大大提高了生产效率。

第三节　厌氧发酵设备

一、酒精发酵设备

酒精发酵主要是通过淀粉质原料经过蒸煮、使淀粉质呈溶解状态，由糖化酶作用部分生成可酵解性的糖化醪，再通过酵母菌的作用，将糖分转化为酒精和二氧化碳，从而获得我们所需要的酒精产品。从表面上看，其过程比较简单，只是将糖化醪打入发酵设备中之后，接入酵母就能完成发酵过程。但实际上酒精发酵是一个十分复杂的生化反应过程，其中不仅有淀粉和糊精继续被糖化水解生成糖分的过程，还含有蛋白质水解成肽、氨基酸等的生化过程，而这些物质不仅是生成酒精，同时还要被微生物自身利用进行繁殖以及产生其他的次生代谢产物（醛、酮类物质）。酒精发酵的目的是在减少发酵损失的前提下，用尽可能少的原料来生产尽可能多的酒精产品。要想达到这一目的，就需要在发酵前期促进酵母菌大量繁殖，使糖化醪中的淀粉与糊精尽可能被水解成可酵解的糖分，在发酵中后期控制严格厌氧环境促进酒精的生成，控制二氧化碳的排出等手段来实现。

根据酒精发酵工艺不同，发酵设备设计各有不同。主要有开放式、半封闭式和封闭式三种。封闭式和半封闭式发酵罐，材质主要由不锈钢制成，罐身呈圆柱形，高径比在1：1.1，盖及底呈圆锥形或碟形，有的发酵罐底部设置有吹泡器用于搅拌醪液，促进发酵均匀。这种发酵罐是目前生产企业常用的发酵设备。开放式发酵设备主要是用水泥池，主要有圆形和方形两种。其主要用于白酒生产，由于这种开放性发酵设备容易逸酒，造成杂菌污染等缺点，现代酒精生产企业很少采用。下面我们主要介绍封闭式不锈钢发酵罐的基本结构。

（一）酒精发酵罐的基本结构

酒精发酵罐筒体为圆柱形。底盖和顶盖均为碟形或锥形的立式金属容器。罐顶装有废气回收管、进料管、接种管、压力表及各种测量仪表接口管及供观察清洗和检修罐体内部的人孔等。罐底装有排料口和排污口对于大型发酵罐，为了便于维修和清洗，往往在近罐底也装有人孔。罐身上、下部装有取样口和温度计，酵母在生长繁殖和代谢过程中会产生一定量的热量，如果这些热量不能及时移走，那么必将反过来影响酵母的生长繁殖和代谢，从而影响酒精的最终转化率。鉴于以上原因，酒精发酵罐的结构一定要满足以上工艺条件。除此之外，发酵液的排出是否便利，设备的清洗、维修以及设备制造安装是否方便也是需要考虑的一系列相关且非常重要的问题。

酒精发酵罐（图5-1）的主要部件有罐体、人孔、视镜、洗涤装置、冷却装置、二氧化碳气体出口、取样口、温度计、压力表以及管路等。酒精发酵罐的罐体由筒体、顶盖、底盖组成。筒体呈圆柱体，顶盖和底盖均为碟形或锥形，材料一般为不锈钢。酒精发酵罐顶盖、底盖与发酵罐筒体多采用碟形封头焊接在一起。顶盖上装有人孔、视镜及二氧化碳回收管、进料管、接种管、压力表和测量仪表接口管等，底盖装有排料口和排污口，筒体的上、下部有取样口和温度计接口。人孔主要用于设备装置内部的维修和洗涤。中小型酒精发酵罐一般安装在盖顶上，而对于大型酒精发酵罐往往在接近盖底处也需要安装人孔，这样就更加便于维修和清洗操作。

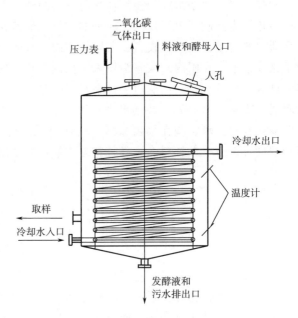

图5-1 酒精发酵罐的结构示意图

视镜一般安装在顶盖上，主要用来观测酒精发酵罐中的发酵情况，观察是否发生发酵异常现象。

（二）酒精发酵罐的冷却装置

根据发酵规模的大小不同，酒精发酵罐通常采用喷淋冷却、夹套冷却、蛇管冷却三种方式。对于小型发酵设备来说，主要采用夹套冷却方式，这种冷却方式效果较好，罐内温度容易精准控制,其缺点在于能耗较大,夹套不易清洗等;对于中小型发酵设备来说,主要采用喷淋冷却的方式,这种冷却方式是由罐顶喷水淋于罐壁外表面,完成膜状冷却;对于大型发酵罐来说主要采用蛇管冷却方式,这种冷却方式能够快速冷却发酵液,由于换热发生在发酵罐内部,其冷却方式均匀、冷却效率高。三种冷却方式各有优势和劣势,在发酵生产的过程中没有严格划分每种发酵需要采用哪一种冷却方式,可以综合采用相关冷却方式以达到发酵液的冷却目的。比如有些大型发酵罐采用蛇管冷却和外壁喷淋冷却相结合的形式来完成发酵液的冷却工作(如图 5-2 所示)。

该图是典型的罐内蛇管冷却和顶部喷淋冷却相结合的冷却设备。在发酵罐顶端冷却水进入后,通过喷淋设备形成雾状分散到发酵罐内部进行膜状热交换达到降温的目的。在设备右下端是喷淋水收集点,将顶端喷淋下来的冷却水收集起来,集中排除。同时在设备内部设置有冷却阵列管,冷水从阵列管底部进入,从上部流出,在蛇管中流动的过程中对发酵液进行热交换,从而达到冷却的目的。

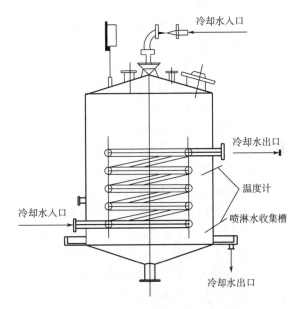

图 5-2 酒精发酵罐冷却装置示意图

冷却水入口

冷却水出口

温度计

喷淋水收集槽

冷却水入口

冷却水出口

(三) 酒精发酵罐的洗涤装置

大型酒精发酵罐通常采用水力喷射洗涤装置。以前,酒精发酵罐的洗涤主要借助人力完成罐体内部洗涤任务,此种方式劳动强度较大,且经常发生 CO_2 中毒事件,主要是由于罐体中的 CO_2 气体未排尽导致的。为了减小工人劳动强度和提高效率及安全性,酒精发酵罐安装了水力洗涤装置。

水力洗涤装置的主体部分为两头的带有一定的弧度喷水管,喷水管上均匀分布着一定数目的喷孔,喷水管一般采用水平安装,借助活接头与固定供水管道相连。当水从喷水管两头以一定速度喷出时,就会产生反作用力促使喷水管自动旋转,从而使喷水管内的洗涤水由喷水孔均匀喷洒在罐壁、顶盖和底盖上,以达到水力洗涤的目的。

当进入管道的水压力不大时,会导致水力喷射强度和均匀度都不理想,造成洗涤效果不彻底,尤其在大型酒精发酵罐中表现更为突出。为了达到更佳的洗涤效果,防止发酵染菌,通常在大型酒精发酵罐中安装高压强的水力喷射洗涤装置。

高压强的水力喷射洗涤装置为一根直立的喷水管,通常沿中轴安装在罐体的中央部位,上端与供水总管相连,下端与垂直喷水管相连,垂直喷水管上每隔一定距离均匀分布着 4~6mm 的喷孔,小孔与水平呈 20° 的倾斜角。水平喷水管接活接头,并依靠 0.6~0.8MPa 高压洗涤水由水平喷孔喷出使中央喷水管产生自动旋转,转速可以达到 48~56r/min,使水流以同样的速度喷射到罐体内壁,一般在 5min 左右就可完成洗涤任务。若采用热水洗涤,效果更佳。

对于中型和小型酒精发酵罐，大多数采用从顶盖喷水于罐外壁表面进行膜状冷却，而对于大型酒精发酵罐来说，若仅从顶盖喷水淋浴冷却是不够的，还必须配合罐内冷却蛇管共同冷却，以实现快速降温，也有的采用罐外列管式喷淋冷却方法。通常在罐体底部沿罐体四周安装集水槽，以防止发酵车间的潮湿和积水。

（四）现代大型酒精发酵罐的结构

近年来，大型酒精发酵罐逐渐发展到 500m³ 以上。制造酒精发酵罐的材料从原来的木材、水泥、碳钢等材料发展到目前的不锈钢材料。由于酒精罐的体积大，在运输方面受到一定限制，一般设备厂家直接到酒精厂现场加工制作，发酵罐的合理布局也容易实现。与传统酒精发酵罐相比较，现代大型发酵罐不仅在容积上发生了重大变化，而且在设计上也不断应用新的科技成果，发酵罐的直径与罐高之比也越来越趋向 1:1。

酒精罐的几何形状主要有碟形封头圆柱形发酵罐、锥形发酵罐、圆柱形斜底发酵罐、圆柱形卧式发酵罐。一般体积小于 600m³ 的酒精发酵罐为锥形发酵罐，超过此体积的酒精发酵罐为圆柱形斜底发酵罐。例如，三种不同类型的酒精发酵罐分别为 1500m³ 斜底发罐、500m³ 锥形发酵罐和 280m³ 碟形发酵罐。

大型斜底发酵罐基本构件包括罐体、人孔、视镜、CIP 自动冲洗系统（Cleaning In Place System）、换热器（Heat Exchanger）、CO_2 气体排出口（CO_2 Gas Export）、搅拌装置（Stirring Apparatus）、降温水层（Cooling Waterlayer）以及管路（Pipeline）等。大型斜底酒精发酵罐的罐体由筒体、罐顶、罐底组成。筒体呈圆柱体，内有保温水层（效果优于冷却蛇管），外有保温层；罐顶呈锥形，罐底具有一定的倾角，一般为 15°~20°。罐体材料一般为不锈钢。发酵罐罐顶、罐底与发酵罐筒体通过焊接连接在一起。罐顶上装有人孔、视镜、二氧化碳排出口以及 CIP 冲洗系统入口；罐体上方有糖化醪进料管、酵母菌接种管入口，罐体下部有侧搅拌装置；罐底部近中央有人孔，斜面底端通过泵与换热器相连，从筒体上部进料管回流到发酵罐，如图 5-3 所示。

在大型斜底发酵罐的锥形罐顶有人孔，在罐底也安装有人孔，主要便于内部设备装置的维修和清洗操作。视镜一般安装在顶盖上，主要是用来观测酒精发酵罐中的发酵情况是否正常。

由于大型斜底发酵罐体积很大，如果采用高压蒸汽灭菌，那么几乎不可能，通常采用灭菌成本低且灭菌时间较短的化学灭菌法，通过罐内上方的 CIP 系统高压喷头完成。喷头采用伸缩喷射管系统。灭菌大致工艺流程如下：首先通入清水冲洗酒精发酵罐内壁，然后改用 NaOH 或者 $NaHCO_3$ 等低浓度碱水进行第二次洗涤，接着改用低浓度 HCl 溶液或柠檬酸等酸性溶液进行第三次洗涤，最后再换用清水将设备冲洗干净。这种化学灭菌法洗涤的碱液和酸液可以单独回收供重复使用，只需检查碱液和酸液的浓度并及时调整便可。

大型斜底发酵罐为锥形封顶封闭结构，锥顶有二氧化碳气体出口，可以回收发酵过程产生的二氧化碳气体，同时也可以回收被二氧化碳气体带走的酒精蒸气以提高酒精产率，还可以防止空气中的杂菌侵入发酵罐内，以减少染菌。

发酵罐的搅拌装置安装在罐体侧面，将发酵液和菌体混合均匀，同时也可以防止局部过热影响酵母生长繁殖以及代谢生理作用。在发酵罐外专门配备薄板换热器，除了使发酵罐快速降温之外，也可以起到混匀发酵液的作用。

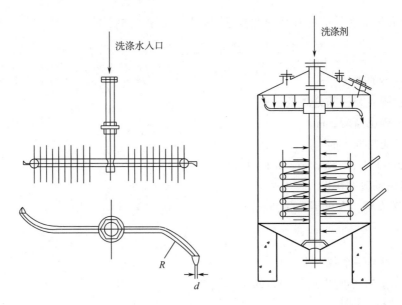

图 5-3 酒精发酵罐洗涤装置的结构示意图

R—半径 d—直径

（五）新型大容积酒精发酵系统设计

随着现代酒精酿造工艺（固定化酵母技术、喷射液化等）的不断成熟，促使人们改进现有的酒精发酵罐系统，使之与酿造工艺同步发展。新型斜底大型发酵罐系统地设计主要有以下几点改变。

①大型酒精发酵罐向径向扩大，截面积可以达到 $100m^2$ 以上。

②发酵罐顶部由锥形设计成平顶形并增加加温水层和保温层，这样酵母就能更好地生长繁殖，促进酒精发酵。

③在罐顶的一侧增设了一段缓冲段，可以防止酵母前期增殖时通氧致使发酵液外流损失，仍使发酵罐填充系数达到 100%，可以解决发酵旺盛期出现溢流现象的问题。

④由于径向面积增大会导致发酵罐中心温度较高，在中央增加一段降温水柱，这样可以防止发酵旺盛期中间局部温度过高。

⑤CIP 系统喷头增加为 2 个，使清洗灭菌更为彻底，最大限度减少染菌机会。

⑥增设通氧系统，由于酵母接种量加大，那么前期酵母繁殖耗氧量也会急剧上升，从而满足酵母对氧气的需求，正常生长繁殖。

（六）酒精发酵罐的设计计算

1. 发酵罐结构尺寸的确定

（1）发酵罐全容积的计算 如式（5-1）。

$$V = \frac{V_0}{\varphi} \tag{5-1}$$

式中 V——发酵罐的全容积，m^3

V_0——发酵罐中的装液量，m^3

φ——装液系数（一般取 0.85~0.90）

（2）带有锥形底、盖的圆柱形发酵罐全容积　如式（5-2）。

$$V=\frac{\pi}{4}D^2\left(H+\frac{h_1}{3}+\frac{h_2}{3}\right)$$ （5-2）

式中　D——罐的直径，m

H——罐的圆柱部分高度，m

h_1——罐底高度，m

h_2——盖高度，m

通常：$H=1.1\sim1.5D$，$h_1=0.1\sim0.4D$，$h_2=0.05\sim0.1D$

2. 发酵罐罐数的确定

对于间歇发酵，发酵罐罐数可按式（5-3）计算：

$$N=\frac{nt}{24}+1$$ （5-3）

式中　N——发酵罐个数，个

n——每24小时内进行加料的发酵罐数，个

t——发酵周期，h

3. 发酵罐冷却面积的计算

发酵罐冷却面积的计算可按传热基本方程式来确定，即式（5-4）。

$$F=\frac{Q}{K\Delta T_m}$$ （5-4）

式中　F——冷却面积，m^2

Q——总的发酵热，J/h

K——传热总系数，$J/m^2 \cdot h \cdot ℃$

ΔT_m——对数平均温度差，℃

（1）总发酵热的估算　微生物在厌氧发酵过程中总的发酵热，一般由生物合成热 Q_1，蒸发热损失 Q_2，罐壁向周围散失的热损失 Q_3 等三部分热量所组成。即式（5-5）。

$$Q=Q_1-(Q_2+Q_3)$$ （5-5）

Q_1 的估算按发酵最旺盛时单位时间糖度降低的百分值来计算。

计算方法：在发酵最旺盛时，测定小型实验箱冷却水的进出口温度和单位时间内的耗水量，从而得出其放热量（$Q_1{}'$）。如式（5-6）。

$$Q_1{}'=WC_p(T_2-T_1)$$ （5-6）

由 $Q_1{}'$ 扩大到生产罐，则生产罐的 Q_1 为式（5-7）。

$$Q_1=\frac{Q_1{}'}{V_1{}'}V_1$$ （5-7）

Q_2 一般取 Q_1 的 5%~6%。

Q_3 这部分热量由对流和辐射组成，可查阅相关手册。

（2）对数平均温度差 ΔT_m 的计算　如式（5-8）。

$$\Delta T_m=\frac{(T_F-T_1)-(T_F-T_2)}{\ln\dfrac{T_F-T_1}{T_F-T_2}}$$ （5-8）

式中　T_F——主发酵时的发酵温度，℃

T_1——冷却水进口温度，℃

T_2——冷却水出口温度，℃

（3）传热总系数 K 值的确定 传热总系数可由两部分组成：

①发酵液到蛇管壁（或罐内壁）的传热分系数 α_1。

②从冷却管壁（或罐内壁）到冷却水的传热系数 α_2。

α_1 一般依据生产经验数据或直接测定为准，对酒精发酵液而言，其 α_1 值可取 2300～2700kJ/（$m^2 \cdot h \cdot$ ℃）。

α_2 可分为两种情况计算：

a. 若采用蛇管冷却，以水为冷却剂，按式（5-9）计算。

$$\alpha_2 = 4.186A \frac{(\rho\omega)^{0.8}}{d^{0.2}} \left(1 + 1.77 \frac{d}{R}\right) \tag{5-9}$$

式中 α_2——蛇管的传热分系数，$kJ/m^2 \cdot h \cdot$ ℃

A——常数，在水温为 20℃时，可取 6.45

ρ——水的密度，kg/m^3

ω——蛇管内水的流速，m/s

d——蛇管直径，m

R——蛇管圈半径，m

b. 若采用罐外壁喷淋冷却，则 α_2 按式（5-10）计算。

$$\alpha_2 = 167 \frac{G^{0.4}}{D_m^{0.6}} \tag{5-10}$$

式中 G——喷淋密度，kg/（m·h）

D_m——罐外径，m

本公式适应范围：喷淋密度在 100～1500kg/（m·h）。

二、啤酒发酵设备

（一）传统发酵设备

1. 主发酵设备

现在许多小型啤酒生产企业仍采用的传统发酵工艺方法，即采用开放式发酵池和后酵罐。发酵池是发酵车间的主要设备，主发酵过程在发酵池中进行。

根据发酵池（Fermentation Pool）制作材料和内衬材料的不同，可分为木制、钢制、铝制和混凝土发酵池。现在大多采用合金钢制作发酵池，以无机合成材料作内衬，原因在于其在发酵过程中对酸碱不敏感，不会产生异味，易清洗。若采用不锈钢材料则无需内衬材料。此外，由于采用发酵池是开放式发酵，因此要杜绝一切杂菌感染，这样才能延长啤酒的保质期。

主发酵室（Main Fermentation Room）的墙壁较厚，这样可以起隔热作用，减少对外界温度的影响。主发酵室分为两层，即主发酵室上层和主发酵室下层，一般上层比下层高出0.6m 以上，便于发酵池中麦汁和啤酒可以借助自由落差从上部至下部流动，不需要泵，从而节约能耗。为防止楼顶冷凝水滴入啤酒中，楼顶通常建成拱形，宽度与发酵池相等。通常在主发酵室上下层铺瓷砖，这样可以阻止和杜绝杂菌污染，此外还要防止清洗液的聚积，必须尽快通过合适的排水设施将水排尽。在发酵过程会产生大量 CO_2 气体，为防止中毒事件发生，在进主发酵室前需要开启抽风机将室内 CO_2 气体排出。

由于在发酵过程中会产生大量的热量，通常在发酵池内安装了冷却蛇管、冷却夹套和冷却带将热量转移，热量大多通过冷却夹套转移。主发酵室的冷却通过循空气冷却装置实现，冷空气从一侧墙壁上冷空气入口进入主发酵室，并在另一侧被抽走，从而使主发酵室降温到适宜的条件。

酵母罐（Yeast Tank）主要用于培养酵母菌以供发酵用。酵母盆（Yeast Bowl）外有冷却夹套，可以使温度保持在0℃左右，主要用于保存酵母，通常悬挂在可倾斜的支架上以利于酵母倒出。

2. 后发酵设备

后发酵在后酵罐中完成，后酵罐又称贮酒罐，其作用是将发酵池转送来的嫩啤酒继续发酵，并饱和二氧化碳，促进啤酒的稳定、澄清和成熟。在啤酒的酿造过程中，啤酒在后酵间停留的时间最长，因此后酵间是啤酒厂最大的车间。后酵间通常由各分贮酒间组成。后酵间的墙壁较厚，起到与外界环境隔离保温的作用，同时需要配置空间冷却装置。冷却装置由盐水管组成，安装时应尽量避免上面的水珠落在后酵罐上面腐蚀罐体。通常情况下，后酵间的温度控制在0~2℃。后酵罐以前使用木制桶，每年必须重新上沥青，清洗劳动强度大，空间利用率差，且木制桶不耐压；后来采用金属后酵罐进行啤酒后酵工艺，涂层能够长期保存且易于清洗。金属后酵罐包括卧式和立式两种。

现在多数小型啤酒厂采用卧式后酵罐。一般后酵设备均有保压装置以确保啤酒中的 CO_2 含量。后酵罐以前也曾选用织板和 A3 钢材制作，但内壁需要涂防腐层，一方面防止材料被腐蚀，另一方面防止对啤酒口味产生影响。后酵罐属于压力容器（表压 0.1~0.2MPa），现在大多采用不锈钢材料制作，这样就不需要涂层，不会影响啤酒的风味，使用不受限制，易清洗。后酵罐罐身装有人孔（用于罐的内部维修与清洁）、取样阀（用于啤酒后酵过程取样分析）、温度计（检测罐体中的发酵液温度）、压力表（检测罐体内部压力）、安全阀（保证罐体安全）、二氧化碳排出口（回收发酵过程中产生的二氧化碳用于后续工艺如饱和二氧化碳）以及啤酒进（出）口，嫩啤酒一般从后酵罐底部进入，这样一方面可以避免不必要的二氧化碳损失，另一方面还可以防止啤酒吸氧。由于下酒到后酵罐中发酵相对比较剧烈，可能会形成白色泡盖，产生凝固物并导致浸出物损失，因此开始不要装液太满，而是等一段时间后无泡沫出现时再继续装满。

（二）现代锥形啤酒发酵设备

传统的啤酒发酵工艺中发酵池和后酵罐的容积仍有一定的限度，20 世纪 60 年代以后，圆柱锥底发酵罐（简称锥形罐）开始引起各国的注意，相继出现了其他类型的大型发酵罐，如日本的朝日罐（Asaki Tank，1965 年）、美国的通用罐（Uni-Tank，1968 年）、西班牙的球形罐（Sphero Tank，1975 年）等。我国在 20 世纪 70 年代末，开始采用室外露天锥形罐发酵，并逐步取代了传统的室内发酵。这不仅具有技术上的优势，而且其发酵和后熟过程可以保证啤酒质量。

锥形罐是密闭罐，可以回收 CO_2，也可进行 CO_2 洗涤；既可作发酵罐用，又可作贮酒罐用。发酵罐中酒液的自然对流比较强烈，罐体越高，对流作用越强，对流强度与罐体形状、容量大小和冷却系统的控制有关。锥形罐不仅适用于下面发酵，同样也适用于上面发酵。对圆柱锥底发酵罐的尺寸过去没有严格的规定，高度可达40m，直径可超过10m。一般而言，锥形发酵罐中的麦汁液位最大高度为15m，留空容积至少应为锥形罐中麦汁量的25%。径高比为1：（1~5），直径与麦汁液位总高度比应为1：2，直径与柱形部分麦汁高度之比为1：（1~1.5）。锥形罐大多采用两排形式的室外露天安装。

锥形罐的基本结构主要部件有罐体、冷却夹套（Cooling Jacket）、保压装置（Holding Pressure Device）、保温层（Insulating Layer）、锥底人孔、取样阀、感温探头（Sensible Temperature Probe）、CIP清洗系统（CIP Cleaning System）、检测装置（Detecting Device）以及管路等，罐体由罐身、罐顶、锥底组成，材料一般选用V2A镍铬钢，锥形罐内表面光洁度要求极高，一般要求进行抛光处理。罐身为圆柱体，设有2~3段冷却夹套。锥底锥角为60°~90°，设一段冷却夹套，主要便于酵母回收，锥底有人孔、与罐顶连接的 CO_2、空气、CIP等的进出管、内容物容积测量装置、空罐探头以及保压装置等。

罐顶上有各种附件包括1个正压保护阀、1个真空阀、带管道的CIP清洗附件。正压保护阀有配重式和弹簧式两种，主要是防止罐内压力过大而发生危险；真空阀主要是防止负压引起的罐外形的改变，在正常压力或超压状态下是关闭的，在出现负压时，则通过压力传感器反馈给控制系统并下达指令，通过压缩空气来制动，真空阀门被打开，外界空气进入。真空阀通常与CIP清洗系统相连，这样可以防止真空阀被黏结或冻结。

由于锥形罐多采用露天安装，因此发酵罐要进行良好的保温，以降低生产中的耗冷量。必须采用热导率低、密度小、吸水率低、不易燃烧的绝缘保温材料，聚苯乙烯泡沫塑料是最佳绝缘保温材料，但价格较高；聚酰胺树脂价格便宜、施工方便，但是易燃。一般采用铝合金板或薄型不锈钢板作为保温材料外部防护层。

冷却夹套柱体部分一般设两段或三段，锥底部分设一段，柱体上部冷却夹套的顶端一般距离液面以下15cm，柱体下部冷却夹套的顶端则位于50%液位以下15cm，锥角冷却夹套尽量靠近锥底。

发酵罐的冷却方式包括间接冷却和直接冷却两种。间接冷却方式是以乙醇或乙二醇与水的混合液作为冷媒，液体从下面流入，从上面流出，通常采用水平流动的冷却管段；直接冷却方式则是以液氨作为冷媒，流动方式包括半圆管的垂直流动式或水平流动式。采用垂直流动形式时不分区，而采用水平流动形式时每个冷却区段均由4~6个盘管组成。液氨从分配管进入冷却夹套并在向下流动过程中，液氨本身蒸发需要吸收罐内发酵液的热量而使罐内品温下降，蒸发吸热的液氨由出口流出并收集。由于液氨直接蒸发冷却具有节约能源、所需设备和泵少、耗材少、安装费用低等优点而被广泛采用，但是冷却夹套不但能承受116MPa压力，而且必须保证管道各处焊接良好，否则会因氨气渗漏而导致损坏。

取样阀与取样装置相连，通过泵随时进行酵母取样或嫩啤酒取样。一般情况下设2个温度传感器（感温探头），分别设在柱体的底部和柱体上部冷却夹套的下面。检测装置主要包括温度计、液位高度显示器、压力显示仪、检查孔、最低液位探头和最高液位探头。温度计通常安装在罐上1/3处和罐下1/3处，并与计算机相连；液位高度显示器通过压差变送器将压力信号转化为液位高度，同样与计算机相连；压力显示仪与计算机相连采集数据并分析罐内压力是否正常；检查孔一般在发酵罐上下各开一个直径大于50cm的可关闭的人孔，主要用于检查罐内是否出现裂缝或腐蚀以及冲洗不到的死角；最低液位和最高液位探头可以保证在进液时不超过最高液位，在出罐时能终止液体的流出。

CIP 清洗装置是发酵罐中重要的组成部分，它是加强啤酒安全生产和卫生管理的前提。锥形罐采用 CIP 系统清洗，冲洗喷头与罐顶附件相连接，其尺寸大小要保证喷出的液体能覆盖整个柱体，锥体也要能够被很好地清洗。

清洗罐顶装置时，要卸下所有的阀门，以防止粘结。大罐的清洗装置主要有三种形式，即固定式洗球、旋转式洗罐装置和旋转式喷射洗罐装置。传统的 CIP 常规清洗由以下六道工序组成：用冷水进行预冲洗；用 NaOH（1%～2%）和添加剂进行冲洗；用水进行中间冲洗，以热碱进行冲洗；用硝酸（1%～2%）和其他添加剂清洗；用冷水冲洗。

在锥形罐的主发酵和后熟阶段排出的 CO_2，一般利用 CO_2 回收装置收集。回收过程如下：锥形罐中排出的气体进入泡沫分离器泡沫被分离出，而 CO_2 气体则被 CO_2 气囊收集。气囊收集的 CO_2 气体经过洗涤器将水溶性物质分离出去，而 CO_2 被气体压缩机吸入并分两步被压缩液化，再经过冷却器将压缩过程中产生的热量吸收冷却，接着进入干燥塔（一般采用两个交替使用）进行干燥，然后经活性过滤器（一般也采用两个交替使用）吸附杂味气体后进入压缩机，经过 CO_2 液化气低温冷凝，最后进入 CO_2 贮罐贮藏备用。

由于酵母是从锥形罐锥底排出，所以锥形罐的酵母回收与传统设备的主发酵方式有所不同，第一次回收的时间在发酵中期，温度为 10℃ 或 12℃；第二次在双乙酰还原完毕时；第三次是降温至 4℃ 时；第四次是温度降到 -1～0℃ 时。一般而言，锥形发酵罐的酵母回收量是酵母添加量的 3 倍左右。

第四节 厌氧发酵工艺实例

酒精发酵是酵母菌将可发酵性的糖经过细胞内酒化酶的作用生成酒精与 CO_2，然后通过细胞膜将这些产物排出体外。酒精是可以任何比例与水混合的，所以由酵母体内排出的酒精便溶于周围的醪液中。

我国传统的白酒生产为固态发酵，一般都是开放式的而不是纯培养，无菌要求不高。它是将原料预加工后再经蒸煮灭菌，然后制成含一定水分的固态物料，接入预先制成的酒曲进行发酵。在传统白酒的生产中，采用大型深层地窖对固态发酵料进行堆积式固态发酵，这对酵母菌的酒精发酵和己酸菌的己酸发酵等都十分有利。

液态发酵法酒精生产是以淀粉质原料、糖蜜原料、纤维素原料、野生植物或亚硫酸造纸液等，接入预先培养好的菌种后进行发酵。其生产工艺流程为：

原料→ 糖化 → 发酵 → 蒸馏 →酒精。

发酵采用密闭式发酵罐，糖蜜酒精发酵实行连续化，淀粉质原料的酒精连续发酵技术在大型酒精生产企业中得到实施。已出现应用耐高温酒精酵母、酿酒用活性干酵母（或鲜酵母）及固定化酒精酵母的新工艺。

一、白酒与酒精发酵

（一）白酒固态发酵

利用没有或基本没有游离水的不溶性固体基质来培养微生物的工艺过程，称为固态发酵（Solid Substrate Fermentation）。固态基质中气、液、固三相并存。在固态发酵中，微生物是在接近自然条件的状态下生长的，有可能产生一些通常在液体培养中不产生的酶和其他代谢产物。在传统白酒的生产过程中，至今仍沿用固态发酵工艺。

1. 白酒固态发酵的特点及其分类

（1）白酒固态发酵法生产的特点　白酒固态发酵法简称白酒固态法，是我国古代劳动人民的伟大创造，也是我国独有的传统酿酒工艺，其特点是：

①采用多菌种混合发酵，生产间歇式、开放式。生产的过程除原料在蒸煮过程中能达到灭菌作用之外，其余操作步骤均是手工开放式操作，因此微生物可以通过各种途径（如空气、水、工具、场地等）进入酒醅，与酒曲（糖化发酵剂）中的有益微生物共同完成发酵，酿造出更多的香味物质。当然，若感染杂菌甚至是噬菌体会影响成品酒的质量，甚至酿造不出白酒来。

②采用低温蒸煮和低温发酵工艺。低温蒸煮工艺可避免高温、高压带来的不利因素，从而保证成品酒的质感。发酵过程在低温下进行，一般为 20~30℃，可以使糖化和发酵能够同时进行，避免温度过高破坏糖化酶，糖化过程比较缓和，便于控制，窖池内升温比较慢，从而使酵母不易衰老，提高酒醅的发酵度，增加成品酒的酒精度；与此同时也可避免因糖化温度过高导致糖化速度过快而造成糖分过度积累，导致杂菌迅速繁殖。

③配醅调节酒醅淀粉浓度、酸度，残余淀粉再利用。配醅即在酒醅中加入已蒸馏过的酒糟，一般的配糟是原料的 3~4 倍，其目的在于对残余淀粉的再利用，兼有调节酒醅淀粉浓度和酸度以利于糖化和发酵的作用。此外，配糟在长期的反复发酵过程中也积累了大量香味物质的前体，从而增加酒的风味。

④采用甑桶固态蒸馏工艺。多数酒厂的工艺为蒸粮蒸酒混合进行。甑桶（Steaming Bucket）这种简单的固态蒸馏装置是我国古代劳动人民的一大创造，在这里实现了酒精的分离与浓缩以及香味物质的提取和重新组合，从而保证了白酒的质量。

⑤劳动强度大，原料出酒率低。由于白酒固态法基本上是手工操作，因而劳动强度大。采用甑桶这种传统简易设备，导致产量少、效率低。此外，还存在生产周期长、原料出酒率低等不足。

（2）白酒固态发酵的分类　白酒固态法生产工艺的分类，通常以使用的酒曲为基础，结合工艺特点分为大曲法、小曲法、混合曲法和麸曲法四大类。

①大曲法：大曲一般采用小麦、大麦和豌豆等为原料，拌水后压制成砖块状的曲坯，在曲房中自然培养，让自然界中的各种微生物在上面生长繁殖而制成。大曲法酿造按蒸煮和蒸馏可分为清渣法、续渣法及清渣加续渣法。大部分优质白酒均采用此法酿造，按成品酒的香型可分为浓香型、清香型和酱香型。

②小曲法：小曲又称酒药、酒饼，在制作过程中都要接种曲或是纯种根霉和酵母菌。小曲中的主要微生物有根霉、毛霉、乳酸菌、拟内孢霉和酵母菌等，很多小曲中引入了中草药，因而糖化能力一般超过大曲法。小曲法工艺又可分为固态发酵法和半固态发酵法两种。

③混合曲法：混合曲法又称大小曲混合法，按其操作工艺可分为串香法和小曲糖化大曲发酵两种。

④麸曲法：以麦麸作培养基，采用纯菌种制曲的方法，菌种主要有根霉和曲霉两种。

大曲法、小曲法、混合曲法、麸曲法的特点对比见表 5-1。

表 5-1　　　　　　　　　　　　各种白酒固态发酵方法特点对比

项目	大曲法	小曲法	混合曲法	麸曲法
培养方法	自然培养、曲母培养	自然培养、纯培养	大曲培养、小曲培养	纯种培养
菌种	霉菌、酵母、细菌	根霉、毛霉、酵母	与大小曲法相同	曲霉、根霉、细菌、酵母
原料	小麦、大麦、豌豆	大米、燕麦、麸皮、米糠	大米、麦	麸皮
制曲周期/d	25~40	7~15	—	2~3
培养温度/℃	45~65	25~30	—	25~38
用曲量/%	20~50	0.3~1.0	大曲 10~15 小曲 0.3~1.0	6~12
制酒原料	高粱	大米、玉米、高粱	大米、高粱	谷物或淀粉原料
发酵周期/d	25~40	6~7	6~7/30~50	3~5
出酒率/%	25~45	60~68	30~50	64~70
贮藏时间/月	6~18	1	6~18	1
风味	芳香浓郁	醇甜香	芳香浓郁	差别很大

2. 大曲法白酒固态发酵生产工艺

（1）浓香型白酒固态发酵生产工艺　　浓香型酒以泸州特曲为典型代表，因此又称为泸型酒。浓香型大曲酒的酒体基本特征体现为：窖香浓郁、绵软甘洌、香味协调、尾味余长。浓香型大曲法酿造工艺特征：以高粱为原料，以优质小麦、大麦和豌豆等制大曲，采用肥泥老窖固态发酵，万年糟续糟配料，混蒸混烧，原酒贮存，精心勾兑。其中最能体现浓香型大曲酿造工艺独特之处的是"肥泥老窖固态发酵，万年糟续糟配料，混蒸混烧"。所谓"肥泥老窖"是指窖池是用肥泥材料制作而成；所谓"万年糟续糟配料"是指往原出窖糟醅中加入一定量新的酿酒原料和辅料，搅拌均匀进行蒸煮，每轮结束均如此操作，这样发酵池一部分旧糟醅可以得到循环使用而形成"万年糟"；所谓"混蒸混烧"是指在进行蒸馏取酒的糟醅中按比例加入原辅料，采用先小火取酒后加大火力蒸煮糊化原料，在同一蒸馏甑桶内采取先取酒后蒸粮的工艺。在浓香型大曲白酒生产过程中强调"匀、透、适、稳、准、细、净、低"。"匀"是指在操作上要做到均匀一致，包括拌和糟醅、物料上甑、泼打量水、摊凉、下曲、入窖温度；"透"是指在润粮过程中原料高粱要充分吸水润透以及高粱在蒸煮糊化过程中要熟透；"适"是指谷壳用量、水分、酸度、淀粉浓度、大曲加入量等入窖条件都要适合于酿酒有关微生物的正常生长繁殖与发酵；"稳"是指入窖和配料要稳当；"准"是指执行工艺操作规程要准确，化验分析数字要准确，掌握工艺条件变化要准确，各种原材料计量要准确；"细"是指酿造操作及设备使用均要细心；"净"是指酿酒环境、各种设备器皿、辅料、曲粉以及生产用水一定要清洁干净；"低"是指填充物辅料、量水使用尽量低限，入窖窖醅尽量做到低温入窖。

泸州老窖采取原窖分层堆糟法，原窖是指本窖的发酵糟醅经过原料和辅料添加后，再经蒸煮糊化、打量水、摊凉下曲后仍放回到原来的窖池内密封发酵。分层堆糟是指窖内发酵结束的醅糟在出窖时必须按面糟、母糟两层分开出窖，其中面糟出窖时单独堆放，蒸酒后作为扔糟处理掉；面糟下面的母糟在出窖时按从上至下的次序逐层从窖中依次取出，一层压一层地堆放在堆糟上，即上层母糟铺在下面而下层母糟却覆盖在上面。配料蒸馏时，每甑母糟像切豆腐块一样一方一方地挖出并拌料蒸酒蒸粮，经撒曲后仍投回原窖池进行发酵。由于拌入粮粉和谷壳导致每窖母糟有多余，这部分母糟不再投粮，蒸馏酒后得红糟，红糟下曲后覆盖在已入窖母糟上面作面糟。

（2）清香型白酒固态发酵生产工艺 清香型大曲酒以其风味清香纯正、余味爽净而得名，香气主要成分是乳酸乙酯以及乙酸乙酯，在成品酒中的比例分别达45%和55%，而己酸乙酯、丁酸乙酯没有或极少有痕迹。清香型大曲酒的酿造工艺特点为清蒸清糟、地缸发酵、清蒸二次清。地缸是指陶瓷缸，为清香型大曲酒酿造采用的传统容器，大致规格参数如下：缸口直径为0.80~0.85m，缸底直径为0.54~0.62m，缸高为1.07~1.20m，单缸总体积为0.43~0.46m³，每缸通常装高粱粉150kg左右，在发酵过程中将缸埋于泥土中，缸口与地面齐平，缸与缸间距10~24cm。所谓清蒸，即首先将高粱和辅料单独清蒸处理，然后将经蒸煮后的高粱拌曲放入陶瓷缸，并埋入土中，发酵28d后取酒醅蒸馏，蒸馏后的醅不再配入新料直接加曲拌和进行第二次发酵，再发酵28d后取酒醅进行第二次蒸馏，直接丢糟，将两次所蒸馏的酒勾兑而成。由此可见，原料和酒醅都是单独蒸，酒醅不再加入新料，与前述浓香型白酒酿造工艺的续糟法工艺显著不同。正是由于采用了清糟法，用陶瓷缸埋于地下发酵，用石板封口，环境清洁，从而保证了清香型白酒独具的清香、纯净的风味特点。

山西汾酒就是清香型大曲酒生产工艺的典型代表，汾酒讲究"人必得其精、水必得其甘、曲必得其时、粮必得其实、器必得其洁、缸必得其实、火必得其缓"的七条秘诀。

（3）酱香型白酒固态发酵生产工艺 酱香型大曲酒的风味特点体现在酱香突出、幽雅细腻、酒体醇厚丰满、空杯留香持久，因而为大多数消费者所喜爱。在酿造工艺方面也明显不同于前面所讲述的浓香型大曲酒和清香型大曲酒，主要体现在以下几个方面：酿酒用大曲采用高温曲，用曲量大且发酵周期长，两次投料，高温堆积，多轮次发酵，高温烤酒。接着再按酱香、醇香和窖底香三种典型体和不同轮次的蒸馏酒分别长期贮存，勾兑贮存成产品。酱香型大曲酒生产工艺比较复杂，原料自投料开始需要经过8轮次，每次发酵1个月，分层取酒，分别贮存三年后才能勾兑成型。生产十分重视季节性，传统生产是伏天踩曲，重阳下沙，即每年端午节前开始制曲，到重阳节前结束。原因在于这段时间内气温较高，湿度大，空气中的微生物活跃且种类和数目较多，所以在制曲过程中可以将空气中的微生物富集到曲坯上生长繁殖，由于在培养过程中温度达60℃以上，俗称高温大曲。此外，酿造发酵要在重阳节（农历九月初九）以后方能投料，原因在于这个季节秋高气爽，酒醅下窖温度低，发酵平缓，能够确保酒的质量和产量。酱香型大曲酒的典型代表是茅台酒，其生产科学地利用特有气候、优良的水质以及适宜的土壤，融汇了我国古代酿造技术的精华，摸索出一套独特的酿酒工艺：高温制曲、两次投沙、多次发酵与堆积、回沙、高温流酒、长期贮存以及精心勾兑。

3. 小曲法白酒固态发酵生产工艺

小曲法固态发酵法生产白酒，由于酿造过程中使用的原料为整粒而不需要粉碎，也就导致它具有自己独特的工艺，发酵前采用"润、泡、者、焖、蒸"的工艺操作方式。这种酿造方法主要分布在四川、云南、贵州和湖北等地，其中杰出的代表为川法小曲白酒以及贵州的玉米小曲酒。小曲法白酒在用粮品种上比较广泛，可用颗粒状的高粱、玉米（又名苞谷）、大米、荞麦、小麦等多种粮食来生产。贵州以玉米为原料生产小曲白酒工艺流程如下：

玉米→浸泡→初蒸→焖粮→复蒸→摊凉→加曲→入箱培菌→配糟→发酵→蒸馏→成品。

首先将浸泡池清洗干净，再将一定量整粒玉米倒入并堵塞池底放水管，加入90℃以上热水或者用上次焖粮的热水泡粮，一般夏、秋两季浸泡5~6h，春、冬两季为7~8h，注意水位一般淹没粮面35~50cm，保持泡粮水上部与下部温度一致，以保证玉米吸水均匀。玉米浸泡好后可放水让其滴干，第二天再以冷水浸透，去除酸水，滴干后可以装甑蒸粮。

初蒸又名干蒸，将上述浸泡好的玉米放入甑内铺好扒平，加盖开大汽蒸料2~2.5h，干蒸好的玉米外皮一般有0.5mm左右的裂口。以大汽干蒸一方面促使玉米颗粒淀粉受热膨胀，吸水增强；另一方面可以缩短蒸煮时间，防止因玉米外皮含水过多以致焖水时导致淀粉部分流失。

干蒸完毕去盖，加入温度为40~60℃的蒸馏冷却水，水量淹过粮面35~50cm，先用小汽把水加热至微沸腾状态，待玉米有95%以上裂口时，此时用手捏内层已全部透心为宜，便可将热水放出，通常将这部分热水收集起来作下次泡粮用水。当玉米水滴干后将甑内玉米扒平，放入2~3cm厚的谷壳以防止蒸汽冷凝水回滴在粮面上造成玉米大开花，同时也可以去除谷壳生糠味。注意蒸煮焖粮过程中要进行适当搅拌，严禁使用大汽大火，以防止蒸煮过程中玉米内淀粉流失过多，最终降低出酒率。

玉米蒸煮焖水好后稍停数小时再围边上盖，以小汽小火加热，达到圆汽目的。当粮料蒸穿汽时改用大火大汽蒸煮，在出甑时也采用大火大汽蒸排水，蒸煮时间一般控制在3~4h。蒸好的玉米用手捏柔熟、起沙、不粘手、水汽干利为宜。蒸料时要注意防止小火小汽长蒸，这样会导致玉米外皮含水量过高，从而影响后续糖化、发酵工艺。将凉渣机清扫干净，然后倒入5~18cm厚的热糟，扒平吹冷，撒上0.8~1cm厚的稻壳，接着将熟粮倒入并扒平吹冷，分两次下曲。玉米出甑、摊凉的温度以及下曲量也与地区气候密切相关。拌和均匀后按培菌工艺要求保温培养。一般情况下在春季和冬季时，第一次下曲的温度是40℃左右，第二次下曲温度在35℃，培菌温度在30℃左右，用曲量在0.35%~0.40%；而在夏季和秋季时，第一次下曲温度在28℃，第二次下曲温度在25℃，培菌温度在25℃，用曲量在0.30%~0.33%。

熟粮经培菌糖化后，便可以吹冷配糟以及入池发酵。入池前要将发酵池清扫干净，在发酵池底部预先铺上18~30cm的底糟并扒平，然后再将上述醅子倒入池内，上部拍紧或适当踩紧，盖上盖糟，上部用塑料薄膜封池，四周用30cm厚的稻壳封边，封池发酵。

蒸馏是生产小曲白酒的最后一道工序，与出酒率、产品质量有十分密切的关系。操作工艺如下：先将发酵好的酒醅黄水滴干，再拌入一定量的谷壳，边上汽边装甑，先装入盖糟，接着再装入红糟，装好后将黄水从甑边倒入底锅，上盖蒸酒。蒸馏过程中要严格把握火候，先小火小汽，接着中火中汽，截头酒以后改用大火大汽追尾，摘至所需酒度，再接尾酒（尾酒也可以再蒸馏一次）。

4. 麸曲法白酒固态发酵生产工艺

麸曲法白酒固态发酵是以高粱、薯干、玉米等含淀粉质的物质为原料，以纯种培养的麸曲及糖化剂作糖化发酵剂，经过平行复式发酵后蒸馏、贮存以及勾兑而成的蒸馏酒。该法具有出酒率高、生产周期短等特点。但是由于发酵使用菌种单一，酿造出的白酒与大曲法酿造酒相比酒体香味淡薄欠丰满。麸曲分为根霉麸曲和曲霉麸曲两大类，前者多用于粮食原料酿造工艺，后者多用于代用品原料酿造工艺。工艺包括混烧法和清蒸法两大类。麸曲法酿造工艺操作原则也要求"稳、准、细、净"，"稳"是指酿造工艺条件和工艺操作要求相对稳定；"准"是指执行工艺操作规程和化验分析要准确；"细"是指原料粉碎度合理、配料拌和以及装甑等操作要细致；"净"是指酿造工艺过程及场所环境要清洁干净。

麸曲法白酒固态发酵生产工艺主要是将粉碎后的原料、酒糟、辅料及水按一定比例混匀，比例主要根据配料中的淀粉浓度、醅子的酸度及疏松度来确定，一般淀粉浓度控制在 14%~16%，酸度控制在 1.6~2.8，润料水分为 48%~50%。将原料和发酵后的酒醅混合均匀后入甑加热，蒸酒和蒸料同时进行，即混蒸混烧，前期以蒸酒为主，甑内温度控制在 85~90℃，蒸馏完后仍加热一段时间使新料充分糊化。蒸煮的熟料要求达到外观蒸透、熟而不黏、内无生心的要求。蒸熟的原料从甑中取出迅速扬冷，使温度降到麸曲和酒母适宜生长的温度，接着加入麸曲和酵母，加入量一般为蒸煮原料的 8%~10%，酒母的加入量一般占总投料量的 4%~6%，此外在拌醅子时一般要补加水分使入窖时醅子的水分含量达到 58%~60%，有利于微生物的酶促反应。

入窖时醅子的温度控制在 15~26℃，入窖醅子既不能压得过紧，也不能太松。装好在醅子上撒上一层稻壳，再用窖泥封窖。发酵时间一般 4~5d，当然也有的发酵时间长达 30d，主要通过分析酒醅的温度、水分、酸度、酒精度及淀粉含量来判断发酵是否结束。

（二）酒精发酵

1. 酒精发酵的基本过程

酒精发酵过程（间歇式发酵法）从外观现象可以将其分为如下三个发酵阶段。

（1）前发酵期 在酒母与糖化醪加入发酵罐后，醪液中的酵母细胞数还不多，由于醪液中含有少量的溶解气和充足的营养物质，所以酵母菌仍能迅速地进行繁殖，使发酵醪中酵母细胞繁殖到一定数量，在这一时期，醪液中的糊精继续被糖化酶作用，生成糖分，但由于温度较低，故糖化作用较为缓慢。从外观看，由于醪液中酵母数不多，发酵作用不强，酒精和 CO_2 产生得很少，所以发酵醪的表面显得比较平静，糖分消耗也比较慢。前发酵阶段时间的长短，与酵母的接种量有关。如果接种量大，则前发酵期短，反之则长。前发酵延续时间一般为 10h 左右。由于前发酵期间酵母数量不多，发酵作用不强，所以醪液温度上升不快。醪液温度控制，在接种时为 26~28℃，前发酵期温度一般不超过 30℃。如果温度太高，会造成酵母早期衰老；如果温度过低，又会使酵母生长缓慢。

前发酵期间应十分注意防止杂菌污染，因为此时期酵母数量少，易被杂菌抑制，故应加强卫生管理。

（2）主发酵期 酵母细胞已大量形成，醪液中酵母细胞数可达 1 亿个/mL 以上。由于发酵醪中的氧气也已消耗完毕，酵母菌基本上停止繁殖而主要进行酒精发酵作用。醪液中糖分迅速下降，酒精逐渐增多。因为发酵作用的增强，醪液中产生了大量的 CO_2。随着 CO_2 的逸出，可以产生很强的 CO_2 泡沫响声。发酵醪的温度此时上升也很快。生产上应加强这一阶段的温度控制。根据酵母菌的性能，主发酵温度最好能控制在 30~34℃。主发酵时间长短，取决于醪液中营养状况，如果发酵醪中糖分含量高，主发酵时间长，反之则短。主发酵时间一般为 12h 左右。

（3）后发酵期　醪液中的糖分大部分已被酵母菌消耗掉，醪液中尚残存部分糊精继续被酶作用，生成葡萄糖。由于这一作用进行得极为缓慢，生成的糖分很少，所以发酵作用也十分缓慢。因此，这一阶段发酵醪中酒精和 CO_2 产生得也少。后发酵阶段，因为发酵作用减弱，所以产生的热量也减少，发酵醪的温度逐渐下降。此时醪液温度应控制在 30~32℃。如果醪液温度太低，糖化酶的作用就会减弱，糖化缓慢，发酵时间就会延长，这样也会影响淀粉出酒率。淀粉质原料生产酒精的后发酵阶段一般约需 40h 才能完成。

2. 传统酒精发酵工艺

（1）间歇发酵工艺　间歇发酵（Fermentation Batch）是指酒精的发酵全过程都在一个发酵罐中完成，根据糖化醪加入发酵罐的方式又分为一次性加入法、分次添加法和连续添加法。

一次性加入法即将酒精发酵所需的糖化醪冷却到 27~30℃ 后，一次性全部泵入酒精发酵罐，同时接入 10% 的酵母成熟醪，发酵 3d 后将发酵成熟醪送去蒸馏车间蒸馏分离纯化浓缩酒精。在主发酵过程如果发酵液温度超过 34℃ 时，需要开启冷却水冷却。这种间歇发酵工艺主要在一些糖化锅和发酵罐体积相等的小型酒精厂采用，蒸煮和糖化均采取间歇工艺。可见，该法具有操作简易、便于管理等优点，但是在发酵前期因糖化醪中可发酵性糖浓度过高抑制酵母生长繁殖，影响发酵速度。

分次添加法是将发酵所需糖化醪分批次加入发酵罐，首先向发酵罐加入 1/3 的糖化醪，同时接入 10% 的酵母成熟醪进行发酵。根据酒精的产量分析，每隔一定时间适时适量添加糖化醪，直至添加到酒精发酵罐体积的 90% 才停止，注意分批加糖化醪的总时间不应超过 10h。该法主要出现在一些中小型酒精厂，如糖化锅容积比发酵罐小，其次是酵母培养罐体积不能满足生产所需酵母，再者就是酒精厂夏天冷却水供给不足，采用这种方法可以使发酵醪温度不致过高而影响酵母发酵。此法相对于一次性加入法发酵旺盛且杂菌不易繁殖，但是在分批添加过程中要注意防止带入杂菌感染，从而影响发酵产酒精。

连续添加法是首先将所需的酒母成熟醪泵入酒精发酵罐，与此同时按照一定的流速连续添加糖化醪，一般添加满一罐的时间控制在 6~8h。这种方法主要应用在一些具备连续蒸煮和连续糖化工艺的酒精工厂。

（2）半连续发酵工艺　半连续发酵（Semicontinuous Fermentation）指主发酵采用连续发酵而后发酵采用间歇发酵的工艺过程。具体操作过程如下：首先在第 1 个发酵罐中接入所需的一定量的酵母，接着向该发酵罐连续流加糖化醪；当第 1 个发酵罐流加满后，溢出的发酵液进入第 2 个发酵罐；当第 2 个发酵罐也流加满后，溢出的发酵液流入第 3 个发酵罐；当第 3 个发酵罐流加满后，发酵液由此分别流入第 4 个、第 5 个、第 6 个，并在这些发酵罐中完成发酵。这样前 3 个发酵罐保持连续主发酵状态，而从第 3 个发酵罐流出的发酵液分别顺次装满后续其他的发酵罐并在其中完成发酵，最后蒸馏收集酒精。该法由于前发酵连续，可省去单独培养大量酒母的过程，从而达到缩短发酵周期。此外，为了保持前面 3 只罐都处于主发酵阶段，因此第 1 个发酵罐糖化醪的流加速度不能太快。

二、啤酒发酵

啤酒生产大致可分为麦芽制造和啤酒酿造（包括麦芽汁制造、啤酒发酵、啤酒过滤灌装三个主要过程）两大部分。啤酒发酵在发酵池或圆柱锥底发酵罐中进行，用蛇管或夹套冷却并控制温度。进行下面发酵时，最高温度控制在 $8 \sim 13 ℃$。前发酵（又称主发酵）过程分为起泡期、高泡期、低泡期，一般 $5 \sim 10d$ 后排出底部酵母泥。前发酵得到的啤酒称为嫩啤酒，口味粗糙，CO_2 含量低，不宜饮用。为了使嫩啤酒后熟，将其送入贮酒罐中或继续在圆柱锥底发酵罐中冷却至 $0℃$ 左右进行后发酵（又称贮酒），调节罐内 CO_2 压力使其溶入啤酒中，贮酒期需 $1 \sim 2$ 月。在此期间残存的酵母、冷凝固物等逐渐沉淀，啤酒逐渐澄清，CO_2 在酒内饱和，口味醇和，适于饮用。

（一）啤酒发酵产生的主要风味物质

啤酒发酵是一个复杂的物质转化过程。酵母的主要代谢产物和发酵副产物是乙醇、二氧化碳、醇类、醛类、酸类、酯类、酮类和硫化物等物质。这些发酵产物决定了啤酒的风味、泡沫、色泽和稳定性等各项理化性能，赋予啤酒以典型特色。

1. 有机酸

啤酒中含有多种酸，约在 100 种以上。多数有机酸都具有酸味，它是啤酒的重要口味成分之一。酸类不构成啤酒香味，它是呈味物质。酸味和其他成分协调配合，即组成啤酒的酒体。有的有机酸还另具特殊风味，如柠檬酸和乙酸有香味，而苹果酸和琥珀酸则酸中带苦。啤酒中有适量的酸会赋予啤酒爽口的口感；缺乏酸类，使啤酒呆滞、不爽口；过量的酸，使啤酒口感粗糙，不柔和，不协调，意味着污染产酸菌。

发酵过程中，pH 不断下降，前快后缓，pH 从开始时的 $5.3 \sim 5.8$，下降到后来的 $4.1 \sim 4.6$。pH 下降主要是由于有机酸的形成和 CO_2 的产生。有机酸以乙酸和乳酸为主。pH 的下降对蛋白质的凝固和酵母菌的凝聚作用有重要影响。多数有机酸来自酵母代谢的 EMP 途径。乙酸是啤酒中含量最大的有机酸，它是啤酒正常发酵的产物，由乙醛氧化而来。

2. 醛类、硫化物

乙醛是啤酒发酵过程中产生的主要醛类，在主发酵前期大量形成，其含量随着发酵过程快速增长，又随着啤酒的成熟含量逐渐减少。由于啤酒成熟后期，各种醛类含量大都低于阈值，所以醛类对啤酒口味的影响并不大。乙醛影响啤酒口味的成熟，当乙醛含量超过界限值时，给人以不愉快的粗糙苦味感觉；含量过高，有一种辛辣的腐烂青草味。

酵母的生长和繁殖离不开硫元素，如生物合成细胞蛋白质、辅酶 A、谷胱甘肽和硫胺素等。硫是酵母生长和酵母代谢过程中不可缺少的微量成分，某些硫的代谢产物含量过高时，常给啤酒风味带来缺陷，因此，需引起人们的重视。二甲基硫（DMS）极易挥发，是啤酒香味成分中的主要物质。现已证明，二甲基硫在很低浓度时对啤酒口味有利，高含量时产生不舒适的气味，描述为"蔬菜味""烤玉米味""玉米味""甜麦芽味"。

未成熟的啤酒、乙醛与双乙酰及硫化氢共存，构成了嫩啤酒固有的生青味。这些物质赋予啤酒不纯正、不成熟、不协调的口味和气味。浓度高时对啤酒质量具有不利影响，它们可在主酵和后酵过程中通过工艺手段从啤酒中分离除去，这也是啤酒后酵的目的。

3. 连二酮（双乙酰）

2, 3-戊二酮和双乙酰两者同属羰基化合物，化学性质相似，对啤酒的影响也相似，总称为连二酮。双乙酰的口味阈值为 0.1~0.15mg/L，2, 3-戊二酮口味阈值大约为 2mg/L。双乙酰对啤酒风味起主要作用，被认为是啤酒成熟与否的决定性指标。

双乙酰是啤酒中最主要的生青味物质，味道有些甜，如奶酪香味，也称为馊饭味，经常同一般的口味不纯联系在一起。双乙酰的口味阈值在 0.1~0.15mg/L。在啤酒后熟过程中，连二酮的分解与啤酒后熟过程同时进行。目前，双乙酰仍被视为啤酒成熟的一项重要指标。

双乙酰是乙酰乳酸在酵母细胞外非酶氧化的产物，是酵母在生长繁殖时，在酵母细胞体内用可发酵性糖经乙酰乳酸合成它所需的缬氨酸、亮氨酸过程中的副产物，中间产物乙酰乳酸部分排出酵母细胞体外，经氧化脱羧作用生成双乙酰。双乙酰的消除又必须依赖于酵母细胞体内的酶来实现。双乙酰能被酵母还原，经过乙偶姻最后还原成 2, 3-丁二醇。啤酒中双乙酰形成的速率只有酵母还原双乙酰速率的 1/10，所以啤酒中双乙酰含量不可能升到太高程度。

（二）传统啤酒发酵

传统啤酒发酵普遍采用低温主发酵-低温后熟工艺。其主要分为麦汁接种、发酵、下酒与后酵、酵母的回收与保存。对于麦汁接种前应该通足够的氧气以满足酵母的生长繁殖，接种温度控制在 6~7℃，酵母的接种量要求达到 (2~3) ×10^7 个/mL。接种 48h 后，温度将达到发酵顶温 8~9℃，此时并不立即冷却降温而是始终维持在 9℃的温度 4~5d。主发酵过程一般经历起发期、起泡期、高泡期、落泡期和下酒泡盖等五个阶段。此外，在发酵过程中要不断测定其发酵度，尽可能使成品发酵度接近最终发酵度，然后缓慢均匀地降温至 3~4℃，目的主要是使残留的可发酵性浸出物大部分分解，以便下酒操作。下酒若添加高泡酒，即添加发酵度为 25%左右正处于低泡阶段的嫩啤酒，可以补充浸出物浓度以促进后发酵过程，改善啤酒的泡沫和口味，这样就不用分离足量的酵母。紧接着在 4d 左右将温度缓慢降至储酒温度-1℃，双乙酰的阈值在 0.1mg/L 以下，储酒时间 7~10d，一般储酒时间不宜超过 5 周。若不添加高泡酒，下酒后直接降温至出酒温度。下酒后，发酵池底部的酵母分为三层：上层酵母主要由落下的泡盖和最后沉降下来的酵母细胞组成；中层酵母为核心酵母，主要有健壮、发酵力强的酵母组成，且颜色较浅；下层酵母主要由最初沉降下来的酒花树脂、凝固物等颗粒组成。理论上酵母可以按层回收，但实际因各酵母层没有生理差别而不易精确操作。回收的酵母或直接用于下次发酵接种，或用水清洗后低温保存。

（三）现代啤酒发酵工艺

大罐啤酒发酵按工艺操作条件不同，又可分为低温主发酵-高温后熟、高温发酵-高温后熟和带压发酵等。

大罐啤酒低温主发酵-高温后熟工艺流程如下：

空罐预冷→进麦汁满罐→主发酵→升温→封罐→备压→双乙酰还原→降温→贮酒→结束。

麦汁接种温度为 6~7℃，3d 左右温度就升至 8~9℃，并维持在发酵顶温 9℃进行啤酒发酵，当发酵度达到 50%左右后立即关闭冷却装置，使品温升到 12~13℃完成双乙酰的后熟。若是采用一罐发酵，此时再次开启冷却装置使品温降至-1℃，然后贮酒 8d 左右；也可以将发酵液移入另一锥形贮罐低温贮存 1 周时间。该工艺发酵周期约 20d。

大罐啤酒低温主发酵-高温后酵工艺的优点在于形成的发酵副产物不多，且这些发酵副产物双乙酰能在高温后熟阶段被很好地分解掉。

为了缩短大罐啤酒发酵周期，人们往往采用高温发酵-高温后熟的工艺。麦汁接种温度为 8℃，大约 2d 后，品温上升至 12~14℃，在高温下会形成更多量的双乙酰，但是酵母会迅速将双乙酰还原，当双乙酰分解达到要求后，将温度降低到贮酒温度（-1℃）并保持 1 周的时间。该工艺发酵时间为 17~20d。该工艺具有发酵速度快、双乙酰分解快、啤酒质量好等优点。

大罐啤酒带压发酵是缩短生产周期最常用的方法之一。麦汁接种温度仍为 8℃，约 2d 时间，压力发酵温度上升至 10~14℃，最高可达 20℃，保持此温度可以将连二酮的前体物全部还原，在发酵过程中注意采用的温度要与施加的压力相适应。当外观发酵度达到 50%~55%时使压力增加到发酵规定的压力，维持这个压力直至后熟结束，然后冷却至 -1℃，此时需要调整罐压到贮酒工艺所要求的压力，贮酒时间至少需要 1 周。此工艺的发酵周期为 17~20d，CO_2 含量可达 0.50%~0.55%。由于高温发酵不可避免地会导致一些发酵副产物增加，最终影响成品啤酒的质量。然而带压发酵可以克服高温造成的不利影响，限制高级醇、乙酸异戊酯和乙酸苯乙酯等物质的合成。采用压力发酵虽然可使主发酵和后发酵加快，但对啤酒的质量和 pH 均有不利影响。采用此工艺要求发酵罐具有承受较高压力的能力。

思考题

1. 什么是厌氧发酵？
2. 厌氧发酵产物的合成机制有哪些？
3. 简述微生物糖酵解途径各转化过程。
4. 影响厌氧发酵的因素有哪些？应当怎样去控制以获得更多的目的发酵产物？
5. 简述酒精发酵罐的基本结构。
6. 简述传统啤酒发酵设备结构。
7. 简述现代锥形啤酒发酵设备的结构。
8. 简述各种白酒固态发酵方法特点。
9. 简述酒精发酵的基本过程。
10. 简述啤酒中的风味物质以及对产品的影响。
11. 简述传统啤酒和现代啤酒发酵工艺的优点和缺点。

参考文献

[1] 朱圣庚，徐长法. 生物化学：第 4 版 [M]. 北京：高等教育出版社，2016.

[2] 章克昌. 酒精与蒸馏酒工艺学 [M]. 北京：中国轻工业出版社，2013.

[3] 贾树彪，李盛贤，吴国峰. 新编酒精工艺学：第 2 版 [M]. 北京：化学工业出版社，2009.

[4] 顾国贤. 酿造酒工艺学：第 2 版 [M]. 北京：中国轻工业出版社，2015.

[5] 陶兴无. 发酵工艺与设备：第 2 版 [M]. 北京：化学工业出版社，2015.

［6］姚汝华．微生物工程工艺原理：第2版［M］．广州：华南理工大学出版社，2005.

［7］肖冬光．白酒生产技术：第2版［M］．北京：化学工业出版社，2011.

［8］姜淑荣．啤酒生产技术［M］．北京：化学工业出版社，2012.

［9］梁世中．生物工程设备：第2版［M］．北京：中国轻工业出版社，2018.

［10］陶兴无．生物工程设备［M］．北京：化学工业出版社，2017.

［11］何国庆．食品发酵与酿造工艺学：第2版［M］．北京：中国农业出版社，2017.

［12］段开红，田洪涛．生物发酵工厂设计［M］．北京：科学出版社，2017.

［13］余龙江．发酵工程原理与技术［M］．北京：高等教育出版社，2016.

［14］葛绍荣，乔代蓉，胡承．发酵工程原理与实践［M］．上海：华东理工大学出版社，2011.

第六章　好氧发酵工艺及设备

1. 掌握机械搅拌通风发酵罐的结构及几何尺寸、体积与热量传递的计算，气升式反应器的特点，机械搅拌自吸式发酵罐，机械通风固体曲发酵设备。

2. 熟悉机械搅拌通风发酵罐的通风与溶氧传质，搅拌与流变特性，气升环流式发酵罐的主要结构及操作参数，自吸式发酵罐的特点，喷射自吸式发酵罐，压力脉动固态发酵罐。

3. 了解自然通风固体曲发酵设备。

通风发酵罐为好氧发酵罐，应具有良好传质和传热性能，结构严密，防杂菌污染，培养基流动与混合良好，良好的检测与控制，设备较简单，方便维护检修，能耗低等特点。常用的通风发酵罐有机械搅拌式、气升式和自吸式等，其中机械搅拌通风发酵罐应用最为广泛。

第一节　好氧发酵产物的合成机制

一、微生物的基本代谢及产物

微生物的新陈代谢途径错综复杂，代谢产物多种多样。按照代谢活动与生长繁殖的关系，人们习惯将微生物的代谢分为初级代谢和次级代谢。

（一）初级代谢及产物

细胞主要由 C、H、O、N、S 和 P 六种元素组成，另外细胞还需用于维持酶活性和体内平衡所需的微量元素（如 Fe、Zn、Mo 等）。细胞的组成分子主要是核酸、蛋白质、多糖、脂质等生物大分子，它们源自一些低相对分子质量的前体（核苷酸、氨基酸、单糖、磷脂等）。除这些生物大分子和前体外，细胞的生长还需要约 20 种辅酶和电子载体。微生物通过各种代谢途径提供细胞生命活动所需要的能量，并利用各种原料构建其细胞组分。

初级代谢是与生物的生长繁殖有密切关系的代谢活动，在细胞生长繁殖期表现旺盛且普遍存在于一切生物中。营养物质的分解和细胞物质的合成构成了微生物初级代谢的两个主要方面。在代谢过程中凡是能释放能量的物质（包括营养和细胞物质）的分解过程被称为分解代谢；吸收能量的物质的合成过程被称为合成代谢。细胞的分解代谢可为微生物提供能量、还原力（NADH、FADH$_2$ 和 NADPH）和小分子前体，用于细胞物质的合成，使细胞得以生长和繁殖。而合成代谢必须与分解代谢相偶联才能满足合成代谢所需的前体和能量。生长和产物合成所需的前体决定了细胞所需养分的种类和数量，细胞生长速率也基本上和生物合成的净速率相等，整个代谢过程呈现出复杂性和整体性。

初级代谢产物是初级代谢生成的产物，如氨基酸、蛋白质、核苷酸、核酸、多糖、脂肪酸、维生素等，它们与微生物的生长繁殖有密切关系。这些代谢产物往往是各种不同种生物所共有的，且受生长环境影响不大。

微生物的初级代谢产物不仅是菌体生长繁殖所必需的成分，同样也是具有广泛应用前景的化合物。例如，氨基酸、核苷酸、脂肪酸、维生素、蛋白质、酶类、多糖、有机酸等被分离精制成各种功能食品、医药产品、轻工产品、生物制剂等。

（二）次级代谢及产物

次级代谢是与生物的生长繁殖无直接关系的代谢活动，是某些生物为了避免初级代谢中间产物的过量积累或由于外界环境的胁迫而产生的一类有利于其生存的代谢活动。例如，某些微生物为了竞争营养物质和生存空间，分泌抗生素来抑制其他微生物的生长甚至杀死它们。次级代谢途径复杂多变，很难进行分类总结。

次级代谢产物是次级代谢合成的产物，如抗生素、生物碱、色素、毒素等，它们与微生物的生长繁殖无直接关系，这些代谢产物往往是特定物种在特定生长阶段产生的，且受生长环境影响很大。

目前，就整体来说，人们对于次级代谢产物的了解远远不及对初级代谢产物的了解那样深入。与初级代谢产物相比，次级代谢产物种类繁多，类型复杂。迄今对次级代谢产物的分类还没有统一的标准。根据结构和生理活性的不同，次级代谢产物可大致分为抗生素、生长刺激素、维生素、色素、毒素、生物碱等不同类型。

1. 抗生素

抗生素是生物在其生命活动过程中产生的（或在生物产物的基础上经化学或生物方法衍生的）在低微浓度下能选择性地抑制或影响其他种生物机能的化学物质。抗生素是生物合成或半合成的次级代谢产物，相对分子质量不大。微生物是抗生素的主要来源，其中以放线菌产生的最多，真菌次之，细菌又次之。虽然目前人们对于抗生素对产生菌本身有无生理作用还不是十分清楚，但它能在细胞内积累或分泌到细胞外，并能抑制其他种类微生物的生长或杀死它们，因而这类化合物常被用于防治人类、动物的疾病与植物的病虫害，是人类使用最多的一类抗菌药物。目前医疗上广泛应用的抗生素有青霉素、链霉素、庆大霉素、金霉素、土霉素、制霉菌素等。

2. 生长刺激素

生长刺激素主要是由植物和某些细菌、放线菌、真菌等微生物合成，并能刺激植物生长的一类生理活性物质。例如，赤霉素是农业上广泛应用的一种植物生长刺激素。赤霉素是某些植物、真菌、细菌分泌的特殊物质，可取代光照和温度，打破植物的休眠，常被用于促进植物迅速生长，提早收获期，增加产量。许多霉菌、放线菌和细菌也能产生类似赤霉素的生长刺激素。

3. 维生素

在这里，维生素是指某些微生物在特定条件下合成远远超过产生菌正常需要的那部分维生素。例如，丙酸菌在培养过程中能积累维生素 B_{12}，某些细菌、酵母菌能够产生大量的核黄素。

4. 色素

色素是指微生物在代谢中合成的、积累在胞内或分泌于胞外的各种呈色次级代谢产物。微生物王国是一个绚丽多彩的世界，许多微生物都具有产生或释放色素物质的能力。例如，红酵母（*Rhodotorula*）能分泌出类胡萝卜素，而使细胞呈现黄色或红色。红曲霉（*Monascus*）产生的红曲素使菌体呈现紫红色。微生物能产生种类繁多的天然色素，通过微生物生产色素是一种有效的天然色素生产途径，越来越受到人们的重视。

5. 毒素

毒素是指一些微生物产生的对人和动植物细胞有毒杀作用的次级代谢产物。能够产生毒素的微生物类群主要包括细菌和霉菌两大类。微生物在生命活动过程中释放或分泌到周围环境的毒素称为外毒素，主要是一些单纯蛋白质。产生外毒素的细菌主要是革兰阳性菌，如白喉杆菌（*Corynebacterium diphtheriae*）、破伤风杆菌（*Clostridium tetani*）肉毒杆菌（*Clostridium botulinum*）和金黄色葡萄球菌（*Staphyloccocus aureus*），还有少数革兰阴性菌，如痢疾杆菌（*Shigella*）和霍乱弧菌（*Vibrio cholera*）等。革兰阴性菌细胞壁外壁层上有一种特殊结构，在菌体死亡自溶或黏附在其他细胞上时才表现出毒性，称为内毒素，它是由多糖、抗原、核心多糖和类脂 A 组成的复合体。真菌产生的毒素种类也很多，如黄曲霉（*Aspergillus flavus*）和寄生曲霉（*Aspergillus parasiticus* Speare）所产生的曲霉毒素，青霉（*Penicilliurn*）和曲霉（*Aspergillus*）产生的展青霉素，镰刀菌属（*Fusarium*）产生的镰刀菌毒素，以及一些大型真菌所产生的毒素等。

6. 生物碱

生物碱是存在于天然生物界中含氮原子的碱性有机化合物，主要存在于植物中，常具有明显的药理学活性。按照生物碱的结构分类，重要的类型有吡咯烷类、吡啶类、莨菪烷类、异喹啉类、有机胺类、吲哚类等。目前发现的许多生物碱与植物内生真菌有关。例如，紫杉醇就是一个二萜类的生物碱，该化合物具有独特的抑制微管解聚和促进微管聚合的作用，是一种良好的广谱抗肿瘤药物，目前发现许多植物内生真菌能够产生紫杉醇。

（三）初级代谢与次级代谢的关系

初级代谢和次级代谢是一个相对的概念，两者既有联系又有区别。两者之间的区别主要表现如下。

（1）次级代谢存在于一些特定生物中，而且不同生物的次级代谢途径和产物不同。而不同生物的初级代谢产物基本没有差异或差异不大。

（2）次级代谢产物对生物本身来说不是其生存所必需的物质，即使某些次级代谢途径出现障碍也不会给机体的生存和生长带来太大危害。而初级代谢产物，如单糖、核苷酸、氨基酸、脂肪酸等单体以及由其组成的各种生物大分子（如多糖、核酸、蛋白质、脂质等）都是机体生存必不可少的物质，只要这些物质的分解或合成过程中任何一个环节出问题，都可能给生命活动带来影响，轻则影响生物的生长繁殖，重则导致死亡。

（3）次级代谢在微生物生长特定阶段才出现，它和细胞生长的过程往往不是同步的。例如，青霉素的合成在生产菌的生长速率开始下降时才开始。而初级代谢存在于生命活动的一切过程中，在细胞生长和繁殖时尤其旺盛，因而往往和细胞生长过程同步。

（4）次级代谢产物种类繁多，往往含有不寻常的化学键。每种类型的次级代谢产物常是一群化学结构非常相似而成分不同的混合物。而初级代谢产物的性质和类型在不同生物中基本相同。例如，组成蛋白质的 20 种常见氨基酸、组成核酸的 5 种常见核苷酸在不同生物中都是一样的，在生物生长和繁殖过程中发挥的重要作用也基本类似。

（5）机体内两种代谢类型在遗传上的稳定性不同。控制次级代谢产物合成的基因可能不在染色体 DNA 上，而是存在于游离的环状 DNA 分子（质粒）中，这些质粒可以转移、整合、重组甚至消失。控制初级代产物合成的基因一般都存在于染色体 DNA 上，稳定性要高得多。

（6）机体内两种代谢类型对环境的敏感性不同。次级代谢对环境条件的变化敏感，往往随着环境的不同而产生不同的产物。而初级代谢对环境变化的敏感性小得多，较稳定。

（7）催化次级代谢产物合成的酶专一性较差，往往结构上类似的底物都能够被同一种酶催化。例如，青霉素合成中的酰基转移酶可以将不同的酰基侧链转移到青霉素母核 6-APA 的 7 位氨基上，因而天然青霉素发酵形成了五种不同的成分，分别为青霉素 G、V、O、F、X。而催化初级代谢产物合成的酶专一性总是很高，因为差错会导致严重的后果。

虽然初级代谢和次级代谢有诸多不同，但它们之间也有着非常密切的联系，总体表现为初级代谢是次级代谢的基础，初级代谢为次级代谢提供前体或起始物。以内酰胺类抗生素的生物合成为例，青霉素生物合成的起始物是 α-氨基己二酸、L-半胱氨酸、L-缬氨酸。这三种氨基酸都是微生物的初级代谢产物，但是它们又被用来合成青霉素、头孢菌素 L 等次级代谢产物。大环内酯类抗生素——阿维菌素的生物合成以异亮氨酸和缬氨酸为起始物。多肽类抗生素是由氨基酸通过肽键连接而合成的。此外，初级代谢的一些关键中间产物也是次级代谢合成中重要的中间体物质，如乙酰 CoA、莽草酸和丙二酸等是许多次级代谢的中间体物质。

另外，初级代谢的调控影响到次级代谢产物的生物合成。初级代谢往往受到严格的代谢调控。当一些初级代谢产物和次级代谢相关时，初级代谢途径的调控必然影响到相关的次级代谢。例如，在青霉素发酵中，产黄青霉（*Penicillium chrysogenum* Thom）菌株胞内的 α-氨基己二酸浓度与青霉素的产量有着直接的关系，向生长菌体或静息细胞的培养液中加入外源的 α-氨基己二酸可有效提高青霉素的产量。再者，初级代谢也是次级代谢主要的能量和还原力来源。例如，糖类、脂类、氨基酸的分解代谢产生的能量和还原力也可以用于次级代谢。

第二节　发酵过程的工艺控制

一、温度对发酵的影响及其控制

在影响微生物生长繁殖的各种物理因素中，温度的作用最重要。由于微生物的生长繁殖和产物的合成都是在各种酶的催化下进行的，而温度却是保证酶活性的重要条件，因此在发酵过程中必须保证稳定而合适的温度环境。温度对发酵的影响是多方面的，对微生物细胞的生长和代谢、产物生成的影响是各种因素综合表现的结果。

（一）温度对微生物细胞生长的影响

大多数微生物适宜在 20~40℃ 的温度范围内生长。嗜冷菌在温度低于 20℃ 下生长速率最大，嗜中温菌在 30~35℃生长，嗜热菌在 50℃以上生长。在最适宜的温度范围内，微生物的生长速率可以达到最大，当温度超过最适生长温度，生长速率随温度增加而迅速下降。

温度对细胞生长的影响下仅表现为对表面的作用，而且因热平衡的关系，热可以传递到细胞内，对微生物细胞内部的所有结构物质都有作用。微生物的生命活动可以看作是相互连续进行酶反应的过程，任何反应又都与温度有关。

高温会使微生物细胞内的蛋白质发生变性或凝固，同时破坏微生物细胞内的酶活性，从而杀死微生物，温度越高，微生物的死亡就越快。

微生物对低温的抵抗力一般比对高温的强。原因是微生物体积小，在其细胞内不能形成冰结晶体，因此不能破坏细胞内的原生质，但低温能抑制微生物的生长。

各种微生物在一定条件下都有一个最适的生长温度范围，在此温度范围内，微生物生长繁殖最快。微生物的种类不同，所具有的酶系及其性质不同，生长所要求的温度也不同。即使同一种微生物，由于培养条件不同，其最适的温度也有所不同。

温度和微生物生长的关系，一方面，在细胞最适生长温度范围内，微生物的生长速度随温度的升高而增加，通常在生物学范围内温度每升高 10℃，微生物的生长速度就加快 1 倍，因此发酵温度越高，培养的周期就越短；另一方面，处于不同生长阶段的微生物对温度的反应不同，处于 4 个不同生长时期的微生物对环境的敏感程度不同。处于停滞期的微生物对环境十分敏感，将其置于最适温度范围内，可以缩短该时期，并促使孢子萌发。在最适温度范围内提高对数生长期的培养温度，既有利于菌体的生长，又避免热作用的破坏。处于生长后期的菌体，其生长速度一般来说主要取决于氧，而不是温度。

（二）温度对发酵代谢产物的影响

温度对发酵的影响体现在影响发酵动力学特性、改变菌体代谢产物的合成方向、影响微生物的代谢调节机制、影响发酵液的理化性质和产物的生物合成。

在一定的温度范围内，随着温度的升高酶反应速率增加，温度越高酶反应的速率就越大，微生物细胞的生长代谢加快，产物生成提前。但酶本身很容易因热的作用而失去活性，温度升高酶的失活也越快，表现出微生物细胞容易衰老，使发酵周期缩短，从而影响发酵过程的最终产物产量。

温度能够改变菌体代谢产物的合成方向。例如，在四环素的发酵过程中，生产菌株金色链霉菌同时也能产生金霉素，当温度低于 30℃时，生产菌株金色链霉菌合成金霉素的能力较强，随着温度的升高，合成四环素的能力也逐渐增强，当温度提高到 35℃时则只合成四环素，而金霉素的合成几乎处于停止状态。

温度对多组分次级代谢产物的组分比例产生影响。如黄曲霉产生的多组分黄曲霉毒素，在 20℃、25℃和 30℃，发酵所产生的黄曲霉毒素（Aflatoxin）G_1 与 B_1 比例分别为 3：1，1：2，1：1。

温度还能影响微生物的代谢机制。例如，在氨基酸生物合成途径中的终产物对第一个合成酶的反馈抑制作用，在 20℃时比 37℃时终产物对第二个合成酶的抑制作用更敏感。

温度可以通过改变培养液的物理性质而间接影响发酵的进程。如发酵液的黏度、基质和氧在发酵液中的溶解和传递速率、某些基质的分解和吸收速率等，都受到温度变化的影响，进而影响发酵动力学特性和产物合成。

有时，同一微生物细胞的细胞生长和代谢产物积累的最适温度不同。例如，青霉素产生菌的生长最适温度为30℃而产生青霉素的最适温度为25℃；黑曲霉的最适生长温度为37℃，而产生糖化酶和柠檬酸的最适温度都是32~34℃；谷氨酸产生菌的最适生长温度为30~32℃，而代谢产生谷氨酸的最适温度却为34~37℃。对于此种发酵类型，必须根据要求在发酵过程中适时调整培养温度。

（三）发酵热及其计算和测定

发酵过程中，随着微生物菌种对培养基的利用和机械搅拌作用将产生一定的热量，同时，发酵罐的罐壁散热和部分蒸发也会带走一些热量，总之，发酵过程中产生的热量，称为发酵热。发酵热包括生物热、搅拌热、蒸发热和辐射热等，是引起发酵过程中温度变化的原因。

1. 生物热

生物热（$Q_{生物}$）是微生物生长繁殖过程中产生的热量，是由培养基中的碳水化合物、脂肪和蛋白质等被微生物分解成 CO_2、H_2O 和其他物质时释放出来的。释放出的能量一部分用来合成高能化合物，供微生物合成和代谢活动的需要，另一部分用来合成代谢产物，其余的以热的形式散发出来，导致发酵热温度的升高。

在发酵过程中，生物热的产生有很强的时间性，即在微生物生长的不同时期菌体的呼吸作用和发酵作用强度不同，所产生的热量也不同。在菌体处于对数生长期时，繁殖旺盛，呼吸作用剧烈，细胞数量也多，产生的热量多。

2. 搅拌热

机械搅拌通气发酵罐，由于机械带动发酵液作机械运动，造成液体之间、液体与搅拌器和液体与罐壁之间的摩擦而产生搅拌热（$Q_{搅拌}$）。如式（6-1）。

$$Q_{搅拌} = (P/V) \times 3601 \tag{6-1}$$

式中　P/V——通气条件下单位体积发酵液所消耗的功率，kW/m^3

　　3601——机械能转变为热能的热功当量，$kJ/(kW \cdot h)$

3. 蒸发热

空气进入发酵罐后与发酵液广泛接触，引起发酵液水分的蒸发，被空气和蒸发水分带走的热量称为蒸发热（$Q_{蒸发}$）或汽化热。如式（6-2）。

$$Q_{蒸发} = G(I_{出} - I_{进}) \tag{6-2}$$

式中　G——空气的质量流量，kg 干空气/h

　$I_{出}$、$I_{进}$——发酵罐排气、进气的热焓，kJ/kg 干空气

4. 辐射热

因发酵罐液体温度与罐外周围环境温度不同，发酵液中有一部分热通过罐体向大气辐射称为辐射热（$Q_{辐射}$）。辐射热的大小决定于罐内温度与外界温度的差值大小。

5. 发酵热的测定和计算

发酵过程中的上述热量，产热的因素是生物热（$Q_{生物}$）和搅拌热（$Q_{搅拌}$），散热因素有蒸发热（$Q_{蒸发}$）和辐射热产生的热能减去散失的热能，所得的净热量就是发酵热（$Q_{发酵}$），该发酵热是使得发酵温度变化的主要原因。如式（6-3）。

$$Q_{发酵} = Q_{生物} + Q_{搅拌} + Q_{蒸发} + Q_{辐射} \tag{6-3}$$

发酵热是随时间变化的，要维持一定的发酵温度，必须采取保温措施，在夹套内通冷

却水控制温度。

（1）通过测量一定时间内冷却水的流量和冷却水进、出口温度，用式（6-4）计算发酵热。

$$Q_{发酵} = GC\ (T_2 - T_1)\ /V \qquad\qquad (6\text{-}4)$$

式中　　G——冷却水流量，L/m

　　　　C——水的比热，kJ/（kg·℃）

　T_1、T_2——发酵罐进口、出口处的冷却水温度，℃

　　　　V——发酵液体积，m³

（2）通过发酵罐的温度自动控制装置，先使罐温达到恒定，再关闭自动装置，测量温度随时间上升的速率，按式（6-5）计算发酵热。

$$Q_{发酵} = (M_1C_1 + M_2C_2)\ \cdot S \qquad\qquad (6\text{-}5)$$

式中　　M_1——发酵液的质量，kg

　　　　M_2——发酵罐的质量，kg

　　　　C_1——发酵液的比热，kJ/（kg·℃）

　　　　C_2——发酵罐材料的比热，kJ/（kg·℃）

　　　　S——温度上升速率，℃/h

（3）根据化合物的燃烧热值计算发酵过程中生物热的近似值。

根据 Hess 定律，热效应决定于系统的初态和终态，而与变化的途径无关，反应的热效应等于产物的生成热总和减去底物生成热总和。也可以用燃烧热来计算热效应，特别是对于有机化合物，燃烧热可直接测定，而采用燃烧热来计算更适合。反应的热效应等于底物的燃烧热总和减去生成物的燃烧热总和。可用式（6-6）计算。

$$\Delta H = \sum\ (\Delta H)_{底物} - \sum\ (\Delta H)_{产物} \qquad\qquad (6\text{-}6)$$

（四）最适温度的控制

最适发酵温度是既适合菌体生长，又适合代谢产物合成的温度。但有时最适生长温度不同于最适生产温度。一般来说，接种后应适当提高培养温度，以利于孢子的萌发或加快微生物的生长、繁殖，而且此时发酵的温度大多数是下降的；待发酵液的温度表现为上升时，发酵液的温度应控制在微生物的最适生长温度；到主发酵旺盛阶段，温度的控制可比最适生长温度低些，即控制在微生物代谢产物合成的最适温度；到发酵后期，温度出现下降的趋势，直至发酵成熟即可放罐。

在发酵过程中，如果微生物能够承受高一些的温度进行生长繁殖，对生产非常有利，既可减少杂菌污染的机会又可减少夏季培养所需的降温辅助设备。因此培育耐高温的微生物很有意义。

最适发酵温度随着菌种、培养基成分、培养条件和菌体生长阶段不同而改变。因此它是一个相对的概念，是在一定的条件下测得的结果。不同的微生物和不同的培养条件以及不同的酶反应和不同的生长阶段，最适温度也应有所不同。生产上为了使发酵的温度控制在一定范围，常在发酵设备上装有热交换设备，如采用夹套、排管或蛇管等进行降温或加热。

在实际发酵过程中，往往不能在整个发酵周期内仅选择一个最适培养温度，因为最适于微生物细胞生长的温度不一定最适合于发酵产物的生成；反之，最合适于发酵产物生成的温度亦往往不是微生物细胞生长的最适温度。此时，究竟选择哪一个温度进行发酵为宜，则要看当时微生物生长和生物合成这一对矛盾中哪一个为主要方面。

发酵温度的选择还与培养基成分和浓度有关。当使用较稀或较容易利用的培养基时，提高温度往往会使营养物质过早耗尽，从而导致微生物细胞过早自溶，使生产的产量降低。

发酵温度的选择还要参考其他的发酵条件灵活掌握。如在通气条件较差的情况下，最合适的发酵温度也可能比正常良好通气条件下要低一些。这是由于在较低温度下，氧的溶解度相应要大些，同时微生物的生长速率也比较小，从而弥补了因通气不足而造成的代谢异常。

二、pH 对发酵的影响及其控制

发酵过程中培养液的 pH 是微生物在一定环境条件下代谢活动的综合指标，是重要的发酵参数。因此，在发酵过程中必须及时检测并加以控制，使之处于对生产最有利的最佳状态。

（一）pH 对发酵过程的影响

微生物发酵有各自的最适生长 pH 和最适生产 pH。这两种 pH 范围对发酵控制来说都是很重要的参数。pH 对发酵过程的菌体生长和产物形成的影响主要体现在以下几个方面。

（1）影响酶的活性，以致影响菌体的生长和产物的合成。菌体生长和产物合成都是酶反应的结果，在不适宜的 pH 下，微生物的某些酶的活性受到抑制，从而影响菌体的生长和产物的合成。有时 pH 不同甚至菌体的代谢途径会随之发生改变，如酵母菌在 pH4.5~5.0 时发酵产物主要是酒精，但在 pH8.0 时产物不仅有酒精，还有醋酸和甘油。

（2）影响菌体细胞结构的变化和细胞形态的变化，因而影响菌体对营养物质的吸收和代谢产物的形成。如 pH 影响菌体细胞膜的电荷状况，引起膜透性发生改变。Collnig 等发现产黄青霉的细胞壁的厚度就随 pH 的增加而减小。其菌丝直径在 pH6.0 时为 $2~3\mu m$，pH 4 时为 $2~18\mu m$，并呈膨胀酵母状，pH 下降后，菌丝形态又会恢复正常。

（3）影响基质和中间代谢产物的解离，从而影响微生物对这些物质的利用。

（4）还对发酵液或代谢产物产生物理化学的影响，其中要特别注意的是对产物稳定性的影响。如在 β-内酯胺抗生素莎纳霉素的发酵中，考察 pH 对产物生物合成的影响时，发现 pH 在 6.7~7.5，抗生素的产量相近，高于或低于这个范围，合成就受到抑制，在这个 pH 范围内，沙纳霉素的稳定性未受到严重影响，半衰期也无大的变化，但 pH>7.5 时，稳定性下降，半衰期缩短，发酵单位也下降。这可能就是发酵单位下降与产物的稳定性有关。青霉素在碱性条件下发酵单位低，也与青霉素的稳定性有关。

控制一定的 pH，不仅是保证微生物生长的主要条件之一，而且是防止杂菌感染的一个措施。维持最适 pH 已成为发酵生产成败的关键因素之一。

（二）发酵过程中 pH 的变化及影响因素

发酵过程中由于菌种在一定温度及通气条件下对培养基中碳源、氮源等的利用，随着有机酸或氨基酸的积累，会使 pH 产生一定的变化。pH 变化的幅度取决于所用的菌种、培养基的成分和培养条件。在产生菌的代谢过程中，菌本身具有一定的调整周围 pH 的能力，从而构建最适 pH 的环境。如以生产利福霉素 SV 的地中海诺卡菌进行发酵研究，采用 pH 为 6.0、6.8、7.5 三个出发值，结果发现 pH 在 6.8、7.5 时，最终发酵 pH 都达到 7.5 左右，菌丝生长和发酵单位都达到正常水平；但 pH 为 6.0 时，发酵中期 pH 仅达 4.5，菌体浓度仅为 20%，发酵单位为零。这说明菌体仅有一定的自调节能力。

一般在正常情况下，菌体生长阶段 pH 有上升或下降的趋势（相对于接种后起始 pH 而言）。如利福霉素 B 发酵起始 pH 为中性，但生长初期由于菌体产生的蛋白酶水解培养基中蛋白胨而生成铵离子，使 pH 上升为碱性。接着，随着菌体量的增多和铵离子的利用，以及葡萄糖利用过程中产生的有机酸的积累，使 pH 下降到酸性（pH6.5），此时有利于菌的生长。在生长阶段，pH 趋于稳定，维持在最适产物合成的范围（pH7.0~7.5）。到菌体自溶阶段，随着基质的耗尽，菌体蛋白酶的活跃，培养基中氨基酸增加，使 pH 又上升，此时菌丝趋于自溶而代谢活动停止。

外界环境发生较大变化时，pH 将会不断波动。凡是导致酸性物质生成或释放，碱性物质的消耗都会引起发酵液的 pH 下降；反之，凡是造成碱性物质的生成或释放，酸性物质的利用将使 pH 上升。此外，引起发酵液中 pH 下降的因素还有以下几点。

（1）培养基中碳、氮比例不当，碳源过多，特别是葡萄糖过量或者中间补糖过多，加之溶解氧不足，致使有机酸大量积累而 pH 下降。

（2）消泡剂（油）加量过多。

（3）生理酸性物质的存在，氨被利用，pH 下降。

引起发酵液 pH 上升的因素有以下几点。

（1）培养基中碳/氮比例不当，氮源过多，氨基氮释放，使 pH 上升。

（2）生理碱性物质存在。

（3）中间补料中氨水或尿素等碱性物质的加量过多，使 pH 上升。

pH 的变化会引起各种酶活性的改变，影响菌对基质的利用速率和细胞的结构，以致影响菌体的生长和产物的合成。pH 还会影响菌体细胞膜电荷状况，引起膜的渗透性改变，因而影响菌体对营养的吸收和代谢产物的形成等。

因此，确定发酵过程中的最佳 pH 及采取有效控制措施是保证或提高产量的重要环节。

（三）发酵过程中 pH 的确定和控制

发酵的 pH 随菌种和产品不同而不同。由于发酵是多酶复合反应系统，各酶的最适 pH 也不相同，因此，同一菌种，生长最适 pH 可能与产物合成的最适 pH 是不一样的。如初级代谢产物丙酮-丁醇的梭状芽孢杆菌发酵，pH 在中性时，菌种生长良好，但产物产量很低，实际发酵的最适 pH 为 5~6。次级代谢产物抗生素的发酵更是如此，链霉素产生菌生长的最适 pH 为 6.2~7.0，而合成链霉素的最适 pH 为 6.8~7.3。因此，应该按发酵过程的不同阶段分别控制不同的 pH 范围，使产物的产量达到最大。

最适 pH 是根据实验结果来确定的。将发酵培养基调节成不同的出发 pH，进行发酵，在发酵过程中，定时测定和调节 pH，以分别维持出发 pH，或者利用缓冲液来配制培养基以维持之，定时观察菌体的生长情况，以菌体生长达到最高的 pH 为菌体生长的最适 pH。以同样的方法，可测得产物合成的最适 pH。但同一产品的最适 pH 还与所用的菌种、培养基组成和培养条件有关。如合成青霉素的最适 pH，先后报道有 7.2~7.5、7.0 左右和 6.5~6.6 等不同数值，产生这样的差异，可能是所用的菌株、培养基组成和发酵工艺不同引起的。

在确定最适发酵 pH 时，还要考虑培养温度的影响，若温度提高或降低，最适 pH 也可能发生变动。

在实际生产中，调节 pH 的方法应根据具体情况加以选用。如调节培养基的原始 pH；加入缓冲剂；使盐类和碳源的配比平衡；在发酵过程中加入弱酸或弱碱；合理控制发酵条件，尤其是调节通气量；进行补料控制等。

发酵生产中调节 pH 的主要方法有以下几个。

1. 添加碳酸钙法

采用生理酸性铵盐作为氮源时，由于 NH_4^+ 被菌体利用后，剩下的酸根引起发酵液 pH 下降，在培养基中加入碳酸钙，就能调节 pH。但碳酸钙用量过大，在操作上容易引起染菌。

2. 氨水流加法

在发酵过程中根据 pH 的变化流加氨水调节 pH，且作为氮源供给 NH_4^+，氨水价格便宜，来源容易。但氨水作用快，对发酵液的 pH 波动影响大，应采用少量多次流加，以避免造成 pH 过高，抑制菌体生长，或 pH 过低，NH_4^+ 不足等现象。具体流加方法应根据菌种特性、长菌情况、耗糖情况等决定，一般控制 pH7.0~8.0，最好能够采用自动控制连续流加方法。

3. 尿素流加法

以尿素作为氮源进行流加调节 pH，由于 pH 变化有一定规律性，易于操作控制。由于通风、搅拌和菌体脲酶作用使尿素分解放氨，使 pH 上升；氨和培养基成分被菌体利用并形成有机酸等中间代谢产物，使 pH 降低，这时就需要及时流加尿素，以调节 pH 和补充氮源。

当流加尿素后，尿素被菌体脲酶分解放出氨使 pH 上升，氨被菌体利用和形成代谢产物使 pH 下降，再次进行流加，反复进行维持一定的 pH。

流加尿素时，除主要根据 pH 的变化外，还应考虑菌体生长、耗糖、发酵的不同阶段来采取少量多次流加，维持 pH 稍低些，以利长菌。当长菌快，耗糖快，流加量可适当多些，pH 可略高些，发酵后期有利于发酵产物的形成。

三、发酵过程中的补料控制

补料是指在发酵过程中一次或多次补充营养物质，以促进发酵微生物的生长、繁殖，提高发酵产量的工艺方法。采用补料发酵的生产工艺称为补料工艺。分批发酵常因配方中的糖量过多造成细胞生长过旺，而造成供氧不足。解决这个问题可在发酵过程中进行补料。补料的作用是及时供给产生菌合成产物的需要。

（一）补料的内容

补料是指在发酵过程中补充某些营养物质以维持菌体的生理代谢活动和合成的需要。因此，补料的内容大致可分为以下 4 个方面。

（1）补充微生物所需要的能源和碳源　如在发酵液中添加葡萄糖、饴糖、液化淀粉。作为消泡剂的天然油脂，同时也起了补充碳源的作用。

（2）补充菌体所需要的氮源　如在发酵过程中添加蛋白胨、豆饼粉、花生饼、玉米浆、酵母粉和尿素等有机氮源。有的发酵品种还采用通入氨气或添加氨水。以上这些氮源，由于它本身和代谢后的酸碱度也可用于控制发酵的合适的 pH 范围。

（3）加入某些微生物生长或合成需要的微量元素或无机盐，如磷酸盐、硫酸盐、氯化钴等。

（4）对于产诱导酶的微生物，在补料中适当加入该酶的作用底物，是提高酶产量的重要措施。

（二）补料的原则

菌体的生理调节活动和生物合成，除了决定于本身的遗传特性外，还决定于外界的环境条件，其中一个重要的条件就是培养基的组成和浓度。若在菌体的生长阶段，有过于丰富的碳源和氮源以及适合的生长条件，就会使菌体向着大量菌丝繁殖方向发展，使得养料主要消耗在菌丝生长上；而在生物合成阶段养料便不足以维持正常生理代谢和合成的需要，导致菌丝过早地自溶，使生物合成阶段缩短。

在现代化大规模发酵工业生产中，中间补料的数量为基础料量的 1~3 倍。如果将所补加的全部料量合并在基础培养基内，势必造成菌体代谢的紊乱而失去控制，或者因为培养基浓度过高，影响细胞膜内的渗透压而无法生长。

补料的原则在于根据发酵微生物的品种及特征，特别是根据生产菌种的生长规律、代谢规律、代谢产物的生物合成途径，结合生产上的实践经验，通过中间补料工艺，采用各种措施，对发酵进行调节、控制，使发酵在中后期有足够但不多的养料，以维持发酵微生物代谢活动的正常进行，并大量持久地合成发酵产物，提高发酵生产的总产量。

（三）补料的控制

补料的方式有连续流加、非连续流加和多周期流加。每次流加又可分为快速流加、恒速流加、指数速率流加和变速流加。从补料的培养基成分来区分，又可分为单一组分补料和多组分补料等。

工业生产中，主要对糖、氮源及无机盐进行中间补料工艺优化。

1. 补糖的控制

在确定补料的内容后，选择适当的时机是相当重要的。补糖过早，有可能刺激菌丝的生长，加速糖的利用，在相同耗糖情况下，发酵单位偏低。以四环素发酵中间补加葡萄糖为例，图 6-1 表示在 3 个不同时间加糖的效果。

Ⅰ加糖时机适当（在接种后 45h 后加），发酵 96h 单位在 10000μg/mL 以上；Ⅱ加糖时间过晚（接种后 62h 开始加）；Ⅲ加糖时间过早（接种后 20h 后加），其发酵 96h 的单位与不加糖的对照组相近，为 6000μg/mL 左右，并没有显示补糖的优越性。

补糖的时机不能单纯以培养时间作为依据，还要根据基础培养基中碳源种类、用量和消耗速度、前期发酵条件、菌种特性和种子质量等因素判断。因此，根据代谢变化，如残糖含量、pH 或菌丝形态来考虑，比较切合实际。

补糖的方法一般都以间歇定时加入为主，但近年来也开始注意用定时连续滴加的方式补进所需要的养料。连续滴加比分批加入控制效果更好，这可以避免一次大量加入而引起菌体的代谢受到环境突然改变的影响。有时会出现一次补料过多，十几个小时不增加单位的现象，这可能是由于环境的突然变化，对菌体来说需要一个更新适应的过程。

在确定补糖开始时间后，补糖的方法和控制指标也有讲究。一般在加糖后开始的阶段，如能维持较高浓度的还原糖含量，对生物合成有利；但高浓度还原糖含量不宜维持过

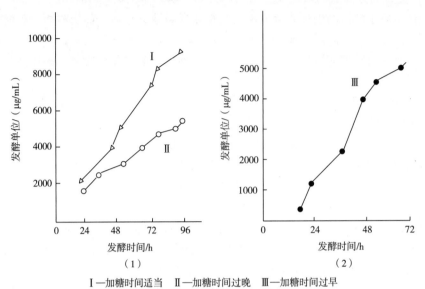

Ⅰ—加糖时间适当　Ⅱ—加糖时间过晚　Ⅲ—加糖时间过早

图6-1　加糖时间对四环素发酵单位的影响

久，否则会导致菌丝大量繁殖，影响单位增加。还原糖维持的水平因具体情况而略有差别，似乎维持在0.8%~1.5%较为适合。如在最适的补加葡萄糖的条件下，能正确控制菌丝量的增加、糖的消耗与发酵单位增长三者之间的关系，就可比采用丰富培养基时获得更长的生物合成期。

2. 补充氮源及无机盐

通氨是某些发酵生产外补料工艺的有效措施，它主要起着补充菌体的无机氮源和调节pH的作用。加入氨时应细流，注意泡沫的情况。避免一次加入量过多，造成局部过碱。也可以将氨水管道接到空气分管内，借气流带入，可迅速与培养液混合均匀。

有些工厂添加某些具有调节生长代谢作用的物料，如磷酸盐、尿素、硝酸盐、硫酸钠、酵母粉或玉米浆等。如果遇到生长迟缓、耗糖低时，可以补加适量的磷酸盐，以促进糖的作用。又如，土霉素发酵不正常时，菌丝展不开，呈葫芦状，糖不消耗，这时添加尿素水溶液有一定好处。

补料发酵工艺灵活多样，不同微生物或同种微生物不同培养条件时，控制方法也有差异。不能照搬套用，需要根据具体情况，并通过实验确定最适宜的中间补料控制方法。

补料中应该注意，补加的料液要配比合适，过浓会影响到消毒及料液的输送，而过稀则料液的体积增大，会导致发酵单位稀释、液面上升、加油量增加等。在补料过程中应注意无菌操作和控制。

四、发酵过程中的泡沫控制

发酵过程中因为通气搅拌、发酵液中产生的CO_2，以及蛋白质和代谢物等稳定泡沫的表面活性剂的存在而导致发酵产生很多泡沫。泡沫往往会给发酵带来不利的影响。因此，发酵过程中必须了解泡沫的消长规律并加以控制。

（一）发酵过程中泡沫的形成及变化

好氧性发酵过程中泡沫的形成是有一定规律的。泡沫的多少一方面与通风、搅拌的剧烈程度有关，搅拌所引起的泡沫比通风来得大；另一方面与培养基所用原材料的性质有关。蛋白质原料，如蛋白胨、玉米浆、黄豆粉、酵母粉等是主要的起泡因素。随原料品种、产地、加工条件而不同；还与配比及培养基浓度和黏度有关。糊精含量多也引起泡沫的形成。葡萄糖等糖类本身起泡能力很差，但在丰富培养基中浓度较高的糖类增加了培养基的黏度，从而有利于泡沫的稳定性。通常培养基的配方含蛋白质多、浓度高、黏度大，更容易起泡，泡沫多而持久稳定。而胶体物质多，黏度大的培养基更容易产生泡沫，如糖蜜原料发泡能力特别强，泡沫多而持久稳定。水解糖水解不完全时，糊精含量多，也容易引起泡沫产生。

发酵过程中，泡沫的形成有一定的规律性。发酵中起泡的方式被认为有 5 种：①整个发酵过程中，泡沫保持恒定的水平；②发酵早期，起泡后稳定地下降，以后保持恒定；③发酵前期，泡沫稍微降低后又开始回升；④发酵开始起泡能力低，以后上升；⑤以上类型的综合方式。这些方式的出现与基质的种类、通气搅拌强度和灭菌条件等因素有关，其中基质中的有机氮源（如黄豆饼粉等）是起泡的主要因素。

培养基的灭菌方法和操作条件均会影响培养基成分的变化而影响发酵时泡沫的产生。由此可见，发酵过程中泡沫的形成和稳定性与培养基的性质有着密切的关系。

此外，发酵过程中污染杂菌而使发酵液黏度增加，也会产生大量泡沫。

（二）泡沫对发酵的影响

在发酵过程中，因微生物的代谢活动处在运动变化中，因此培养基的性质也发生相应变化，也影响到泡沫的形成和消长。例如，霉菌在发酵过程中的代谢活动所引起培养液的液体表面性质变化也直接影响泡沫的消长。发酵初期，由于培养基浓度大、黏度高、养料丰富，因而泡沫的稳定性与高的表面黏度和低的表面张力有关。随着发酵进行，表面黏度下降和表面张力上升，泡沫寿命逐渐缩短，这说明霉菌在代谢过程中在各种细胞外酶，如蛋白酶、淀粉酶等作用下，把造成泡沫稳定的物质如蛋白质等逐步降解利用，结果发酵液黏度降低，泡沫减少。另外，由于菌的繁殖，尤其是细菌本身具有稳定泡沫的作用，在发酵最旺盛时泡沫形成比较多，在发酵后期菌体自溶导致发酵液中可溶性蛋白质增加，又有利于泡沫的产生。此外，当发酵过程感染杂菌或噬菌体时，泡沫也会异常增多。

泡沫的大量存在会给发酵带来许多副作用。主要表现在：①降低了发酵罐的装料系数，一般需氧发酵中，发酵罐装料系数为 0.6~0.7，余下的空间用于容纳泡沫；②泡沫过多时，造成大量逃液，发酵液从排气管路或轴封逃出而增加染菌机会和产物损失；③严重时通气搅拌也无法进行，菌体呼吸受到阻碍，导致代谢异常或菌体自溶。所以控制泡沫乃是保证正常发酵的基本条件。

（三）泡沫的消除

发酵工业消除泡沫常用的方法有化学消泡法和机械消泡法，以下分别叙述。

1. 化学消泡法

化学消泡法是一种使用化学消泡剂消除泡沫的方法，优点是化学消泡剂来源广泛，消泡效果好，作用迅速可靠，尤其是合成消泡剂效率高、用量少、不需改造现有设备，不仅适用于大规模发酵生产，同时也适用于小规模发酵实验，添加某种测试装置后容易实现自动控制等。

（1）化学消泡的机理　当化学消泡剂加入起泡体系中，由于消泡剂本身的表面张力比较低（相对于发泡体系而言），当消泡剂接触到气泡膜表面时，使气泡膜局部的表面张力降低，力的平衡受到破坏，此外，被周围表面张力较大的膜所牵引，因而气泡破裂，产生气泡合并，最后导致泡沫破裂。但是，当泡沫的表面层存在极性的表面活性物质而形成双电层时，可以加一种具有相反电荷的表面活性剂，降低液膜的弹性（机械强度），或加入某些具有强极性的物质与起泡剂争夺液膜上的空间，并使液膜的机械强度降低，从而促使泡沫破裂。当泡沫的液膜具有较大的表面黏度时，可加入某些分子内聚力较弱的物质，以降低液膜的表面黏度，从而促使液膜的液体流失而使泡沫破裂。通常一种好的化学消泡剂应同时具有降低液膜的机械强度和表面黏度的双重性能。

（2）消泡剂的特点及发酵工业常用的消泡剂种类　根据消泡原理和发酵液的性质和要求，消泡剂必须具有以下特点。

①消泡剂必须是表面活性剂，且具有较低的表面张力，消泡作用迅速，效率高。

②消泡剂在气-液界面有足够大的散布系数，才能迅速发挥其消泡活性，这就要求消泡剂有一定的亲水性。

③消泡剂在水中的溶解度较小，以保持其持久的消泡或抑泡性能，并防止形成新的泡沫。

④对微生物和发酵过程无毒，对人、畜无害，不被微生物同化，对菌体的生长和代谢无影响，对产物提取和产品质量无影响。

⑤不干扰溶解氧、pH等测定仪表使用，不影响氧的传递。

⑥消泡剂来源方便，价格便宜，不会在使用和运输中引起任何危害。

⑦能耐受高温灭菌。

发酵工业常用的消泡剂主要有天然油脂类，高碳醇、脂肪酸和酯类，硅酮类（聚硅油）等4类，以天然油脂类和聚酯类最为常用。

天然油脂类中有豆油、玉米油、棉籽油、菜籽油和猪油。油不仅用作消泡剂，还可作为碳源和发酵控制的手段，它们的消泡能力和对产物合成影响也不相同。如对于土霉素发酵，用豆油和玉米油效果较好，而亚麻油则会产生不良作用。油脂的质量也会影响消泡效果，碘价或酸价高的油，消泡能力差并产生不良影响。油脂越新鲜，所含的抗氧化剂越多，形成过氧化物的机会少，酸也低，消泡能力越强，副作用也小。

聚酯类消泡剂是氧化丙烯或氧化丙烯和环氧乙烷与甘油聚合而成的聚合物。氧化丙烯与甘油聚合为聚氧丙烯甘油（GP）；氧化丙烯、环氧乙烷与甘油聚合为聚氧乙烯氧丙烯甘油（GPE），又称泡敌，消泡能力相当于豆油的10~80倍。

（3）消泡剂的应用和增效作用　消泡剂加入发酵罐内能否及时起作用主要决定于该消泡剂的性能和扩散能力。增加消泡剂散布可通过机械搅拌分散，也可借助某种载体或分散剂物质，使消泡剂更易于分布。

①消泡剂加载体增效。载体一般为惰性液体，消泡剂能溶于载体或分散于载体中，如聚氧烯甘油用豆油为载体（消泡剂∶油=1∶1.5），增效作用非常明显。

②消泡剂并用增效。取各种消泡剂的优点进行互补，达到增效，如GP∶GPE=1∶1混合用于青霉素发酵，结果比单独使用GP时效力增加2倍。

③消泡剂乳化增效。如GP用吐温-80为乳化剂在庆大霉素和谷氨酸发酵中效力提高

1~2 倍。

生产中，消泡的效果与消泡剂种类、性质、分子质量大小、消泡剂的亲水性、亲油性等因素相关，还与其使用方法、使用浓度和温度有很大关系。

2. 机械消泡法

机械消泡法是一种物理作用，靠机械强烈振动，压力的变化，促使气泡破裂，或借机械力将排出气体中的液体加以分离回收。优点是不用在发酵液中加入其他物质，节省原料（消泡剂），减少由于加入消泡剂所引起的污染机会。缺点在于它不能从根本上消除引起稳定泡沫的因素。

理想的机械消泡装置必须满足的条件有：动力小、结构简单、坚固耐用、容易清扫和杀菌、维修和保养费用低等。

机械消泡的方法，一种是在发酵罐内将泡沫消除；另一种是将泡沫引出发酵罐外，泡沫消除后，液体再返回发酵罐内。

罐内消泡有耙式消泡浆、旋转圆板式、气流吸入式、流体吹入式、冲击反射板式、碟片式及超声波的机械消泡等类型；罐外消泡有旋转叶片式、喷雾式、离心力式及转向板式的机械消泡等类型。

（1）罐内消泡　各种罐内消泡装置有如下几种。耙式消泡浆的机械消泡见图 6-2，耙式消泡浆装于发酵罐内搅拌轴上，齿面略高于液面，当产生少量泡沫时耙齿随时将泡沫打碎；旋转圆板式的机械消泡见图 6-3，圆板旋转同时将槽内发酵液注入圆板中央部分，通过离心力将破碎成微小泡沫的微粒散向槽壁，以达到消泡的目的；流体吹入式消泡见图 6-4，即把空气及空气与培养液吹入培养槽中形成泡沫层来进行消泡的方法；气流吸入式消泡见图 6-5，将发酵罐形成的气泡群吸引到气体吹入管，吹入气体流速；冲击反射板式消泡见图 6-6，把气体吹入液面上部，然后通过在液面上部设置的冲击板冲击反射，吹回到液面，将液面上产生的泡沫击碎的方法；超声波消泡，即将空气在 1.5~3.0MPa 下以 1~2L/s 的速度由喷嘴喷入共振室而达到破泡的目的；碟片式消泡器的机械消泡是将消泡器装于发酵罐顶，碟片位于罐顶的空间内，当其高速旋转时，进入碟片间的空气中的气泡被打碎同时将液滴甩出，返回发酵液中，被分离后的气体由空心轴经排气口排出。

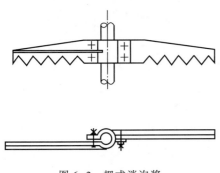

图 6-2　耙式消泡浆

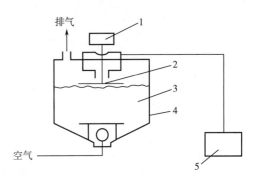

图 6-3　旋转圆板式消泡装置

1—电动机　2—旋转圆板　3—槽内液

4—发酵槽　5—供液泵

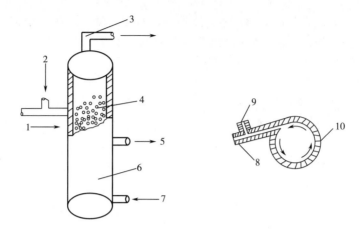

图 6-4　流体吹入式消泡装置

1，8—供液管　2，9—供气管　3—排气管　4—泡沫　5—排液管　6，10—培养槽　7—空气吹入管

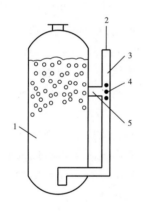

图 6-5　气流吸入式消泡装置

1—培养槽　2—无菌空气　3—空气吹入管
4—增速喷头　5—吸入管

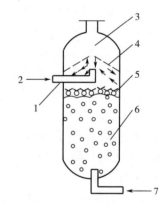

图 6-6　冲击反射板式消泡装置

1—喷嘴　2—气体　3—小孔　4—冲击板
5—气泡　6—培养槽　7—空气

（2）罐外消泡　各种罐外消泡装置如下。旋转叶片罐外消泡见图6-7，即将泡沫引出罐外，利用旋转叶片产生的冲击力和剪切力进行消泡，消泡后，液体再回流至发酵罐内；喷雾消泡，即将水及培养液等液体通过适当喷雾器喷出来达到消泡的目的，这是一种利用冲击力、压缩力及剪切力的消泡方法，这种消泡方法广泛应用于废水处理工程；离心力消泡见图6-8和图6-9，即将泡沫注入用网眼及筛目较大的筛子做成的筐中，通过旋转产生的离心力将泡沫分散，从而达到消泡的方法；旋风分离器消泡见图6-10，即利用带舌盘的旋风分离器的脱泡器进行消泡的方法；转向板式消泡见图6-11，即在这种装置中泡沫以 30~90m/s 的速度由喷头喷向转向板使泡沫破碎，分离液用泵送回槽内，而气体则排出消泡器外。

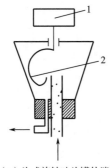 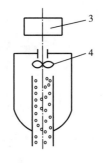

（1）沟式旋转叶片罐外消泡　　　　（2）搅拌式旋转叶片罐外消泡

图 6-7　旋转叶片罐外消泡装置

1，3—电动机　2—旋转叶　4—搅拌叶片

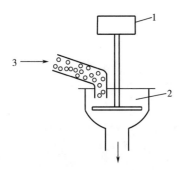 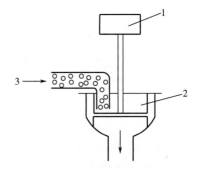

图 6-8　旋转筐罐外消泡装置　　　　　图 6-9　旋转圆板罐外消泡装置

1—电动机　2．旋转器　3—泡沫　　　　1—电动机　2—旋转器　3—泡沫

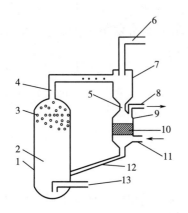 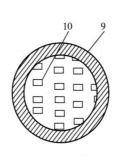 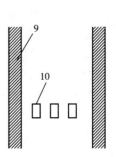

图 6-10　旋风分离器消泡装置

1—培养槽　2—培养液　3—泡沫　4，6，8—排气管　5—旋风分离器破泡液
7—旋风分离器　9—脱泡器　10—舌盘供气管　11，13—吸入管　12—环流液管

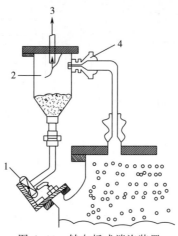

图 6-11　转向板式消泡装置
1—泵　2—缓冲液　3—排气　4—喷头

五、发酵终点的确定

微生物发酵终点的判断，对提高产物的生产能力和经济效益是很重要的。生产不能只单纯追求高生产力，而不顾及产品的成本，必须把两者结合起来，既要有高产量，又要有低成本。

对原材料与发酵成本占整个生产成本的主要部分的发酵品种，主要追求提高产率，得率（转化率）和发酵系数。如下游提炼成本占主要部分和产品价值高，则除了追求高产率和发酵系数外，还要求高的产物浓度。

发酵过程中的产物形成，有的是随菌体生长而产生，如初级代谢产物氨基酸等；有的产物的产生与菌体生长无明显的关系，生长阶段不产生产物，直到生长末期，才进入产物分泌期，如抗生素的合成就是如此。但是，无论是初级代谢产物还是次级代谢产物发酵，到了生长末期，菌体的分泌能力都要下降，使产物的生产能力下降或停止。有的产生菌在发酵末期，营养耗尽，菌体衰老而进入自溶，释放出体内的分解酶会破坏已形成的产物。

要确定一个合理的放罐时间，需要考虑下列几个因素。

（一）经济因素

发酵产物的生产能力是实际发酵时间和发酵准备时间的综合反应。实际发酵时，需要考虑经济因素，在生产速率较小（或停止）的情况下，如果继续延长时间，使平均生产能力下降，而动力消耗、管理费用支出、设备消耗等费用仍在增加，因而产物成本增加。所以，需要从经济学观点确定一个合理的时间。

（二）产品质量因素

判断放罐时间，还要考虑发酵产物的提炼质量。放罐时间的提前或推后，对后续工序有很大影响。如果发酵时间太短，则有过多的尚未代谢的营养物质（如可溶性蛋白、脂肪等）残留在发酵液中，这些物质对下游加工的溶媒萃取或树脂交换等工序都不利。如果发酵时间太长，菌体会自溶，释放出菌体蛋白或体内的酶，又会显著改变发酵液的性质，增加过滤工序的难度，降低不稳定发酵产物的产量。故要考虑发酵周期长短对产物提取工序的影响。

（三）特殊因素

一般情况下，对老品种的发酵来说，放罐时间都已掌握，在正常情况下可根据计划作业，按时放罐。但在异常情况下，如染菌、代谢异常（糖耗缓慢等），就应根据不同情况，进行适当处理。为了能够得到尽量多的产物，应该及时采取措施（如改变温度或补充营养等），并适当提前或拖后放罐时间。

总之，何时放罐要根据产物的产量、过滤速度、氨基氮的含量、菌丝形态、pH、发酵液的外观和黏度等确定。发酵终点的掌握，就要综合考虑这些参数来确定。

六、染菌对发酵的影响及控制

工业发酵稳定生产的关键之一是在整个发酵过程中维持纯种培养，避免杂菌污染。发酵过程中污染杂菌的现象称为染菌。发酵工业自从采用纯种培养技术以后，产率有了很大的提高，然而发酵过程中染菌的问题至今仍是现代发酵工业的严重威胁，染菌仍是发酵工业的致命伤。工业发酵过程中，杂菌的污染轻者影响产率、产物提取率和产品质量，重者导致"倒罐"，浪费大量的原材料，造成严重的经济损失。因此，必须采取有力措施，严格执行发酵操作程序和预防染菌措施，密切监测染菌情况，并随时控制。

（一）染菌对发酵的影响

由于各种发酵的菌种、培养基、发酵条件、发酵周期以及产物性质等不同，杂菌污染对其造成的危害程度也不同。谷氨酸发酵的菌种为细菌，噬菌体污染对谷氨酸发酵的威胁最大，往往导致成批次连续污染，造成倒罐，使生产紊乱达数月之久。抗生素的发酵最怕污染杂菌，但对于不同的抗生素发酵，造成危害程度较大的微生物类型是不同的。如青霉素发酵污染细短产气杆菌后造成的危害较大，由于它们能产生青霉素酶，因此无论染菌是发生在发酵前、中、后期，都会使发酵液中的青霉素迅速被破坏；其他抗生素如链霉素发酵最怕污染细短杆菌、假单胞杆菌和产气杆菌；四环素最怕污染双球菌、芽孢杆菌、荚膜杆菌等。柠檬酸等有机酸的发酵主要是预防发酵前染菌，尤其是预防发生青霉菌污染，发酵进入中后期后，发酵液的 pH 比较低，杂菌生长困难，不太会发生染菌。肌苷、肌苷酸发酵的生产菌种是多种营养缺陷型微生物，生长能力差，所需的培养基营养丰富，因此容易受到杂菌的污染，特别是芽孢杆菌污染对其生产造成的危害较大。

虽然各种发酵发生染菌的特点不同，但不管是哪种发酵，染菌都会造成培养基中的营养成分被消耗或代谢产物被分解，生成有毒的代谢产物抑制生产菌的代谢，严重影响产品得率，使发酵产品产量大大降低。

（二）不同时间发生染菌对发酵的影响

因为发酵一般都有种子扩大培养期、发酵前期、发酵中期、发酵后期 4 个阶段，在不同发酵阶段染菌对发酵产生的影响有很大区别。

1. 种子培养期染菌

种子制备是生产关键，同时种子是否带菌也是影响发酵无菌的重要环节。一旦种子发生污染，往往会造成多个发酵罐染菌，给生产带来巨大损失。而种子培养基都具有营养丰富的特点，比较容易染菌，因此应当严格控制种子污染，发现种子受污染时，要采取灭菌措施后弃去。

2. 发酵前期染菌

微生物菌体在发酵前期主要是处于生长、繁殖阶段，此阶段代谢的产物很少，容易发生染菌。染菌后的杂菌将迅速繁殖，消耗掉大量营养物质，严重干扰生产菌的正常生长、繁殖，严重时导致生产菌长不起来，产物合成基本停滞。

3. 发酵中期染菌

发酵中期染菌将会导致培养基中的营养物质大量消耗，严重干扰生产菌的代谢，影响产物的生成。有的发酵过程，染菌后杂菌大量繁殖，产生酸性物质使 pH 下降，产生有毒代谢产物，糖、氧等的消耗加速，生产菌大量死亡自溶，致使发酵液发黏，发臭，产生大量的泡沫，代谢产物的积累减少或停止；还有的染菌后会使已生成的产物被利用或破坏。就目前情况看，发酵中期染菌一般较难挽救，危害性较大。

4. 发酵后期染菌

在发酵后期，培养基中的营养物质已接近耗尽，发酵的产物也已积累较多，如果染菌量不太多，对发酵影响相对来说就小一些，可继续进行发酵。但对于某些发酵过程来说，例如肌苷酸、谷氨酸、赖氨酸等发酵，后期染菌也会影响产物的产量、提取和产品的质量。

（三）染菌程度对发酵的影响

染菌程度越严重，进入发酵罐的杂菌数量越多，对发酵的危害当然就越大。当生产菌在发酵过程已大量繁殖，在发酵液中已经占据优势地位，污染极少量的杂菌，对发酵不会带来太大的影响。这也是此种染菌常常被忽视的原因。由于没有采取有效措施，往往造成染菌数量在以后批次里越来越多，染菌发生时间越来越提前，最终导致大规模染菌。

（四）发酵染菌后的异常现象

发酵染菌后的异常现象是指由于发酵染菌导致发酵过程中的某些物理参数、化学参数或生物参数发生与原有规律不同的改变。通过对这些参数变化的分析，我们可以及时发现染菌并查明原因，加以解决。

1. 种子培养染菌后的异常现象

种子培养过程中发生染菌对发酵生产的危害尤其严重，它常常导致发酵成批染菌和连续染菌，造成倒罐，致使生产紊乱，甚至短期停产。种子培养染菌的异常现象主要有以下几个方面。

（1）菌体浓度异常　菌体浓度异常的情况分为两种，一种是菌体浓度逐渐降低，另一种是菌体浓度迅速增高。前者一般是由于感染烈性噬菌体导致培养液中可检测到菌体越来越少，而后者大多是由于感染了杂菌，杂菌的大量生长造成培养液中菌体浓度迅速增加。

（2）理化指标异常　种子培养过程中发生染菌后，由于生产菌的生长繁殖受到抑制，而非生产菌的微生物却大量繁殖生长，这必定会导致一些宏观的理化指标发生异常变化。例如在氨基酸发酵或某些抗生素发酵的种子培养过程中感染某些杂菌，杂菌大量繁殖产生酸性物质使培养液中的 pH 下降很快，大量生物热的产生将使温度迅速上升。

（3）代谢异常　代谢异常表现在糖、氨基氮等变化不正常。例如，感染噬菌体一般都会出现糖耗、耗氧缓慢或不耗糖、不耗氨的情况。

2. 发酵染菌后的异常现象

发酵染菌后的异常现象在不同种类的发酵过程所表现的形式虽然不尽相同，但均表现出菌体浓度异常、代谢异常、pH 的异常变化、发酵过程中泡沫的异常增多、发酵液颜色的异常变化、代谢产物含量的异常下跌、发酵周期的异常延长、发酵液的甜度异常增加等现象。

(1) 菌体浓度异常 发酵生产过程中菌体或菌丝浓度的变化是按其固有的规律进行的，但是如果发酵染菌将会导致发酵液中菌体浓度偏离原有规律，出现异常现象。无论是在发酵的前期、中期、后期染菌均会导致菌体浓度的异常变化，但具体变化的形式和染菌的具体情况有关。一般感染烈性噬菌体会造成菌体大量裂解和自溶，出现菌体浓度异常下降的情况；而感染杂菌则会因为杂菌的大量繁殖导致菌体浓度异常上升。如果感染温和性噬菌体则比较难以识别，此种噬菌体常隐伏在生产菌体内，使之繁殖缓慢，并减少了菌体的裂解和自溶，发酵中常常表现为菌体繁殖速率和代谢速率缓慢。

(2) pH 过高或过低 pH 变化是所有代谢反应的综合反映，在发酵的各个时期都有一定规律，pH 的异常变化就意味着发酵的异常。发酵中如果感染烈性噬菌体，由于菌体的裂解自溶，释放大量氨、氮，pH 将会上升；如果感染杂菌，它产生的酸性物质使培养液中的 pH 下降。

(3) 溶解氧及 CO_2 水平异常 任何发酵过程都要求一定的溶解氧水平，而且在不同的发酵阶段其溶解氧的水平也是不同的。如果发酵过程中的溶解氧水平发生了异常的变化，一般就是发酵染菌发生的表现。在正常的发酵过程中，发酵初期菌体处于适应期，耗氧量比较少，溶解氧基本不变；菌体进入对数生长期后，耗氧量增加，溶解氧浓度下降很快，并且维持在一定的水平，虽然操作条件的变化会使溶解氧有所波动，但变化不大；到了发酵后期，菌体衰老，耗氧量减少，溶解氧又再度上升。而发生染菌后，由于生产菌的呼吸作用受抑制，或者由于杂菌的呼吸作用不断加强，溶解氧浓度很快上升或下降。

由于污染的微生物不同，产生溶解氧异常的现象是不同的。当发酵污染的是好氧性微生物时，溶解氧的变化是在较短时间内下降，甚至接近于零，且在长时间内不能回升；当发酵污染的是非好氧性微生物或噬菌体时，生产菌生长被抑制，使耗氧量减少，溶解氧升高。尤其是污染噬菌体后，溶解氧的变化往往比菌体浓度更灵敏，能更好地预见污染的发生。

发酵过程的工艺确定后，排出的气体中 CO_2 含量应当呈现出规律性变化。但染菌后，培养基中糖的消耗发生变化，引起排气中 CO_2 含量的异常变化。如杂菌污染时，糖耗加快，CO_2 含量增加；噬菌体污染时，糖耗减慢，CO_2 含量减少。因此，可根据 CO_2 含量的异常变化来判断是否染菌。

(4) 泡沫过多 在发酵过程中，尤其是耗氧发酵中产生泡沫是很正常的现象。但是如果泡沫过多产生则是不正常的。导致泡沫过量产生的原因很多，其中染菌特别是污染噬菌体是原因之一，因为噬菌体暴发使菌体死亡、自溶，发酵液中的可溶性蛋白质等胶体物质迅速增加导致泡沫过多。

(5) 代谢异常 在发酵过程中菌体对培养基中碳源、氮源的利用及产物的合成都呈现出一定的规律。发酵染菌会破坏这种规律。发酵污染杂菌后碳源和氮源的消耗会异常加快，但产物合成速率却下降；而污染噬菌体后碳源、氮源消耗都会下降，甚至不消耗，产物合成速率大大下降。

（五）杂菌污染的途径及控制

1. 种子带菌及防治

由于种子染菌的危害非常大，因此对种子染菌的检查和染菌的防治是非常重要的，关系到发酵生产的成败。种子染菌主要发生在以下几个环节中。

（1）菌种在培养过程或保藏过程中受到污染　虽然菌种保藏和种子扩大培养过程大部分是在无菌环境良好的菌种室内进行，但仍然会有带有杂菌的空气进入而导致染菌。在种子罐种子培养过程中也会因为操作失误、设备渗漏等原因造成种子被污染。因此，为了防止污染，应做好菌种室和种子罐车间内外的环境消毒工作，降低周围环境中的杂菌浓度。应交替使用各种灭菌手段进行处理，如对于菌种室可交替使用紫外线、甲醛、过氧化氢、石炭酸或高锰酸钾等灭菌。对于种子罐车间可采用甲醛、石炭酸、漂白粉等进行灭菌。种子保藏时，种子保存管的棉花塞应有一定的紧密度，且有一定的长度，保存温度尽量保持相对稳定，不宜有太大变化。对每一级种子的培养物均应进行严格的无菌检查，确保任何一级种子均未受杂菌感染后才能使用。对种子罐等种子培养设备应定期检查，防止设备渗漏引起染菌。

（2）培养基和培养设备灭菌不彻底　对各级种子培养基、器具、种子罐应进行严格的灭菌处理。在利用灭菌锅进行灭菌和种子罐实罐灭菌时，要先完全排除内部的空气，以免造成假压，使灭菌的温度达不到要求，造成灭菌不彻底而使种子染菌。为此，在实罐灭菌升温时，应打开排气阀及有关连接管的边阀、压力表接管边阀等，使蒸汽通过，达到彻底灭菌。

（3）种子转移和接种过程染菌　在种子转移和接种过程中，种子培养物有可能直接暴露在空气中，所以在此过程中发生染菌的概率是比较高的。为了防止在此环节中发生污染，对无菌间和种子车间的环境要进行严格消毒；接种操作时用的衣帽及用具也要彻底灭菌；接种操作应按操作规程严格执行，避免操作失误引起染菌；在制备种子时对砂土管、斜面、三角瓶及摇瓶均严格进行管理，防止杂菌的进入而受到污染。

2. 空气带菌及防治

空气净化系统失效或减效，是引起大面积染菌的主要原因之一。要杜绝无菌空气带菌，就必须从空气的净化工艺和设备的设计、过滤介质的选用和装填、过滤介质的灭菌和管理等方面完善空气净化系统。如使用往复式空压机时，压缩空气中带有大量油滴，在气候潮湿的情况下过滤介质容易被油水沾湿而失效。要解决这个问题，要采用无油润滑措施，安装高效率的降温、除水装置，保持过滤介质的干燥状态，防止空气冷却器漏水，防止冷却水进入空气系统，并对空气在进入总过滤器之前升温，使相对湿度下降，然后进入总过滤器除菌。

要选用除菌效率高的过滤介质；过滤介质的装填不均会使空气走短路，所以要保证一定的介质充填密度；在过滤器灭菌时要防止过滤介质被冲翻而造成短路；在使用膜过滤器时，要防止老化管道中掉下的铁屑击穿过滤器金属膜，造成空气短路引起染菌；避免过滤介质烤焦或着火；当突然停止进空气时，要防止发酵液倒流入空气过滤器，在操作过程中要防止空气压力的剧变和流速的急增。

要加强生产环境的卫生管理，减少生产环境中空气的含菌量，正确选择采气口，如提高采气口的位置或前置粗过滤器。加强空气压缩前的预处理，如提高空压机进口空气的洁净度。

空气净化系统要制定严格的管理制度，定期检查灭菌，定期更换介质，在使用过程中要经常排放油水，在多雨或潮湿季节，更要加强管理。安装合理的空气过滤器，防止过滤器失效。

3. 培养基和设备灭菌不彻底导致的染菌及防治

首先，培养基灭菌不彻底与原料本身的特性有关。一般来说，越稀薄的培养基越容易灭菌彻底，而淀粉质原料在升温过快或混合不均匀时容易结块，使团块中心部位"夹生"，蒸汽不易进入将杂菌杀死，但在发酵过程中这些团块会散开，而造成染菌。因此，淀粉质培养基在升温前先要搅拌混合均匀，并加入一定量的淀粉酶进行液化。有大颗粒存在时应先过筛除去，再行灭菌。另外，培养基灭菌不彻底也与灭菌条件有关。例如，培养基连续灭菌时，蒸汽压力不稳定，培养基未达到灭菌温度，导致灭菌不彻底而污染。

造成设备灭菌不彻底主要是与设备、管道存在"死角"有关。由于操作、设备结构、安装或人为造成的屏障等原因，引起蒸汽不能有效到达或不能充分到达预定应该到达的局部灭菌部位，从而不能达到彻底灭菌的要求。常见的设备、管道死角有以下几个方面。

（1）发酵罐内的部件及其支撑件，包括拉手扶梯、搅拌轴拉杆、联轴器、冷却盘管、挡板、空气分布管及其支撑件、温度计套焊接处等周围容易积集污垢，形成死角。例如机械搅拌发酵罐内的环形空气分布管，由于靠近空气进口处气流速度大而远离进口处气流速度小，空气过滤器中的活性炭或培养基中的某些物质常常堵塞远离进口处的气孔，易产生死角而染菌。加强清洗并定期铲除污垢、可以消除这些死角。

（2）发酵罐制作不当造成的死角。如不锈钢衬里焊接质量不好，导致不锈钢与碳钢之间有空气，在灭菌时，由于三者膨胀系数不同，使不锈钢鼓起或破裂，造成"死角"。采用全不锈钢或复合钢可有效解决此问题。

（3）罐底部堆积培养基中的固性物，形成硬块，包藏脏物，使灭菌不彻底。通过加强清洗消除积垢、适当降低搅拌桨位置减少罐底堆积物可有效解决。此外，发酵罐封头上的人孔、排风管接口、灯孔、视镜口、进料管口、压力表接口等是造成死角的潜在位置。

（4）管道安装不当也会形成死角。例如法兰与管子焊接不好、密封面不平会形成死角；某些须在发酵过程中或培养基灭菌后才进行灭菌的管道安装不当也会形成死角等。因此，在进行法兰的加工、焊接和安装时，应做到使各衔接处管道畅通、光滑、密封好、垫片的内径与法兰内径匹配、安装时对准中心，甚至尽可能减少或取消连接法兰等措施，以避免和减少管道出现"死角"。

4. 操作失误和设备渗漏导致的染菌及防治

如前所述，在实罐灭菌时，由于操作不合理，未将罐内的空气完全排除，造成"假压"，罐内温度达不到灭菌的要求，导致灭菌不彻底而染菌。所以，在灭菌升温时，要打开排气阀门使蒸汽驱除罐内冷空气。在培养基灭菌和设备实消过程中，灭菌温度及时间必须达到要求，如果操作时不能达到要求，就会造成培养基或设备灭菌不彻底。好氧发酵过程中很容易产生泡沫，泡沫严重时发生"逃液"，造成染菌。因此，要严防泡沫冒顶，控制装料系数，必要时添加消泡剂防止泡沫的大量产生。此外，发酵时要正压操作，避免罐内负压导致外界空气进入罐内引起染菌。

发酵罐及物料灭菌等附属设备，多数是铁制的，经常受到高温、高压和酸碱腐蚀的作用，极易出现穿孔、变形而造成渗漏。如铁制冷却加热盘管、空气分布管使用久了就容易穿孔。由于它们长期受到搅拌和通气作用的影响而磨损，受到低 pH 发酵液的腐蚀作用，其焊缝处还受到温度冷热变化的作用，所以盘管和空气分布管是非常容易发生渗漏的部件。为了避免这种情况发生，应采用优质的材料，并经常进行检查。冷却加热盘管的微小渗漏不易被发现，可以采用向管道内压入碱性水，并用浸湿酚酞指示剂的白布擦拭管道上可疑处的方法来检验，如有渗漏时白布会显红色。

设备的表面或焊缝处如有砂眼，由于腐蚀逐渐加深，最终导致穿孔；接种管道使用频繁，也容易腐蚀穿孔；生产上使用的阀门不能完全满足发酵工程的工艺要求，易造成渗漏，应采用加工精度高、材料好的阀门避免此类渗漏的发生。

5. 噬菌体的污染及防治

噬菌体主要污染利用细菌或放线菌进行的发酵生产，如氨基酸、淀粉酶、抗生素、丙酮、丁醇等生产都不同程度遭受噬菌体的损害。发酵一旦感染噬菌体，往往在几小时内菌体全部死亡，产物合成停止，并造成倒罐，甚至连续倒罐。这不但给生产造成巨大损失，而且使生产紊乱，甚至生产全部停顿。即使轻度的噬菌体污染，也使正常生产受到困扰，导致产率下降，成本提高，对企业效益影响很大。多年来，国内外都很重视对噬菌体的防治工作，并采取了一系列防治措施，使噬菌体污染得到基本控制，污染程度也逐步减轻，但是尚未"根治"。所以，对噬菌体的防治仍然是发酵工业普遍关注的问题。

噬菌体是一种病毒，直径 0.1nm，具有非常专一的寄生性。它在自然界中分布很广，在土壤、污水、腐烂的有机物和大气中均有存在。凡是有寄主细胞的地方，一般都生存有它们的噬菌体，发酵车间、提取车间及其周围更有机会积累噬菌体。发酵生产所污染的噬菌体又可分为烈性噬菌体（Virulent Phage）和温和噬菌体（Temperate Phage）。烈性噬菌体侵染细胞后，增殖很快，在较短时间内使细胞裂解。生产中遇到的多数为烈性噬菌体。温和噬菌体感染细胞后，可能增殖暴发，释放子代噬菌体；也可能把其 DNA 和寄主的遗传物质紧密结合在一起，随细胞繁殖，在子代细胞中代代相传，不断延续。

（1）噬菌体污染的条件和途径 造成噬菌体污染必须具有三个条件：环境中有噬菌体存在、有活菌体存在、有使噬菌体与活菌体接触的机会和适宜的条件。

感染噬菌体的最初发源点就是在自然界中广泛存在的溶源性菌株（Lysogenic Strain），由于部分溶源性细胞诱发成温和噬菌体，再经过变异就可能成为烈性噬菌体，导致生产菌株感染。

噬菌体也可脱离寄主在环境中长期存在，在非常干燥的状态下能存活 5 个月，并在适宜的条件下侵染生产菌。此外，一个更主要的原因是人们常常随意进行活菌体排放，使生产环境中存在的噬菌体有了寄主而不断增殖，结果环境中的噬菌体密度增高而形成污染源。虽然有时使用了抗性菌株，但还是会继续发生噬菌体的污染。这是因为噬菌体寄主范围发生了变异，变异后的噬菌体能侵入抗性菌株，这种情况在实际生产中常会遇到。可见，环境污染是发酵污染噬菌体的主要根源。

由于噬菌体体积小，可在空气中传播，几乎可以潜入发酵生产的各个环节。空气过滤系统侵入噬菌体，种子（包括一级种子、二级种子）带进噬菌体或种子本身是溶源性菌株，培养基灭菌不彻底，都会造成多罐连续污染，是造成噬菌体大规模污染的主要途径。发酵罐及其辅助管道有死角、穿孔、渗漏，接种操作失误等是造成单罐污染的主要途径。

补料（氮源、碳源、前体、消泡剂等）过程侵入噬菌体，泡沫过多等是造成后期感染的主要途径。

（2）发酵污染噬菌体后的症状　发酵感染噬菌体后，一般会出现以下症状：短时间内大量菌体死亡自溶，只剩下少量残留的菌体碎片，检测可发现菌体浓度很低；pH逐渐上升，温度停止上升然后逐渐下降，排出CO_2量急剧下降；代谢异常，耗糖、耗氨缓慢或停止，产物合成停止；发酵液产生大量泡沫，颜色发红、发灰，有时发酵液呈现黏胶状，可拔丝；二级种子和发酵对营养要求增大，但培养时间仍然延长；镜检时可发现菌体数量显著减少，缺乏正常的排列，找不到完整菌体；用双层平板检测会出现噬菌斑。

上述情况主要是对一些烈性噬菌体而言，对于温和噬菌体则不适用。温和噬菌体感染的外观症状比较温和。在生产中只是表现为菌体代谢缓慢、糖耗和氨耗缓慢、产物合成量较少、发酵周期长，与其他原因造成的发酵异常难以区分。即便采用双层平板检验，也不会出现明显的噬菌斑。因此，它的存在不易判断，但是为以后噬菌体的大规模暴发埋下了隐患。对温和噬菌体的防治，我们只能加强环境卫生的管理，以防为主。

（3）噬菌体的防治措施　至今为止，防治噬菌体的最有效方法是以净化环境为中心的综合防治法。这是一项系统工程，涉及培养基灭菌、种子培养、空气净化系统、环境消毒、设备管道、车间布局及职工工作责任心等诸多方面，要分段严格检查把关，才能根治噬菌体的危害。具体要求有以下几条：

①净化生产环境，消灭污染源。噬菌体的增殖需要有大量活菌体存在，只要控制环境中活菌体的数量，净化环境，消灭噬菌体增殖的基础就可有效降低噬菌体污染率。具体应做到：严格控制活菌体排放，包括取样液、发酵尾气、发酵废液都要经过灭菌处理后方能排放；彻底搞好全厂卫生，加强环境消毒和环境监测；车间应合理布局，种子室和发酵车间分开，最好设在与发酵罐完全隔离有较长距离的地方；铺设水泥地面和道路并搞好厂区绿化，扩大绿化覆盖面积，防止尘土飞扬，减少噬菌体传播机会。

②改进提高对空气的净化能力。通过空气传播是噬菌体污染的重要途径，改进提高对空气的净化能力，消灭进入发酵罐、种子罐空气中的噬菌体是防止污染的有效方法。具体应做到：高空取氧，空压机吸风口应在30m以上高处；采用空气加热净化工艺，空气加热到150℃可完全杀死噬菌体；控制空气流速，避免因空气线速度过大、油水过多使空气过滤器失去净化效果；改进空气净化装置，采用高效的过滤介质，如玻璃纤维、聚乙烯醇（PVA）、硼硅酸纤维等。

③保证各级种子不带噬菌体。种子污染噬菌体往往造成发酵大规模污染噬菌体，因此防止种子污染是十分重要的。具体应做到：定期分纯菌种；分纯的优良菌种可用真空冷冻干燥法保存；对菌种定期进行诱发处理，及时发现溶源性菌株；严格种子室管理制度，减少种子室与外界的接触；加强对各级种子噬菌体的检测。

④改进设备装置，消灭死角。要全面消除由于设备管道设计或安装不合理，或者设备腐蚀渗漏所造成的死角。发酵工厂的管路配置的原则是使罐体和有关管路都可用蒸汽进行灭菌，即保证蒸汽能够达到所有需要灭菌的部位。尽量简化管道，不必要的管道坚决取消，但也要避免将一些管路汇集到一条总的管路上，造成使用中相互串通、相互干扰，一只罐染菌导致其他发酵罐的连锁染菌。采用单独的排气、排水和排污管可有效防止染菌的发生。

⑤防止操作失误。包括防止发酵负压操作、严格执行消毒制度等。

6. 染菌的挽救与处理

（1）发酵前期染菌的处理　在发酵前期发现污染杂菌后，应终止发酵，将培养基重新进行灭菌处理。若培养基中的碳、氮源等营养物质损失不多，灭菌后可接入种子进行发酵；若染菌已造成较大危害，培养基中的碳、氮源等消耗较多，则应补充新鲜的培养基，重新进行灭菌处理，再接种进行发酵。

（2）发酵中后期染菌处理　发酵中后期染菌，可以加入适当的杀菌剂或抗生素或正常的发酵液，以抑制杂菌的生长。也可采取降低培养温度、降低通风量、停止搅拌、少量补糖等措施进行处理。对于发酵后期产物已积累到一定浓度，可提前放罐。

（3）染菌后对设备的处理　染菌后的发酵罐在重新使用前，必须在放罐后进行彻底清洗，并加热至120℃以上30min后才能使用。也可用甲醛熏蒸或甲醛溶液浸泡12h以上等方法进行处理。

7. 噬菌体污染后的挽救和处理

发酵污染噬菌体时间不同，采取的挽救方法也有所不同。一般说来，感染越早，危害越大；挽救越早，效果越好。所以经检查判断确认是污染了噬菌体，应尽快采取措施。

（1）发酵前期污染噬菌体的挽救　可采用放罐重消法、轮换菌种法、低温重消重接种法、并罐法等。

①放罐重消法：适用于连消工艺。发现噬菌体后，立即放罐，调低pH（可用盐酸，不能用磷酸），补加1/2正常量的玉米浆和1/3正常量的水解糖，不补加氮源，重新灭菌，接入2%的种子，继续发酵。凡感染噬菌体，物料经过的管道设备均应洗刷干净并消毒处理。

②轮换菌种法：立即停止搅拌，小通风，降低pH，然后接大小不同类型的种子，补充1/3正常量生物素和磷盐、镁盐（灭菌后）。

③低温重消重接种法：升温到80℃保温10min灭菌。因噬菌体不耐热，加热可杀死发酵液内的噬菌体，通蒸汽杀死发酵罐空间部分及管道、阀门、仪表的噬菌体。冷却后，如pH过高，停止搅拌，小通风，降低pH，接入2倍的原菌种，至pH正常后开始搅拌。

④并罐法：利用噬菌体只能在处于生长繁殖的细胞中增殖的特点。当发现发酵初期染噬菌体时，可采用不消毒并罐法，即将正常发酵16~18h的发酵液，以等体积和染噬菌体的发酵液混合后分别发酵，利用其活力旺盛的菌体、不灭菌、不补种，便可发酵。但要肯定进入罐的发酵液没有染菌，否则两罐都付之东流，所以采用此法需要慎重。

（2）发酵后期感染噬菌体的处理　后期感染噬菌体一般对产酸影响不大，只要调节风量，控制尿素流加量和次数，或提早放罐（经灭菌）即可，不需要采取特殊措施，但放罐前须灭菌处理。

发酵感染噬菌体，不管采用哪种挽救方法，其结果多数是不理想的。有时尽管本罐次挽救了，但对以后的罐次却带来不利影响。因此，当发酵污染噬菌体后，应积极采取综合治理措施。通常的做法是：

①污染了噬菌体的发酵液，必须加热煮沸后才能放罐。

②除了对污染料液进行灭菌外，对各种检测样也要集中消毒。另外，对提炼放出的滤渣也要集中处理，进行消毒。

③更换生产菌种，因为噬菌体的专一寄生性强，换用抗噬菌体菌株或其他性状菌株后，原噬菌体即不起作用。

④生产设备要进行彻底清理检查和灭菌。

⑤全面普查和清理生产环境中的噬菌体，可采用漂白粉、新洁尔灭、甲醛等消毒剂喷洒四周环境。必要时要短期停产，以便全面断绝噬菌体繁殖基础，停产期间以生产环境不再发现噬菌体为准，时间1~4周不等。

第三节 机械搅拌通风发酵罐（通用式发酵罐）

一、概述

大多数的生化反应都是需氧的，故通风发酵设备是需氧生化反应设备的核心和基础。无论是使用微生物、酶或动植物细胞（或组织）作生物催化剂，也不管其目的产物是抗生素、酵母、氨基酸、有机酸或是酶，所需的通风发酵设备均应具有良好传质和传热性能，结构严密，防杂菌污染，培养基流动与混合良好，良好的检测与控制，设备较简单，方便维护检修，能耗低等特点。目前，常用的通风发酵罐有机械搅拌式、气升环流式、鼓泡式和自吸式等，其中机械搅拌通风发酵罐仍占据主导地位。机械搅拌通风发酵罐在生物工程工厂中得到广泛使用，据不完全统计，它占了发酵罐总数的70%~80%，故又常称之为通用式发酵罐。目前，我国珠海益力味精厂拥有630t的特大型机械搅拌通风发酵罐，是世界上最大型的通用罐之一，用于谷氨酸发酵，显示出高生产效率、高经济效益的优点。这类发酵罐大多用于通风发酵，靠通入的压缩空气和搅拌叶轮实现发酵液的混合、溶氧传质，同时强化热量传递。

二、机械搅拌通风发酵罐的结构

机械搅拌通风发酵罐是一种密封式受压设备，主要由搅拌装置（Stirring Apparatus）、轴封（Shaft Seal）和罐体（Tank Body）三部分组成。三个组成部分各自的作用如下。①搅拌装置：由传动装置、搅拌轴、搅拌器组成，由电动机和皮带传动驱动搅拌轴，使搅拌器按照一定的转速旋转，以实现搅拌的目的。②轴封：为搅拌罐和搅拌轴之间的动密封，以封住罐内的流体不致泄漏。③罐体：它是盛放反应物料和提供传热量的部件，包括加热装置等附件。

（一）主要部件及名称

机械搅拌通风发酵罐主要部件包括：罐体、搅拌器、联轴器、轴承、轴封、挡板、空气分布器、换热装置、传动装置、消泡器、人孔和视镜以及管路等。大型机械搅拌通风发酵罐结构如图6-12所示。

下面对此类型发酵罐的主要部件加以说明。

1. 罐体

罐体由罐身、罐顶、罐底组成。罐身一般为圆柱体，中大型发酵罐罐顶、罐底多采用椭圆形或碟形封头通过焊接和罐身连接，罐顶却多采用平板盖和罐身用法兰连接。为了便于清洗，小型发酵罐罐顶设有清洗用的手孔。中、大型发酵罐则装设有快开人孔。罐顶装有视镜及灯镜、进料管、补料管、排气管、接种管和压力表接管，排气管应尽可能靠近罐顶中心位置。在罐身上有冷却水进出管、进空气管、温度计管和检测仪表接口。取样管可装在罐侧或罐顶，视操作方便而定，在罐体上的管路越少越好，进料口、补料口和接种口可合为一个接管口。罐体各部分的尺寸有一定比例，高径比为2.5~4。高位罐的高径比达10以上，虽然空气利用率较高，但压缩空气的压力需要较高，顶料与底料不易混合均匀，厂房较高。

罐体各部分材料多采用不锈钢，如1Cr18Ni9Ti、0Cr18Ni9、瑞典316L。为满足工艺要求，罐体必须能承受发酵工作时和灭菌时的工作压力和温度。罐壁厚度取决于罐径、材料及耐受的压强。

2. 搅拌器

搅拌器的主要作用涉及气体分散，固-液悬浮，传热和混匀，即使通入的空气分散成气泡并与发酵液充分混合，使气泡细碎以增大气-液界面，来获得所需要的溶氧速率，并使生物细胞悬浮分散于发酵体系中，以维持适当的气-液-固（细胞）三相的混合与质量传递，同时强化传热过程。为实现这些目的，搅拌器的设计应使发酵液有足够的径向流动和适度的轴向运动。发酵罐采用的搅拌器主要有径向流搅拌器，轴向流搅拌器和组合式搅拌器。

（1）径向流搅拌器　Rushton涡轮是最典型的径向流搅拌器，其结构比较简单，通常是一个圆盘上面带有六个直叶叶片，也称为六直叶圆盘涡轮。设置圆盘的目的是防止气体未经分散直接从轴周围逸出液面。在发酵工业的发展初期，发酵罐的规模较小，Rushton涡轮在许多条件下能够满足工艺的需要，同时，其结构非常简单，容易加工制造，所以，其应用还是比较广泛的。但是，

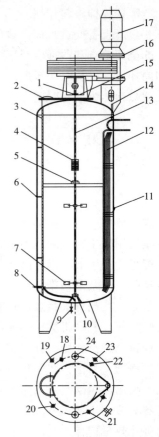

图6-12　机械搅拌通风发酵罐

1—轴封　2—人孔　3—梯　4—联轴器
5—中间轴承　6—温度计　7—搅拌叶轮
8—进风管　9—放料口　10—底轴承
11—热电偶接口　12—冷却管
13—搅拌轴　14—取样管　15—轴承座
16—传动带　17—电动机　18—压力表
19—取样口　20—进料口　21—补料口
22—进气口　23—回流口　24—视镜

随着发酵工业规模的扩大，越来越多的事实证明：这种结构并不是适用于气-液分散的最优结构。Van't、Rite、Smith、Nienow等发现，当用六直叶圆盘涡轮式搅拌器把气体分散于低黏流体时，在每片桨叶的背面都有一对高速转动的漩涡，漩涡内负压较大，从叶片下部供给的气体立即被转入漩涡，形成气体充填的空穴，称为气穴。气穴的存在会影响到发酵罐内的气-液传质的能力。因为，气体并不是直接被搅拌器剪碎而得到分散的。气泡的分散首先是在桨叶的背面形成较为稳定的气穴，而后气穴在尾部破裂，这些小气泡在离心作用下被甩出，并随液体的流动分散至槽内其他区域。那么气穴理论所揭示的气-液分散机理对开发新型搅拌器有重大意义。气穴使得Rushton涡轮的泵送能力降低。在高气速下，有时整个搅拌器被气穴包围，搅拌器近似空转，效率很低，气体穿过搅拌器直接上升到液

面。为了改进 Rushton 涡轮搅拌器的缺点，Smith 等提出采用弯曲叶片的概念，弯曲叶片可使其背面的涡轮减小，抑制叶片后方气穴的形成。这种结构使该搅拌器具有如下优点：载气能力提高；改善了分散和传质能力。目前，国内外公司推出的弯曲叶片搅拌器有很多种，其中 Chemineer 公司的 CD-6，Lightnin 公司的 R130 搅拌器，Phrladelphia 公司的 Smithturbine（6DS90）。此类搅拌器的叶片采用的是半管的结构。英国 ICI 公司将半管的结构做了进一步改进，推出了 ICI 专利搅拌器，叶片采取了深度凹陷的结构。1998 年，Bakker 提出了采用弯曲非对称叶片的想法，并据此开发了新一代的气液混合搅拌器 BT-6（Bakker Turbine）。BT-6 搅拌器的特点是采用了上下不对称的结构设计，上面的叶片略长于下面的叶片。该设计使得上升的气体被上面的长叶片盖住，避免了气体过早从叶轮区域直接上升而逃逸，而是使更多的气体通过叶轮区域在径向被分散。叶片曲线采用抛物线设计，既保留了弯曲叶片的优点，还能明显减少叶片后方的气穴，实验证明该搅拌器的综合性能均优于前述的各种径向流气-液分散搅拌器。

（2）轴向流搅拌器　径向流搅拌器对气体分散的能力比较强，但是其作用范围较小。随着发酵规模的不断扩大，其缺点也越明显。尤其是对于要求整罐混匀好、剪切性能温和的过程，径向流搅拌器往往无能为力。因而在发酵反应器中，轴向流搅拌器的开发应用迅速发展起来，一般轴向流搅拌器叶片为 4~6 片宽叶。

（3）组合式搅拌器　径向流搅拌器的优势是气体分散能力强，但是其功耗较大，作用范围小；而轴向流搅拌器的轴向混合性能好，功耗低，作用范围大，但对气体控制能力弱。根据气-液混合的扩散机理，气-液混合是通过主体对流扩散、涡流扩散和分子扩散来实现的。大尺度的宏观循环流动称为主体流动，由漩涡运动造成的局部范围内的扩散称为涡流扩散。其中，机械搅拌作用能够强化的过程有主体对流扩散和涡流扩散。在生物反应器中，将径向流搅拌器和轴向流搅拌器组合使用，就可利用径向流搅拌器强化小范围的主体对流扩散和涡流扩散，实现小范围的充分气-液混合，然后再依靠轴向流搅拌器的主体对流作用使全部液体周期性依次与气体混合，实现较大范围的气-液较大混合。针对发酵罐规模的不断扩大，充分利用搅拌器的优势，取长补短，采用多级多种组合方式是今后大型发酵罐设计的发展方向。例如，温州某厂谷氨酸发酵罐，直径 4600mm，高度 12300mm，体积约 200m³。原配备了 200kW 的电机。搅拌器为三层后弯叶式圆盘蜗轮搅拌器，直径 1200mm，转速 120r/min。后改装搅拌器底层采用径流式的 HDY 型半弯管圆盘 1200mm。投产运行，实际消耗功率仅 100kW 左右，与采用原搅拌器结构的 100m³ 发酵罐的功能相当，节能效果非常显著，且产酸率高于 100m³ 罐。

3. 挡板

发酵罐内装设挡板的作用是防止液面中央形成漩涡促使液体激烈翻动，提高溶氧。挡板宽度为（0.1~0.12）D。装设 4~6 块挡板，可满足全挡板条件。所谓"全挡板条件"是指在一定转速下，再增加罐内附件，轴功率仍保持不变。要达到全挡板条件必须满足式（6-7）要求。

$$\left(\frac{W}{D}\right)Z = \frac{(0.1 \sim 0.12)D}{D}Z = 0.5 \tag{6-7}$$

式中　D——罐的直径，mm

　　　　Z——挡板数，块

W——挡板宽度，mm

竖立的蛇管、列管、排管，也可以起挡板作用，挡板的长度自液面起至罐底为止。挡板与罐壁之间的距离为（1/5~1/8）D。

4. 轴封

轴封的作用是防止染菌和泄漏，大型发酵罐常用的轴封为双端面机械轴封。至于填料函轴封，因易磨损和渗漏，故在发酵罐中已不再采用。

双端面机械轴封装置的设计要求如下。

（1）动环和静环　应使摩擦副（摩擦副即动环和静环）在给定的条件下，负荷最轻、密封效果最好、使用寿命最长。为此，动静环材料均要有良好的耐磨性，摩擦因数小，导热性能好，结构紧密，且动环的硬度应比静环大。通常，动环可用碳化钨钢，静环用聚四氟乙烯。且端面宽度要适中，若太宽则冷却和润滑效果不好，过窄则强度不足易损坏。静环宽度一般为 3~6mm，轴径小则取下限，轴径大则取高值。同时，动环的端面应比静环 1~3mm。

对于装在罐内的内置式端面轴封其端面比压为 0.3~0.6MPa，弹簧比压为 0.05~0.25MPa；外置式弹簧比压应比介质大 0.2~0.3MPa，对气体介质，端面比压可适当减少但须大于 0.1MPa。应根据所需要求的压紧力选择计算弹簧的大小及根数，一般小轴用 4根，大轴用 6 根。

（2）弹簧加荷装置　此装置的作用是产生压紧力，使动静环端面压紧密切接触，以确保密封。弹簧座靠旋紧的螺钉固定在轴上，用以支撑弹簧，传递扭矩。而弹簧压板用以承受压紧力，压紧静密封元件，转动扭矩带动环。当工作压力为 0.3~0.5MPa 时，采用 2~2.5mm 直径的弹簧，自由长度 20~30mm，工作长度 10~15mm。

（3）辅助密封元件　辅助密封元件有动环和静环的密封圈，用来密封动环与轴以及静环与静环座之间的缝隙。动环密封圈随轴一起旋转，故与轴及动环是相对静止的。静环密封圈是完全静止的。常用的动环密封圈为"O"形环，静环密封圈为平橡胶垫片。

5. 空气分布器

发酵罐空气分布装置是将无菌空气引入发酵液中的装置，通常有两种结构：一种为单根通气结构，另一种为环形的钻有大孔的环形分布管结构。对于通气比小的小型发酵罐，选择单根进气管就能较好的分布空气；然而对于通气比大的大型发酵罐，则应优先选用设有大孔的环形分布管，这样不仅有利于增加气-液比表面积，更有利于空气入罐后的整体分布，并便于底层搅拌器粉碎气泡。单管式的结构是管口正对罐底中央，与罐底距离约 40mm，这样空气分散效果较好，若距离过大，空气分散效果就较差。风管内空气流速取 20m/s，在罐底中央衬上不锈钢圆板，防止空气冲击，以延长罐底寿命。

若用环形空气分布管，则要求环管上的空气喷孔应在搅拌叶轮叶片内边之下，同时喷气孔应向下以尽可能减少培养液在环形分布管上滞留。根据发酵厂经验，开孔直径也不能过小（直径取 2~5mm 为好），过小的开孔在生产中往往被物料堵塞，造成空气分布不均匀，严重时甚至造成染菌。

6. 消泡装置

发酵液中含有蛋白质等发泡物质，故在通气搅拌条件下会产生泡沫，发泡严重时会使发酵液随排气而外溢，且增加杂菌感染机会。在通气发酵生产中有两种消泡方法，一是加入化学消泡剂，二是使用机械消泡装置。通常，是把上述两种方法联合使用。最简单实用的消泡装置为耙式消泡浆，装于搅拌轴上，齿面略高于液面。消泡浆的直径为罐径的0.8~0.9，以不妨碍旋转为原则。由于泡沫的机械强度较少，当少量泡沫上升时，耙齿就可把泡沫打碎。也可制成半封闭式涡轮消泡器，泡沫可直接被涡轮打碎或被涡轮抛出撞击到罐壁而破碎。由于这一类消泡器装于搅拌轴上，往往因搅拌轴转速太低而效果不佳。对于下伸轴发酵罐，可以在罐顶装半封闭式涡轮消泡器，在高速旋转下，可以达到较好的机械消泡效果。此类消泡器直径约为罐径的 1/2，叶端速度为 12~18m/s。

置于发酵罐顶部外面的消泡器一般都是利用离心力将泡沫粉碎，液体仍返回罐内。最简单的是离心消泡器，也可以采用电动机带动的碟片式离心消泡器。但上述消泡器仅适用于不易染菌的发酵过程。

7. 联轴器及轴承

搅拌轴较长时，常分为 2~3 段，用联轴器连接。联轴器有鼓形及夹壳形两种。功率小的发酵罐搅拌轴可用法兰连接，轴的连接应垂直，中心线对正。为了减少振动，应装有可调节的中间轴承，材料采用石棉酚醛塑料、聚四氟乙烯，轴瓦与轴之间的间隙取轴径的0.4%~0.7%。在轴上增加轴套可防止轴颈被磨损。

8. 变速装置

实验罐采用无级变速装置。发酵罐常用的变速装置有 V 带传动，圆柱或螺旋圆锥齿轮减速装置，其中以 V 带变速传动较为简单，噪声较小。

9. 换热装置

在发酵过程中，生物氧化产生的热量和机械搅拌产生的热量必须及时移去，才能保证发酵在恒温下进行。通常我们称发酵过程中发酵液产生的净热量为"发酵热"，其热平衡方程式可用式（6-8）表示，单位都为 kJ/（m^3·h）。

$$Q_{发酵} = Q_{生物} + Q_{搅拌} - Q_{空气} - Q_{辐射} \tag{6-8}$$

式中　$Q_{生物}$——生物体生命活动中产生的热量

$Q_{搅拌}$——搅拌器搅动液体时，机械能转化为热能时的热量

$Q_{空气}$——通入发酵罐内的空气由于发酵液中水分蒸发及空气温度上升所带走的热量

$Q_{辐射}$——发酵罐外壁由于壁温与大气温度差而引起的热量传递

一般发酵热的大小因品种或发酵时间不同而异，通常发酵热的平均值为 10400~33500kJ/（m^3·h）。

发酵罐换热装置主要有下列形式。

（1）夹套式换热装置　这种换热装置应用于小罐，一般是 5m^3 以下的小罐，夹套高度比静止液面稍高。优点为结构简单，加工容易，罐内死角少，容易清洗灭菌，冷却水流速低，降温效果差，传热系数为 400~600kJ/（m^2·h·℃）。

（2）竖式蛇管换热装置　这种装置蛇管分组安装于发酵罐内，有四组、六组或八组不等。装置的优点是：冷却水在管内的流速大，传热系数高，为 1200~2000kJ/（m^2·h·℃），若管壁较薄，流速较大时，传热系数可达 4180kJ/（m^2·h·℃）。这种装置的缺点是：弯曲位置较容易被蚀穿。

（3）竖式列管（排管）换热装置　这种装置是以列管形式分组对称装于发酵罐内的。

其优点是：加工方便，适用于气温较高，水源充足的地区，当流速较快时，降温速度快。这种装置的缺点是：传热系数较蛇管式低，用水量较大。

为了提高传热系数，可采用安装在罐外的板式或螺旋式热交换器，采用无菌空气是发酵液进行循环冷却。

（二）主要技术参数

常用的机械搅拌通风发酵罐的结构及几何尺寸已规范化设计，视发酵种类、厂房条件、罐体积规模等在一定范围内变动，如表 6-1 所示。其主要几何尺寸的关系如下。

$$H/D = 1.7 \sim 3.5 \qquad D_i/D = 1/3 \sim 1/2$$
$$B/D = 1/12 \sim 1/8 \qquad C/D_i = 0.8 \sim 1.0$$
$$S/D_i = 2 \sim 5 \qquad H_0/D = 2$$

表 6-1　　　　　　　　常用的机械搅拌通风发酵罐的系列体积及主要尺寸

公称体积 V_N	罐内径 D/mm	圆筒高/ mm	封头高 h/mm	罐体总高 H/mm	不计上封头体积	全体积 V_Q	搅拌器直径 D_i/mm	搅拌转速 n/ (r/min)	电机功率 N/kW
50L	320	640	105	850	57.7L	64L	112	470	0.4
100L	400	800	125	1050	112L	123.5L	135	400	0.4
200L	500	1000	150	1300	218L	239L	168	360	0.55
500L	700	1400	200	1800	593L	647L	245	265	1.1
1m³	900	1800	250	2300	1.25m³	1.36m³	315	220	1.5
2.5m³	1200	2200	340	2280	2.75m³	3.0m³	400	210	4.0
5m³	1500	3000	400	3800	5.79m³	6.27m³	525	160	5.5
10m³	1800	3600	490	4580	10m³	10.9m³	640	180	11
50m³	3100	6000	815	7830	51m³	55.2m³	1050	110	55
75m³	3200	8150	840	9830	70m³	74.8m³	800	185	90
100m³	3400	10000	900	11800	96m³	102m³	950	150	132
200m³	4600	11500	1200	13900	204.6m³	218m³	1100	142	215

通常，对一个发酵罐的大小用"公称体积"表示。所谓"公称体积"，是指罐的筒身（圆柱）体积和底封头体积之和。其中底封头容积可根据封头形状、直径及壁厚从有关化工设计手册中查得，椭圆形封头体积可用式（6-9）计算。

$$V_1 = \frac{\pi}{4} D^2 h_b + \frac{\pi}{6} D^2 h_a = \frac{\pi}{4} D^2 \left(h_b + \frac{1}{6} D \right) \tag{6-9}$$

式中　　h_b——椭圆封头的直边高度，m

　　　　h_a——椭圆短半轴长度，标准椭圆 $h_a = \dfrac{1}{4} D$

故发酵罐的全体积计算式为式（6-10）。

$$V_0 = \frac{\pi}{4}D^2\left[H + 2\left(h_b + \frac{1}{6}D\right)\right] \qquad (6-10)$$

近似计算式为式（6-11）。

$$V_0 = \frac{\pi}{4}D^2H + 0.15D^3 \qquad (6-11)$$

三、通气与搅拌

（一）搅拌器的型式及流型

1. 型式

发酵罐中的常用机械搅拌大致可分为轴向和径向推进两种型式。前者如螺旋桨式，后者如涡轮式。

（1）螺旋桨式搅拌器　螺旋桨式搅拌器在罐内将液体向下或向上推进（做顺时针或逆时针旋转），形成轴向的螺旋流动，其混合效果尚好，但产生的剪率较低，对气泡的分散效果不好。一般用在藉压差循环的发酵罐内，以提高气循环速度。常用的螺旋桨叶数多为 3 片，螺距等于搅拌器直径，最大叶端线速度不超过 25m/s。

（2）圆盘平直叶涡轮搅拌器　圆盘平直叶涡轮与没有圆盘的平直叶涡轮，两者的搅拌特性相近，但圆盘可以使上升的气泡受阻，避免大的气泡从轴部叶片空隙中上升，保证气泡更好地分散。圆盘平直叶涡轮搅拌器具有很大的循环输送量和功率输出，适用于各种流体的搅拌混合，包括黏性流体及非牛顿流体。

（3）圆盘弯叶涡轮搅拌器　圆盘弯叶涡轮搅拌器的搅拌流型与平直叶涡轮的相似，但前者造成的液体径向流动较为强烈，因此在相同的搅拌转速时前者的混合效果较好，输出的功率较后者为小。在混合困难而溶氧速率要求相对较低的情况下，可选用圆盘弯叶涡轮。

（4）圆盘箭叶涡轮搅拌器　圆盘箭叶涡轮搅拌器搅拌流型与上述两种涡轮相似，但其轴向流动较为强烈，在同样的转速下它造成的剪率低，输出的功率也较低，但混合效果较好。

2. 搅拌流型

搅拌器在罐内造成的液流型式，对气、固及液相的混合，氧气的溶解以及热量的传递等有重大的影响。这种液流型式不仅决定于搅拌器本身，还受罐内附件如挡板、拉力筒及其安装位置的影响。

（1）罐中轴装垂直螺旋桨搅拌器的搅拌流型　罐中心垂直安装的螺旋桨，在无挡板的情况下，在轴中心形成凹陷的漩涡。如在罐内壁安装垂直挡板多块，液体的螺旋状流受挡板折流，被迫流向轴心，使漩涡消失。此时消除漩涡所必需的最少挡板数需满足"全挡板条件"。

（2）涡轮搅拌器的搅拌流型　前述三种涡轮搅拌器的搅拌流型基本相似，各在涡轮平面的上下两侧造成向上和向下的翻腾。如罐内具有全挡板条件时的搅拌流型。挡板可以部分冷却蛇管所代替。

（3）装有拉力筒时的搅拌流型　在罐内与垂直的搅拌器同轴线安装套筒，可以大大地加强循环输送效果，并能将液面的泡沫从套筒的上部入口抽吸到液体之中，具有自消泡能力。伍氏发酵罐就是具有这种中心套筒的发酵罐。

（二）搅拌器轴功率计算

发酵罐液体中的溶氧速率以及气-液-固相的混合强度与单位体积液体中输入的搅拌功率有

很大的关系。在相同的条件下，不通气液体中输入的单位体积功率要大于通气液体中的功率。

1. 不通气条件下的轴功率计算

克服介质阻力所需的功率称为轴功率。它不包括机械传动的摩擦所消耗的功率。

鲁士顿（Rushton J. H.）等人研究，证实了下面的关系，如式（6-12）。

$$\frac{P_0}{\rho n^3 D^5} = K\left(\frac{D^2 n \rho}{\mu}\right)^m \tag{6-12}$$

式中　P_0——不通气搅拌输入的功率，W

　　　ρ——液体密度，m^3

　　　μ——液体黏度，$N \cdot s/m^2$

　　　D——涡轮直径，m

　　　n——涡轮转数，r/s

　　K，m——决定于搅拌器的型式，挡板的尺寸及流体的流态

引入功率准数 $N_p = \dfrac{P_0}{\rho n^3 D^5}$ 为无因次数。N_p 是搅拌雷诺数 Re 的函数。不同的搅拌桨型式的 N_p-Re 的线如表 6-2 可见，当 $Re \geqslant 10^4$，达到充分湍流之后，Re 增加，搅拌功率虽然增大，但 N_p 保持不变。如圆盘六平直叶涡轮 $N_p \approx 6$，圆盘六弯叶涡轮 $N_p \approx 4.7$，圆盘六箭叶涡轮 $N_p \approx 3.7$。

表 6-2　　　　　　　　各类搅拌器功率准数 N_p 和雷诺准数 Re 的关系

曲线号	搅拌桨型式	比例尺寸			挡板	
		T/D	H/D	C/D	只数	W/T
1	螺旋桨（轴流搅拌器）	2.5~6	2~4	1	4	0.1
2	圆盘平直叶涡轮	2~7	2~4	0.7~1.6	4	0.1
3	圆盘弯叶涡轮	2~7	2~4	0.7~1.6	4	0.1
4	圆盘箭叶涡轮	2~7	2~4	0.7~1.6	4	0.1

注：T、D：分别为罐和涡轮的直径，cm；H_L：罐内液体的深度，cm；C：底部涡轮与罐底的距离，cm；W：挡板的宽，cm。螺旋桨（轴流搅拌器）的螺距 = D。

从式（6-12）可计算不通气时的搅拌轴功率如式（6-13）。

$$P_0 = N_p D^5 n^3 \rho \ (W) \tag{6-13}$$

2. 不通气时多涡轮搅拌轴功率计算

在不同转速下，多只涡轮比单只涡轮输出更多的功率，功率的消耗决定于叶轮数及涡轮的间距。涡轮间距适当，则两个涡轮造成的液流互不干扰，所消耗功率是单个涡轮的 2 倍。若间距过小，则功率消耗小于单个涡轮的 2 倍。

涡轮的间距为 S，对非牛顿型流体可取为 $2D$，对牛顿型流体可取 $(2.5~3.0)D$；静液面至上涡轮的距离可取 $(0.5~2)D$，下涡轮至罐底的距离 C 可取 $(0.5~1.0)D$。S 过小不能输出最大的功率；S 过大，则中间区域搅拌效果不好。

可用式（6-14）、式（6-15）分别计算二只、三只涡轮的轴功率。

$$P_2 = P_1 \times 2^{0.86} \left[(1 + S/D) \left(1 - \frac{S}{H_L 0.9D} \right) \right]^{0.3} \tag{6-14}$$

$$P_3 = P_1 \times 3^{0.86} \left[(1 + S/D) \left(1 - \frac{S}{H_L 0.9D} \times \frac{\lg 4.5}{\lg 3.0} \right) \right]^{0.3} \tag{6-15}$$

式中　P_1——单只涡轮搅拌轴功率，W

　　　S——涡轮间距，cm

　　　D——涡轮直径，cm

　　　H_L——管内液体高度，cm

3. 通气搅拌功率 P_g 的计算

通气液体的重度降低，使轴功率消耗降低，但主要是决定于涡轮周围液接触状况。迈凯尔（Michel B. J.）等用六平叶涡轮将空气分散于液体之中，测定 P_g、涡轮直径 D、转速 n、空气流量 Q 和 P_0 的关系。并整理为经验公式（6-16）。

$$P_g = C \left(\frac{P_0^2 n D^3}{Q^{0.56}} \right)^{0.45} \tag{6-16}$$

福田秀雄等在 100~42000L 的系列设备，对迈凯尔关系式进行了校正，得式（6-17）。

$$P_g = f \left(\frac{P_0^2 n D^3}{Q^{0.08}} \right) \tag{6-17}$$

经过单位换算，得修正的迈凯尔关系为式（6-18）。

$$P_g = 2.25 \left(\frac{P_0^2 n D^3}{Q^{0.08}} \right)^{0.39} 10^{-3} \tag{6-18}$$

式中　P_g、P_0——分别为通气、不通气时的搅拌轴功率，kW

　　　n——搅拌器转速，r/min

　　　D——搅拌器直径，cm

　　　Q——通气量，mL/min

上式可适用于较大的罐；如 40m³ 罐的比例尺寸在正常范围时，误差较小。

按发酵罐搅拌功率来选用电动机时，设计中还应考虑减速传动装置的机械效率 η，在一级皮带减速传动时，η 可取 0.9。即式（6-19）。

$$P = \frac{P_{计算}}{\eta} \tag{6-19}$$

式（6-19）中计算功率 $P_{计算}$ 应根据不同情况来考虑，若发酵系统培养采用连续灭菌，则 $P_{计算}$ 选用通用功率 P_g 为好；当发酵罐采用分批实罐灭菌，则 $P_{计算}$ 应选用接近不通气时的功率。

发酵罐所配备的电动机功率，根据品种不同而异，一般 1m³ 发酵培养液的功率吸收为 1~3.5kW。

在计算发酵罐搅拌功率时，值得一提的是体积在 1m³ 以下的发酵罐由于其轴封、轴承等机件摩擦引起的功率损耗在整个电机功率输出中占有较大比例，故用上列各式来计算搅拌功率并由此来选用电动机功率就没有多大意义，因此发酵工厂中是凭经验来选用小容量发酵罐的电动机功率。

例：发酵罐直径 $T = 1.8$m，圆盘六弯叶涡轮直径 $D = 0.6$m，一只涡轮，罐内装 4 块标准挡板，搅拌器转速 $n = 168$r/min，通气量 $Q = 1.42$m³/min，罐压 $p = 0.15$MPa（绝压），液

黏度 $\mu = 1.96 \times 10^{-3} \mathrm{N} \cdot \mathrm{s/m^2}$，液密度 $\rho = 1020 \mathrm{kg/m^3}$。计算 P_{g}。

解：已知发酵液为牛顿型流体。

$N_{\mathrm{P}} - Re$ 图线查出 N_{P}，自 N_{P} 算出 P_0，再由迈凯尔式算出 P_{g}。

算出：$Re = 5.25 \times 10^4$

则 $N_{\mathrm{P}} = 4.7$

$$P_0 = 8.07 (\mathrm{kW})$$

$$P_{\mathrm{g}} = 2.25 \times 10^{-3} \left(\frac{8.07^2 \times 168 \times 60^3}{1420000^{0.08}} \right)^{0.39}$$

$$= 2.25 \times 10^{-3} \left(\frac{2.37 \times 10^9}{3.11} \right)^{0.39}$$

$$= 6.55 (\mathrm{kW})$$

设 V 带效率为 0.92. 滚动轴承效率为 0.99，滑动轴承效率为 0.98，端轴封增加功率为 1.01kW，则所需电动机功率为：

$$\frac{6.55}{0.92 \times 0.99 \times 0.98} + 1.01 = 8.3 (\mathrm{kW})$$

因此，选用 10kW 电动机。

四、机械搅拌通风发酵罐的计算

如前所述，生物反应过程有生物合成热产生，而机械搅拌通风发酵罐除了有生物合成热外，还有机械搅拌热，若不从系统中除去这两种热量，发酵液的温度就会上升，无法维持工艺所规定的最佳温度。发酵生产的产品、原料及工艺不同，其过程放热也改变。为了保证温度的调控，需按热量产生的高峰时期和一年中气温最高的半个月为基准进行热量衡算以及计算所需的换热面积。

1. 发酵过程的热量计算

发酵过程所产生的"发酵热" Q，可用式（6-20）计算。

$$Q = Q_1 + Q_2 - Q_3 - Q_4 \tag{6-20}$$

式中　　Q_1——生物合成热，包括生物细胞呼吸放热和发酵热两部分。以葡萄糖作基质时，呼吸放热为 15651kJ/kg（糖），发酵热为 4953kJ/kg（糖）

Q_2——机械搅拌放热，其值为 3600

P_{g}——搅拌功能，kW

η——功热转化率，经验值为 $\eta = 0.92$

Q_3——发酵过程通气带出的水蒸气所需的汽化热及气温上升所带出的热量，kJ

Q_4——发酵罐壁与环境存在温差而传递散失的热量，kJ

通常可近似计算，如式（6-21）。

$$Q_3 + Q_4 \approx 20\% Q_1 \tag{6-21}$$

2. 换热装置传热面积的计算

（1）温度差 ΔT_{m} 的计算　冷却水进出口温度为 T_1、T_2。发酵液温度为 T，一般取 32～33℃。即式（6-22）。

$$\Delta T_{\mathrm{m}} = \frac{(T - T_1) - (T - T_2)}{\ln \dfrac{T - T_1}{T - T_2}} \tag{6-22}$$

（2）传热面积的计算　如式（6-23）。

$$F = Q_总 / K \Delta t_m \tag{6-23}$$

式中　F——传热面积，m^2

　　$Q_总$——主发酵期发酵液每小时放出最大的热量（发酵热），kJ/h

　　K——换热装置的传热系数，$kJ/（m^2 \cdot h \cdot ℃）$

第四节　其他液态通风发酵罐

一、气升式发酵罐

（一）气升式发酵罐的特点

气升环流式发酵罐类型没有搅拌器，中央有一个导流筒，将发酵液分成上升（导流筒）和下降（导流筒）。

具有的工作特点为：①反应溶液分布均匀；②较高的溶氧速率和溶氧效率；③剪切力小，对生物细胞损伤小；④传热良好；⑤结构简单，易加工制造；⑥操作维修方便。

（二）气升式发酵罐结构及操作原理

将无菌空气通过喷嘴或喷孔射进发酵液中，通过气液混合物的湍流作用而使空气泡分割细碎。由于上升管内气液混合物密度降低，加上压缩空气的喷流动能使液体上升；罐内液体气含率小则下沉，形成循环流动，实现混合与溶氧传质。几种常见的气升式发酵罐的结构如图6-13、图6-14、图6-15所示。

通气量对气升式发酵罐的混合与溶氧起决定作用，而通气压强对发酵液的流动与溶氧也有影响。

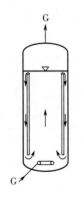
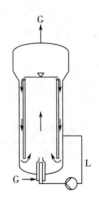
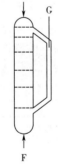

图6-13　气升环流式发酵罐　　图6-14　气液双喷射气升环流发酵罐　　图6-15　多层空气分布板的气升环流发酵罐

G—气体　F—物料　L—发酵液

二、自吸式发酵罐

（一）自吸式发酵罐的特点

这是一种无需其他气源供应压缩空气的发酵罐，该发酵罐最关键部件是带有中央吸气口的搅拌器。国内采用的自吸式发酵罐中的搅拌器是带有固定导轮的三棱空心叶轮，直径 d 为罐径 D 的 $1/3$，叶轮上下各有一块三棱形平板，在旋转反向的前侧夹有叶片。当叶轮向前旋转时，叶片与棱形平板内空间的液体被甩出而形成局部真空，于是将罐外空气通过搅拌器中心的吸入管而被吸入罐内，并与高速流动的液体密切接触形成细小的气泡分散在液体之中，一液混合流体通过导轮流到发酵液主体。导轮有十六块具有一定曲率的翼片组成，排列于搅拌器的外围，翼片上下有固定圈予以固定。自吸式发酵罐的缺点是进罐空气处于负压，因而增加了染菌机会。其次是这类罐搅拌转速较高。有可能使菌丝被搅拌器切断，使正常生长受到影响。所以在抗生素发酵上较少采用。但在食醋发酵、酵母培养、升华曝气方面已有成功使用的实例。

根据有关文献报道，棱形搅拌器的吸气量与液体的流动程度有一定关系，可由式（6-24）表示：

$$f(Na, Fr) = 0 \tag{6-24}$$

式中　Na——吸气准数，$Na = Q/nd^3$

　　　　Fr——重力准数，即弗鲁特准数，$Fr = n^2 d/g$

经实验表明，吸气量的大小是随液体运动的程度而变化的，当液体受到搅拌器的推动时，在克服重力影响达到一定程度后吸取准数就不受重力准数 Fr 的影响而趋于常数，此点称为空化点。在空化点上，吸气量与搅拌器的泵送量成正比，其比例常数随挡板情况而异。

当 $1.5 < Fr < 15$ 时，以水为介质时，吸气量 Q 可计算如下：

对于垂直挡板：$Q = 0.0628nd^3$

对于冷却蛇管兼作挡板：$Q = 0.0634nd^3$

以发酵液为介质时，其搅拌器的吸气量为上式计算值的 $70\% \sim 80\%$。

自吸式发酵罐其搅拌功率可由式（6-25）计算：

$$P = Kn^3 d^5 \rho \tag{6-25}$$

式中　P——不通气时的搅拌器输入功率，W

　　　　ρ——液体密度，kg/m^3

　　　　d——搅拌器直径，m

　　　　K——常数，其值见表 6-3

表 6-3　　　　　　　　　　　　　　　　　　　K 值与挡板关系

挡板形式	挡板宽度	K
垂直挡板	$B = D/8$	4.49
	$B = D/10$	3.99
	$B = D/12$	3.77
立式蛇管	每组 4 圈	2.89

注：B：挡板宽度；D：罐径。

（二）自吸式发酵罐结构及操作原理

（1）主要构件有自吸搅拌（转）器和导（定）轮，空气管与转子相连接。

（2）当发酵罐内充有液体启动，使转子高速旋转，液体或空气在离心力的作用下被甩向叶轮，流体便获得，若转速高，则流体（其中还含有气）的动能也越大，当流体离开转子，由动能转变为静压能，在转子中心所造成的负压也越大，因此空气不断地被吸入，甩向叶轮的外缘，通过定子而使气液均匀分布甩出。由于转子的搅拌作用，气液在叶轮的外缘形成强烈的混合流（湍流），使刚刚离开叶轮的空气立即在不断循环的发酵液中分裂成细微的气泡，并在湍流状态下混合、翻腾、扩散到整个罐中，因此转子同时具有搅拌和充气两个作用（图6-16）。

（3）类型有以下几种　①喷射自吸式发酵罐；②文氏管吸气自吸式发酵罐；③液体喷射自吸式发酵罐；④溢流喷射自吸式发酵罐。

三、伍式发酵罐

伍式发酵罐的主要部件是套筒、搅拌器。其工作原理为搅拌时液体沿着套筒外向上升至液面，然后由套筒内返回罐底，搅拌器是用六根弯曲的空气管子焊于圆盘上，兼作空气分配器。空气由空心轴导入，经过搅拌器的空心管吹出，与被搅拌器甩出的液体相混合，发酵液在套筒外侧上升，由套筒内部下降，形成循环。这种发酵罐多应用纸浆废液发酵生产酵母。设备的缺点是结构复杂，清洗套筒较困难，消耗功率较高。

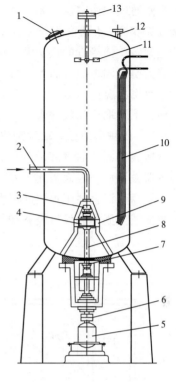

图6-16　自吸式发酵罐

1—人孔　2—进风管　3—轴封　4—转子
5—电机　6—联轴器　7—轴封　8—搅拌轴
9—定子　10—冷却蛇管　11—消泡器
12—排气管　13—消泡转轴

第五节　固态通风发酵设备

通风固相发酵工艺是传统的发酵生产工艺，广泛应用于酱油与酿酒生产，以及农副产物生产饲料蛋白等。通风固相发酵具有设备简单、投资省等优点。下面以最常用的自然通风固体曲设备和机械通风固体曲发酵设备为代表进行讨论。

一、固态通风制曲

（一）自然通风固体曲发酵设备

几千年前，我国在世界上率先使用自然通风固体制曲技术用于酱油生产和酿酒，一直沿用至今，尽管大规模的发酵生产大多已采用液体通风发酵技术。

自然通风制曲要求空气与固体培养基密切接触，以供霉菌繁殖和带走所产生的生物合成热。原始的固体曲制备采用木制的浅盘，常用浅盘尺寸有 0.35m×0.54m×0.06m 或 1m×1m×0.06m 等。大的曲盘没有底板，只有几根衬，上铺竹帘、苇帘或柳条，或者干脆不用木盘，把帘子铺在架上，这扩大了固体培养基与空气的接触面，减少了老工艺法的许多笨重操作，提高了曲的质量。

自然通风的曲室设计要求如下，易于保温、散热、排除湿气以及清洁消毒等；曲室四周墙高 3~4m，不开窗或开有少量的窗口，四壁均用夹墙结构，中间填充保温材料；房顶向两边倾斜，使冷凝的汽水沿顶向两边下流，避免滴落在曲上；为方便散热和排湿气，房顶开有天窗。固体曲房的大小以一批曲料用一个曲房为准。曲房内设曲架，以木材和钢材制成，每层曲盘应占 0.15~0.25m，最下面一层离地面约 0.5m，曲架总高度为 2m 左右，以方便人工搬取或安放曲盘。

（二）机械通风固体曲发酵设备

机械通风固体曲发酵设备与上述的自然通风固体发酵设备的不同主要是前者使用了机械通风即鼓风机，因而强化了发酵系统的通风，使曲层厚度大大增加，不仅使制曲生产效率大大提高，而且便于控制曲层发酵温度，提高了曲的质量。

机械通风固体曲发酵设备如图 6-17 所示。

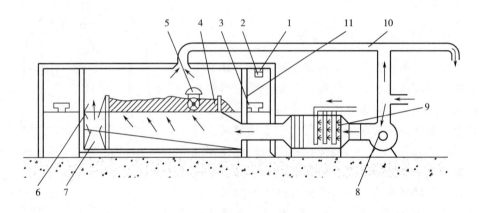

图 6-17　机械通风固体曲发酵设备

1—输送带　2—高位料斗　3—送料小车　4—曲料室　5—进出料机　6—料斗　7—输送带　8—鼓风机
9—空调室　10—循环风道　11—曲室闸门

曲室多用厂房水泥池，宽约 2m，深 1m，长度则根据生产场地及产量等选取，但不宜过长，以保持通风均匀；曲室底部应比地面高，以便于排水，池底应有 8°~10° 的倾斜，以使通风均匀；池底上有一层筛板，发酵固体曲料置于筛板上，料层厚度 0.3~0.5m。曲池一端（池底较低端）与风道相连，区间设一风量调节闸门。曲池通风常用单向通风操作，为了充分利用冷量或热量，一般把离开曲层的排气部分经循环风道回到空调室，另吸入新鲜空气。据实验测试结果，空气适度循环，可使进入固体曲层空气的 CO_2 浓度提高，可减少霉菌过度呼吸而较少淀粉原料的无效损耗。当然，废气只能部分循环，以维持与新鲜空气混合后 CO_2 浓度在 2%~5% 为佳。通风量为 400~1000m³/（m²·h），视固体曲层厚度和发酵使用菌株，发酵旺盛程度及气候条件等而定。

曲室的建筑与自然通风所用曲房大同小异，空气通道中风速取 10~15m/s。因机械通风固体发酵通风过程阻力损失较低，故可选用效率较高的离心式送风机，通常用风压为 1000~3000Pa 的中压风机较好。

二、固态通风发酵罐

（一）固态通风发酵罐的特点

固体发酵罐分为转筒式、转轴式以及立式多层固体发酵罐。采用优质不锈钢罐体，无死角，容易清洗，耐腐蚀，使用寿命长。搅拌方式独特，机械传动效率高、功率消耗少。

其具有占地面积小、自动化程度高、生产能力大、易于监测和控制等显著优点；可广泛应用于菌体蛋白、红曲、纤维素酶、淀粉酶、乙醇、醋曲、酱曲、生物制药（包括生物农药）、生物肥料以及生物饲料等许多方面。

（二）固态通风发酵罐结构及操作原理

（1）浅盘发酵器　这是比较常用的一种固态发酵设备，对传统的浅盘发酵进行了简单的改进，培养基经灭菌冷却装入浅盘，通过空气增湿器调节空间的温度和湿度，可通入经过滤的无菌空气，满足菌体生长对氧的需求浅盘发酵中由于存在对流空气，散热效果不理想，发酵物料的厚度有一定限制；另外，浅盘发酵中还涉及氧气消耗问题，因而对此类生物反应器进行设计时应考虑强制通风，避免这类问题的产生。虽然浅盘反应器操作简便，产率较高，产品均匀，但因体积过大，耗费劳动力大，无法进行机械化操作，不适宜在工业生产中应用。

（2）转鼓式发酵器　转鼓式反应器适合固态发酵的特点，可满足充足的通风和温度控制，因而对它的研究也较多。Hardrin 等根据微生物生长产热量最高峰时的热量产生与去除效果的比率，利用无因次设计因数（DDF）来研究设计转鼓式发酵器（RDB），它能够预测给定条件下反应床中能达到的最大温度，得出发酵期间最大耐受温度，并结合操作变数做出相应的控制措施，该方法提出了利用几何相似性原则进行反应器设计，放大时考虑的 3 个策略：第一维持通过 RDB 的空气表面流速恒定；第二维持反应器单位体积内空气体积比率恒定；第三反应器放大时调节空气气流速度以维持期间反应床中到达的最高温度恒定。目前，RDB 被应用于酒精、酶、制曲、植物细胞培养、根霉发酵大豆及丹贝等的生产中。

（3）旋转圆盘式发酵机　旋转圆盘式发酵机是目前国内较为先进的新型固态发酵设备。密封效果好，不仅杜绝了杂菌污染，更能有效地保持温、湿度，并能方便地进行自动化测温、控温、控湿，为微生物生长繁殖提供了有利条件。料床为圆盘动力旋转式，既可以消除发酵"死角"，又得以与入料、翻料、摊平、出料等机构有机地配合，实现出入料、摊平、翻料机械化，大大地方便了生产，从而可与前后工序的设备配套，形成自动化程度较高的生产线，该机适用于发酵周期短的产品生产。

（4）卧式固态物料发酵罐　这是一种新型可适用丝状真菌的固态物料发酵罐。物料在同一设备里完成混合、灭菌、接种、培养、出料等整个过程；性价比高，有推广应用价值。此固态物料发酵罐为固定卧式罐体，两端封头用法兰与罐体连接，接有温、湿度监测仪及排气孔，罐体上接有蒸汽及灭菌空气进口，搅拌叶片呈一定角度排列装于搅拌轴上，罐体上装有进料口和出料口，罐体外有夹套，夹套外有保温层。该固态物料发酵罐与现有设备相比，有以下优点：①物料直接在罐内灭菌、冷却，从而避免了物料的二次污染；②在灭菌和发酵的过程中，物料通过叶片的正、反转，保证物料的疏松、均匀，提高了发酵的均匀性，缩短了发酵周期，提高了生产率；③由于通入无菌空气，大大降低了杂菌污染率，提高了产品的得率和质量；④可适用于丝状菌体的工业化生产。

上述各种固态通风反应器中，在工业上已得到应用的是盘式、转鼓式及搅拌式反应器。在考虑研制新型固态发酵反应器时，强制通风、温控，物料不宜长时间处于静止状态，能增温，机械化程度高，易于操作，便于清洗消毒，投资少等因素是关键。

三、现代通风发酵设备的发展

除了上述的机械搅拌通用式发酵罐、气升式发酵罐、自吸式发酵罐和固相通风发酵设备外，还有多种通风发酵设备在生产上应用。例如，卧式转盘发酵反应器、悬浮床生物反应器、光照通气生物反应器、机械搅拌光照发酵罐等，如图 6-18 至图 6-21 所示。因为篇幅所限，在此对这些发酵反应器不做具体说明。

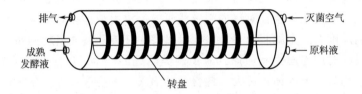

图 6-18　卧式转盘发酵反应器

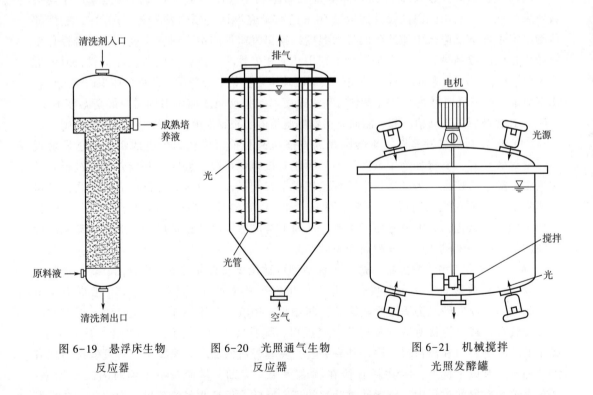

图 6-19　悬浮床生物反应器　　图 6-20　光照通气生物反应器　　图 6-21　机械搅拌光照发酵罐

第六节　好氧发酵工艺实例

一、油脂类产品发酵

生物柴油（Biodiesel）是指以油料作物、野生油料植物和工程微藻等水生植物油脂以及动物油脂、餐饮垃圾油等为原料油通过酯交换工艺制成的可代替石化柴油的再生性柴油燃料。生物柴油是生物质能的一种，它是生物质利用热裂解等技术得到的一种长链脂肪酸的单烷基酯。生物柴油是含氧量极高的复杂有机成分的混合物，这些混合物主要是一些分子质量大的有机物，几乎包括所有种类的含氧有机物，如酯、醛、酮、酚、有机酸、醇等。由于其原料来源等问题，近年来利用发酵法生产生物柴油已成趋势。

（一）开发生物柴油的意义

生物柴油指由动植物油脂与短链醇（甲醇或乙醇）进行酯交换反应所制备的脂肪酸单酯。生物柴油是一种无毒、可生物分解、可再生的燃料。生物柴油具有十六烷值高、硫含量及芳香烷含量低，挥发性低和燃油分子中含氧原子等特点，燃烧生物柴油可减少 CO、CH_3、干炭烟及颗粒排放。生物柴油的碳来自大气而非化石燃料所含有的，生产生物柴油所需的能量非常少。用生物柴油发动机 SO_2 排放量低。生物柴油易生物分解，如果发生泄漏事故，对土壤、河流的污染比化石燃料小得多。

在发达国家和发展中国家纷纷以生物柴油替代石油，柴油被列为国家能源可持续发展的重要组成部分，也是 21 世纪能源发展战略的基本选择之一。

（二）生物柴油生产的工艺流程

1. 工艺流程

（1）物理精炼　首先将油脂水化或磷酸处理，除去其中的磷脂、胶质等物质。再将油脂预热、脱水、脱气进入脱酸塔，维持残压，通入过量蒸汽，在蒸汽温度下，游离酸与蒸汽共同蒸出，经冷凝析出，除去游离脂肪酸以外的净损失，油脂中的游离酸可降到极低量，色素也能被分解，使颜色变浅。各种废动植物油在自主研发的 DYD 催化剂作用下，采用酯化、醇解同时生成粗脂肪酸甲酯。

（2）甲醇预酯化　首先将油脂水化脱胶，用离心机除去磷脂和胶等水化时形成的絮状物，然后将油脂脱水。原料油脂加入过量甲醇，在酸性催化剂存在下，进行预酯化，使游离酸转变成甲酯。蒸出甲醇水，经分离后，无游离酸的分出 C12～C16 棕榈酸甲酯和 C18 油酸甲酯。

（3）酯交换反应　经预处理的油脂与甲醇一起，加入少量 NaOH 作催化剂，在一定温度与常压下进行酯交换反应，即能生成甲酯，采用二步反应，通过一个特殊设计的分离器连续地除去初反应中生成的甘油，使酯交换反应继续进行。

（4）重力沉淀、水洗与分层。

（5）甘油的分离与粗制甲酯的获得。

（6）水分的脱出、甲醇的释出、催化剂的脱出与精制生物柴油的获得。

整个工艺流程实现闭路循环，原料全部综合利用，实现清洁生产。大致描述如下：

$\boxed{原料预处理}$（脱水、脱臭、净化）→反应釜（加醇+催化剂+搅拌反应 1h 沉淀分离排杂）→ 回收醇 → 过滤 →成品。

2. 生产方法

生物柴油的生产方法主要有化学法、微生物发酵法、生物酶合成法和工程微藻法等。这里主要介绍后三种。

（1）微生物发酵法　微生物油脂是产油微生物利用碳水化合物合成的甘油三酯，其脂肪酸组成和植物油相近。利用微生物生产油脂具有油脂含量高，生产周期短，生产原料来源广泛，能连续大规模生产等特点。因此，利用微生物转化法获取油脂是一条开发新油脂资源的良好途径。

由于过去微生物油脂常用昂贵的培养基生产，成本比动植物油脂高，所以对微生物油脂的研究主要局限在获取功能性油脂方面，如富含多不饱和脂肪酸的油脂。近年来，随着生物技术的飞速发展，木质纤维素降解技术不断取得突破，为合理利用生物质资源奠定了良好的基础。最近，美国国家可再生能源实验室（NREL）的报告特别指出，微生物油脂发酵可能是生物柴油产业和生物经济的重要研究方向。

富含纤维素和半纤维素的秸秆是最有潜力的微生物油脂生产原料。我国每年产秸秆约10亿 t，其中以稻草、玉米秸秆、高粱秸秆、甘蔗渣、棉秆为主。除少量用于造纸、建筑、纺织等行业，或用作粗饲料、薪柴，大部分秸秆未被有效利用而白白烂掉或烧掉，甚至还造成环境污染（如焚烧）。农作物秸秆的组成一般为：纤维素 31%~40%，半纤维素 35%~48%，木质素 15%~25%。完全水解纤维素可以得到 96%~98% 的 D-葡萄糖，而完全水解半纤维素可以得到木糖，葡萄糖和木糖的含量占所有的组分的 72%~94%，其中葡萄糖和木糖的比例为（2.6~4.7）∶1。为了转化可再生植物纤维资源为微生物油脂，其一是充分地将纤维素和半纤维素水解转化为单糖；其二是有效地将水解糖（主要为葡萄糖和木糖）转化为油脂。

酵母菌是最重要的产油脂微生物之一。在以葡萄糖为碳源发酵时，酵母菌菌体油脂含量可达到其干重的 34%~74%，而以戊糖为碳源的条件下油脂含量相对较低，因此戊糖转化是决定植物纤维资源生产油脂与生物柴油经济可行的关键因素之一。

（2）生物柴油的生物酶合成法

①脂肪酶在生物柴油生产中的应用：在生物柴油的生产中，脂肪酶是适宜的生物催化剂，能够催化甘油三酯与短链醇发生酯化反应，生成生物柴油。用于催化合成生物柴油的脂肪酶主要是酵母脂肪酶、根霉脂肪酶、毛霉脂肪酶、猪胰脂肪酶等。近年来，研究者在不断地寻求性能优异的脂肪酶。Kakugawa 等纯化了酵母 *Kurtzmanomyces* sp. I-11 产生的能合成糖脂的胞外脂肪酶，pH 范围 1.9~7.2，pH 低于 7.1 时，该酶的活性很稳定，优先选择十八碳酰基。

在生物柴油生产中直接使用脂肪酶催化存在的问题有：脂肪酶在有机溶剂中存在聚集作用，不易分散，催化效率较低；脂肪酶对短链脂肪醇的转化率较低，且短链醇对酶有一定的毒性，使酶的使用寿命缩短；脂肪酶的价格昂贵，生产成本较高，限制了在工业规模生产生物柴油中的应用。

②固定化脂肪酶在生物柴油生产中的应用：脂肪酶固定化技术在工业规模生产中极具吸引力，因其具有稳定性高，可重复使用，保留酶活性，并有获得超活性的可能，容易从

产品中分离。酶的固定化方法很多，其中吸附法制备简单且成本低，被认为是大规模固定化脂肪酶最适宜的方法。诺维信公司已经开发出固定化脂肪酶 Novozyme 435、Lipozyme IM 等成品。Samukawa 等研究了预处理固定化脂肪酶 Novozyme 435 对生物柴油生产的影响。该酶在经过甲基油酸盐处理 0.5h、豆油处理 12h 后，油脂醇解的速度明显加快。2001 年日本采用固定化 *Rhizopus oryzae* 细胞生产生物柴油，转化率在 80% 左右，微生物细胞可连续使用 430h。

脂肪酶固定化技术的成功与否是酶法合成生物柴油得以工业化应用的关键。固定化脂肪酶在许多方面优于游离酶，但是已工业化的实例很少，主要问题之一就是载体，廉价、易于活化和制备的固定化酶的载体很难得到。

③全细胞生物催化剂在生物柴油生产中的应用：以全细胞生物催化剂的形式来利用脂肪酶，无须酶的提取纯化，既杜绝了酶活性在此过程中的损失，又节省了设备投资和运行费用。截留在胞内的脂肪酶可看作被固定化。在全细胞生物催化剂的发展中，酵母细胞是有用的工具。Matsumoto 等构建了能大量表达米根霉脂肪酶的酿酒酵母 MT8-1 菌株，其胞内脂肪酶的活性达到 474.5U/L。用预先经冻融或风干方法增强了渗透性的酵母细胞来催化大豆油合成脂肪酸甲酯，最后反应液中甲酰质量分数达到 71%。不但产生胞内脂肪酶的细胞能用作全细胞生物催化剂，重组后的产胞外脂肪酶的细胞也可以。Matsumoto 等构建了一个新的酵母细胞表面，作为 FS 蛋白或 FL 蛋白的细胞壁锚定区。含有一个来自米根霉的先导序列（rProROL）的重组脂肪酶蛋白能与 FS 蛋白或 FL 蛋白相融合，此融合蛋白在一个诱导启动子的控制下表达并分布在新构建的细胞表面。细胞表面的脂肪酶活性达 61.3U/g（细胞干重）。用这种细胞作为全细胞生物催化剂，能成功地催化从甘油三醇和甲醇生产脂肪酸甲酯，反应 72h，产率达到 78.3%。

2005 年 6 月 4 日，《中国环境报》报道：清华大学生物酶法制生物柴油中试成功，采用新工艺在中试装置上生物柴油产率达 90% 以上。中试产品技术指标符合美国及德国的生物柴油标准，并满足我国 0 号优等柴油标准。中试产品经发动机台架对比实验表明，与市售石化柴油相比，采用含 20% 生物柴油的混配柴油作燃料，发动机排放尾气中 CO、碳氢化合物、烟度等主要有毒成分的浓度显著下降，发动机动力特性等基本不变。

由于利用酶法合成生物柴油具有反应条件温和、醇用量小、无污染物排放等优点，具有环境友好性，因而日益受到人们的重视。但利用生物酶法制备生物柴油目前存在着一些亟待解决的问题：脂肪酶对长链脂肪醇的酯化或转酯化有效，而对短链脂肪醇（如甲醇或乙醇等）转化率低，一般仅为 40%～60%；甲醇和乙醇对酶有一定的毒性，容易使酶失活；副产物甘油和水难以回收，不但对产物形成一致，而且甘油也对酶有毒性；短链脂肪醇和甘油的存在都影响酶的反应活性及稳定性，使固化酶的使用寿命大大缩短。这些问题是生物酶法工业化生产生物柴油的主要瓶颈。

酶法生产生物柴油主要技术经济指标如下。

①采用固定床式酶反应器，以植物油及废油等为原料生产生物柴油，转化率均可达到 95% 以上，最高转化率可以达到 96%。

②建立了生物柴油精制装置，分离精制收率高于 86%，分离后产品中甲酯含量大于 97%，分离后产品各项指标完全符合德国生物柴油生产标准（DIN5160697）。

③建立了年产 500t 的生物柴油中试生产装置。反应器内固定化酶使用寿命超过 20d。

④以地沟油为原料生产生物柴油，成本约为 3058 元/t，以普通菜籽油为原料生产生物柴油，成本约为 4300 元/t。

⑤燃烧性能明显优于 0 号柴油。在 0 号柴油中添加 20%生物柴油的燃烧实验表明，燃烧尾气中有毒物质的排放降低 35%以上。

（3）生物柴油的"工程微藻"法　"工程微藻"生产柴油，为柴油生产开辟了一条新的技术途径。美国国家可更新实验室（NREL）通过现代生物技术建成"工程微藻"，即硅藻类的一种"工程小环藻"。在实验室条件下可使"工程微藻"中脂质含量增加到60%以上，户外生产也可增加到 40%以上，而一般自然状态下微藻的脂质含量为 5%～20%。"工程微藻"中脂质含量的提高主要由于乙酰辅酶 A 羧化酶（ACC）基因在微藻细胞中的高效表达，在控制脂质积累水平方面起到了重要作用。目前，正在研究选择合适的分子载体，使 ACC 基因在细菌、酵母和植物中充分表达，还进一步将修饰的 ACC 基因引入微藻中以获得更高效表达。

利用"工程微藻"生产柴油具有重要经济意义和生态意义，其优越性在于：微藻生产能力高、用海水作为天然培养基可节约农业资源；比陆生植物单产油脂高出几十倍；生产的生物柴油不含硫，燃烧时不排放有毒害气体，排入环境中也可被微生物降解，不污染环境，发展富含油质的微藻或者"工程微藻"是生产生物柴油的一大趋势。

二、我国生物柴油的发展现状和产业化前景

（一）我国生物柴油的发展现状

我国政府为解决能源节约、替代和绿色环保问题制定了一些政策和措施，早有一些学者和专家已致力于生物柴油的研究、倡导工作。我国生物柴油的研究与开发虽起步较晚，但发展速度很快，一部分科研成果已达到国际先进水平。研究内容涉及油脂植物的分布、选择、培育、遗传改良及其加工工艺和设备。海南正和生物能源公司开发的生物柴油已通过专家鉴定。该开发年产 10000t 生物柴油的生产工艺特点是：①原料适应性强，可以利用榨油厂的油脚、黄连木等油料树木的果实以及城市餐饮废油为原料；②采用自主开发的两段法工艺，提高了反应的效率，保证了产品质量；③采用的环流喷射技术、真空分离技术、固体酸催化剂是该公司在本领域的技术创新。所生产的产品已达到国外同类产品的技术水平。目前各方面的研究都取得了阶段性成果，这无疑将有助于我国生物柴油的进一步研究与开发。

但是，与国外相比，我国在发展生物柴油方面还有相当大的差距，长期徘徊在初级研究阶段，未能形成生物柴油的产业化：政府尚未针对生物柴油提出一套扶植、优惠和鼓励的政策办法，更没有制定生物柴油统一的标准和实施产业化发展战略。因此，我国加入了WTO 之后，在如何面对经济高速发展和环境保护的双重压力这种背景下，加快高效清洁的生物柴油产业化进程就显得更为迫切了。

（二）我国生物柴油的产业化前景

我国是一个石油净进口国，石油储量又很有限，大量进口石油对我国的能源安全造成威胁。因此，提高油品质量对中国来说就更有现实意义。而生物柴油具有可再生、清洁和安全三大优势。专家认为，生物柴油对我国农业结构调整、能源安全和生态环境综合治理有十分重大的战略意义。目前，汽车柴油化已成为汽车工业的一个发展方向，据专家预

测，到 2010 年，世界柴油需求量将从 38% 增加到 45%，而柴油的供应量严重不足，这都为油菜制造生物柴油提供了广阔的发展空间。发展生物柴油产业还可促进中国农村和经济社会发展。如发展油料植物生产生物柴油，可以走出一条农林产品向工业品转化的富农强农之路，有利于调整农业结构，增加农民收入。

目前我国生物柴油的开发利用还处于发展初期，要从总体上降低生物柴油成本，使其在我国能源结构转变中发挥更大的作用，只有向基地化和规模化方向发展，实行集约经营，形成产业化，才能走符合中国国情的生物柴油发展之路。随着改革开放的不断深入，在全球经济一体化的进程中，中国的经济水平将进一步提高，对能源的需求会有增无减，只要把关于生物柴油的研究成果转化为生产力，形成产业化，则其在柴油引擎、柴油发电厂、空调设备和农村燃料等方面的应用是非常广阔的。

三、抗生素发酵

（一）抗生素的分类

抗生素是生物体在生命活动中产生的一种次级代谢产物。这类有机物质能在低浓度下抑制或杀灭活细胞，这种作用又有很强的选择性，例如，医用的抗生素仅对造成人类疾病的细菌或肿瘤细胞有很强的抑制或杀灭作用，而对人体正常细胞损害很小。目前人们在生物体内发现的 6000 多种抗生素中，约 60% 来自放线菌。抗生素主要用微生物发酵法生产，少数抗生素也可用化学方法合成，人们对天然得到的抗生素进行生化或化学改造，使其具有更优越的性能，这样得到的抗生素称为半合成抗生素，其数目已达到 2 万多种。抗生素不仅广泛用于临床医疗，而且已经用于农业、畜牧业及环保等领域中。通常抗生素分为以下几类。

（1）β-内酰胺类：即结构中含有 β-内酰胺环的抗生素，主要包括：青霉素类、青霉烯类、头孢菌素类、单环步内酰胺类和什内酰酶抑制剂类等。

（2）氨基糖苷类：包括链霉素、庆大霉素、卡那霉素、妥布霉素、新霉素、核糖霉素、小诺霉素、阿斯霉素等。

（3）四环素类：包括四环素、土霉素、金霉素及多西环素等。

（4）氯霉素类：包括氯霉素、甲砜霉素等。

（5）大环内酯类：临床常用的有红霉素、吉他霉素、依托红霉素、乙酰螺旋霉素、麦迪霉素、交沙霉素等。

（6）作用于 G^+ 细菌的其他抗生素：如林可霉素、克林霉素、万古霉素、杆菌肽等。

（7）作用于 G^- 细菌的其他抗生素：如多黏菌素、磷霉素、卷霉素、环丝氨酸、利福平等。

（8）抗真菌抗生素：如灰黄霉素。

（9）抗肿瘤抗生素：如丝裂霉素、放线菌素 D、博莱霉素、阿霉素等。

（10）具有免疫抑制作用的抗生素：如环孢霉素。

青霉素是最早发现并临床应用的一种抗生素，1929 年由英国人弗莱明发现，20 世纪40 年代完成分离、精制与结构测定，并肯定疗效，随即广泛应用，在化学治疗与抗生素发展史上占有极为重要的地位。

（二）青霉素的结构和性质

青霉素是霉菌属青霉菌所产生的一类抗生素的总称，是 β-内酰胺类抗生素，青霉素母核是氢化噻唑环与步内酰胺环并合的杂环。天然的青霉素共有 7 种，其中以苯青霉素的效用较好，其钠盐或钾盐为治疗 G^+ 细菌感染的首选药物。

青霉素钠为白色结晶性粉末，无臭或微有特异臭，易吸潮，水中极易溶解。游离的青霉素呈酸性，不溶于水，可溶于有机溶剂（如醋酸丁酯）。

干燥时对热稳定，可在室温下存放，水溶液在 pH 为 6.0～6.8 时稳定，但遇酸、碱、氧化剂、醇、青霉素酶则迅速失效，粉针剂水溶液在室温下易失效。

青霉素的不稳定性和抗菌活性与 β-内酰胺环有密切关系。由于分子结构中 β-内酰胺环的羟基和 N 上的孤对电子对不能共轭，易受亲核性试剂的进攻，使环破裂，引起失效。

抗菌作用机制是抑制细菌细胞壁的合成，主要耐药机制是细菌可产生青霉素酶，催化水解内酰胺环，使青霉素失活所致。这类抗生素按来源分为：天然青霉素、生物合成青霉素、全合成青霉素与半合成青霉素。

临床应用 40 多年来，青霉素主要用于控制敏感金黄色葡萄球菌、链球菌、肺炎双球菌、淋球菌、脑膜炎双球菌、螺旋体等引起的感染，对大多数革兰阳性细菌（如金黄色葡萄球菌）和某些革兰阴性细菌及螺旋体有抗菌作用。优点为毒性小，但由于难以分离除去青霉曝哩酸蛋白（微量可能引起过敏反应）而需要皮试。

（三）青霉素发酵

1. 青霉素发酵生产菌株

最初由弗莱明分离的青霉菌，只能产生 2U/mL 青霉素。目前全世界用于生产青霉素的高产菌株，大都由产黄青霉经不同改良途径得到。20 世纪 70 年代以前，育种采用诱变和随机筛选方法，后来由于原生质体融合技术、基因克隆技术等现代育种技术的应用，青霉素工业发酵生产水平已达 85000U/mL 以上。青霉素生产菌株一般在真空冷冻干燥状态下保存其分生孢子，也可以用甘油或乳糖溶剂作悬浮剂，在-70℃冰箱或液氮中保存孢子悬浮液和营养菌丝体。

2. 青霉素发酵生产培养基

碳源采用淀粉经酶水解的葡萄糖糖化液进行流加。氮源可选用玉米浆、花生饼粉、精制棉籽饼粉，并补加无机氮源。前体有苯乙酸或苯乙酰胺，由于它们对青霉菌有一定毒性，故一次加入量不能大于 0.1%，并采用流加的方式。

无机盐包括硫、磷、钙、镁、钾等盐类，铁离子对青霉菌有毒害作用，应严格控制发酵液中铁含量在 30pg/mL 以下。

3. 青霉素发酵工艺

国内青霉素生产已占世界产量的近 70%，单个发酵罐规模均在 100m³ 以上，发酵单位在 70000U/mL 左右，而世界青霉素工业发酵水平在 100000U/mL 以上。

（1）种子制备　在培养基中加入比较丰富的容易代谢的碳源（如葡萄糖或蔗糖）、氮源（如玉米浆）、缓冲 pH 的碳酸钙以及生长所必需的无机盐，并保持最适生长温度（25～26℃）和充分通气、搅拌，在最适生长条件下，到达对数生长期时菌体量的倍增时间为 6～7h。在工业生产中，种子制备的培养条件及原材料质量均应严格控制，以保持种子质量的稳定性。

（2）发酵过程控制　影响青霉素发酵产率的因素有环境因素，如 pH、温度、溶氧饱和度、碳氮组分含量等；生理变量因素，包括菌丝浓度、生长速度、形态等，对它们都要进行严格控制。发酵过程需连续流加葡萄糖、硫酸铵以及前体物质苯乙酸盐，补糖率是最关键的控制指标，不同时期应分段控制。在青霉素的生产中，让培养基中的主要营养物只够维持青霉菌在前 40h 生长，而在 40h 后靠低速连续补加葡萄糖和氮源等，使菌体处于半饥饿状态，进而延长青霉素的合成期，大大提高了产量，所需营养物限量的补加常用来控制营养缺陷型突变菌种的生长，使代谢产物积累最大化。

（3）培养基　青霉素发酵中采用补料分批操作法，对葡萄糖、铵、苯乙酸进行缓慢流加，维持一定的最适浓度。葡萄糖的流加，波动范围较窄，浓度过低使抗生素合成速度减慢或停止，过高则导致呼吸活性下降，甚至引起自溶，葡萄糖浓度应根据 pH、溶氧或 CO_2 释放率予以调节。

①碳源：生产菌能利用多种碳源，包括乳糖、蔗糖、葡萄糖、阿拉伯糖、甘露糖、淀粉和天然油脂。

②氮源：玉米浆是最好的氮源，是玉米淀粉生产时的副产品，含有多种氨基酸及其前体苯乙酸和衍生物。如玉米浆质量不稳定，可用花生饼粉或棉籽饼粉取代，同时补加无机氮源。

③无机盐：硫、磷、镁、钾等。

④流加控制：根据残糖、pH、尾气中和 CO_2 含量进行补糖，残糖在 0.6% 左右，pH 开始升高时加糖；流加酸酸铵、氨水、尿素进行补氮，控制氨基氮含量为 0.05%。

⑤添加前体：在青霉素合成阶段，苯乙酸及其衍生物，苯乙酰胺、苯乙胺、乙酰苯甘氨酸等均可作为青霉素侧链的前体，直接掺入青霉素分子中，也具有刺激青霉素合成的作用。但浓度大于 0.19% 时不仅对细胞和合成有毒性，还能被细胞氧化。应采用低浓度流加，一次加入量低于 0.1%。

（4）温度　生长适宜温度为 30℃，分泌青霉素温度为 20℃ 时青霉素破坏较少。生产中采用变温控制，即不同发酵阶段采用不同温度。前期控制在 25~26℃，后期降温控制在 23℃，这是因为在菌丝生长阶段采用较高的温度，可以缩短生长时间，在生产阶段适当降低温度，利于青霉素合成。

（5）pH　合成的适宜 pH 在 6.4~6.6，避免超过 7.0，青霉素在碱性条件下不稳定，易水解。前期 pH 控制在 5.7~6.3，中后期 pH 控制在 6.3~6.6，通过补加氨水进行调节。pH 较低时，通过加入 $CaCO_3$、通氨的方法调节或提高通气量；pH 上升时，通过加糖、加天然油脂或直接加酸的方法调节。

（6）溶氧　溶氧小于 30% 饱和度时产率急剧下降，低于 10%，则造成不可逆的损害。溶氧过高，则菌丝生长不良或加糖率过低，呼吸强度下降，影响生产能力的发挥。通气比一般为 1:0.8。应采用适宜的搅拌速度，以保证气液混合，提高溶氧，同时根据各阶段的生长和耗氧量不同，对搅拌转速进行调整。

（7）菌丝生长速度与形态、浓度　对于每个在固定通气和搅拌条件的发酵罐内进行的特定好氧过程，都有一个使氧传递速率（OTR）和氧消耗率（OUR）在某一溶氧水平上达到平衡的临界菌丝浓度，超过此浓度，即 OUR>OTR，溶氧水平下降，发酵产率下降。在发酵稳定期，湿菌浓度可达 15%~20%，丝状菌干重约 3%，球状菌干重在 5% 左右。

（8）消沫　发酵过程泡沫较多，需补加消沫剂。消沫剂主要有天然油脂（如玉米油）和化学消沫剂（如泡敌）。因其会影响呼吸代谢，所以添加时应采取少量多次的原则，而不宜在前期加入过多。

（9）过滤　发酵液在萃取之前需进行预处理，在发酵液中加少量絮凝剂沉淀蛋白，然后经真空转鼓过滤或板框过滤除掉菌丝体及部分蛋白质。由于青霉素易降解，所以发酵液及滤液应冷却至10℃以下，过滤收率一般在90%左右。

（10）萃取　青霉素的提取采用溶媒萃取法。青霉素游离酸易溶于有机溶剂，而青霉素盐易溶于水。利用这一性质，在酸性条件下青霉素转入有机溶剂中，调节pH，再转入中性水相，反复几次萃取，即可提纯浓缩。萃取时应选择对青霉素分配系数高的有机溶剂，工业上通常用乙酸丁酯和戊酯，萃取2~3次。从发酵液萃取到乙酸丁酯时，pH选择在1.8~2.0；从乙酸丁酯反萃取到水相时，pH选择在6.8~7.4。发酵滤液与乙酸丁酯的体积比为1.5~2.1，即一次浓缩倍数为1.5~2.1。为了避免pH波动，采用硫酸盐、碳酸盐缓冲液进行反萃取时，发酵液与溶剂比例为3~4。几次萃取后，浓缩10倍，浓度几乎达到结晶要求。萃取总收率在85%左右。

（11）脱色　可在萃取液中添加活性炭，除去色素、热源，再经过滤，可除去活性炭。

（12）结晶　萃取液一般通过结晶的方法进行提纯。青霉素钾盐在乙酸丁酯中溶解度很小，在二次丁酯萃取液中加入乙酸钾-乙醇溶液，青霉素钾盐就可结晶析出。然后采用重结晶方法，进一步提高纯度，即将钾盐溶于KOH溶液，调节pH至7.0加入无水丁醇，在真空条件下，共沸蒸馏结晶得到纯品。

思考题

1. 简述通风发酵罐的基本要求，它在结构上与厌氧发酵罐有何区别？
2. 简述机械搅拌通风发酵罐的结构和各主要部件的作用？
3. 简述机械搅拌自吸式发酵罐和喷射自吸式发酵罐的工作原理，并指出二者在结构上的区别。
4. 什么是发酵罐的总容积、有效容积和公称容积？如何计算？
5. 计算搅拌器的轴功率有什么意义？如何计算？
6. 试介绍几种常见的通风发酵罐的结构和特点，并举例说明其应用情况。

参考文献

［1］赵军，张有忱. 化工设备机械基础［M］. 北京：化学工业出版社，2007.
［2］刁玉玮，王立业. 化工设备机械基础［M］. 大连：大连理工大学出版社，2003.
［3］蔡纪宁，张秋翔. 化工设备机械基础课程设计指导书［M］. 北京：化学工业出版社，2000.
［4］郑裕国，薛亚平. 生物工程设备［M］. 北京：化学工业出版社，2007.
［5］陈国豪. 生物工程设备［M］. 北京：化学工业出版社，2006.
［6］梁世中. 生物工程设备［M］. 北京：中国轻工业出版社，2007.

第七章　工业发酵的染菌与防治

 **学习目标**

1. 了解染菌对工业发酵的危害。
2. 熟悉染菌的原因和预防措施。
3. 掌握染菌的检查、判断方法。
4. 掌握杂菌和噬菌体污染的挽救工艺。

第一节　染菌的检查及原因分析

一、国内外染菌检查现状

（一）菌种的发酵现状

无论单菌发酵还是混合菌种发酵，都是纯种发酵，除菌种以外的其他微生物都应视为杂菌。所谓染菌，是指在发酵培养基中侵入了有碍生产的其他微生物。我国几乎所有的发酵工业都曾遭受过杂菌的污染，染菌率有时高达10%。染菌对发酵产率、提取收得率、产品质量和"三废"治理等都有很大影响。染菌的结果，轻者影响产量或质量，重者可引起倒罐，甚至停产，造成原料、人力和设备、动力的浪费。因此，防止杂菌和噬菌体污染是保证发酵正常进行的关键之一。

据报道，国外抗生素发酵染菌率为2%~5%，国内的抗生素发酵、青霉素发酵染菌率2%，链霉素、红霉素和四环素发酵染菌率约为5%，谷氨酸发酵噬菌体感染率1%~2%。染菌会对产物的提取造成较大的影响。对于丝状真菌发酵，污染杂菌后，有大量菌丝自溶，发酵液发黏，有的甚至发臭。发酵液过滤困难，发酵前期染菌过滤更困难，严重影响产物提取收率和产品质量。在这种情况下可先将发酵液加热处理，再加助滤剂或者先加絮凝剂，使蛋白质凝聚，有利于过滤。若染菌的发酵液含有较多蛋白质和其他杂质，如果采用沉淀法提取产物，那么这些杂质随产物沉淀而影响下道工序处理，影响产品质量。如谷氨酸发酵染菌后，在等电点出现β结晶，使谷氨酸无法分离。β结晶谷氨酸含有大量发酵液，影响下一工序精制处理，影响产品质量。如果采用溶剂萃取的提取工艺，由于蛋白质等杂质多，极易发生乳化，很难使水相和溶剂相分离，也影响进一步提纯。如果采用离子交换法提取工艺，由于发酵液发黏，大量菌体等胶体物质黏附在树脂表面或被树脂吸附，使树脂吸附能力大大降低，有的难被水洗掉，在洗脱时与产物一起被洗脱，混在产物中，影响产物的提纯。

人们在与杂菌的斗争中，积累、总结了很多宝贵的经验。防止染菌的原则为：防患重于治理。为了防止染菌，使用了一系列的设备、工艺和管理措施。例如：密闭式发酵罐，无菌空气制备，设备、管道和无菌室的设计，培养基和设备灭菌，培养过程及其他方面的无菌操作等，大大降低了染菌率。微生物代谢的调节主要通过对酶的调节来实现，主要有两种调节方式：一种是酶合成的调节，即调节酶的合成量，这是"粗调"；另一种是酶活性调节，即调节已有的酶的活性，这是"细调"。微生物通过对其系统的"粗调"和"细调"从而达到最佳的调节效果。

次级代谢产物种类繁多，代谢活动千变万化，其生物合成调控机制大都还不清楚，许多问题还需要深入研究，但从目前研究结果来看，主要包括诱导调节、反馈调节、碳分解产物的调节、氮分解产物的调节和磷酸盐的调节等。

微生物发酵动力学主要研究微生物发酵过程中菌体生长、基质消耗、产物生成的动态平衡及其内在规律。具体内容包括微生物生产过程中质量的平衡、发酵过程中的菌体的生长速率、基质消耗速率和产物生成速率的相互关系、环境因素对三者的影响以及影响反应速率的因素。发酵动力学研究能够为发酵生产工艺的调节控制、发酵过程的合理设计和优化提供依据，也为发酵过程的比拟放大和分批发酵向连续发酵的过渡提供了理论支持。研究发酵动力学的目的在于按照人们的需要控制微生物发酵过程。

（二）种子培养异常

（1）菌体生长缓慢　原料质量、菌体老化、供氧不足、温度、酸碱度，种子冷藏时间长或接种量过低。

（2）菌丝结团　菌丝团中央结实，内部菌丝的营养吸收和呼吸受到影响，不能正常生长，原因多而且复杂。

（3）代谢不正常　接种物质量和培养基质量、培养环境差、接种量小、杂菌污染等有关。

（三）发酵异常

发酵异常表现及原因如下。

（1）菌体生长差　种子质量的影响；导致代谢缓慢。

（2）pH 不正常　培养基质量、灭菌效果、补糖等影响，是所有代谢反应的综合反映。

（3）溶解氧异常　染菌：染好氧菌或染厌氧菌。

（4）泡沫过多　泡沫的消长不符合规律；培养基灭菌时温度过高或时间过长，葡萄糖变成氨基糖会引起泡沫。

（5）菌体浓度过高或过低　罐温长时间偏高；溶氧不足；营养条件差；种子质量差；菌体自溶。

二、杂菌的检查方法

检查杂菌的方法，要求准确、可靠和快速，这样才能正确而及时地发现发酵过程是否污染杂菌。目前生产上常用的检查方法有：①显微镜检查（最简单、最直接、最经常）；②平板划线检查法或斜面培养检查法：平板制好后，应先保温 24h，确定无菌；③肉汤培养检查（酚红变色 pH6.8~8.4）。

三种方法各有优缺点：显微镜检查方法简便、快速，能及时发现杂菌，但由于镜检取样少，视野的观察面也小，因此不易检出早期杂菌；平板划线法的缺点是需经较长时间培养（一般要过夜）才能判断结果，且操作较烦琐，但它要比显微镜能检出更少的杂菌。以上 3 种检查法未发现染菌，还不能肯定未被染菌；原因是以上检查法只能检查杂菌浓度较大的染菌情况（>1 个/mL）。

判断发酵是否染菌应以无菌实验结果为根据。通过无菌实验监测培养基、发酵罐及附属设备灭菌是否彻底；监测发酵过程中是否有杂菌从外界侵入；以及了解整个生产过程中是否存在染菌的隐患和死角。

杂菌检查中的问题：①检查结果应以平板划线和肉汤培养结果为主要根据，同时结合镜检平板划线和肉汤培养应做三个平行样；②要定期取样；③酚红肉汤和平板划线培养样品应保存至放罐后 12h，确定为无菌时方可弃去；④取样时防止外界杂菌混入的措施等。

杂菌检查的工序和时间：科学合理地选择检查工序和时间，避免下道工序再遭染菌，有着直接的指导意义。由于生产菌种和产品的不同，检查的时间也不完全一样；但总的原则是一致的，即每个工序或经一定时间都应进行取样检查。

除了以上的方法外，在实际生产中还可以根据以下参数的异常变化来判断是否染菌。

（一）溶解氧水平异常变化显示染菌

如谷氨酸发酵，在发酵初期，菌体处于适应期，耗氧量很少，溶解氧基本不变；当菌体进入对数生长期，耗氧量增加，溶解氧浓度很快下降，并且维持在一定水平（5%饱和度以上），这阶段由于操作条件（pH、温度、加料等）变化，溶解氧有波动但变化不大；发酵后期，菌体衰老，耗氧量减少，溶解氧又再度上升。

当感染噬菌体时，生产菌的呼吸作用受抑制，溶解氧浓度很快上升。其溶氧变化比菌体浓度变化更快速灵敏。

（二）排气中 CO_2 异常变化显示染菌

好气性发酵排气中 CO_2 含量与糖代谢有关，可以根据 CO_2 含量来控制发酵工艺（如流加糖、通风量等）。

对于某种发酵，在工艺一定时，排气中 CO_2 含量变化是有规律的。在染菌后，糖的消耗发生变化（加快或减慢），引起 CO_2 含量的异常变化。如污染杂菌，糖耗加快，CO_2 含量增加；感染噬菌体，糖耗减慢，CO_2 含量减少。因此，可根据 CO_2 变化来判断染菌。

三、染菌的原因分析

（一）发酵罐染菌分析

（1）整个工厂中各个产品的发酵罐都出现染菌现象而且染的是同一种菌，一般来说，这种情况是由于使用的空气系统中空气过滤器失效或效率下降使带菌的空气进入发酵罐而造成的。大批发酵罐染菌的现象较少但危害极大，所以对于空气系统必须定期检查。

（2）生产同一产品的几个发酵罐都发生染菌，这种染菌如果出现在发酵前期可能是由于种子带杂菌，如果发生在中后期则可能是中间补料系统或油管路系统发生问题所造成的。通常同一产品的几个发酵罐其补料系统往往是共用的，倘若补料灭菌不彻底或管路渗漏，就有可能造成这些罐同时发生染菌现象。另外，采用培养基连续灭菌系统时，那些用连续灭菌进料的发酵罐都出现染菌，可能是连消系统灭菌不彻底所造成的。

（3）个别发酵罐连续染菌则大多是由设备问题造成的，如阀门的渗漏或罐体腐蚀磨损，特别是冷却管的不易觉察的穿孔等。设备的腐蚀磨损所引起的染菌会出现每批发酵的染菌时间向前推移的现象，即第二批的染菌时间比第一批提早，第三批又比第二批提早。

至于个别发酵罐的偶然染菌其原因比较复杂，因为各种染菌途径都可能引起。

（4）要总结经验教训，防患于未然，是积极防止工业发酵染菌的最重要措施。原因很多，归纳起来主要有：①种子带菌；②空气带菌；③设备渗漏；④灭菌不彻底；⑤操作失误；⑥技术管理不善等。

（5）发酵染菌率

发酵染菌率是在发酵罐中发生的染菌率，包括染菌后引起倒罐的批数，但种子罐培养的染菌不接入发酵罐，不导致发酵染菌的另行计算。染菌率高低与发酵的菌种、培养基、产品性质、发酵周期、生产环境条件、设备和管理技术水平有关。

①总染菌率：指一年内发酵染菌的批次与总投料批次数之比乘以 100 得到的百分率。

②设备染菌率：统计发酵罐或其他设备的染菌率，有利于查找因设备缺陷而造成的染菌原因。

③不同品种发酵的染菌率：统计不同品种发酵的染菌率，有助于查找不同品种发酵染菌的原因。

④不同发酵阶段的染菌率：将整个发酵周期分成前期、中期和后期三个阶段，分别统计其染菌率，有助于查找染菌的原因。

⑤季节染菌率：统计不同季节的染菌率，可以采取相应的措施解决染菌问题。

⑥操作染菌率：统计操作工的染菌率，一方面可以分析染菌原因，另一方面可以考核操作工的灭菌操作技术水平。

（二）从染菌的时间分析

发酵早期染菌，一般认为除了种子带菌外，还有培养液灭菌或设备灭菌不彻底所致，中、后期染菌则与这些原因的关系较小，而与中间补料、设备渗漏以及操作不合理等有关。

（三）从染菌的类型分析

所染杂菌的类型也是判断染菌原因的重要依据之一。一般认为，污染耐热性芽孢杆菌多数是由于设备存在死角或培养液灭菌不彻底所致。污染球菌、酵母等可能是从蒸汽的冷凝水或空气中带来的。在检查时如平板上出现的是浅绿色菌落（革兰阴性杆菌），由于这种菌主要生存在水中，所以发酵罐的冷却管或夹套渗漏所引起的可能性较大。污染霉菌大多是灭菌不彻底或无菌操作不严格所致。

（四）从染菌的规模分析

1. 大批量发酵罐染菌

前期：种子带菌或连消设备引起染菌。

中、后期：空气净化系统存在系统结构不合理、过滤器失效。

2. 部分发酵罐染菌

前期：种子染菌、连消系统灭菌不彻底。

后期：补料染菌（料液本身带菌或补料管道渗漏）。

3. 个别发酵罐连续染菌

设备问题（如阀门的渗漏或罐体腐蚀磨损），设备的腐蚀磨损所引起的染菌会出现每批发酵的染菌时间向前推移的现象。

4. 个别发酵罐偶然染菌

原因比较复杂，因为各种染菌途径都可能引起。

(五) 发酵工艺原理与技术

1. 补加有机氮源

根据产生菌的代谢情况，可在发酵过程中添加某些具有调节生长代谢作用的有机氮源，如酵母粉、玉米浆、尿素等。例如，在土霉素发酵中，补加酵母粉可提高发酵单位；在青霉素发酵中，后期出现糖利用缓慢、菌体浓度变稀、菌丝展不开，pH下降的现象时，补加尿素就可改善这种状况并提高发酵产量。

2. 补加无机氮源

补加氨水或硫酸铵是工业上常用的方法，氨水既可作为无机氮源，又可以调节pH。在抗生素发酵工业中，补加氨水是提高发酵产量的有效措施，如果与其他条件相配合，有些抗生素的发酵单位可提高50%。但当pH偏高而又需要补氮时，就可补加生理酸性物质的硫酸铵，以达到提高氮含量和调节pH的双重目的。因此，应根据发酵的需要来选择与补充无机氮源。

3. 磷酸盐浓度对发酵的影响及控制

磷是构成蛋白质、核酸和ATP的必要元素，是微生物生长繁殖所必需的成分，也是合成代谢产物所必需的营养物质。微生物生长良好时所允许的磷酸盐浓度为0.32～300mmol/L，但次级代谢产物合成良好时所允许的最高平均浓度仅为1.0mmol/L，提高到10mmol/L可明显抑制其合成。相比之下，菌体生长所允许的浓度比次级代谢产物所合成所允许的浓度要大得多，相差十几倍，甚至几百倍。因此，控制磷酸盐浓度对微生物次级代谢产物发酵的意义非常大。对磷酸盐浓度的控制，一般是在基础培养基中采用适当的浓度。对抗生素发酵来说，常常是采用生长亚适量（对菌体生长不是最适合但又不影响生长的量）的磷酸盐浓度。其最适浓度取决于菌种特性、培养条件、培养基组成和原料来源等因素，并结合具体条件和使用的原材料通过实验来确定。培养基中的磷含量还可能因配制方法和灭菌条件不同而有所变化。在发酵过程中，若发现代谢缓慢，还可补加磷酸盐。例如，在四环素发酵中，间歇添加微量KH_2PO_4，有利于提高四环素的产量。除碳源、氮源和磷酸盐等主要影响因素外，在培养基中还有其他成分影响发酵。例如，Cu^{2+}在以醋酸为碳源的培养基中，能促进谷氨酸产量的提高，而锰离子对于芽孢杆菌合成杆菌肽等次级代谢产物具有特殊的作用，必须使用足够浓度才能促进它们的合成等。

4. 影响发酵温度变化的因素

发酵过程中，随着菌体对培养基的利用，以及机械搅拌的作用，将产生一定的热量，同时，因为发酵罐壁散热、水分蒸发等也带走部分热量，包括生物热、搅拌热及蒸发热、辐射热等。引起发酵过程中温度变化的原因是在发酵过程中所产生的热量，这个热量称为发酵热，即发酵过程中释放出来的净热量，它是由产热因素和散热因素两方面所决定的，如式（7-1）所示。

$$Q_{发酵} = Q_{生物} + Q_{搅拌} - Q_{蒸发} - Q_{辐射} - Q_{显} \tag{7-1}$$

微生物在生长繁殖过程中产生的热称为生物热（$Q_{生物}$）。营养物质代谢释放出来的能量，一部分用于合成高能化合物，一部分用来合成代谢产物，其余以热的形式散发出来。

5. 发酵过程控制

对数期产生的热量最多，同时培养基越丰富则生物热越大。搅拌使发酵液之间、液体和设备之间摩擦产生的热称为搅拌热（$Q_{搅拌}$）。发酵液随气体带走蒸汽（主要是水蒸气）的热量称为蒸发热（$Q_{蒸发}$）。进入发酵罐的空气和排出发酵罐的废气因温度差而带走或带入的热量称为显热（$Q_{显}$）。发酵液中部分热通过罐体向大气辐射的热量称为辐射热（$Q_{辐射}$）。

通常选择主发酵旺盛期，此时是产生热量最大的时间段，通过测定一定时间内冷却水流量和进、出口温度，用式（7-2）计算发酵热。

$$Q_{发酵} = G_X C_w X (T_2 - T_1) / V \tag{7-2}$$

式中　$Q_{发酵}$——发酵热，kJ/（$m^3 \cdot h$）

　　　　G_X——冷却水流量，kg/h

　　　　C_w——水的比热，kJ/（kg·℃）

　　　　T_2、T_1——分别为进、出的冷却水温度，℃

　　　　V——发酵液体积，m^3

6. 直接测定计算法

通过发酵温度自动控制，先使罐温达到恒定，再关闭自动控制装置，测量温度随时间上升的速率。如式（7-3）。

$$Q_{uM} = [(M_1 C_1 + M_2 C_2) S] / V \tag{7-3}$$

式中　M_1、M_2——分别为发酵液和发酵罐质量，kg

　　　　C_1、C_2——分别为发酵液和罐材料比热，kJ/（kg·℃）

　　　　S——温度上升速率，℃/h

　　　　V——发酵液体积，m^3

7. 温度对微生物生长的影响

温度决定微生物生长发育是否旺盛：每一种微生物都有其最适生长温度，在生物学范削内每升高10℃，生长速度加快1倍。温度影响细胞的各种代谢过程和生物大分子的组分等，例如，比生长速率随温度上升而增大，细胞中的RNA和蛋白质的比例也随着增长。为了支持高的生长速率，细胞需要增加RNA和蛋白质的合成。例如，将温度从30℃更改为42℃可诱导重组蛋白产物的形成。

几乎所有微生物的脂质成分均随生长温度而变化。温度降低时细胞脂质的不饱和脂肪酸含量增加。微生物的脂肪酸成分随温度而变化的特性是微生物对环境变化的响应。脂质的熔点与脂肪酸的含量成正比。因膜的功能取决于膜中脂质组分的流动性，而后者又取决于脂肪酸的饱和程度，故微生物在低温下生长时必然会伴随脂肪酸不饱和程度的增加。

超出温度范围则会停止生长或死亡。微生物的死亡速率比生长速率对温度更为敏感，高温能快速杀菌，原因是高温能使蛋白质变性或凝固。微生物对低温的抵抗力一般较对高温的为强。原因是微生物体积小，在细胞内不能形成冰晶体，不能破坏细质，所以利用低温能保存菌种。不同生长阶段对温度的敏感程度不同。菌体置于最适温度附近，可以缩短适应期；在最适温度范围内提高培养温度可加快菌体生长；处于生长后期的细菌，生长速度主要取决于氧而非温度。

8. 温度对发酵的影响

同一种生产菌，菌体生长和积累代谢产物的最适温度也往往不同。最适温度是最适于菌体生长或发酵产物生成的温度。如谷氨酸菌的最适生长温度为 30~32℃，产谷氨酸的最适温度为 34~37℃。整个发酵周期内仅选用一个最适温度不一定好，因适合菌体生长的温度不一定适合产物的合成。例如，黄原胶的发酵前期的生长温度控制在 27℃，中后期控制在 32℃，可加速前期的生长和明显提高产胶量约 20%。在过程优化中应了解温度对生长和发酵过程的影响是不同的。依据不同的菌种、培养条件（培养基成分和浓度、工艺参数等）、酶反应类型和菌生长阶段，选择相应的最适温度，以获得微生物最快的生长速度和最高的产物产率。例如，青霉素发酵的变温培养比 25℃ 恒温培养所得青霉素产量高 14.7%。

一般情况下，发酵温度升高，酶反应速率增大，生长代谢加快，生产期提前，但酶本身很容易因过热而失去活性，表现在菌体容易衰老，发酵周期缩短，从而影响发酵过程最终产物的产量。温度除了直接影响发酵过程的各种反应速率外，还通过改变发酵液的物理性质，例如氧的溶解度和基质的传质速率以及菌对养分的分解和吸收速率，间接影响产物的合成。

温度影响酶系组成及酶的特性，通过改变酶的调节机制实现，从而影响生物合成的方向。例如，金色链霉菌的四环素发酵中，在低于 30℃ 主要合成金霉素，温度达 35℃ 则只产四环素。近年来发现温度对微生物的代谢有调节作用。在 20℃，氨基酸合成途径的终产物对第一个酶的反馈抑制作用比在正常生长温度 37℃ 的更大。故可考虑在抗生素发酵后期降低发酵温度，让蛋白质和核酸的正常合成途径关闭得早些，从而使发酵代谢转向产物合成。

在分批发酵中研究温度对发酵影响的实验数据有很大的局限性，因为产量的变化究竟是温度的直接影响还是因生长速率或溶氧浓度变化的间接影响难以确定。用恒化器可控制其他与温度有关的因素，如生长速率等的变化等，使在不同温度下保持恒定，从而能不受干扰地判断温度对代谢和产物合成的影响。

温度的选择还应参考其他发酵条件，应灵活掌握。例如，在供氧条件差的情况下最适的发酵温度可能比在正常良好的供氧条件下低一些。这是由于在较低的温度下氧溶解度相应大些，菌的生长速率相应小一些，从而弥补了因供氧不足而造成的代谢异常。此外，还应考虑培养基的成分和浓度。使用稀薄或较易利用的培养基时提高发酵温度则养分往往过早耗竭，导致菌丝过早自溶，产量降低。例如，提高红霉素发酵温度在玉米浆培养基中的效果就不如在黄豆饼粉培养基的好，因提高温度有利于黄豆饼粉的同化。

9. 发酵过程温度的选择与控制

（1）根据菌种及生长阶段来选择最适温度　微生物种类不同，所具有的酶系及其性质不同，所要求的温度范围也不同。如黑曲霉生长温度为 37℃，谷氨酸产生菌棒状杆菌的生长温度为 30~32℃，青霉菌生长温度为 30℃。在产物分泌阶段，其温度要求与生长阶段又不一样，应选择最适生产温度。如青霉素产生菌生长的最适温度为 30℃，但产生青霉素的最适温度是 20℃。

（2）根据培养条件选择最适温度　温度选择还要根据培养条件综合考虑，灵活选择。比如，通气条件差时可适当降低温度，使菌体呼吸速率降低些，溶氧浓度也可高些；培养基稀薄时，温度也该低些，因为温度高营养利用快，会使菌体过早自溶。

（3）根据菌生长情况选择最适温度　菌体生长快，维持在较高温度时间要短些；菌体生长慢，维持较高温度时间可长些。培养条件适宜，如营养丰富，通气能满足，那么前期温度可高些，以利于菌体的生长。总的来说，温度的选择根据菌种生长阶段及培养条件综合考虑。要通过反复实践来定出最适温度。

（4）工业生产上的温度控制　工业生产上，所用的大发酵罐在发酵过程中一般不需要加热，因发酵中释放了大量的发酵热，需要冷却的情况较多。利用自动控制或手动调整的阀门，将冷却水通入发酵罐的夹层或蛇形管中，通过热交换来降温，保持恒温发酵。如果气温较高，冷却水的温度又高，就可采用冷冻盐水进行循环式降温，以迅速降到最适温度。因此，大工厂需要建立冷冻站，提高冷却能力，以保证在正常温度下进行发酵。发酵过程中培养液的 pH 是微生物在一定环境条件下代谢活动的综合指标，是非常重要的发酵参数。掌握发酵过程中 pH 变化的规律，及时检测并进行控制，可以使发酵处于最佳的生产状态。

第二节　染菌对不同发酵过程的影响

一、不同物种的发酵过程

菌种、培养基、发酵条件、发酵周期以及产物性质等不同，染菌造成的危害程度也不同。无论何种发酵，染菌后都会造成糖及其他营养基质被消耗，而影响发酵产物的合成，使产量大大地降低。

在工业发酵中，不同种类的杂菌对发酵造成的危害是不同的。例如，在抗生素发酵中，青霉素发酵污染细短产气杆菌比污染粗大杆菌危害更大；链霉素发酵污染细短杆菌、假单胞杆菌和产气杆菌比污染粗大杆菌更严重，而四环素发酵最怕污染双球菌、芽孢杆菌和荚膜杆菌。谷氨酸发酵最危险的是污染噬菌体，因为噬菌体蔓延迅速，难以防治，容易造成连续污染。

（一）青霉素发酵过程

由于许多杂菌都能产生青霉素酶，因此不管染菌是发生在发酵前期、中期或后期，都会使青霉素迅速分解破坏，使目的产物得率降低，危害十分严重。

（二）核苷酸发酵过程

由于所用的生产菌种是多种营养缺陷型微生物，其生长能力差，所需的培养基营养丰富，因此容易受到杂菌的污染，且染菌后，培养基中的营养成分迅速被消耗，严重抑制了生产菌的生长和代谢产物的生成。

（三）柠檬酸等有机酸发酵过程

一般在产酸后发酵液的 pH 比较低，杂菌生长十分困难，在发酵中、后期不太会发生染菌，主要是要预防发酵前期染菌。

（四）谷氨酸发酵过程

此过程周期短，生产菌繁殖快，培养基不太丰富，一般较少污染杂菌，但噬菌体污染对谷氨酸发酵的影响较大。

二、发酵过程中微生物对氧的需求

根据对氧的需求，微生物可分为专性好氧微生物、兼性好氧微生物和专性厌氧微生物。专性好氧微生物把氧作为最终电子受体，通过有氧呼吸获取能量，如霉菌；进行此类微生物发酵时一般应尽可能地提高溶氧（DO），以促进微生物生长，增大菌体量。兼性好氧微生物的生长不一定需要氧，但如果在培养中供给氧，则菌体生长更好，如酵母菌。典型的如乙醇发酵，对溶氧的控制分两个阶段，初始提供高溶氧进行菌体扩大培养，后期严格控制溶氧进行厌氧发酵。厌氧和微好氧微生物能耐受环境中的氧，但它们的生长并不需要氧，这些微生物在发酵生产中应用较少。而对于专性厌氧微生物，氧则可对其显示毒性，如产甲烷杆菌，此时能否将溶氧限制在一个较低的水平往往成为发酵成败的关键。

好氧性微生物的生长发育和代谢活动都需要消耗氧气。在发酵过程中必须供给适量无菌空气，才能使菌体生长繁殖，积累所需的代谢产物。微生物只能利用溶解于液体的氧。发酵液中溶解氧的多少，一般用溶解氧系数表示。由于各种好气微生物所含的氧化酶体系（如过氧化氢酶、细胞色素氧化酶、黄素脱氢酶、多酚氧化酶等）的种类和数量不同，在不同环境条件下，各种需氧微生物的吸氧量或呼吸程度是不同的。

微生物的吸氧量常用呼吸强度和耗氧速率两种方法来表示。呼吸强度是指单位质量干菌体在单位时间内所吸取的氧量，以 Q_2 表示，单位为 mmol/（kg·h）。耗氧速率是指单位体积培养液在单位时间内的耗氧量，以 r 表示，单位为 mmol/（m^3·h）。

三、发酵液 pH 的改变将对发酵的影响

（一）改变细胞膜的电荷性质，影响新陈代谢的正常进行

细胞质膜具有胶体性质，在一定 pH 时细胞质膜可以带正电荷，而在另一 pH 时，细胞质膜则带负电荷。这种电荷的改变同时会引起细胞质膜对个别离子渗透性的改变，从而影响微生物对培养基中营养物质的吸收及代谢产物的分泌，妨碍新陈代谢的正常进行。如产黄青霉的细胞壁厚度随 pH 的增加而减小，其菌丝的直径在 pH6.0 时为 $2\sim3\mu m$，在 pH7.4 时，则为 $0.2\sim1.8\mu m$，呈膨胀酵母状细胞，随 pH 下降菌丝形状可恢复正常。

（二）影响菌体代谢方向

如采用基因工程菌毕赤酵母生产重组人血清白蛋白，生产过程中最不希望产生蛋白酶。在 pH5.0 以下，蛋白酶的活性迅速上升，对白蛋白的生产很不利；而在 pH5.6 以上则蛋白酶活性很低，可避免白蛋白的损失。不仅如此，pH 的变化还会影响菌体中的各种酶活性以及菌体对基质的利用速率，从而影响菌体的生长和产物的合成。故在工业发酵中维持生长和产物合成的最适 pH 是生产成功的关键之一。

（三）pH 变化对代谢产物合成的影响

培养液的 pH 对微生物的代谢有更直接的影响。在产气杆菌中，与吡咯喹啉醌（PQQ）结合的葡萄糖脱氢酶受培养液 pH 影响很大。在钾营养限制性培养基中，pH8.0 时不产生葡萄糖酸，而在 pH 5.0~5.5 时产生的葡萄糖酸和 2-葡萄糖酸最多。此外，在硫或氮营养限制性的培养基中，此菌生长在 pH5.5 下产生葡萄酸与 2-葡萄酸，但在 pH 6.8 时不产生这些化合物。

四、影响 pH 变化的因素

发酵过程中 pH 会发生变化。pH 变化的幅度取决于所用的菌种、培养基的成分和培养条件。在正常情况下，发酵过程中 pH 的变化有如下规律：在菌体的生长阶段，pH 有上升或下降的趋势；在生产阶段，pH 趋于稳定；在自溶阶段，pH 有上升的趋势。

外界环境发生较大变化时，pH 将会不断地波动。导致酸性物质释放或产生，碱性物质消耗的会引起发酵液 pH 下降；导致碱性物质释放或产生，酸性物质消耗的会引起发酵液 pH 上升。影响发酵液中 pH 变化的因素很多，主要是培养基的成分、中间补料、代谢中间产物和代谢终产物等。造成 pH 上升的原因主要有以下几个方面：①培养基中碳氮比（C/N）偏低；②生理碱性物质存在，如硝酸钠；③中间补料中氨水或尿素等碱性物质加入过量。造成 pH 下降的原因主要有以下几个方面：①培养基中碳氮比偏高；②生理酸性物质存在，如硫酸铵；③消泡剂加入过量。

pH 的变化会引起各种酶活性的改变，影响菌对基质的利用速度和细胞的结构，以致影响菌体的生长和产物的合成。pH 还会影响菌体细胞膜电荷状况，引起膜的渗透性改变，因而影响菌体对营养的吸收和代谢产物的形成等。因此，确定发酵过程中的最适 pH 及时采取有效控制措施是保证或提高产量的重要环节。

每一类微生物都有最适的和能耐受的 pH 范围。大多数细菌生长的最适 pH 为 6.3~7.5；霉菌最适生长 pH 为 4.0~5.8；酵母最适生长 pH 为 3.8~6.0 放线菌最适生长 pH 为 6.5~8.0。有的微生物生长繁殖阶段的最适 pH 与产物形成阶段的最适 pH 是一致的，但也有许多是不一致的。

选择最适 pH 有利于菌的生长和产物合成，应以获得较高的产量为依据。以利福霉素为例，由于利福霉素，B 分子中的所有碳单位都是由葡萄糖衍生的，在生长期葡萄糖的利用情况对利福霉素 B 的生产有一定的影响。实验证明，其最适 pH 在 7.0~7.5 范围内。当 pH 7.0 时，平均得率系数达最大值；pH 6.5 时为最小值。在利福霉素 B 发酵的各种参数中，从经济角度考虑，平均得率系数最重要。故 pH 7.0 是生产利福霉素 B 的最佳条件。在此条件下葡萄糖的消耗主要用于合成产物，同时也能保证适当的菌量。实验结果表明，与整个发酵过程中维持 pH 7.0 相比，生长期和生产期时分别维持 pH 6.5 和 pH 7.0，可使利福霉素 B 的产率提高 14%。

第三节　染菌发生的不同时间对发酵的影响

一、发酵前期染菌

在发酵前期，微生物菌体主要处于生长、繁殖阶段，这段时期代谢的产物很少，相对而言这个时期也容易发生染菌。染菌后的杂菌迅速繁殖，与生产菌争夺培养基中的营养物质，严重干扰生产菌的正常生长、繁殖及产物的生成，甚至会抑制或杀灭生产菌。可重新灭菌；补充必要营养，重新接种。

二、发酵中期染菌

发酵中期染菌将会导致培养基中的营养物质大量消耗，并严重干扰生产菌的生长和代谢，影响产物的生成。有的杂菌在染菌后大量繁殖，产生酸性物质，使 pH 下降，糖、氮等的消耗加速，菌体发生自溶，致使发酵液发黏，并产生大量的泡沫，最终导致代谢产物的积累减少或停止；有的染菌后会使已生成的产物被利用或破坏。从目前的情况来看，发酵中期染菌一般较难挽救，危害性较大，在生产过程中应尽力做到早发现、快处理。例如，抗生素发酵可将另一罐发酵正常、单位高的发酵液的一部分输入染菌罐中，以抑制杂菌繁殖，同时采取低通风、少流加糖的措施；柠檬酸发酵中期染菌，可根据所染杂菌的性质分别处理，如污染细菌，可加大通风量，加速产酸，降低 pH，以抑制细菌生长，必要时可加入盐酸调节 pH3.0 以下，抑制杂菌；如污染酵母，可加入 0.025 ~ 0.035g/L 硫酸铜，抑制酵母生长，并提高风量，加速产酸；如污染黄曲霉，可加入另一罐将近发酵成熟的醪液，使 pH 下降令黄曲霉自溶；但污染青霉则危害很大，因为青霉在 pH 很低条件下能够生长，如果残糖较低，可以提高风量，促使产酸和耗糖，提前放罐。

三、发酵后期染菌

由于到了发酵后期，培养基中的糖、氮等营养物质已接近耗尽，且发酵的产物也已积累较多，如果染菌量不太大，对发酵的影响相对来说就要小一些，可继续进行发酵。如污染严重，破坏性较大，可以采取措施提前放罐。发酵后期染菌对不同产物的影响不同，如抗生素、柠檬酸发酵后期染菌影响不大，而肌苷酸和谷氨酸、赖氨酸等发酵后期染菌会影响产物的产量、产物提取和产品质量。在染菌严重时，有人主张加入不影响生产菌正常代谢的某些抗生素、对苯二酚、新洁尔灭等灭菌剂，抑制杂菌生长。例如：庆大霉素发酵染菌，可加入少量庆大霉素粉或对苯二酸；灰黄霉素发酵染菌时，可加入新霉素。但是，在发酵开始时都加入杀菌剂以防止染菌，似无必要，也增加成本，若当发酵染菌后再加入杀菌剂又为时已晚，实际效果值得探讨。

第四节　发酵异常现象及原因分析

发酵过程中的种子培养和发酵的异常现象是指发酵过程中的某些物理参数、化学参数或生物参数发生与原有规律不同的变化，这些改变必然影响发酵水平，使生产蒙受损失。对此，应及时查明原因，加以解决。

一、种子培养异常

菌体生长缓慢培养基原料质量下降，菌体老化，灭菌操作失误，供氧不足，培养温度偏高或偏低，酸碱度调节不当，接种物冷藏时间长或接种量过低，或接种物本身质量较差。菌丝结团菌丝团中央结实，内部菌丝的营养吸收和呼吸受到影响，不能正常生长，原因多而且复杂。代谢不正常接种物质量和培养基质量、培养环境差，接种量小，杂菌污染等。

二、发酵异常

菌体生长差种子质量差或种子低温放置时间长，导致代谢缓慢。pH 过高或过低培养基原料质量差，灭菌效果差，加糖、加油过多或过于集中等的影响，是所有代谢反应的综合反映。溶解氧水平异常好气性发酵均需要不断供氧，特定的发酵具有一定的溶解氧水平，而且在不同发酵阶段其溶解氧水平不同。例如谷氨酸发酵初期，菌体处于适应期，耗氧量很少，溶解氧基本不变；当菌体进入对数生长期，耗氧量增加，溶解氧浓度很快下降，并且维持在一定水平（5%饱和度以上），这阶段由于操作条件（pH、温度、加料等）变化，溶解氧有波动，但变化不大；发酵后期，菌体衰老，耗氧量减少，溶解氧浓度又上升。当感染噬菌体时，生产菌的呼吸作用受抑制，溶解氧浓度很快上升。污染杂菌时，由于所感染杂菌的好氧性不同导致溶解氧有差异，当污染好氧性杂菌，溶解氧在较短时间下降，并且接近零值，且长时间不能回升；当污染非好氧性菌，而生产菌又由于受污染而抑制生长，使耗氧量减少，溶解氧升高。排气中 CO_2 异常变化好气性发酵排气中 CO_2 含量与糖代谢有关，可以根据 CO_2 含量来控制发酵工艺（如流加糖、通风量等）。对于某种发酵，在工艺一定时，排气中 CO_2 含量变化是有规律的。在染菌后，糖的消耗发生变化（加快或减慢），引起 CO_2 含量的异常变化。如污染杂菌，糖耗加快，CO_2 含量增加；感染噬菌体，糖耗减慢，CO_2 含量减少。因此，可根据 CO_2 变化来判断是否染菌。泡沫过多菌体生长差，代谢速率慢，接种物嫩或种子未及时移种而过老，蛋白质类胶体物质多，培养基灭菌时温度过高或时间过长，葡萄糖受到破坏后变成氨基糖，都会引起泡沫。菌体浓度过高或过低罐温长时间偏高，或停止搅拌时间较长造成溶解氧不足，或培养基灭菌不当导致营养条件较差，种子质量差，菌体或菌丝自溶。

第五节 杂菌污染的预防

染菌对工业发酵的危害，轻则影响产品的质和量，重则倒罐，损失严重。如果防范得当，采取适当措施可以防止杂菌的发作，不让杂菌有机可乘。杂菌的发现，常用镜检和无菌实验方法，这是确认染菌的依据。预防措施主要有以下几个方面：①认真保藏好生产菌株，确保其不受污染；②严禁活菌体排放；③强化设备管理；④加强环境卫生工作；⑤加强对无菌空气、空间杂菌及噬菌体监测工作。

一、种子带菌及其防治

保藏斜面试管菌种染菌、培养基和器具灭菌不彻底、种子转移和接种过程染菌、种子培养所涉及的设备和装置染菌，都会使种子染上杂菌。

针对以上情况，要严格控制无菌室的污染，根据生产工艺的要求和特点，建立相应的无菌室，交替使用各种灭菌手段对无菌室进行处理；在制备种子时对砂土管、斜面、锥形瓶及摇瓶均严格进行管理，防止杂菌的进入而受到污染。为了防止染菌，种子保存管的棉花塞应有一定的紧密度，且有一定的长度，保存温度尽量保持相对稳定，不宜有太大变化；对每一级种子的培养物均应进行严格的无菌检查，确保任何一级种子均未受杂菌污染才能使用；对菌种培养基或器具进行严格的灭菌处理，保证在利用灭菌锅进行灭菌前，先完全排除锅内的空气，以免造成假压，使灭菌的温度达不到预定值，造成灭菌不彻底而使种子染菌。

二、空气带菌及其防治

无菌空气带菌是发酵染菌的主要原因之一。要杜绝无菌空气带菌，就必须从空气的净化工艺和设备的设计、过滤介质的选用和装填、过滤介质的灭菌和管理等方面完善空气净化系统。从空气净化流程和设备的设计、过滤介质的选用和装填、过滤介质的灭菌和管理等方面完善空气净化系统。

（1）加强生产环境的卫生管理，减少生产环境中空气的含菌量，正确选择采气口（如提高采气口的位置或前置粗过滤器），加强空气压缩前的预处理（如提高空压机进口空气的洁净度）。

（2）设计合理的空气预处理工艺，尽可能减少生产环境中空气带油、水量，提高进入过滤器的空气温度，降低空气的相对湿度，保持过滤介质的干燥状态，防止空气冷却器漏水，防止冷却水进入空气系统等。

（3）设计和安装合理的空气过滤器，防止过滤器失效。选用除菌效率高的过滤介质，在过滤器灭菌时要防止过滤介质被冲翻而造成短路，避免过滤介质烤焦或着火，防止过滤介质的装填不均而使空气走短路，保证一定的介质充填密度。当突然停止进空气时，要防止发酵液倒流入空气过滤器，在操作中要防止空气压力的剧变和流速的急增。

三、培养基和设备灭菌不彻底导致染菌及防止

（1）原料性状　淀粉质原料在升温过快或混合不均匀时，容易结块，"夹生"，包埋的活菌不易杀灭。可在升温前搅拌，并加入一定量 α-淀粉酶。

（2）实罐灭菌时未充分排除罐内冷空气（"假压"）。

（3）连续灭菌时蒸汽压力波动大，未达到灭菌温度　严格控制灭菌温度，最好采用自动控制装置。

（4）设备、管道存在"死角"　由于操作、设备结构、安装或人为造成的屏障等原因，使蒸汽不能有效到达预定的局部灭菌部位，从而不能达到彻底灭菌的要求。

四、操作失误导致染菌及其防治

（1）对于淀粉质培养基的灭菌，通常采用实罐灭菌较好，一般在升温前先通过搅拌混合均匀，并加入一定量的淀粉酶进行液化；有大颗粒存在时应先经过筛除去，再进行灭菌；对于麸皮、黄豆饼一类的固形物含量较多的培养基，采用罐外预先配料，再转至发酵罐内进行实罐灭菌较为有效。

（2）在灭菌升温时，要打开排气阀门，使蒸汽能通过并驱除罐内冷空气，一般可避免"假压"造成染菌。

（3）要严防泡沫升顶，尽可能添加消泡剂防止泡沫的大量产生。

（4）避免蒸汽压力的波动过大，应严格控制灭菌温度，过程最好采用自动控温。

（5）发酵过程越来越多地采用自动控制，一些控制仪器逐渐被应用。一般常采用化学试剂浸泡等方法来灭菌。

五、设备渗漏引起染菌及其防治

（1）发酵设备、管道、阀门的长期使用，由于腐蚀、摩擦和振动等原因，往往造成渗漏。如：砂眼由于腐蚀逐渐加深，最终导致穿孔。冷却管受搅拌器作用，长期磨损，焊缝处受冷热和振动产生裂缝而渗漏。

（2）微小渗漏的检查　可以压入碱性水，用浸湿酚酞指示剂的白布擦，有渗漏时白布显红色。

六、发酵过程中 pH 的调节和控制

由于微生物不断地吸收、同化营养物质和排出代谢产物，因此，在发酵过程中，发酵液的 pH 是一直在变化的。这不但与培养基的组成有关，而且与微生物的生理特性有关。各种微生物的生长和发酵都有各自的最适 pH。为了使微生物能在最适 pH 范围内生长、繁殖和发酵，首先应根据不同微生物的特性，不仅要在原始培养基中控制适当的 pH，而且要在整个发酵过程中，随时检查 pH 的变化情况，并进行相应的调控。实际生产中，可从以下几个方面进行。

（一）调整培养基组分

适当调整碳氮比，使盐类与碳源配比平衡。一般情况下，碳氮比高时（真菌培养基），pH 降低；碳氮比低时（一般细菌），经过发酵后，pH 上升；此外，基础料中若含有玉米浆，pH 呈酸性，必须调节 pH。若要控制消化后 pH 在 6.0，消化前 pH 往往要调到 6.5~6.8。

（二）在基础料中加入维持 pH 的物质

添加 $CaCO_3$ 当用氨根离子作为氮源时，可在培养基中加入 $CaCO_3$，用于中和 NH_4^+ 被吸收后剩余的酸。氨水流加法氨水可以中和发酵中产生的酸，且氮可作为氮源，供给菌体营养。通氨一般是使压缩氨气或工业用氨水（浓度 20% 左右），采用少量间歇添加或连续自动流加，可避免一次加入过多造成局部偏碱。发酵过程中使用氨水中和有机酸来调节需谨慎，过量的氨会使微生物中毒，导致呼吸强度急速下降。故在需要用通氨气来调节 pH 或补充氮源的发酵过程中，可通过监测溶氧浓度的变化防止菌体出现氨过量中毒。氨极易和铜反应产生毒性物质，对发酵产生影响，故需避免使用铜制的通氨设备。味精厂多用尿素流加法，尿素首先被菌体脲酶分解成氨，氨进入发酵液，使 pH 上升，当 NH_4^+ 被菌体作为氮源消耗并形成有机酸时，发酵液 pH 下降，这时随着尿素的补加，氨进入发酵液，可使发酵液 pH 上升，氮源得到补充，如此循环，直至发酵液中碳源耗尽，完成发酵。

（三）通过补料调节 pH

在发酵过程中根据糖氮消耗需要进行补料。在补料与调节 pH 没有矛盾时采用补料调节 pH，当补料与调节 pH 发生矛盾时，加酸或碱调节 pH。氨基酸发酵常用此法。这种方法既可以达到稳定 pH 的目的，又可以不断补充营养物质，特别是能产生阻遏作用的物质。少量多次补加还可以解除对产物合成的阻遏作用，提高产量。

七、种子培养期染菌

种子培养的目的主要是使微生物细胞生长与繁殖，增加微生物的数目，为发酵作准

备。一般种子罐中的微生物菌体浓度较低，而其培养基的营养又十分丰富，容易发生染菌。若将污染的种子带入发酵罐，则会造成更大的危害，因此应严格控制种子染菌情况的发生。一旦发现种子受到杂菌的污染，应经灭菌后弃去，并对种子罐、管道等进行仔细检查和彻底灭菌。

第六节　染菌的挽救和处理

一、染菌程度对工业发酵的影响

染菌程度越大，对发酵的危害就越大。当生产菌已迅速繁殖，在发酵液中占有优势，污染极少数杂菌（1~2 个杂菌/L），对发酵不会造成影响，因为这些杂菌需要时间繁殖才能达到危害发酵的程度，而且环境对杂菌的繁殖也不利。

但是污染幅度较大时，特别是发酵前期和中期污染，将造成严重的危害。

二、染菌对产物提取和产品质量的影响

1. 对过滤的影响

菌体大多自溶，发酵液黏度加大，甚至发臭。由于发酵不彻底，基质的残留浓度增加，最终其过滤效率大幅度降低，过滤时间拉长，影响设备周转使用，破坏生产平衡等。

2. 对提取的影响

（1）有机溶剂萃取工艺　染菌的发酵液含有更多的水溶性蛋白，易发生乳化，使水相和溶剂相难以分开。

（2）离子交换工艺　杂菌易黏附在离子交换树脂表面或被离子交换树脂吸附，大大降低离子交换树脂的交换量。

3. 对产品质量的影响

（1）对产品外观　一些染菌发酵液经过处理过滤后得到澄清的发酵液，放置后会出现浑浊，影响外观。

（2）对内在质量　染菌的发酵液含有较多的蛋白质和其他杂质，影响产品纯度。

为了减少损失，对被污染的发酵液要根据具体情况采取不同的挽救措施。如果种子培养或种子罐中发现污染，应经灭菌后弃之，不再继续扩大培养，并对种子罐、管道等进行仔细检查和彻底灭菌。发酵早期染菌可以适当添加营养物质，重新灭菌后再接种发酵。中后期染菌，可以加入适当的杀菌剂或抗生素以及正常的发酵液，以抑制杂菌的生长速度；如果杂菌的生长影响发酵的正常进行或影响产物的提取时，应该提早放罐。但有些发酵染菌后发酵液中的碳、氮源还较多，若提早放罐，这些物质会影响后处理提取使产品取不出，此时应先设法使碳、氮源消耗，再放罐提取。另外，采用加大接种量的办法，使生产菌的生长占绝对优排挤和压倒杂菌的繁殖，也是一个有效的措施。

发酵过程一旦发生染菌，应根据污染微生物的种类、染菌的时间或杂菌的危害程度等进行挽救或处理，同时对有关设备也进行相应的处理。

三、连续灭菌系统前的料液贮罐

在每年 4~10 月份（杂菌较旺盛生长的时间）加入 0.2%甲醛，加热至 80℃，存放处理 4h，以减少带入培养液中的杂菌数。

四、染菌中的罐

在培养液灭菌前先加甲醛进行空消处理，甲醛用量为每立方米罐的体积 0.12~0.17L。对染菌的种子罐可在罐内放水后进行灭菌，灭菌后水量占罐体的 2/3 以上。这是因为细菌芽孢较耐干热而不耐湿热的缘故。

五、染菌后的罐

对设备的处理空罐加热灭菌后至 120℃ 以上、30min 后才能使用；也可用甲醛熏蒸或甲醛溶液浸泡 12h 以上等方法进行处理。

第七节　噬菌体污染及其防治

一、噬菌体污染与危害

噬菌体是病毒的一种，直径约 0.1μm，可以通过细菌过滤器，所以通用的空气过滤器不易将其除去。利用细菌或放线菌进行的发酵容易感染噬菌体。设备的渗漏、空气系统、培养基灭菌不彻底都可能是噬菌体感染的途径。如果车间环境中存在噬菌体就很难防止感染，只有不让噬菌体在周围环境中繁殖，才是彻底防止它污染的最好办法。因为噬菌体是专一性的活菌寄生体，不能脱离寄主自行生长繁殖，如果不让活的生产菌在环境中生长蔓延，也就堵塞了噬菌体的滋生场地和繁殖条件。引起发酵生产噬菌体污染的原因，大都是由于生产过程中随意排放大量活菌体，这些活菌体栖息于周围环境，同少量与其有关的其他溶原性菌株接触，经过变异和杂交，最终发生使生产菌株溶菌的烈性噬菌体，并在环境中逐渐增殖，随空气流动，污染种子和发酵罐。

通常在工厂投入生产的初期噬菌体的危害并不严重，在以后生产中，由于人们不注意，在各阶段操作中将活的生产菌散失在生产场所和下水道等处，促成噬菌体的繁殖和变异，随着空气和尘埃的传播而潜入生产的各个环节中。为了不让活的生产菌逃出，发酵罐的排气管要用汽封或引入药液（如高锰酸钾、漂白粉或石灰水等溶液）槽中，取样、洗罐或倒罐的带菌液体要处理后才允许排入下水道。同时要把好种子关，实现严格的无菌操作，搞好生产场地的环境卫生。车间四周要经常进行检查，如发现噬菌体及时用药液喷洒。

不同发酵类型遭到不同种类噬菌体侵染所出现的现象是不同的，而同一菌种被相同噬菌体侵染，由于侵染的时间不同，也会造成不同的后果，但都会出现以下现象：发酵液光密度不上升或回降；pH 逐渐上升；氨停止利用；糖耗、升温缓慢或停止；产生大量泡沫，使发酵液呈胶状；镜检时菌体数量显著减少，甚至找不到完整菌体；发酵周期延长，产物生成量减少或停止等。

二、噬菌体的防治

噬菌体的防治是多方面的，如已感染噬菌体可采用以下方法处理。

（1）选育抗噬菌体菌株。

（2）轮换使用专一性不同的菌株。

（3）加化学药物　如谷氨酸发酵可加氯霉素 2~4mg/L、0.1%三聚磷酸钠、0.6%柠檬酸钠等。

（4）将培养液重新灭菌再接种（噬菌体不耐热，70~80℃经 5min 即可杀死）。

（5）其他方法　如谷氨酸发酵在初期感染噬菌体，可以利用噬菌体只能在生长阶段的细胞（即幼龄细胞）中繁殖的特点，将发酵正常并已培养了 16~18h（此时菌体已生长好并肯定不染菌）的发酵液加入感染噬菌体的发酵液中，以等体积混合后再分开发酵。实践证明，在谷氨酸发酵中，采用这个方法可获得较好的效果。

思考题

1. 简述工业发酵染菌的危害。

2. 简述不同染菌时间和染菌程度对发酵的影响。

3. 简述染菌对产物提取和产品质量的影响。

4. 怎样判断发酵罐是否染菌？

5. 简述发酵染菌的途径及预防措施。

6. 简述消毒与灭菌的区别。

7. 简述杂菌污染的预防措施。

8. 简述染菌的挽救和处理办法。

9. 简述噬菌体污染途径和防治办法。

参考文献

［1］赵军，张有忱．化工设备机械基础［M］．北京：化学工业出版社，2007.

［2］化工设备机械基础编写组．化工设备机械基础［M］．北京：化学工业出版社，1979.

［3］刁玉玮，王立业．化工设备机械基础［M］．大连：大连理工大学出版社，2003.

［4］蔡纪宁，张秋翔．化工设备机械基础课程设计指导书［M］．北京：化学工业出版社，2000.

［5］郑裕国，薛亚平．生物工程设备［M］．北京：化学工业出版社，2007.

［6］陈国豪．生物工程设备［M］．北京：化学工业出版社，2006.

［7］梁世中．生物工程设备［M］．北京：中国轻工业出版社，2007.

［8］桂祖发．酒类制造［M］．北京：化学工业出版社，2001.

［9］顾国贤．酿造酒工艺学［M］．北京：中国轻工业出版社，1996.

［10］吴思方．发酵工厂工艺设计概论［M］．北京：中国轻工业出版社，2006.

［11］陶兴无．发酵工艺与设备［M］．北京：化学工业出版社，2015.

第八章 发酵动力学

 **学习目标**

1. 掌握发酵动力学主要研究内容及相关参数概念。
2. 掌握细胞生长、基质消耗、产物形成的质量衡算方法。
3. 掌握 Monod 方程的生物学意义及其参数求解。
4. 掌握分批发酵、连续发酵及补料分批发酵的动力学特征。

第一节 发酵过程的定量描述方法

发酵动力学主要是研究微生物生长、发酵产物合成、底物消耗之间的动态定量关系，确定微生物生长速率、发酵产物合成速率、底物消耗速率及其转化率等发酵动力学参数特征，以及各种理化因子对这些动力学参数的影响，并建立相应的发酵动力学过程的数学模型，从而达到认识发酵过程规律及优化发酵工艺、提高发酵产量和效率的目的。

一、发酵动力学定义

发酵动力学是对微生物生长、发酵产物合成、底物消耗动态过程的定量描述及相互之间的定量关系研究。通过提高发酵产量和底物转化率，就可以显著提高发酵水平，降低发酵成本。一般来讲，提高发酵产量涉及高产菌株选育、发酵过程优化与控制，以及发酵罐规模化放大等多个方面。其中，发酵过程优化与控制就需要通过发酵动力学研究，了解微生物发酵动力学参数及其主要影响因素，然后对这些因素实施有效控制，从而优化发酵过程，提高发酵产量。

在发酵工业中，发酵生产强度（也称发酵生产率）是衡量发酵水平的重要指标，即单位时间内单位发酵体积中发酵产物的产量。发酵生产率的提高需要通过对发酵过程的动力学研究来实现。

二、发酵动力学研究方法

发酵动力学是研究整个发酵体系中微生物细胞群体生长、产物合成、基质消耗等过程变化情况，并基于物质守恒定律以及发酵过程变化数据建立相应的发酵动力学模型，从而揭示微生物发酵过程动力学特征及其变化规律，用于指导发酵过程优化与控制。因此，发酵动力学研究是基于整个发酵体系中微生物细胞群体展开，包括发酵体系中的生长细胞、休眠细胞（休止细胞或静止期细胞）以及死亡细胞等几种类型的细胞群体形成产物过程的定量研究。根据产物形成与基质消耗的关系分为以下几类。

（1）类型Ⅰ 产物的形成直接与基质的消耗有关，这是一种产物合成与利用糖类有化学计量关系的发酵，糖提供了生长所需的能量。糖耗速率与产物合成速率的变化是平行的，利用酵母菌的乙醇发酵和酵母菌的好气生长。在厌氧条件下，酵母菌的生长和产物合成是平行的过程；在通气条件下培养酵母时，底物消耗的速率和菌体细胞合成的速率是平行的。这种关系也称为有生长联系的培养。

（2）类型Ⅱ　产物的形成间接与基质的消耗有关，例如柠檬酸、谷氨酸发酵等。即微生物生长和产物合成是分开的，糖既满足细胞生长所需能量，又充当产物合成的碳源。但在发酵过程中有两个时期对糖的利用最为迅速，一个是最高生长时期，另一个是产物合成最高的时期。如在用黑曲霉生产柠檬酸的过程中，发酵早期被用于满足菌体生长，直到其他营养成分耗尽为止，然后代谢进入柠檬酸积累的阶段，产物积累的数量与利用糖的数量有关，这一过程仅得到少量的能量。

（3）类型Ⅲ　产物的形成显然与基质的消耗无关，例如青霉素、链霉素等抗生素发酵。即产物是微生物的次级代谢产物，其特征是产物合成与利用碳源无准量关系，产物合成在菌体生长停止时才开始。此种培养类型也称为无生长联系的培养。

第二节　微生物细胞生长动力学模型

一、生长速率与比生长速率

在微生物的生长培养过程中，菌体浓度的增加速率是菌体质量浓度、基质质量浓度和抑制剂质量浓度的函数，即：

$$\frac{\mathrm{d}X}{\mathrm{d}t} = f(X, \ S, \ I) \tag{8-1}$$

式中　X——菌体质量浓度，g/L

S——限制性基质质量浓度，g/L

I——抑制剂质量浓度，g/L

$\frac{\mathrm{d}X}{\mathrm{d}t}$——生长速率，g/（L·h）

如果单从 X 与 $\frac{\mathrm{d}X}{\mathrm{d}t}$ 的关系来看，则菌体质量浓度的增长速率与培养液中菌体质量浓度成正比，即：

$$\frac{\mathrm{d}X}{\mathrm{d}t} = \mu X \tag{8-2}$$

式中　μ——比生长速率

其计算式是：

$$\mu = \frac{1}{X} \times \frac{\mathrm{d}X}{\mathrm{d}t} \tag{8-3}$$

t——培养时间，h

比生长速率 μ 的物理意义是单位菌体的生长速率，其单位为时间的倒数，一般以 h^{-1} 表示。μ 与许多因素有关，当温度、pH、基质质量浓度等条件改变时，μ 随之改变。

当培养条件一定，μ 为常数时，式（8-2）表示对数生长式，即生长速率与已有细胞质量成正比。这时，对式（8-2）积分得：

$$\int_{x_0}^{x} \frac{\mathrm{d}X}{\mathrm{d}t} = \mu \int_{0}^{t} \mathrm{d}t \tag{8-4}$$

$$\ln \frac{X}{X_0} = \mu t \tag{8-5}$$

式中　X_0——初始细胞浓度，g/L

当 $X = 2X_0$，所需时间为菌体的倍增时间，由式（8-6）可得倍增时间为：

$$t_\mathrm{d} = \frac{\ln 2}{\mu} = \frac{0.693}{\mu} \tag{8-6}$$

微生物细胞比生长速率和倍增时间因受遗传特性及生长条件的控制，有很大的差异。表 8-1 中列出了几种不同的微生物受培养基和碳源综合影响时的比生长速率和倍增时间。应指出的是，并不是所有微生物的生长速度都符合上述方程。例如，当以碳氢化合物作为微生物的营养物质时，营养物质从油滴表面扩散速度会引起对生长限制，使生长速率不符合对数规律。在这种情况下，细胞显示为直线式生长，即：

$$\frac{\mathrm{d}X}{\mathrm{d}t} = K \tag{8-7}$$

$$X = X_0 + Kt \tag{8-8}$$

式中　K 为常数

在某些情况下，丝状微生物的生长方式是顶端生长，而营养物则通过整个丝状菌体扩散，营养物质在细胞内的扩散限制也使其生长曲线偏离上述规律。其生长速率可能和菌丝体的表面积成正比例，或与细胞质量的 2/3 次方成正比例，于是：

$$\frac{\mathrm{d}X}{\mathrm{d}t} = KX^{\frac{2}{3}} \tag{8-9}$$

$$\mu = \frac{1}{X} \times \frac{\mathrm{d}X}{\mathrm{d}t} = KX^{-\frac{1}{3}} \tag{8-10}$$

微生物细胞比生长速率和倍增时间因受遗传特性及生长条件的控制，有很大的差异。应当指出，并不是所有微生物的生长速度都符合上述方程。

表 8-1　　　　　　　　　　　微生物的比生长速率和倍增时间

微生物	碳源	比生长速率/h^{-1}	倍增时间/min
大肠杆菌	复合物	1.2	35
	葡萄糖+无机盐	2.28	15
	醋酸+无机盐	352	12
	琥珀酸+无机盐	0.14	300
中型假丝酵母	葡萄糖+维生素+无机盐	0.35	120
	葡萄糖+无机盐	1.23	34
	C_6H_{14}+维生素+无机盐	0.13	320
地衣芽孢杆菌	葡萄糖+水解酪蛋白	1.2	35
	葡萄糖+无机盐	0.69	60
	谷氨酸+无机盐	0.35	120

二、比生长速率与基质浓度之间的关系

1. Monod 方程

20 世纪 40 年代以来，人们提出了许多描述微生物生长过程中比生长速率和营养物质浓度关系的数学模型，其中，1942 年 Monod 最先提出了在特定温度、pH、营养物质类型、营养物质浓度等条件下，微生物细胞的比生长速率与限制性营养物的浓度之间存在如下关系式：

$$\mu = \frac{1}{X} \cdot \frac{dX}{dt} = \frac{\mu_{max}S}{K_S + S} \tag{8-11}$$

式中　μ_{max}——微生物的最大比生长速率，h^{-1}

　　　S——限制性营养物质的浓度，g/H

　　　K_S——底物饱和常数，g/h

K_S 的物理意义为当比生长速率为最大比生长速率一半时的限制性营养物质浓度，它的大小表示了微生物对营养的吸收亲和力大小。K_S 越大，表示微生物对营养物质的吸收亲和力越小，表明微生物对生长基质的敏感性小；反之就越大，说明微生物对生长基质的敏感性大。对于许多微生物来说，K_S 是很小的，一般以 0.1~120mg/L 或 0.01~3.0mmol/L，这表示微生物对营养物质有较高的吸收亲和力。一些微生物的 K_S 见表 8-2。同一微生物菌体，对不同基质具有不同的饱和常数 K_S，而具有最小 K_S 的底物为微生物生长的天然底物。表 8-2 所示为某些微生物在培养过程中通过图解法所求得的 K_S。

表 8-2　　　　　　　　　　　　一些微生物的 K_S

微生物	底物	K_S/（mg/L）	微生物	底物	K_S/（mg/L）
产气肠道细菌	葡萄糖	1.0	多形汉逊酵母	甲醇	120.0
大肠杆菌	葡萄糖	2.0~4.0	产气肠道细菌	氨	0.1
啤酒酵母	葡萄糖	25.0	产气肠道细菌	镁	0.6
多形汉逊酵母	核糖	3.0	产气肠道细菌	硫酸盐	3.0

当限制性底物浓度非常小时，即 $S<K_S$ 时，$K_S+S \approx K_S$，于是 Monod 方程简化为：

$$\mu \approx \frac{1}{X} \times \frac{dX}{dt} = \frac{\mu_{max}}{K_S} \times S \tag{8-12}$$

此时，比生长速率与限制性底物浓度成正比，微生物的生长显示为一级反应。

当限制性底物很大时，即 $S>K_S$ 时，$K_S+S \approx S$，于是 Monod 方程变为：

$$\mu = \frac{1}{X} \times \frac{dX}{dt} = \mu_{max} \tag{8-13}$$

$$\frac{dX}{dt} = \mu_{max}X \tag{8-14}$$

此时，比生长速率达到最大比生长速率，菌体的生长速率与底物浓度无关，而与菌体浓度成正比，微生物的生长显示为零级反应。

当限制性底物浓度很高时，对于某些微生物，高浓度的基质对生长有抑制作用，因而当 μ 达某一值时，再提高底物浓度，比生长速率反而下降，这时，μ_{max} 仅表示一种潜在的

力量，实际上是达不到的，如图 8-1 所示。在纯培养情况下，只有当微生物细胞生长受一种限制性营养物制约时，Monod 方程才与实验数据一致。

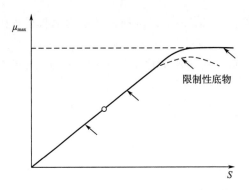

图 8-1　限制性底物浓度对比生长速率的影响

当培养基中存在抑制剂，或培养基中有多种营养物存在时，Monod 方程必须加以修改才能与实验数据一致。当存在多种限制性营养物时，方程可改写为：

$$\mu = \mu_{max} = \left(\frac{K_1 S_1}{K_1 + S_1} + \frac{K_2 S_2}{K_2 + S_2} + \cdots + \frac{K_i S_i}{K_i + S_i} \right) \left(\frac{1}{\sum\limits_{i=1} K_i} \right) \tag{8-15}$$

2. 其他比生长速率方程式

Monod 方程式是描述比生长速率与底物浓度关系最基本的方程式，其他的方程式如下。

（1）多个限制基质的 Monod 方程式

若在培养过程中包括多个限制基质，则比生长速率可表示为：

$$\mu = \mu_{max} = \frac{S_1}{K_1 + S_1} \times \frac{S_2}{K_2 + S_2} \cdots \frac{S_n}{K_n + S_n} \tag{8-16}$$

（2）Tessier 方程式

$$\mu = \mu_{max} = (1 - e^{-S/K_S}) \tag{8-17}$$

当 $S \to 0$ 时，$e^{-S/K_S} = 1 - \dfrac{S}{K_S}$，于是：

$$\mu = \mu_{max} \left(1 - 1 + \frac{S}{K_S} \right) = \frac{\mu_{max}}{K_S} S \tag{8-18}$$

而当 S 很大时，$S/K_S \to \infty$，$e^{-S/K_S} = 0$，于是 $\mu = \mu_{max}$。

可见 S 很低或很高时，Tessier 方程与 Monod 方程式有同样的结果。

（3）Moser 方程式

$$\mu = \mu_{max} (1 + K_S S^{-\lambda})^{-1} \tag{8-19}$$

式中　λ 为经验常数

当 S 很小时，$K_S S^{-\lambda}$ 很大，$1 + K_S S^{-\lambda} \approx K_S S^{-\lambda}$，于是

$$\mu = \frac{\mu_{max}}{K_S} S^{-\lambda} \tag{8-20}$$

即当 S 很小时，比生长速率与底物浓度的 λ 次方成正比。

当 S 很大时，$K_S S^{-\lambda}$ 很小，$1+K_S S^{-\lambda} \approx 1$，可得 $\mu = \mu_{max}$。

（4）Contois 方程式

$$\mu = \mu_{max} \frac{S}{K_S + S} \tag{8-21}$$

$$\mu = \mu_{max} \frac{S/K}{K_S + S/K} \tag{8-22}$$

在式（8-21）中，S/K 为底物浓度与菌体浓度之比，S/K 代表单位细胞所具有的底物。与 Monod 方程比较，在于用单位菌体所具有的底物 S/K 代替了底物浓度 S，这种表示方法对 BOD 的测定具有实际意义。当 $S/K \ll K_S$ 时，由式（8-22）即得：

$$\mu = \frac{\mu_{max}}{K_S} \times \frac{S}{K} \tag{8-23}$$

可见，当单位菌体所具有的底物浓度很小时，菌体的比生长速率与底物浓度成正比，而与菌体浓度成反比。

三、生长抑制

微生物的生长速率或底物消耗速率，与酶反应一样，存在着各种形式的抑制现象。

1. 抑制剂抑制

由于微生物的生长合成是一系列酶催化反应的结果，因此酶催化反应中的各种抑制剂同样对微生物的生长有抑制作用。例如，*Saccharomyces cerevisiae* 利用葡萄糖的速率受培养基中山梨糖的抑制。

2. 底物抑制

高浓度底物对代谢途径的抑制作用是所摄取的过量底物本身或其代谢底物抑制酶活性的过程，或是由于基因水平影响酶的生成机制，从而最终影响控制底物摄取速度，并影响生长速度的过程。底物抑制的一个明显例子是酵母菌生长过程中的 Crabtree 效应。当培养液中葡萄糖的浓度超过 5% 时，即使在足够的氧供应条件下，也会使酵母细胞的生长速度明显下降，这种现象称为 Crabtree 效应。

底物抑制的可能机制是底物浓度过高时，底物与细胞合成过程中的某个酶的催化活性中心的部位相结合，形成多底物与酶的复合体 ES（而不是正常的 ES 复合体）。而 ES 无活性，不能释放产物，因而使此酶的活性受到抑制，进而影响细胞的生物合成。

Andrews 提出，对受底物抑制的微生物其比生长速率可表示为：

$$\mu = \mu_{max} \frac{S}{K_i + S + S^2/K_P} \tag{8-24}$$

式中 K_i 和 K_P 为常数

3. 产物抑制

以酒精发酵中酵母菌的生长为产物抑制的一个例子。Aiba 和 Shodaand Nagatani 提高酵母厌氧发酵葡萄糖的比生长速率表达式为：

$$\mu = \mu_{max} \frac{K_P}{K_P+P} \times \frac{K_S}{K_S+P} \tag{8-25}$$

式中 F——产物浓度，g/L

对此式取倒数得：

$$\frac{1}{\mu} = \left(1 + \frac{P}{K_P}\right) \times \frac{K_S}{\mu_{max}} \times \frac{1}{S} + \left(1 + \frac{P}{K_P}\right)\frac{1}{\mu_{max}} \tag{8-26}$$

以 $1/\mu$ 对 $1/S$ 作图，上式为一条直线，与 Monod 方程的双倒数图比较，直线的斜率和截距都增大至 $(1+P/K_P)$ 倍。可见，乙醇对酵母比生长速率的影响为非竞争性抑制。

四、逻辑定律

对于稳定的连续发酵过程，由于其底物浓度等培养条件都维持不变，比生长速率 μ 为一常数，因而式（8-27）在连续发酵中特别有用。对于分批发酵，只有在对数生长期，式（8-26）才能适用。这时，发酵液中的底物浓度较高，比生长速率接近最大比生长速率，底物浓度的变化不会引起比生长速率的明显变化，可认为是常数。但就整个分批发酵而言，随着时间的进行，由于培养液中营养物质的消耗、细胞质量的增加和代谢产物的生成，使得培养条件随着时间不断变化，比生长速率也随之变化，因而分批发酵往往会偏离式（8-28）。D. G. Kendoll 提出了一个改进的模式，称之为逻辑定律。

$$\frac{dX}{dt} = K_1 X - K_2 X^2 \tag{8-27}$$

$$\mu = \frac{1}{X} \times \frac{dX}{dt} \approx K_1 - K_2 X \tag{8-28}$$

由式（8-28）可见，比生长速率为菌体浓度的函数，且随时间的增加而降低。

K_1 和 K_2 为待定系数，在式（8-28）中，第一项可理解为一级生长项，K_1 为生长系数；第二项可理解为二级死亡项，K_2 为死亡系数。K_2 的值可由作图法求取，根据式（8-28），以 μ 对 X 作图，得一直线，$-K_2$ 为斜率，K_1 为截距，如图 8-2 所示。

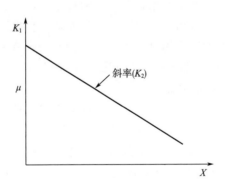

图 8-2　作图法求 K_1 和 K_2

五、得率系数

1. 生长得率和产物得率的定义

微生物生长和产物形成是生物物质的转化过程。在这个过程中，供给发酵的底物转化成细胞和代谢产物。得率系数是对碳源等物质生成细胞或其他产物的潜力进行定量评价的重要参数。生长得率是定量描述细胞对底物的得率系数，而产物得率就是描述产物对底物的得率系数，得率系数代表转化的效率。

生长得率：消耗每单位数量的基质所得到的菌体，称为基质的生长得率。即：

$$Y_{X/S} = \frac{\Delta X}{\Delta t} / \frac{-\Delta S}{\Delta t} = \frac{\Delta X}{-\Delta S} = \frac{菌体增加的量}{消耗基质的量} \qquad (8-29)$$

式中　$Y_{X/S}$——基质生长得率，g 菌体/g 基质或 g 菌体/mol 基质

产物得率：消耗每单位数量的基质所得到的产物量，称为基质的产物得率，即：

$$Y_{P/S} = \frac{\Delta P}{\Delta t} / \frac{-\Delta S}{\Delta t} = \frac{\Delta P}{-\Delta S} = \frac{产物增加的量}{消耗基质的量} \qquad (8-30)$$

式中　$Y_{P/S}$——基质产物得率，g 产物/g 基质或 mol 产物/mol 基质

同一菌体采用不同基质进行培养时，所得的生长得率和产物得率不同。如分别以葡萄糖、甘油和乳糖为碳源，培养戊糖丙酸杆菌，在培养中取基质消耗量和菌体生成量的数据，根据所得的数据作图得生长得率数据如表 8-3 所示。

表 8-3　　　　　　　　　　　　　　某些微生物的得率系数

微生物	基质	$Y_{X/S}$/（g/mol）	$Y_{P/S}$/（g/mol）
产朊假丝酵母	葡萄糖	91.8	42.2
	乙醇	31.2	19.5
	醋酸	21.0	22.4
产气克雷伯菌	葡萄糖	70.2	—
	琥珀酸	27.1	—
球形红假单胞菌	葡萄糖	81.0	46.7
啤酒酵母	葡萄糖	90.0	31.0
粪链球菌	葡萄糖	57.6	—
	葡萄糖（厌氧）	21.6	—
甲基单胞菌	甲醇	15.4	16.4
假单胞菌	甲醇	13.1	14.1
	甲烷	12.8	6.9

2. 理论得率与表观得率

如上述的生长得率实际上是指细胞对底物的表现得率。细胞在生长繁殖过程中，不仅新细胞生成和细胞个体长大需要消耗底物，维持细胞本身的生命活动也要消耗一定的底物。我们把只考虑细胞生长时细胞对底物的得率称为生长得率，常以 Y_G 表示；把既考虑细胞生长又考虑细胞维持时细胞对底物的得率称为生长的表观得率，常以 $Y_{X/S}$ 表示。理论得率与表现得率的区别与联系在于：

（1）理论得率只取决于细胞的组成与合成途径，Y_G 是与生长速率无关的常数；表现得率与生长速率及培养条件有关，在培养过程中，不同时期的表现得率可能有所不同。

（2）在生长速率较高时，维持细胞生命所需的底物相对于合成细胞所消耗的底物来说

很少，一般可忽略不计，这时 $Y_{X/S} \approx Y_G$；而在生长速率很低时，维持细胞生命所需的底物量相对较大，往往不可忽略，这时 $Y_G > Y_{X/S}$。

（3）表现得率可在培养过程中随时测定，而理论得率却不能直接测定。

现对微生物培养过程作底物的质量衡算（不考虑产物），当生长按理论得率计算时，

$$- \frac{dS}{dt} = \frac{\frac{dX}{dt}}{Y_G} + mX \tag{8-31}$$

式中，$\dfrac{dS}{dt}$——总的底物消耗

$\dfrac{\frac{dX}{dt}}{Y_G}$——生长消耗

Y_G——细胞对底物的理论得率，g/g

mX——维持消耗

m——维持系数，h^{-1}。

当生长按表观得率计算时

$$- \frac{dS}{dt} = \frac{\frac{dX}{dt}}{Y_{X/S}} \tag{8-32}$$

式中　$Y_{X/S}$——细胞对底物的表现得率，g/g

合并上述两式，得：

$$\frac{dS}{dt} \times \frac{1}{Y_{X/S}} = \frac{dX}{dt} \times \frac{1}{Y_G} + mX \tag{8-33}$$

$$\frac{1}{X} \times \frac{dX}{dt} \times \frac{1}{Y_{X/S}} = \frac{1}{X} \times \frac{dX}{dt} \times \frac{1}{Y_G} + m \tag{8-34}$$

或

$$\frac{1}{Y_{X/S}} = \frac{1}{Y_G} + \frac{m}{\mu} \tag{8-35}$$

式（8-35）为理论得率和表现得率关系式。

相同菌体及培养基，好氧培养的 $Y_{X/S}$ 比厌氧培养的大得多。表 8-4 中列出了几种微生物的菌体表观得率。另外，同一菌株在基本培养基、合成培养基和复合培养基中培养所得 $Y_{X/S}$ 按由大到小顺序为复合培养基>合成培养基>基本培养基。

表 8-4　　　　　　　　　　　　几种微生物培养的 $Y_{X/S}$

微生物	培养基	培养条件	碳源	产物	$Y_{X/S}$/（g/mol）
干酪乳杆菌	复合	厌氧	葡萄糖	乳糖、乙酸、乙醇、甲酸	62.80
无乳链球菌	复合	厌氧	葡萄糖	乳酸、乙酸、乙醇	21.40
（Streptococcus agalactiae）	复合	需氧	葡萄糖	乳酸、甲酸、羟基丁酮	51.60

续表

微生物	培养基	培养条件	碳源	产物	$Y_{X/S}$/（g/mol）
运动发酵单胞菌 （*Zymomonas mobilis*）	复合	厌氧	葡萄糖	乙醇、乳糖	7.95
	合成	厌氧	葡萄糖	乙醇、乳糖	4.98
	基本	厌氧	葡萄糖	乙醇、乳糖	4.09
	基本	需氧	葡萄糖	乙醇、乳糖	72.70
产气杆菌 （*Aerbacter aerogenes*）	基本	需氧	果糖	乙醇、乳糖	76.10
	基本	需氧	核糖	乙醇、乳糖	53.20
	基本	需氧	琥珀糖	乙醇、乳糖	29.70
	基本	需氧	乳糖	乙醇、乳糖	16.60

3. 生长得率的其他表示方法

（1）氧生长得率　消耗每单位数量的氧所得到的菌体量称为氧生长得率。计算式如下：

$$Y_{X/O} = \frac{\dfrac{\Delta X}{\Delta t}}{\dfrac{-\Delta O_2}{\Delta t}} = \frac{\Delta X}{-\Delta O_2} = \frac{菌体增加的量}{消耗氧的量} \tag{8-36}$$

式中　$Y_{X/O}$——氧生长得率，g 菌体/mol 氧或 g 菌体/g 氧

氧生长得率 $Y_{X/O}$ 随菌种和底物的不同而不同，以葡萄糖、果糖、蔗糖等糖类物质为底物进行好氧培养时，大多数微生物的氧生长得率 $Y_{X/O}$ 在 1g 菌体/g 氧左右。

（2）有效电子得率　生物反应的特色之一是通过呼吸链（电子传递）的氧化磷酸化反应生成 ATP，消耗 1mol O_2 接受 4 个电子。

从各种有机物燃烧值（热焓变化）的平均值得每一个有效电子的热焓变化为 110.88kJ，即 $\Delta H_{ave} = -110.88$kJ/ave。这样，碳源的能量可通过有效电子数来计算。

生长得率也可以用有效电子生长得率 Y_{ave} 表示，即传递每个有效电子所获得的菌体量：

$$Y_{ave} = \frac{Y_{X/O}}{4} \tag{8-37}$$

式中　Y_{ave}——有效电子得率，g 菌体/ave

$Y_{X/O}$——氧生长得率，g 菌体/mol O_2

Mayberry 等发现当用氨作为氮源时，不管是何种微生物和基质，每个有效电子的细胞平均得率是 3.14 ± 0.11g 细胞/ave。

（3）ATP 生长得率　消耗 1mol ATP 得到的菌体量称为 ATP 生长得率。Bauchop 和 Elsdon 最先提出应用 ATP 生长得率 Y_{ATP}。根据观察发现，许多微生物的 Y_{ATP} 大致相同，一般认为 $Y_{ATP} = 10$g 细胞/mol ATP。这个数据已经被用作估算细胞理论得率的一个常数。

（4）能量生长得率　能量生长得率的计算式为：

$$Y_{KJ} = \frac{增加的菌体量}{菌体中保持的能量 + 分解代谢的能量} = \frac{\Delta X}{-\Delta H_a \cdot \Delta X + (-\Delta H_c)} \tag{8-38}$$

式中　ΔX——菌体的增加量，g 菌体/L

　　　ΔH_a——干菌体的燃烧热，$\Delta H_a = -22.2 \text{kJ/g}$ 菌体

　　　ΔH_C——所消耗能源与胞外代谢产物热焓变化之差，kJ/L

　　　Y_{KJ}——能量生长得率，g 菌体/kJ

要计算能量生长得率 Y_{KJ}，首先要计算出分解代谢能量 ΔH_C。ΔH_C 的计算方法有两种，一种是用呼吸来表示分解代谢，根据 1mol O_2 的有效电子数为 4 和氧化一个有效电子所伴随着的焓变 $\Delta H_{ave} = -110.88 \text{kJ/ave}$，从呼吸量来计算分解代谢的能量；另一种方法是采用所消耗的碳源和代谢产物各自的燃烧热之差来计算。其中第一种方法只适合于好气培养。

①复合培养基的 Y_{KJ}：在采用复合培养基培养微生物的情况下，构成细胞的成分几乎都由培养基中所含的氨基酸等物质供给，而合成细胞所需的能量则来自葡萄糖等糖类物质的分解代谢。Y_{KJ} 的计算方法就是根据这些情况来考虑的。

厌气培养：对于厌气培养，复合培养基中的能量来自分解代谢。当有胞外代谢产物（如乙醇等）生成时，能源分解代谢可用下式表示：

$$- \Delta S \rightarrow \sum C_P + \Delta C_{CO_2} \tag{8-39}$$

式中　$-\Delta S$——被消耗的能源（如葡萄糖），mol 基质/L

　　　ΔC_P——胞外产物浓度增量，mol 产物/L

于是，分解代谢的能量等于被消耗能源的能量与胞外产物能量之差，即：

$$- \Delta F_S = (-\Delta H_S)(-\Delta S) - \sum (-\Delta H_P)(\Delta C_P) \tag{8-40}$$

式中　ΔH_S——基质的热焓变化，kJ/mol 基质

　　　$-\Delta H_P$——各种胞外代谢产物的热焓变化，kJ/mol 产物

于是：

$$Y_{KJ} = \frac{\Delta X}{(-\Delta H_a)(\Delta X) + (-\Delta H_S)(-\Delta S) + \sum (\Delta H_P)(\Delta C_P)}$$

$$= \frac{Y_{X/S}}{(-\Delta H_a) Y_{X/S} - \Delta H_S + \sum \Delta H_P Y_{P/S}} \tag{8-41}$$

式中　$Y_{X/S}$——生长得率，$Y_{X/S} = \Delta X / (-\Delta S)$，g 细胞/mol 基质

　　　$Y_{P/S}$——产物得率，$Y_{P/S} = \Delta C_P / (-\Delta S)$，mol 产物/mol 基质

好气培养：用复合培养进行好气培养时，被消耗的基质（能源）通过呼吸产生能量和生成胞外代谢产物，即：

$$- \Delta S + (-\Delta C_{O_2}) \rightarrow \sum \Delta C_P + \Delta C_{CO_2} \tag{8-42}$$

这时，ΔH_C 可通过呼吸反应的热焓变化来计算，

$$\Delta H_C = (-\Delta H_C)(-\Delta S) - \sum (-\Delta H_P)(\Delta C_P) = (-\Delta H_O)(\Delta C_{O_2}) \tag{8-43}$$

于是

$$Y_{KJ} = \frac{\Delta X}{(-\Delta H_a)(\Delta X) + (-\Delta H_O)(-\Delta C_{O_2})} = \frac{1}{(-\Delta H_a) + (-\Delta H_O)/Y_{X/O}} \tag{8-44}$$

式中　$Y_{X/O}$——氧生长得率，kJ/mol O_2

　　　ΔH_O——呼吸反应的热焓变化，kJ/mol O_2，$\Delta H_O = -110.88 \times 4 = -443.5 \text{kJ/mol}$ O_2

好气培养时，Y_{KJ} 也可用式（8-38）计算，但一般测定氧消耗要比测定各种胞外产物

简单，因此用式（8-44）计算 Y_{KJ} 更为简便。

②最低培养基的 Y_{KJ}：最低培养基中只含有单一碳源和无机物。碳源既作为细胞构成组分，又作为能源。

对于好气培养，若除了菌体生长以外，尚有代谢产物排出时，则碳源代谢可表示为：

$$- \Delta S - \Delta C_{O_2} \to \Delta X + \sum \Delta C_P + \Delta C_{CO_2} \tag{8-45}$$

这时，ΔH_C 仍通过呼吸反应的热焓变化来计算：

$$- \Delta H_C = (- \Delta H_C)(- \Delta S) - \sum (- \Delta H_P)(\Delta C_P) - (\Delta H_a) \Delta X = (- \Delta H_O)(- \Delta C_{O_2}) \tag{8-46}$$

可见，Y_{KJ} 也可用式（8-44）表示。

厌气培养时，碳源代谢可表示为：

$$- \Delta S \to \Delta x + \sum \Delta C_P + \Delta C_{CO_2} \tag{8-47}$$

这时，碳源（$-\Delta S$）一部分用于构成细胞组分，一部分用于分解代谢，提供合成细胞的能源。若以（$-\Delta S_C$）表示构成细胞组分所需的碳源，则用于分解代谢的碳源为（$-\Delta S$）－（$-\Delta S_C$）。于是分解代谢的能量为：

$$- \Delta H_C = (- \Delta H_a)[(- \Delta S) - (- \Delta S_C)] - \Sigma (- \Delta H_P)(\Delta C_P) \tag{8-48}$$

式中　$-\Delta S_C$——生成菌体所需的碳源，mol 基质/L

可用下式表示：

$$- \Delta S_C = \frac{a_1}{a_2} \Delta X \tag{8-49}$$

式中　a_1——菌体中碳的含量，g 碳/g 菌体

　　　a_2——碳源中碳的含量，g 碳/mol 基质

将式（8-47）及（8-48）代入式（8-49）并整理得：

$$Y_{KJ} = \frac{Y_{X/S}}{(- \Delta H_a) Y_{X/S} - \Delta H_S \left(1 - \frac{a_1}{a_2} Y_{X/S} \right) + \Sigma \Delta H_P Y_{P/S}} \tag{8-50}$$

六、产物生成动力学

微生物发酵中，产物生成速率与细胞质量浓度、细胞生长速率及基质质量浓度等有关，可表示为：

$$\frac{dP}{dt} = f\left(S, \ X, \ \frac{dX}{dt}, \ I \right) \tag{8-51}$$

不同的发酵生产有着不同的动力学模式，其中底物和抑制剂可以是多个。

细胞生长与代谢产物生成之间的动力学关系决定于细胞代谢中间产物所起到的作用。描述这种关系的模式有三种，即生长联系型模式、非生长联系型模式和复合型模式。

1. 生长联系型

在这种模式中，当底物以化学计量关系转变成单一的一种产物 P 时，产物形成速率与生长速率成正比关系，即：

$$\frac{dP}{dt} = \alpha \frac{dX}{dt} \tag{8-52}$$

式中　α——比例常数

生长联系型模式的代谢产物一般称为初级代谢产物，这类代谢产物的发酵称为初级代谢发酵，如乙醇、柠檬酸、氨基酸和维生素等代谢产物的发酵。

2. 非生长联系型模式

在这种模式中，产物的形成速率只和细胞浓度有关，即：

$$\frac{\mathrm{d}P}{\mathrm{d}t} = \beta X \tag{8-53}$$

式中，β 为比例常数，可以认为它所表示的是单位细胞质量所具有的产物生成的酶活性单位数。

非生长联系型模式的代谢产物一般称为次级代谢产物，大多数抗生素发酵都属于次级代谢。需要指出的是，虽然所有的非生长联系型都称为次级代谢，但并非所有的次级代谢产物一定都是非生长联系型。次级代谢产物是一种习惯叫法，因这类产物产生于次级生长。

3. 复合模式

Luedeking 等研究以乳酸菌生产干酪乳时，得出如下动力学模式：

$$\frac{\mathrm{d}P}{\mathrm{d}t} = \alpha \frac{\mathrm{d}X}{\mathrm{d}t} + \beta X \tag{8-54}$$

此式为式（8-52）与式（8-53）的复合，前一项表示生长联系，后一项表示非生长联系。当 $\alpha > \beta$，即生长联系型；$\alpha < \beta$ 时，即非生长联系型。

把 $\mu = \frac{1}{X} \times \frac{\mathrm{d}X}{\mathrm{d}t}$ 代入上式得：

$$\frac{\mathrm{d}P}{\mathrm{d}t} = \alpha \mu X + \beta X \tag{8-55}$$

$$\frac{1}{X} \times \frac{\mathrm{d}P}{\mathrm{d}t} = \alpha \mu + \beta \tag{8-56}$$

令 $\mu_P = \frac{1}{X} \times \frac{\mathrm{d}P}{\mathrm{d}t}$

式中 μ_P——比生产速率，即单位菌体的产物的生产，g 产物／（g 细胞·h）或 h^{-1}

于是，对于生长联系型，$\mu_P = \alpha \mu$，即生长速率与比生长速率成正比。

对于非生长联系型，$\mu_P = \beta$，即生长速率与比生长速率无关。

七、间歇发酵动力学

（一）分批发酵

分批发酵是指在一个密闭系统内投入有限数量的营养物质后，接入少量的微生物菌种进行培养，使微生物生长繁殖，在特定的条件下只完成一个生长周期的微生物培养方法。该方法在发酵开始时，将微生物菌种接入已灭菌的新鲜培养基中，在微生物最适宜的培养条件下进行培养，在整个培养过程中，除氧气的供给、发酵尾气的排出、消泡剂的添加和控制 pH 需要加入酸或碱外，整个培养系统与外界没有其他物质的交换。分批培养过程中随着培养基中营养物质的不断减少，微生物生长的环境条件也随之不断变化，因此，微生物分批培养是一种非稳态的培养方法。

在分批培养过程中，随着微生物生长和繁殖，细胞量、底物、代谢产物的浓度等均不断发生变化。微生物的生长可分为 4 个阶段：停滞期（a）、对数生长期（b）、稳定期（c）和衰亡期（d），见图 8-3。各时期细胞成分的变化见图 8-4。

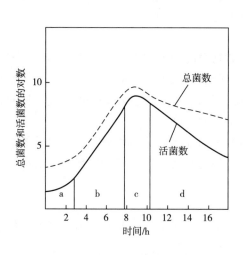

图 8-3　分批培养过程中典型的细菌生长曲线
a—停滞期　b—对数生长期
c—稳定期　d—衰亡期

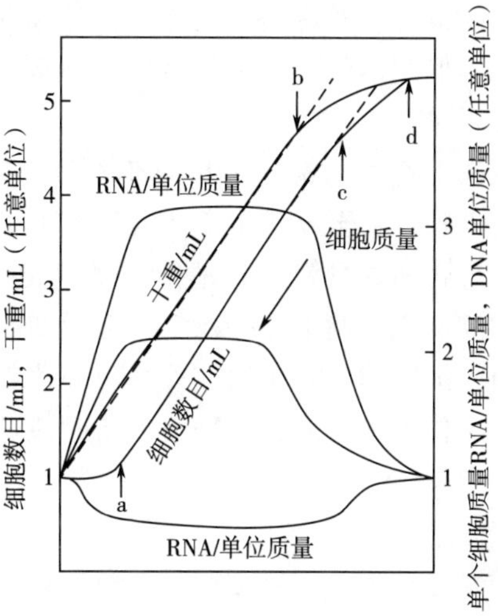

图 8-4　不同生长阶段细胞成分的变化曲线
a—停滞期　b—对数生长期
c—稳定期　d—衰亡期

细胞在各个生长阶段的特征如表 8-5 所示。

表 8-5　　　　　　　　　　细胞在分批培养过程中各个阶段的细胞特征

生长阶段	细胞特征
停滞期	适应新环境的过程，细胞个体增大，合成新的酶及细胞物质，细胞数量很少增加，微生物对不良环境的抵抗力降低。当接种的是饥饿或老龄的微生物细胞，或新鲜培养基营养不丰富时，停滞期将延长
对数生长期	细胞活力很强，生长速率达到最大值且保持稳定，生长速率大小取决于培养基的营养和环境
稳定期	随着营养物质的消耗和产物的积累，微生物的生长速率下降，并等于死亡速率，系统中活菌的数量基本稳定
衰亡期	在稳定开始以后的不同时期内，由于自溶酶的作用或有害物质的影响，使细胞破裂死亡

1. 停滞期

停滞期是微生物细胞适应新环境的过程。在该过程中，系统的微生物细胞数量并没有增加，处于一个相对停止的生长状态。但细胞内却在诱导产生新的营养物质运输系统，可能有一些基本的辅助因子会扩散到细胞外，同时参加初级代谢的酶类再调节状态以适应新的环境。

接种物的生理状态是停滞期长短的关键。如果接种物处于对数期，很可能不存在停滞期，而立即生长。如果所用的接种物已经停止生长，那么，就需要更长的时间以适应新环境。此外，接种物的浓度对停滞期长短也有影响。

2. 对数生长期

处于对数生长期的微生物细胞的生长速率大大加快，单位时间内细胞的数量或质量的增加维持恒定，并达到最大值。在对数生长期，随着时间的推移，培养基中的成分不断发生变化，但此期间，细胞的生长速率基本维持恒定。

3. 稳定期

在微生物的培养过程中，随着培养基中营养物质的积累或释放，微生物的生长速率也就随之下降，直至停滞生长。当所有微生物细胞分裂或细胞增加的速率与死亡的速率相当时，微生物的数量就达到平衡，微生物的生长也就进入了稳定期。在微生物生长的稳定期，细胞的质量基本维持稳定，但活细胞的数量可能下降。

由于细胞的自溶作用，一些新的营养物质，诸如细胞内的一些糖类、蛋白质等被释放出来，又作为细胞的营养物质，从而使存活的细胞继续缓慢地生长，出现通常所称的二次或隐性生长。

4. 衰亡期

当发酵过程处于衰亡期时，微生物细胞内所储存的能量已经基本耗尽，细胞开始在自身所含的酶的作用下死亡。

对分批培养过程中细胞的质量衡算有：

$$\frac{\mathrm{d}X}{\mathrm{d}t} = \mu X - K_d X \tag{8-57}$$

若比生长速率服从 Monod 方程，则：

$$\frac{\mathrm{d}X}{\mathrm{d}t} = \frac{\mu_{\max} S}{K_S + S} \cdot X - K_d X \tag{8-58}$$

式中　X——细胞质量浓度，g/L

　　　S——底物质量浓度，g/L

　　　μ——比生长速率，h^{-1}

　　　$\mu_{\max}$——最大比生长速率，h^{-1}

　　　K_d——死亡系数，h^{-1}

　　　$\dfrac{\mathrm{d}X}{\mathrm{d}t}$——细胞累积速率，g/（L·h）

若忽略细胞死亡，则：

$$\frac{\mathrm{d}X}{\mathrm{d}t} = \frac{\mu_{\max} S}{K_S + S} \cdot X \tag{8-59}$$

在对数生长期，$S > K_S$，$\mu = \mu_{\max}$，于是：

$$\frac{\mathrm{d}X}{\mathrm{d}t} = \mu_{\max} X$$

$$\ln \frac{X}{X_0} = \mu_{\max} t \tag{8-60}$$

根据生长得率的定义，有：

$$Y_{X/S} = \frac{\Delta X}{-\Delta S} = \frac{X - X_0}{S_0 - S} \tag{8-61}$$

得：

$$X = X_0 + Y_{X/S}(S_0 - S)$$

$$\frac{\mathrm{d}X}{\mathrm{d}t} = -Y_{X/S}\frac{\mathrm{d}S}{\mathrm{d}t} \tag{8-62}$$

于是，底物的消耗速率为：

$$-\frac{\mathrm{d}S}{\mathrm{d}t} = \frac{1}{Y_{X/S}} \times \frac{\mathrm{d}X}{\mathrm{d}t} = \frac{\mu_{\max}}{Y_{X/S}} \times \frac{S}{K_S + S} \cdot X \tag{8-63}$$

式中　　$Y_{X/S}$——细胞对底物的生长得率，g/g

　　　　X_0——细胞接种质量浓度，g/L

　　　　S_0——初始底物质量浓度，g/L

－（$\mathrm{d}S/\mathrm{d}t$）——底物消耗速率，g/（L·h）

根据产物得率的定义，有：

$$Y_{P/S} = \frac{\Delta P}{-\Delta S} = \frac{\mathrm{d}P/\mathrm{d}t}{-\mathrm{d}S/\mathrm{d}t}$$

$$\frac{\mathrm{d}P}{\mathrm{d}t} = Y_{P/S}\left(-\frac{\mathrm{d}S}{\mathrm{d}t}\right) = \frac{Y_{P/S}}{Y_{X/S}} \times \frac{\mu_{\max}S}{K_S + S} \times X$$

$$\frac{\mathrm{d}P}{\mathrm{d}t} = Y_{P/X} \cdot \frac{\mu_{\max}S}{K_S + S} \times X \tag{8-64}$$

式中　　$Y_{P/S}$——产物得率，g/g

　　　　$Y_{P/X}$——单位细胞的产物生成量，g/g，$Y_{P/X} = Y_{P/S}/Y_{X/S}$

　　　　$\dfrac{\mathrm{d}P}{\mathrm{d}t}$——产物生成速率，g/（L·h）

在上述各方程式中只考虑了底物的消耗，而没有考虑其他环境条件的变化，因而与实际的发酵生产存在一定的误差。式（8-58）、式（8-62）和式（8-63）一般只适合于对数生长期，特别是对于式（8-63）仅适合于生长联系型模式（见产物生成动力学）。

需要注意的是，微生物细胞生长的停滞期、对数生长期、稳定期和衰亡期的时间长短取决于微生物的种类和所用的培养基。

稳定期和衰亡期的出现，除了底物浓度下降或已被耗尽外，一般认为还有下列原因。

①其他营养物质不足：除碳源外，其他必需营养物质不足，同样会引起微生物停止生长，进入稳定期和衰亡期。

②氧的供应不足：随着培养液细胞浓度的增加，需氧速率越来越大，而培养液中菌体浓度增加，导致黏度增大，溶氧困难，因而在分批培养的后期，容易造成供氧不足。供氧不足会造成细胞生长速率减慢，严重时会出现菌体自溶，进入衰亡期。

③抑制物质的积累：随着微生物的生长，培养液中各种代谢产物的浓度逐渐增高，而有些代谢产物对微生物本身的生长有抑制作用。

④生物的空间不足：据经验，在培养细菌及酵母等时，当细胞浓度达到 10^{10} CFU/mL 时，培养液中还有充足的营养物质，但菌体的生长几乎停止。对于这种现象的出现，有人认为是由生长抑制物质所引起，也有人认为是由于单个细胞必须占有最小空间所致。

（二）流加培养

流加培养亦是一种分批培养方式，与一般分批培养的不同点在于营养物不是一次加入，而是在培养过程中按预定速率或根据培养过程的检测连续流加营养物。有些发酵操作中，微生物生长和代谢所需的某些营养成分可能需连续供应。例如，好氧培养中微生物所需的氧气就必须连续供应，这是因为氧在培养液中的溶解度很低，不可能在发酵开始时一次供足。又如在许多发酵生产中，氮源和碳源的加入也往往采用连续流加的方法。氮源的流加可能有两方面的原因，一是为了控制微生物的生长；二是当使用氨水、硫酸铵等碱性氮源时，采用流加的方法有利于 pH 的调节。谷氨酸发酵中，氮源的加入就是采用连续流加的。磷源的流加也有两个原因，一是可能有利于 pH 的调节控制；另一个原因是若在发酵开始时一次性投入磷酸，则磷酸根离子可能会与培养液中某些金属离子结合而沉淀，影响培养过程后期微生物的吸收和利用。若底物是气体，如甲烷发酵，则不可能将底物一次加入，只能在培养过程中，连续不断的通入。对于存在底物抑制的培养系统，采用连续流加培养基的方法，可使发酵液中一直保持较低的底物质量浓度，从而解除底物抑制。目前国内外的酵母生产行业大多采用这种操作方法。

酵母的生产与代谢不仅取决于是否有足够的氧，而且与糖的质量浓度有关。当糖质量浓度很低时（0.28g/L），在有氧条件下，酵母不产生乙醇，其生长得率可达 50%；当糖质量浓度较高时，酵母菌在生长的同时，产生部分乙醇，酵母得率低于 50%；而当培养液中的糖质量浓度达 50g/L 时，即使在有足够氧的条件下，酵母菌的生长也会受到抑制，且产生大量乙醇，酵母得率很低。因此，为了获取较高的生长速率和较高的酵母得率，必须使培养液中糖的质量浓度保持在较低的水平。显然，采用一次投料的方法是不行的，这样在发酵的初始阶段将会产生大量酒精，影响酵母的生长和得率。采用流加的方法可获得满意的结果，在整个发酵过程中，培养液中的糖质量浓度都保持在较低的水平（一般为 1~5g/L），酵母利用多少就加多少，流加速率等于酵母的耗糖速率。这样酵母处在较低糖质量浓度的培养条件下，以较快的速度生长，酵母的收得率也能取得令人满意的结果（$Y_{X/S} = 0.4 \sim 0.45 g/g$），这就是酵母培养采用流加培养的原因。

对流加培养过程进行物料衡算（忽略细胞死亡），有：

细胞：
$$\frac{d(V_X)}{dt} = \mu V_X \tag{8-65}$$

底物：
$$\frac{d(V_S)}{dt} = FS_F - \frac{1}{Y_{X/S}} \cdot \frac{d(V_X)}{dt} = FS_F - \frac{1}{Y_{X/S}} \mu V_X \tag{8-66}$$

产物：
$$\frac{d(V_P)}{dt} = Y_{P/X} \frac{d(V_X)}{dt} = Y_{P/X} \mu V_X \tag{8-67}$$

而
$$\frac{d(V_X)}{dt} = X \cdot \frac{dV}{dt} + V \frac{dX}{dt} = XF + V \frac{dX}{dt} \tag{8-68}$$

$$\frac{d(V_S)}{dt} = SF + V \frac{dS}{dt} \tag{8-69}$$

$$\frac{d(V_P)}{dt} = PF + V \frac{dP}{dt} \tag{8-70}$$

将式（8-68）~式（8-70）代入式（8-65）~式（8-67）得：

$$\frac{dX}{dt} = \mu X - \frac{F}{V} X \tag{8-71}$$

$$\frac{\mathrm{d}X}{\mathrm{d}t} = \frac{F}{V}(S_F - S) - \frac{1}{Y_{X/S}}\mu X \tag{8-72}$$

$$\frac{\mathrm{d}P}{\mathrm{d}t} = Y_{X/S}\mu X - \frac{F}{V}P \tag{8-73}$$

式中　V——反应器中培养液体积，L

S_F——流加培养液中底物的质量浓度，（g/L）

F——流加速率，L/h，$F = \mathrm{d}V/\mathrm{d}t$

同样，在上述方程式中没有考虑环境条件的变化。若根据上述方程，在反应器容积不受影响的情况下，流加培养过程可无限延长，而细胞质量浓度的极限值为 $X_{\max} = Y_{X/S}S_F$。事实上，这是不可能的。流加培养过程由于受氧的供应、抑制物质的积累、生物空间的不足以及菌种老化等多种原因的影响，同一般分批培养一样会出现生长期、稳定期和衰退期。式（8-65）~式（8-73）一般只适合于流加培养的前期和中期。

八、连续发酵动力学

连续培养也称为连续发酵，是指以一定的速度向培养系统内添加新鲜的培养基，同时以相同的速度流出，从而使培养系统内培养液的总量维持恒定，使微生物细胞在近似恒定状态下生长的微生物发酵培养方式。它与封闭系统中分批培养方式不同，是在开放的系统中进行培养的方式。

连续培养是在微生物培养系统中连续添加培养基的同时连续收获产品的操作。

在连续操作过程中，微生物所处的环境条件，如营养物质的浓度、产物的浓度、pH以及微生物细胞的生长速率等可以自始至终基本保持不变，甚至还可以根据需要来调节微生物细胞的生长速率，因此连续发酵的最大特点是微生物细胞的生长、产物的代谢均处于恒定状态，反应器中的底物浓度和细胞浓度都保持不变，可达到稳定、高速培养微生物细胞或产生大量代谢产物的目的。但是这种恒定状态与细胞生长周期中的稳定期有本质区别。与分批培养相比，连续培养具有设备生产能力高、易于实现自动控制和劳动生产率高等优点，其主要的缺点是很难保证长期的无菌操作和培养基质浓度较低。因此，连续培养很难在无菌要求极严的发酵生产中实现。其次，对于产品不易分离的发酵生产也不易采用连续培养。连续培养分为全混式和活塞式两种。

所谓全混式反应器是一种理论模型，其基本假设有：

①进料液和出料液流量相等，容器中液体的体积 V 恒定；

②反应器中底物、产物和细胞浓度均匀一致，即反应器中无浓度梯度；

③流出液的物料组成等于反应器中的物料组成。

活塞式反应器是另一种模式的连续基本假设：

①物料遵循严格的先进先出，像活塞一样；

②细胞浓度和营养组分的浓度沿反应器轴向逐渐变化，但沿径向无浓度梯度；

③反应器各处、各组分的浓度不随时间变化。

根据达到稳定状态的，全混式反应器又可分为恒化反应器和恒浊反应器两种。

恒化反应器是指达到稳定态时，反应器的化学环境恒定。在利用恒化反应器法的连续培养过程中，通常是通过限制某些化学物质（如以碳源或氮源为限制基质）来控制微生物的生长。在连续培养时，既可以采用一种限制基质，也可采用两种限制基质。生长所需的任何一种营养物质都可作为限制生长的营养组分，这样为研究者通过调节生长环境来控制正在生长的细胞生理特性提供相当大的灵活性。

恒浊反应器是指达稳定态时，反应器中的细胞浓度恒定。在恒浊器法连续培养，通常是通过控制培养液的浑浊度来保持恒定的细胞浓度，因而得名恒浊器。在恒浊培养中，所供给的营养组分必须是过剩的，这样才能保持稳定的生长速率。

在连续培养过程中，被广泛应用的是恒浊器，而恒浊器在连续培养中应用较少，一般用于光合微生物（如小球藻）的培养。

就一般的连续培养而言，连续培养过程中的稳定条件包括两个方面：一是流量和培养液体积的稳定；二是反应器中各物质浓度的稳定。在稳定的连续培养中，所有物质的浓度都是恒定的。然而，稳定的建立一般是指通过某种限制基质来进行的，即用限制基质来控制微生物的生长。当限制基质的供应和菌体的生长平衡时，即达稳定态。

连续发酵通常分为单级连续发酵和多级连续发酵。

（一）单级连续发酵动力学模型

连续发酵达到稳态时，从发酵罐中流出的细胞数量与发酵罐中所形成的新细胞数量相等。将单位时间内连续流入发酵罐中的新鲜培养基体积与发酵罐内的培养液总体积的比值称为稀释率 D，可以用下式表示：

$$D = \frac{F}{V} \tag{8-74}$$

式中　F——流速，m^3/h

　　　V——发酵罐中原有的培养液总体积，m^3

经过一段时间的培养后，细胞浓度的变化可描述如下：

发酵罐中细胞积累的变化＝流入细胞＋生长细胞－流出细胞－死亡细胞

如果流出的细胞不回流，则流入细胞项为 0，由于连续培养过程可控制细胞不进入衰亡期，因此，死亡细胞可忽略不计，故可用式（8-75）：

$$\frac{dX}{dt} = \mu X - DX \tag{8-75}$$

当连续发酵达到稳态时，细胞浓度为常数，此时 $dX/dt = 0$，那么式（8-74）可变为：

$$\mu X = DX \tag{8-76}$$

则有：

$$\mu = D \tag{8-77}$$

即在稳态时，比生长速率等于稀释率，也就是说，单连续发酵的比生长速率受到稀释率的控制。

同样，经过一段时间的培养后，生长限制性底物 S 残留浓度的变化可描述如下：

底物残留浓度变化＝流入底物量－排出底物量－细胞消耗底物量

用公式表示如下：

$$\frac{dS}{dt} = DS_{in} - DS_{out} - \frac{1}{Y_{X/S}} \times \frac{dX}{dt} \tag{8-78}$$

式中　S——底物浓度

　　　S_{in}——流入底物的量

　　　S_{out}——排出底物的量

$Y_{X/S}$——表观细胞得率

因为 $\mathrm{d}X/\mathrm{d}t = \mu X$，所以，公式（8-78）可变为：

$$\frac{\mathrm{d}S}{\mathrm{d}t} = DS_{\mathrm{in}} - DS_{\mathrm{out}} - \frac{\mu X}{Y_{X/S}} \qquad (8-79)$$

连续发酵达到稳态时，$\mathrm{d}S/\mathrm{d}t = 0$，那么公式（8-79）可变为：

$$D(S_{\mathrm{in}} - S_{\mathrm{out}}) = \frac{\mu X}{Y_{X/S}} \qquad (8-80)$$

又因为，$\mu = 0$，所以，由公式（8-80）可得：

$$X = Y_{X/S}(S_{\mathrm{in}} - S_{\mathrm{out}}) \qquad (8-81)$$

式（8-77）和式（7-81）即单级连续培养的两个稳态方程。其中，两个稳态方程包含以下几点假设：$Y_{X/S}$ 对于特定微生物及其具体操作参数（D）来讲是常数；细胞浓度除了一种限制性营养成分 S 外，与其他营养成分无关；$Y_{X/S}$ 只受限制性营养成分 S 的影响，S 一定，μ 一定，则 $Y_{X/S}$ 一定。

从式（8-77）可以看出，稀释率 D 可以控制比生长速率 μ。在单级连续发酵系统中，细胞的生长可导致底物的消耗，直至底物的浓度足以支持比生长速率与稀释率相等时达到平衡。如果底物被消耗到低于支持适当的比生长速率的浓度，则细胞洗出率将会大于所能产生的新细胞，则系统中的底物 S 浓度又会增加，并使比生长速率上升至恢复与稀释率的动态平衡，这就是单级连续发酵系统的自身动态平衡。

广泛运用恒化器的原因是因为它具有明显优于恒浊器的地方，即保持稳态时不需要控制系统。然而在连续发酵时，采用恒浊器独特的优点，是在发酵早期避免细胞完全被洗出。

在恒化器中，微生物发酵动力学特性可用多个常数予以描述。如 $Y_{X/S}$、$\mu_{\max}$ 和 K_S 等。$Y_{X/S}$ 值能影响稳态时的细胞浓度，$\mu_{\max}$ 能影响所采用的最大稀释率，K_S 能影响底物残留浓度以及可采用的最大稀释率。图 8-5 是一个对限制性底物具有低 K_S 的细菌在恒化器中培养时，稀释率对稳态时菌体浓度和底物残留浓度的影响。

从图 8-5 可以看出，对于限制性底物的培养，当稀释率开始增加时，底物残留浓度增加的很少，绝大部分都为细菌生长所消耗。直至稀释率 D 接近 $\mu_{\max}$ 时，残留底物浓度 S 才因过量而显著上升。如果继续增大稀释率，菌体将开始从系统中洗出，稳态菌体将随稀释率的增大而迅速下降，而残留基质浓度则因其过量将随稀释率的增大而迅速增加。将导致菌体开始从系统中洗出时的稀释率定义为临界稀释率 D_c，其表达式如下：

$$D_c = \frac{\mu_{\max} S_0}{K_S + S_0} \qquad (8-82)$$

图 8-6 所示的是一株对限制性底物具有高 K_S 的细菌，在连续培养时，D 对限制性底物残

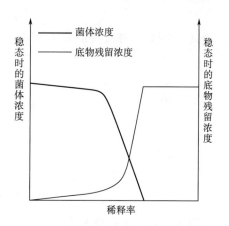

图 8-5　对限制性底物具有低 K_S 的
细菌连续培养特性

留浓度与菌体浓度的影响。由于细菌对限制性底物利用率低（即 K_s 较高），所以，随着稀释率增加，底物残留浓度显著上升，接近于 D_c 时，S 很快增加，X 很快下降。

图 8-7 为在不同的限制性底物初始浓度下，稀释率对稳态时的菌体浓度和底物残留浓度的影响。由图可知，当限制性底物初始浓度 S_0 增加时，菌体浓度 X 也增加；由于初始底物浓度增加，而使菌体浓度增加，但残留底物浓度未受影响。此外，随 S 的增加，D_c 也稍有上升，同时也使底物残留浓度 S 上升。

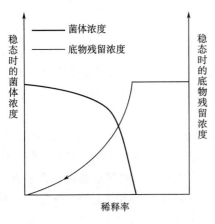

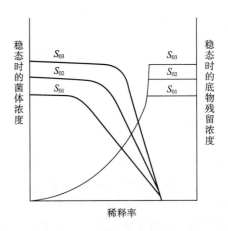

图 8-6　对限制性底物具有高 K_s 值的
细菌连续培养特性

图 8-7　在恒化器中不同的限制性底物初始浓度下
稀释率对稳态时的菌体浓度及底物残留浓度的影响

单级连续发酵的生长模型可由上述两个稳态方程得到：

当 $D<D_c$ 时，细胞衡算：

$$D = \mu = \frac{\mu_{max}S}{K_S + S} \Rightarrow S = \frac{K_S D}{\mu_{max} - D} \tag{8-83}$$

底物衡算：

$$X = Y_{X/S}(S_0 - S) \tag{8-84}$$

由式（8-83）和式（8-84）可得：

$$X = Y_{X/S}\left(S_0 - \frac{K_S D}{\mu_{max} - D}\right) \tag{8-85}$$

细胞产率：

$$DX = DY_{X/S}\left(S_0 - \frac{K_S D}{\mu_{max} - D}\right) \tag{8-86}$$

当时 $\mathrm{d}DX/\mathrm{d}D = 0$ 时，即：

$$D = \mu_{max}\left(1 - \sqrt{\frac{K_S}{K_S + S_0}}\right) \tag{8-87}$$

此时可获得最大的细胞生产率：

$$(DX)_{max} = Y_{X/S}\mu_{max}S_0\left(\sqrt{\frac{K_S}{K_S + S_0}} - \sqrt{\frac{K_S}{S_0}}\right) \tag{8-88}$$

若 $S_0 \gg K_S$（$S_0 > 10K_S$），底物供给浓度很大，为非限制性，则有：

$$(DX)_{max} = Y_{X/S}\mu_{max}S_0 \tag{8-89}$$

此时，由最大临界稀释率：$\dfrac{\mu_{max}S_0}{K_S + S_0} \rightarrow \mu_{max}$，可知，当 $D > D_{max} = \mu_{max}$ 时，$dX/dt < 0$。

（二）多级连续发酵动力学模型

基本恒化器的改进有多种方法，但最普通的方法是增加发酵罐的级数和将菌体送回罐内。

以两级连续发酵为例，介绍其动力模型。

假设两级发酵罐内培养体积相同，即 $V_1 = V_2$；且第二级不加入新鲜培养基，则对于第一级动力学模型（方程）与单级相同。

稳态时：$\mu_1 = D$

$$X_1 = Y_{X/S}(S_0 - S_1) \tag{8-90}$$

$$S_1 = \frac{K_S D}{\mu_{max} - D} = \frac{K_S D}{D_{max} - D} \tag{8-91}$$

$$DX_1 = DY_{X/S}\left(S_0 - \frac{K_S D}{\mu_{max} - D}\right) \tag{8-92}$$

$$DP_1 \approx q_p X_1 \tag{8-93}$$

式中　q_p——比产物形成速率，$g/(g \cdot h)$

第二级动力学模型如下：

$$\mu_1 = \frac{\mu_{max}S_1}{K_S + S_1} = \frac{\mu_{max}}{1 - K_S/S_1}$$

$$\mu_2 = \frac{\mu_{max}S_2}{K_S + S_2} = \frac{\mu_{max}}{1 - K_S/S_2} \tag{8-94}$$

由于，$S_1 < S_0$，$S_2 < S_1$，所以，$\mu_2 < \mu_1$，可见从第二级开始，比生长速率不再等于稀释率。

1. 第二级微生物生长动力学

对第二级细胞进行物料衡算：积累的细胞（净增量）＝第一级流入的细胞－第二级流出的细胞＋第二级生长的细胞－第二级死亡的细胞，即：

$$\frac{dX_2}{dt} = DX_1 - DX_2 + \mu_2 X_2 - \alpha X_2 \tag{8-95}$$

第二级稳态时 $\dfrac{dX_2}{dt} = 0$，所以有：

$$\mu_2 = D\left(1 - \frac{X_1}{X_2}\right) \tag{8-96}$$

同理由稳态方程可得：

$$\mu_n = D\left(1 - \frac{X_{n-1}}{X_n}\right) \tag{8-97}$$

2. 第二级底物消耗动力学

对第二级基质物料进行衡算：

积累的营养组分＝第一级流入量－第二级流入量－第二级生长消耗量－第二级维持生命需要量－第二级形成产物消耗量，即：

$$\frac{dS_2}{dt} = DS_1 - DS_2 - \frac{\mu_2 X_2}{Y_G} - mX_2 - \frac{q_p X_2}{Y_P} \tag{8-98}$$

稳态时，$\frac{dS_2}{dt} = 0$，$mX_2 \ll \frac{\mu_2 X_2}{Y_G}$，$\frac{q_p X_2}{Y_P} \approx 0$，$Y_G \approx Y_{X/S}$，得

$$X_2 = \frac{DY_{X/S}}{\mu_2}(S_1 - S_2) = Y_{X/S}\frac{D}{\mu_2}(S_1 - S_2)，\mu_2 = D\left(1 - \frac{X_1}{X_2}\right) \tag{8-99}$$

可得：$X_2 - X_1 = Y_{X/S}(S_1 - S_2)$

即：$X_2 = X_1 + Y_{X/S}(S_1 - S_2) = Y_{X/S}(S_0 - S_1) + Y_{X/S}(S_1 - S_2)$

求得：

$$X_2 = Y_{X/S}(S_0 - S_2) \tag{8-100}$$

对于 S_2 的求解有以下过程：

由以上推导可知：

$$\mu_2 = D\left(1 - \frac{X_1}{X_2}\right)，X_2 = Y_{X/S}(S_0 - S_2)$$

$$X_1 = Y_{X/S}(S_0 - S_1)，S_1 = \frac{K_S D}{\mu_{max} - D}$$

又有：

$$\mu_2 = \frac{\mu_{max} S_2}{K_S + S_2}$$

令式（8-96）＝式（8-95）可得：

$$(\mu_{max} - D) S_2^2 - \left(\mu_{max} S_0 - \frac{K_S D^2}{\mu_{max} - D} + K_S D\right) S_2 + \frac{K_S^2 D^2}{\mu_{max} - D} = 0$$

解此方程可得第二级发酵罐中稳态限制性基质浓度 S_2，再由式（8-98）可确定 X_2，再求出 DX_2。

对于细胞形成产物的速率（DP_2）有：

$$\frac{dP_2}{dt} = DP_1 - DP_2 + \left(\frac{dP_2}{dt}\right)_{\text{细胞合成}} - KP_2 = DP_1 - DP_2 + q_p X_2$$

稳态时可得 $\frac{dP_2}{dt} = 0$

$$DP_2 = DP_1 + q_p X_2 = q_p X_1 + q_p X_2 \tag{8-101}$$

第二级发酵罐产物浓度

$$P_2 = P_1 + \frac{q_p X_2}{D} \tag{8-102}$$

同理

$$P_n = P_{n-1} + \frac{q_p X_n}{D} \tag{8-103}$$

3. 细胞回流单级恒化器连续发酵动力学

单级连续发酵时，发酵罐流出的发酵液经适当的固液分离浓缩，部分浓缩的细胞悬浮液再回流到发酵罐中，其余部分流出系统外。这种发酵流程提高了发酵罐中细胞浓度

和底物利用率，也有利于提高系统操作稳定性（图 8-8）。

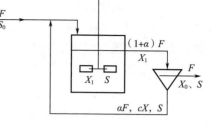

其中 α 为再循环比率（回流比），$\alpha < 1$，c 为浓缩因子，$c > 1$。

在该模型中，其细胞的物料衡算如下：

积累的细胞 = 进入的细胞 + 再循环流入的细胞 - 流出的细胞 + 生长的细胞 - 死亡的细胞

图 8-8 细胞回流单级连续发酵流程示意图

$$\frac{dX_1}{dt} = \frac{F}{V}X_0 + \frac{\alpha F}{V} \cdot cX_1 - \frac{(1+\alpha)F}{V}X_1 + \mu X_1 - \alpha X_1 \tag{8-104}$$

假定：细胞死亡很少；$X_0 = 0$（培养基无菌加入）；$D = F/V$

由稳态条件 $\frac{dX_1}{dt} = 0$

得：
$$\alpha DcX_1 - (1+\alpha)DX_1 + \mu X_1 = 0$$

即：
$$\mu = D(1 + \alpha - \alpha c) \tag{8-105}$$

其限制性基质的物料衡算如下：

积累的基质 = 进入基质 + 循环流入基质 - 流出基质 - 消耗基质

$$\frac{dS}{dt} = \frac{F}{V}S_0 + \frac{\alpha F}{V} \cdot S - \frac{(1+\alpha)F}{V}S - \frac{\mu X_1}{Y_{X/S}} \tag{8-106}$$

稳态时 $\frac{dS}{dt} = 0$

$$DS_0 + \alpha DS - (1+\alpha)DS = \frac{\mu X_1}{Y_{X/S}} \tag{8-107}$$

将式（8-105）、式（8-106）代入，有

$$X_1 = \frac{1}{1 + \alpha - \alpha c} \cdot Y_{X/S}(S_0 - S) \tag{8-108}$$

$$\frac{1}{1 + \alpha - \alpha c} > 1$$

因为 X_1 比单级无再循环的 X 大

又
$$\mu = \frac{\mu_{max}S}{K_S + S} \Rightarrow S = \frac{K_S\mu}{\mu_{max} - \mu} = K_S \cdot \frac{D(1 + \alpha - \alpha c)}{\mu_{max} - D(1 + \alpha - \alpha c)}$$

代入式（8-108）

得：
$$X_1 = \frac{Y_{X/S}}{1 + \alpha - \alpha c}\left[S_0 - K_S \cdot \frac{D(1 + \alpha - \alpha c)}{\mu_{max} - D(1 + \alpha - \alpha c)}\right] \tag{8-109}$$

假定在分离器中没有细胞生长和基质消耗，则有物料衡算式：

流入分离器细胞 = 流出分离器细胞 + 再循环的细胞

$$(1+\alpha)FX_1 = FX_e + \alpha F \cdot cX_1$$

可得：

$$X_e = (1 + \alpha - \alpha c)X_1 = Y_{X/S}\left[S_0 - K_S \cdot \frac{D(1 + \alpha - \alpha c)}{\mu_{max} - D(1 + \alpha - \alpha c)}\right] \tag{8-110}$$

可在不同级的罐内设定不同的培养条件，有利于多种碳源利用和次级代谢产物生成。如产气克雷伯菌（*Klebsiella aerogenes*），在第一级罐内只利用葡萄糖，显著提高菌的生长速率，在第二级罐内利用麦芽糖，菌的生长速率显著低于一级罐，但可大量形成次级代谢产物。多级连续发酵系统比较复杂，用于实际生产还有较大困难。可通过以下两种方法浓缩菌体。

（1）限制菌体从恒化器中排出，使流出的菌体浓度低于罐内菌体浓度。

（2）收集流出的发酵液至菌体分离设备，通过沉降或离心，浓缩菌体，部分菌体送回发酵罐内。菌体返回恒化器不仅能够提高底物利用率、菌体生长量和产物产量等，还可以改进系统的稳定性，该方法适用于处理料液较稀的发酵类型，如酿酒和废液处理。

思考题

1. 发酵动力学的主要概念和研究内容是什么？

2. 在分批发酵过程中，微生物生长可分为几个阶段？次级代谢产物通常在什么阶段开始合成？

3. 什么是 Monod 方程？其使用条件是什么？请说明各参数的意义。

4. 影响分批发酵过程中总产率的因素有哪些？简述工业生产上提高发酵产率的有效方法。

5. 什么是连续培养？什么是连续培养的稀释率？

6. 补料分批发酵有哪些优点？

参考文献

[1] 贺小贤. 生物工艺原理［M］. 北京：化学工业出版社，2008.

[2] 程殿林. 微生物工程技术与原理［M］. 北京：化学工业出版社，2007.

[3] 程殿林，曲辉. 啤酒生产技术：第 2 版［M］. 北京：化学工业出版社，2010.

[4] 姜淑荣. 啤酒生产技术［M］. 北京：化学工业出版社，2012.

[5] 李秀婷. 现代啤酒生产工艺［M］. 北京：中国农业大学出版社，2013.

[6] 杨生玉，张建新. 发酵工程［M］. 北京：科学出版社，2013.

[7] 陈洪章，徐福建. 现代固态发酵原理及应用［M］. 北京：化工出版社，2004.

[8] 王如福，李汴生. 食品工业学概论［M］. 北京：中国轻工业版社，2010.

[9] 余龙江. 发酵工程原理与技术应用［M］. 北京：化学工业出版社，2006.

[10] 梅乐和，姚善泾，林东强，等. 生化生产工艺学：第 2 版［M］. 北京：科学出版社，2007.

[11] 储炬，李友荣. 现代生物工艺学［M］. 上海：华东理工大学出版社，2008.

[12] 黄方一，叶斌. 发酵工程［M］. 武汉：华中师范大学出版社 2006.

[13] 周桃英，袁仲. 发酵工艺［M］. 北京：中国农业大学出版社，2010.

[14] 韩德权. 发酵工程［M］. 哈尔滨：黑龙江大学出版社，2008.

[15] 罗大珍，林雅兰. 现代微生物发酵及技术教程［M］. 北京：北京大学出版社，2006.

[16] 陈坚. 发酵过程优化原理与实践［M］. 北京：化学工业出版社，2002.

第九章 发酵产物的提取与精制

 **学习目标**

1. 掌握发酵产物分离过程设计原则，发酵产物分离单元操作原理及设备操作过程。
2. 了解发酵产物的成分及类别。
3. 熟悉发酵产物提取与精制的特点。

第一节 发酵产物分离的特点与过程设计

一、发酵产物分离的特点

（一）发酵产物的成分及分类

发酵成熟醪液中常含有各种各样的杂质，而所需要的发酵产物则含量很少。因此，要获得纯净的发酵产物，它的提取与精制过程便成为一个复杂而必不可少的工艺工程。提取和精制的目的在于从发酵液中制取高纯度的、符合质量标准要求的发酵成品。

尽管由于菌种、发酵醪的特征及发酵工艺的不同，发酵产物可以多种多样，但从工艺发酵范畴来看，从发酵醪中获得的发酵产物大致可分为三类。

1. 菌体

主要以菌体细胞作为发酵产品，如单细胞蛋白、面包酵母、饲料酵母等。此外就是从菌体细胞中提取有用的发酵产物，如由酵母细胞提取辅酶 A、核糖核酸等产品。有的抗生素主要存在于菌丝体中，如灰黄霉素产生菌（*Penicillium patulum*）在发酵过程中所产生的灰黄霉素主要在菌丝体中，因此，也可以从菌丝体中进行提取。

2. 酶

发酵产物为酶制剂，包括胞外酶和胞内酶。如 α-淀粉酶、β-淀粉酶、异淀粉酶、葡萄糖异构酶、葡萄糖氧化酶、右旋糖酐酶、蛋白酶、纤维素酶、果胶酶、转化酶、蜜二糖酶、柚苷酶、花青素酶、脂肪酶、凝乳酶、氨基酰化酶、天冬氨酸酶、青霉素酰胺酶、磷酸二酰酶等，均在工业上和医药上发挥作用。

3. 代谢产物

发酵产物即为代谢产物，包括各种有机酸、有机溶剂、氨基酸、核苷酸类物质、抗生素、多糖、维生素及类固醇激素等。

有机酸发酵产物包括醋酸、乳酸、柠檬酸、葡萄糖酸、衣康酸及延胡索酸等。

氨基酸发酵产物包括谷氨酸、赖氨酸、色氨酸等。由于对菌种的变异和氨基酸代谢机理的研究日益深入，所以其他氨基酸，除甲硫氨酸、胱氨酸、半胱氨酸外，18 种氨基酸均可用直接发酵法制造。

有机溶剂发酵产物包括酒精、丙酮、丁醇等。

核苷酸类物质发酵产物包括肌苷、肌苷酸以及鸟氨酸等。5′-肌苷酸和5′-鸟苷酸均为呈味核苷酸，核酸的微生物包括辅酶A、ATP、辅酶Ⅰ等，均为重要的医药品。

抗生素发酵产物包括青霉素、链霉素、四环素、土霉素、金霉素、庆大霉素、新霉素、红霉素及利福霉素等。

多糖发酵产物包括右旋糖酐及多糖B-1459等。多糖是医药和工业上的重要黏性物质来源之一，右旋糖酐经过部分水解后供代血浆用。多糖B-1459是水溶性、高分子质量的胞外异多糖。

维生素发酵产物有核黄素、维生素C和维生素B_{12}。

甾体氧化的产物为甾体激素，是重要的医药品。如醋酸可的松、氢化可的松、醋酸泼尼松、泼尼松龙等促皮质激素及肾上腺皮质激素制剂、黄体酮、甲孕酮（安宫黄体酮）等性激素、炔诺酮等避孕药。

（二）发酵产物分离的特点

1. 发酵醪的一般特征

（1）含水量高，一般可达90%~99%；

（2）产品浓度低；

（3）悬浮物颗粒小，密度与液体相差不大；

（4）固体粒子可压缩性大；

（5）液体黏度大，大多为非牛顿型流体；

（6）产物性质不稳定。

2. 发酵产物分离的特点

根据发酵产物具有的特征，分离过程的特点为：

（1）无固定操作方法可循；

（2）生物材料组成非常复杂；

（3）分离操作步骤多，不易获得高收率；

（4）培养液（或发酵液）中所含目的物浓度很低，而杂质含量却很高；

（5）分离进程必须保护化合物的生理活性；

（6）生物活性成分离开生物体后，易变性、易被破坏；

（7）基因工程产品，一般要求在密封环境下操作。

总的来说，进行分离大致遵循以下步骤：

发酵液→ 预处理 → 细胞分离（细胞破碎→细胞碎片分离）→ 初步纯化 → 高度纯化 →

成品加工 。

二、发酵产物分离的过程设计

（一）发酵产物分离的过程设计基本原则

发酵产物的类型不同，它的提取和精制方法不同。尽管发酵产物同属于代谢产物这一类型，但发酵产物的化学结构不同，提取和精制方法也就不同。发酵产物大多属于高分子化合物，其化学性质和物理性质也各种各样，有中性物质、酸性物质、碱性物质和两性物质；在各种有机溶剂中的溶解度也不一样，有的溶于水或有机溶媒，有的难溶或不溶。因此要从发酵液中提取和精制发酵产品有效成分，其方法也就不同。

至于应如何着手对一种未知的发酵产品的发酵液进行提取呢？一般可通过两个步骤。

（1）先研究该发酵产物属于哪一类型，进行初步实验，可以大致确定它属于哪一类型，其次也可以了解它是一种成分还是几种成分的混合物。

（2）通过稳定性的研究，如将发酵物用各种不同的温度，条件及不同的 pH 进行处理，来检查有效物质的稳定情况。这样可以了解该发酵产物在哪一种适合的条件下进行提取精制而不受破坏，同时在保证质量的前提下，尽可能提高其效率。

发酵产物的提取和精制过程也就是浓缩和纯化过程，一般包括：①发酵液的预处理；②提取；③精制三个步骤。由于发酵液体积大，发酵液中的发酵产物浓度低，一步操作远不能满足要求，而常要几步操作。其中第一步操作从发酵液中分离提取发酵产物最为重要，称为提取。进行预处理的目的是改变发酵液的物理性质，促进悬浮液中分离固形物的速度，提高固液分离器的效率；尽可能使产物转入便于后处理的某一相中（多数是液体）；去除发酵液中部分杂质，以利于后续各步操作。

预处理要求去除以下内容物：菌体的分离；固体悬浮物的去除；蛋白质的去除；重金属离子的去除；色素，热原质，毒性物质等有机杂质的去除；改变发酵醪的性质；调节适宜 pH 和温度。

预处理常用方法如下。

①加热法：加热法可以降低悬浮液的黏度，除去某些杂蛋白，降低悬浮物的最终体积，破坏凝胶状结构，增加滤饼的空隙度。不适用热敏性的物质。

②调节悬浮液的 pH：通过调节发酵醪 pH 到蛋白质的等电点使蛋白质沉淀，同时络合重金属离子；常用的酸化剂有草酸、盐酸、硫酸和磷酸。

③凝聚和絮凝：即在投加的化学物质（比如水解的凝聚剂，像铝、铁的盐类或石灰等）作用下，胶体脱稳并使粒子相互聚成 1mm 大小块状凝聚体的过程。常见的凝聚剂有无机类电解质，大多为阳离子；无机盐类如硫酸铝、明矾、硫酸铁、硫酸亚铁、三氯化铁、氯化铝、硫酸锌、硫酸镁、铝酸钠；金属氧化物类如氢氧化铝、氢氧化铁、氢氧化钙、石灰；聚合无机盐类如聚合铝、聚合铁。絮凝剂按官能团分为阴离子、阳离子和非离子，丙烯酰胺经不同的改性可成为上述三种类型之一。

④添加助滤剂：一般用惰性助滤剂，其表面具有吸附胶体的能力，并且由此助滤剂颗粒形成的滤饼具有格子型结构，不可压缩，滤孔不会被全部堵塞，可以保持良好的渗透性。常用的助滤剂：硅藻土、膨胀珍珠岩、石棉、纤维素、未活化的炭、炉渣、重质碳酸钙。

⑤添加反应剂：添加可溶解的盐类，生成不溶解的沉淀；生成的沉淀能防止菌丝体黏结，使菌丝具有块状结构；沉淀本身可作为助滤剂，还能使胶状物和悬浮物凝固。

在提取前还必须使菌体、悬浮固形物、固体杂质和发酵液分开，并加入一些物质或采取一些措施，以改变发酵液的性质，便于以后的提取，分离方法大多采用的是离心分离及过滤，胞内产物需经细胞破碎，细胞碎片分离，胞外产物的过滤可以将细胞去除后，对余下的液体即可进行初步纯化。

而后几步操作所处理的体积小，操作要容易些，主要是除去发酵产物的杂质后，进行浓缩、提纯及精炼，这些过程统称精制。常用的提取方法有离子交换树脂法、离子交换膜法、凝胶层离法、沉淀法、溶媒萃取法、吸附法等。发酵产物的提取和精制虽有区别，但有密切的联系，如离子交换树脂法（吸附、脱色、脱盐作用）、离子交换膜分离法、凝胶层离法、沉淀法（包括结晶）、吸附法（包括活性炭吸附反脱色及色层分离），也同样是精制的主要方法，只不过是在精制过程中成了单元操作而已。当然，常用的精制过程还包括浓缩、结晶、干燥及蒸馏等单元操作。

（二）发酵产物分离的过程选择

无论好气性发酵或嫌气性发酵，大多数的发酵代谢产物都存在于发酵醪液中，故可以从发酵滤液（有时称原液）中提取和精制。它的提取和精制程序如下：

发酵液→ 预处理 → 细胞分离 → 细胞破壁（胞内产物） → 碎片分离 → 提取 → 精制 →

成品制作 。

按生产过程可简单归纳为：①预处理和固液分离；②提取（初步分离）；③精制（高度纯化）；④成品制作。

从上述程序可见，各种发酵醪特性不同，含菌体不同，发酵产物的化学结构和物理性质不同，提取和精制的方法选择也不同。对于某些发酵产品在提取和精制过程中要注意防止变性和降解现象的发生，例如：酶制剂、抗生素、单细胞蛋白、氨基酸及核酸等，由于其大分子空间结构主要依靠氢键、盐键和范德华引力而形成，过酸、过碱、高温、剧烈的机械作用、强烈的辐射等都可能导致大分子活性的丧失和不稳定。因此，在提取和精制过程中要注意避免 pH 过高或过低，避免高温、激烈搅拌和产生大量泡沫，避免和重金属离子及其他蛋白质变性剂接触。有必要用有机溶剂处理的，必须在低温下，短时间内进行。有些酶以金属离子或小分子有机化合物为辅基，在进行提取和精制时，要防止这些辅基的流失。此外，在发酵液中，除所需要的酶以外，常常还同时存在蛋白酶，为防止发酵醪中所需的酶被蛋白酶所分解，要及早除去蛋白酶或使其失活。

第二节　发酵产物分离单元操作原理及设备

一、沉淀与离心

（一）沉淀分离原理与设备

沉淀法是工业发酵中最常用和最简单的一种提取方法。沉淀法是利用某些发酵产品能和某些酸、碱或盐类形成不溶性的盐和复合物从发酵滤液或浓缩滤液中沉淀下来或结晶析出的特性的一类提炼方法。目前广泛应用于氨基酸、酶制剂及抗生素发酵的提取。

对于两性电解质的氨基酸可以直接添加酸调 pH 至等电点，使氨基酸溶解度最小而呈饱和状态结晶析出。对于碱性和两性的抗生素可以用不同种类的酸作为沉淀剂，使其沉淀下来。酸性抗生素可以和有机碱形成盐而沉淀出。对于各种酶制剂和多肽类蛋白质的抗生素可采用盐析法，使溶解度降低，沉淀而析出。沉淀下来的发酵产品可用水或稀酸溶解后，再用有机溶剂提取，然后经过浓缩或用另外的溶剂使发酵产品结晶出来，即可得到较纯的发酵产品。

1. 应用沉淀法提取氨基酸的主要方法

（1）等电点法　将发酵液调节 pH 到氨基酸的等电点使氨基酸沉淀析出。

（2）盐酸盐法　在发酵液中加入盐酸使氨基酸成为氨基酸盐酸盐析出，再加碱中和到氨基酸等电点，使氨基酸沉淀析出。

（3）金属盐法　在发酵液中加入重金属盐造成难溶的氨基酸重金属盐沉淀析出，经溶解后再调 pH 到氨基酸等电点使氨基酸沉淀析出。

（4）溶剂抽提法　在氨基酸溶液中加入某些有机溶剂使氨基酸析出。

以上这些沉淀方法各有优缺点，应根据发酵产品、发酵原料、发酵液的性质及各工厂的具体情况，选用适宜的提取方法，也可以两种方法结合使用，或与其他方法联合使用。例如等电点—离子交换法提取谷氨酸，效果更好。

2. 应用沉淀法提纯酶制剂的主要方法

（1）盐析法　盐析法提取酶制剂在实际生产是较常用。此法是用一定浓度中性盐使酶从发酵液中析出。它的优点是设备简单，操作方便。

（2）有机溶剂沉淀法　此法是利用酶蛋白在有机溶剂中的溶解度不同，使所需酶蛋白和其他杂蛋白分开，并得以浓缩，因此此法可使酶分级提纯。应用有机溶剂沉淀法进行酶的分级提纯在实验室条件下较容易做到，操作也简单。但是要注意酶在有机溶剂存在下容易失活，因此整个操作应维持低温，直到有机溶剂最后被除净为止。有机溶剂分级提纯酶的沉淀法简单易行，但是这种分级往往是比较粗糙的，因为酶很难与其相对分子质量接近的其他无活性蛋白质分离。

3. 应用沉淀法提取抗生素

沉淀法是分离抗生素的简单而经济的方法，浓缩倍数高，因而也是很有效的方法。沉淀法的原理在于：抗生素能和某些无机、有机离子或整个分子形成复合物而沉淀，而沉淀在适宜的条件下又很容易分解。例如四环素类抗生素在碱性下能和钙、镁、钡等重金属离子或溴化十五烷吡啶形成沉淀；新霉素可以和强酸性表面活性剂形成沉淀；对于两性抗生素（如四环素）调节 pH 至等电点而沉淀。一般发酵单位越高，利用沉淀法越有利，因残留在溶液中的抗生素浓度是一定的，故发酵单位越高，收率越高。应该沉淀法提取抗生素的优点是设备简单、成本低、原材料易解决，目前在四环素族抗生素的提炼上应用较广。沉淀法的缺点是过滤困难，质量较低等。

（二）　离心分离原理与设备操作

（1）离心分离设备的分类

离心分离：利用离心力分离液态非均相系中两种密度不同的物质的操作。

离心机：用于离心分离的设备。

离心机中的离心力场是由离心机的转鼓高速旋转带动液体旋转产生的。

旋风分离器或旋液分离器中的离心力场是靠高速流体自身旋转产生的。

离心机按设备结构和分离工艺过程可分为过滤式和沉降式两种类型。

①过滤式离心机：转鼓上有小孔，并衬以金属网和滤布，混悬液在转鼓带动下高速旋转，液体和其中悬浮颗粒在离心力作用下快速甩向转鼓而使转鼓两侧产生压力差，在此压力差作用下，液体穿过滤布排出转鼓，而混悬颗粒被滤布截留形成滤饼。

②沉降式离心机：转鼓上无孔，混悬液或乳浊液被转鼓带动高速旋转时，密度较大的

物相向转鼓内壁沉降，密度较小的物相趋向旋转中心而使两相分离。

（2）离心机　离心机主要用于将悬浮液中的固体颗粒与液体分开；或将乳浊液中两种密度不同，又互不相溶的液体分开；它也可用于排除湿固体中的液体；特殊的超速管式分离机还可分离不同密度的气体混合物；利用不同密度或粒度的固体颗粒在液体中沉降速度不同的特点，有的沉降离心机还可对固体颗粒按密度或粒度进行分级。

离心机可分为：①三足式离心机，是一台间歇操作、人工卸料的立式过滤式离心机。②卧式刮刀离心机，是连续操作的过滤式离心机。③活塞式往复卸料离心机。④管式高速离心机。⑤碟片式高速离心分离机。

（3）离心分离原理与设备　离心分离机的作用原理有离心过滤和离心沉降两种。离心过滤是使悬浮液在离心力场下产生的离心压力，作用在过滤介质上，使液体通过过滤介质成为滤液，而固体颗粒被截留在过滤介质表面，从而实现液-固分离；离心沉降是利用悬浮液（或乳浊液）密度不同的各组分在离心力场中迅速沉降分层的原理，实现液-固（或液-液）分离。

衡量离心分离机分离性能的重要指标是分离因数。它表示被分离物料在转鼓内所受的离心力与其重力的比值，分离因数越大，通常分离也越迅速，分离效果越好。工业用离心分离机的分离因数一般为 100~20000，超速管式分离机的分离因数可高达 62000，分析用超速分离机的分离因数最高达 610000。决定离心分离机处理能力的另一因素是转鼓的工作面积，工作面积大处理能力也大。

选择离心机须根据悬浮液（或乳浊液）中固体颗粒的大小和浓度、固体与液体（或两种液体）的密度差、液体黏度、滤渣（或沉渣）的特性，以及分离的要求等进行综合分析，满足对滤渣（沉渣）含湿量和滤液（分离液）澄清度的要求，初步选择采用哪一类离心分离机。然后按处理量和对操作的自动化要求，确定离心机的类型和规格，最后经实际实验验证。

通常，对于含有粒度大于 0.01mm 颗粒的悬浮液，可选用过滤离心机；对于悬浮液中颗粒细小或可压缩变形的，则宜选用沉降离心机；对于悬浮液含固体量低、颗粒微小和对液体澄清度要求高时，应选用分离机。

二、过滤与膜分离

（一）过滤设备原理与操作

过滤的原理就是悬浮液通过过滤介质时，固体颗粒与溶液分离。根据过滤机理不同，过滤又可分为澄清过滤和滤饼过滤两种。

①澄清过滤：当悬浮液通过过滤介质时，固体颗粒被阻拦或吸附在滤层颗粒上，使滤液得以澄清。

②滤饼过滤：当悬浮液通过过滤介质时，固体颗粒被介质阻拦而形成滤饼，当滤饼积至一定厚度时就起到过滤作用，此时即可获得澄清的滤液。

过滤介质一般按照不同的过滤操作进行分类。

在澄清过滤中，所用的过滤介质为硅藻土、砂、颗粒活性炭、玻璃珠、塑料颗粒等，填充于过滤器内即构成过滤层；也有用烧结陶瓷、烧结金属、黏合塑料及用金属丝绕成的管子等组成的成形颗粒滤层。在澄清过滤中，过滤介质起着主要的过滤作用。

在滤饼过滤中，过滤介质为滤布，包括天然或合成纤维织布、金属织布及毡、石棉板、玻璃纤维纸、合成纤维等无纺布，悬浮液本身形成的滤饼起着主要的过滤作用。

按照过滤推动力的差别，习惯上把过滤机分为常压过滤机、加压过滤机和真空过滤机三种。

（1）常压过滤机 此类过滤机由于推动力太小，在工业中很少用。但在啤酒厂麦芽糖化的过滤中仍采用这种压力很小的平底筛过滤机。啤酒麦芽汁中有大量的细小悬浮液以及破碎的大麦皮壳。后者沉降形成的麦糟层便成了过滤介质层。麦糟层中形成无数的曲折毛细孔道，只要这些细小的悬浮颗粒在毛细孔道中流速适当，它们就被毛细管壁所捕捉。实践证明，当麦芽汁的通透率在 $270\sim360L/(m^2\cdot h)$ 的范围内，可以获得澄清度合格的麦芽汁。

（2）加压过滤机 加压过滤机是一种高效、节能、全自动操作的新型脱水设备。与真空过滤机相比具有数倍过滤推动力，因而不仅具有很大的生产能力，而且具有很低的滤饼水分和清洁的滤液。

加压过滤机是将过滤机置于 1 个密封加压仓中，加压仓内充有一定压力的压缩空气，待过滤的悬浮液由入料泵给入过滤机的槽体中，在滤盘上，通过分配阀与通大气的汽水分离器形成压差，滤液通过浸入悬浮液中的过滤介质排出，而固体颗料被收集到过滤盘上形成滤饼，随着滤盘的旋转，滤饼经过干燥降水后，到卸料区卸料。由排料装置间歇排出到大气中，整个过程自动进行。

（3）板框压滤机 板框过滤机是一种传统的过滤设备，在发酵工业中广泛应用于培养基制备的过滤及霉菌、放线菌和细菌等多种发酵液的固液分离。

旧板框过滤机的缺点是需人工排除滤饼和洗换滤布，设备笨重，间歇操作，卫生条件差。但具有过滤结构简单、单位体积的过滤面积大、装置紧凑等优点。

自动板框过滤机则是一种较新型的压滤设备，它使板框的拆装、滤饼的脱落卸出和滤布的清洗等操作都自动进行，大大缩短了间歇时间，减轻了劳动强度。

自动板框过滤机的板框在构造上与传统的无多大差别，唯一不同是板与框的两边侧上下有 4 只开孔角耳，构成液体或气体的通路。滤布不需要开孔，是首尾封闭的。

悬浮液从板框上部的两条通道流入滤框。然后，滤液在压力的作用下，穿过在滤框前后两侧的滤布，沿滤板表面流入下部通道，最后流出机外。清洗滤饼也按照此路线进行。

洗饼完毕后，油压机按照既定距离拉开板框，再把滤框升降架带着全部滤框同时下降一个框的距离。然后推动滤饼推板，将框内的滤饼向水平方向推出落下。滤布由牵动装置牵引循环行进，并由防止滤布歪行的装置自动修位，同时洗刷滤布。最后，使滤布复位，重新夹紧，进入下一操作周期。

目前，食品、化肥、制药、水处理、化工等行业广泛采用板框式压滤机，但是它存在过滤质量不稳定、消耗大、环境和物料被污染等问题。

（4）硅藻土过滤机 硅藻土过滤机被广泛用于啤酒生产中的凝固物分离和成熟啤酒的过滤操作。它还多用于葡萄酒、清酒及其他含有低浓度细微蛋白质胶体粒子悬浮液的过滤操作。一般按所要滤除的颗粒大小，选择不同粒度分布的硅藻土作预涂层。

硅藻土过滤机型号很多，其设计的特点是体积小，过滤能力强，操作自动化。硅藻土过滤机一般分为三种类型：板框式、叶片式和柱式。

①板框式硅藻土过滤机：该过滤机是比较早期的产品，但由于操作方便并且稳定，至今仍然流行。其结构与上述的板框过滤机没有多大差别，也是滤板和滤框的交替排列，只是在过滤介质前放置了涂有硅藻土的金属丝网。

②叶片式硅藻土过滤机：叶片式硅藻土过滤机又可分为两种：垂直叶片式硅藻土过滤机和水平叶片式硅藻土过滤机。

a. 垂直叶片式硅藻土过滤机：主要包括以下几个部分：顶部为快开式顶盖，底部有一条水平的滤液汇集总管，两者之间垂直排列了许多扁平的滤叶。每张滤叶的下部有一根滤液导出管，将其内腔与滤液汇集总管连接。

正反两面紧覆着细金属网的滤框。其骨架是管子弯制成德长方形框。中央平面上夹着一层大孔格粗金属丝网，在其两面紧覆以细金属丝网（400~600目），作为硅藻土涂层支持介质。

过滤时顶盖紧闭，将啤酒与硅藻土的混合液泵送入过滤器，以制备硅藻土涂层。混合液中的硅藻土颗粒被截留在滤叶表面的细金属丝网上面，啤酒则穿过金属网流进滤叶内腔，然后在汇集总管流出。浊液反流，直到流出的啤酒澄清为止。此时表明，预涂层制备完毕，接着可以过滤啤酒。过滤结束后，压出器内啤酒，然后反向压入清水，使滤饼脱落，自底部卸出。

b. 水平叶片式硅藻土过滤机：该过滤机在垂直空心轴上装有许多水平排列的滤叶。滤叶内腔与空心轴内腔相通，滤液从滤叶内腔汇集空心轴，然后从底部排出。

滤叶的上侧是一层细金属丝网，作为硅藻土预涂层的支持介质，中央夹着一层大孔格粗金属丝网，作为细金属丝网的支持物。滤叶下侧则是金属薄板。

其操作方式与垂直叶片式硅藻土过滤机大致相同，只是在过滤结束后，它在反向压入清水后，还开动空心转轴，在惯性离心力的作用下，更容易卸除滤饼。

③柱式硅藻土过滤机：柱式滤管是柱式硅藻土过滤机的主体部分。柱式过滤机使用柱式滤管作为过滤介质，它是由不锈钢材料制成的，关键部件是将不锈钢圆环套在Y形的金属棒上。不锈钢圆环的底面扁平，顶面有8个凸起的扇形，扇形凸起的高度为0.05~0.08mm，Y形金属棒上开有3条U形槽，两头车有螺纹。在Y形金属棒上将一不锈钢圆环扁平底面与另一不锈钢圆环凸起的有扇形顶面依次一一套合后，用带内螺纹的端盖和过滤器管板连接街头分别旋在开槽的中心柱两头螺纹上，将套在Y形金属棒上的不锈钢圆环位置固定。调节端盖与管板连接接头之间的距离，可适当控制不锈钢圆环之间的间隙，达到调节柱式滤管过滤精度的目的。

在柱式过滤机的柱式滤管上制备硅藻土涂层时，将悬浮液所含的硅藻土和液体作垂直于柱式滤管面的同向流动。硅藻土沉积在柱式滤管（不锈钢圆环）的外表面之上形成预涂层，悬浮液中的液体在过滤推动力作用下穿过预滤层，滤液沿中心Y形金属棒的U形槽排出机外，在携带硅藻土进行循环直到滤液澄清为止。

在进行正常过滤时，相当浑浊的啤酒做垂直于柱式滤管面的同向流动；啤酒中剩余的酵母菌、胶体沉淀物及存在的细菌沉积在柱式滤管的外表面上预涂层的表面，啤酒在过滤推动力作用下穿过柱式滤管，沿U形槽排出机外。

该机的优点是滤层在柱上，不易变形脱落，滤柱为圆形，其过滤表面积会随滤层的增加而增加。

（5）真空过滤机

①真空转鼓过滤机：在大规模生物工业生产中，真空转鼓过滤机是常用的过滤设备之一。它具有自动化程度高、操作连续、处理量大的特点。非常适合于固体含量较大（>10%）的悬浮液的分离。在发酵工业中，它对霉菌、放线菌和酵母菌发酵液的过滤较有成效。这种过滤机把过滤洗饼、吹干、卸饼等各项操作在转鼓的一周期内依次完成。

②无格式真空转鼓过滤机：它是在标准型真空转鼓过滤机的基础上开发的新机种，其特点是：没有空格室、整个转鼓内腔都是真空状态、结构简单、单位面积过滤能力大、反吹管与滤液管隔开、洗涤能力强、效率高。

③滤布循环行进式（RCF）真空转鼓过滤机：RCF真空转鼓过滤机在普通真空转鼓过滤机的基础上在其转鼓的表面安装了一条由转鼓驱动的首尾闭合的滤布带，它和普通的真空转鼓过滤机一样，在真空过滤区形成的滤饼，依次经过洗涤、吸干、空气反吹等操作程序后，进行的滤布载着吹松的滤饼通过滤饼剥离滚筒，因行进方向的转折使滤饼脱离滤布。滤布在行进过程中从正反两方面受到洗刷而再生。当然该设备不适用于对于预涂硅藻土层的场合。

（二）膜分离设备原理与操作

1. 膜的种类

由于膜的应用范围很广，因此要求具有较宽范围的性质和操作特性，在选择膜时，应主要考虑的几个指标是：分离能力（选择性和脱除率），分离速度（透水率），膜抵抗化学、细菌和机械力的稳定性（对操作环境的适应性）以及膜材料的成本。

目前，用于制膜的有机聚合物很多，有各种纤维素酯、脂肪族和芳香族聚酰胺、聚砜、聚丙烯腈、聚四氯乙烯、聚偏氟乙烯、硅橡胶等。这些聚合物膜按结构和作用的特点分为如下五类。

（1）均质膜或致密膜　该类膜为均匀的、致密的薄膜，物质通过这类膜是依靠分子扩散，因为物质在固体中的扩散系数很小，所以为了达到有实用意义的传质速率，这类膜必须很薄。

（2）微孔膜　这类膜的平均孔径 $0.02 \sim 10 \mu m$，包括多孔膜和核孔膜两种类型。多孔膜呈海绵状，孔道曲折，膜厚 $50 \sim 250 \mu m$，应用较普遍。核孔膜是反应堆产生的裂变碎片轰击 $10 \sim 15 \mu m$ 的塑料薄膜，再经化学试剂侵蚀而成，膜孔呈圆柱直形，孔短，开孔率小但均匀。

（3）非对称膜　此膜的断面不对称，由表面活性层与支撑层两层组成。表面活性层很薄，厚度 $0.1 \sim 1.5 \mu m$ 的塑料薄膜，决定分离效果。支撑层厚 $50 \sim 250 \mu m$，起支撑作用，呈多孔性。制作此膜的材料有醋酸纤维素、聚丙烯腈、聚酰亚胺和聚芳香胺等。这类膜可用于反渗透、气体分离合超滤。

（4）复合膜　复合膜与不对称膜不同，它是由一种以上的膜材料制得的，一般是在非对称性超滤膜表面加一层 $0.25 \sim 15 \mu m$ 厚的致密活性层而制成。膜的分离作用主要取决于这层致密活性层，可以用各种材料制得，适用与反渗透、气体膜分离和渗透汽化等过程。

（5）离子交换膜　由离子交换树脂制成，主要用于电渗析，有阳离子交换膜和阴离子交换膜，多为均质膜，厚 $200 \mu m$ 左右。如在膜内加强化剂，可增加膜的强度，则成半均质膜。

除上述聚合膜以外，还有无机膜、液膜和气膜，目前已有使用，虽然应用范围不如前者，但在特殊环境中，聚合膜无法代替。

无机膜的制作材料有无机化合物、金属、玻璃或陶瓷。已有的多数膜为动态膜，即膜材料颗粒形成的沉积层与溶液处于动态平衡。此类膜由三部分组成，即膜层支持物、无机膜材料和成膜添加剂。它的优点主要是对温度和 pH 的稳定、渗透流速高、膜的更新容易。目前多用于热水处理中。

液膜是一种特殊的液相，可促进两相间溶质的选择渗透。最常见的液膜系统是乳化液膜和支撑液膜两种。在乳化液膜中，液膜分界面存在于乳化产品的液滴相表面，这种液滴分散在进料液相中，经过足够长的时间后，将乳化的进料液相和产品液相分开，对产品液相破乳，回收被转移的溶质。而支撑液膜是用聚合物或其他适合的材料来支撑着液膜，这种固定的支撑面保持着液膜，并使进料液相和产品液相互相分开。支撑液膜体是由料液、支撑液膜和反萃液三个相连接的相组成。支撑液膜本身又由萃取剂（称载体）、有机溶剂（又称稀释剂）和多孔性高分子膜（称支撑体）三个组分组成。

气膜类似于有支持物的液膜，它包含在固体聚合物材料中，气膜两边涂挂有液相。只要通过膜的压力差小于膜中气体逸出的临界压力，膜气体就一直保留在支持物中并使两个液相互相分开，气膜允许两液相间的化合物选择性渗透而达到分离的目的。因为物质通过气体间的扩散系数很大，所以气膜的透水率很高。

分离用膜按形状分有平板式和管式两类。

平板式膜即纸状膜，前述的聚合物均可制成平板膜。

管式膜有直径较大的有多孔支撑管的管状膜和无支撑的中空纤维膜两种。管状膜的支撑管一般用多孔不锈钢管或耐压的微孔塑料管，膜可以贴在管内（内压式）或贴在管外（外压式）。中空纤维膜根据使用时膜两侧压差的大小，可分为粗、细两种。细的中空纤维外径 $20\sim250\mu m$，壁厚不超过 $25\mu m$，用于反渗透；粗的中空纤维（也称毛细管膜）外径 $0.5\sim2mm$，用于超滤等操作压差小的过程。

平板式膜很薄，强度差，为了承受两侧的压力差，使用时必须有支撑结构。而中空纤维虽然薄，但直径小，刚度好，管内外能承受一定压差，使用时无需专门的支撑结构。

2. 膜分离设备

在选择膜分离设备时应考虑的问题包括：①分离类型；②生产量；③操作时的应变性；④保养难易程度；⑤操作方便与否。目前世界范围内广泛应用并有定型的膜分离设备主要有四种：板框式、管式、螺旋盘绕状和空心纤维。

（1）板框式膜器（Plateand Frame Module） 这种膜器的结构类似板框过滤机，所用的膜为平板式，厚度 $50\sim500\mu m$，因此将之固定在支撑材料上。支持物呈多孔结构，对流体阻力很小，对欲分离的混合物呈惰性，支持物还具有一定的柔软性和刚性。

板框式膜器由导流板、膜和支承板交替重叠组成。图 9-1 为一种板框式膜器的部分示意图。料液从下部进入，由导流板导流流过膜面，透过液透过膜，经支撑板面上的多孔流入支撑板的内腔，再从支撑板外侧的出口流出；料液沿导流板上的流道一层层往上流，从膜器上部的出口流出，即得浓缩液。

在板框式膜器中，料液平均流速通常只有 $0.5m/s$，与膜接触的路程只有 $150mm$ 左右，流动为层流。

（2）管式膜器（Tube-in-shell Module） 管式膜器由管式膜制成，其结构原理与管

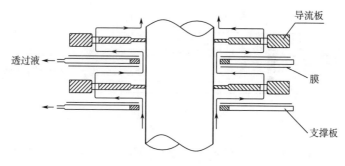

图 9-1 板框式膜器

式换热器类似。有支撑的管状膜可以制成排管、列管、盘管等型式的膜器。由于外压式管状要求外壳耐高压，料液流动状况差，因此一般多用内压式管。这类膜器的主要缺点是单位体积膜器内的膜面少，一般为 $33\sim330\text{m}^2/\text{m}^3$。

（3）螺旋盘绕状膜器（Spiral-wound Module） 平板膜沿一个方向盘绕则成螺旋盘绕膜，其结构与螺旋式换热器类似。典型装置包括两个进料通道、两张膜和一个渗透通道。渗透通道为多孔支撑材料构成，置于两张膜之间，两侧封死两个口袋中的一个，则开口的袋口与中央多孔管相接，膜下再衬上起导流作用的料液隔网，一起盘绕在中央管周围，形成一种多层圆筒状结构。如图 9-2 所示，进料液沿轴方向流入膜包围成的通道，渗透液呈螺旋状流动至多孔中心管状流出系统。

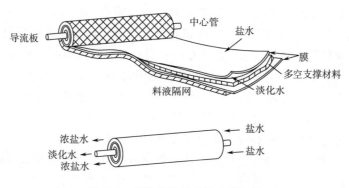

图 9-2 螺旋盘绕状反渗透膜组件

螺旋盘绕状膜器在反渗透中应用广泛，大型组件直径 300mm，长 900mm，有效膜面积达 51m^2。与板框式膜器相比，它的填充密度高，膜面积大，但清洗不便，更换不易。

（4）空心纤维膜器 空心纤维膜器为列管式，分毛细管膜器和中空纤维膜器。一般情况下，超滤、微滤等操作压力差小的过程可采用毛细管膜器，料液从一端进入，通过毛细管内腔，浓缩液从另一端排出，透过液通过管壁，在管间汇合后排出。

反渗透等压差较大的过程宜采用图 9-3 的中空纤维膜器。

该膜器由几十万甚至几百万根纤维组成，这些中孔纤维与中心进料管捆在一起，一端用环氧树脂密封固定，另一端也用环氧树脂固定，却留有透过液流出的通道，即纤维孔道。料液进入中心管，并经中心管上小孔均匀地流入中空纤维的间隙，透过液进入中空纤维管内，从纤维的孔道流出，浓缩液从纤维间隙流出。

图 9-3　中空纤维膜器

中空纤维膜器设备紧凑，膜面积高达 $16000 \sim 30000 m^2/m^3$，但由于纤维内径小，阻力大，易堵，则料液走管间，透过液走管内。这类膜器膜面去污染困难，因此对料液预处理要求高，中空纤维一旦破损，无法更换。

（三）超滤膜的应用

1. 概述

发酵产物的提取与精制过程是一个复杂而耗资的工艺过程，提取费用高达生产成本的50%以上。以压力差为推动力的膜过滤可区分为超滤膜过滤、微孔膜过滤和反渗透膜过滤三类。它们的区分是根据膜层所能截留的最小粒子尺寸或分子质量大小。以膜的额定孔径范围作为区分标准时，则微滤（M）的额定孔径范围为 $0.02 \sim 10\mu m$；超滤（U）为$0.001 \sim 0.02\mu m$；反渗透（R）为 $0.0001 \sim 0.001\mu m$。由此可知，超滤膜最适于处理溶液中溶质的分离和蒸馏，或采用其他分离技术所难以完成的胶状悬浮液的分离。超滤膜的制膜技术，即获得预期尺寸和窄分布微孔的技术是极其重要的。孔的控制因素较多，如根据制膜时溶液的种类和浓度、蒸发及凝聚条件等不同可得到不同孔径及孔径分布的超滤膜。超滤膜一般为高分子分离膜，结构有对称和非对称之分。前者是各向同性的，没有皮层，所有方向上的孔隙都是一样的，属于深层过滤；后者具有较致密的表层和以指状结构为主的底层，表层厚度为 $0.1\mu m$ 或更小，并具有排列有序的微孔，底层厚度为 $200 \sim 250\mu m$，属于表层过滤。工业使用的超滤膜一般为非对称膜。用作超滤膜的高分子材料主要有纤维素衍生物、聚砜、聚丙烯腈、聚酰胺及聚碳酸酯等。

超滤膜也可根据膜材料的不同，分为有机膜和无机膜。

（1）有机膜　主要是由高分子材料制成，如醋酸纤维素、芳香族聚酰胺、聚醚砜、聚偏氟乙烯等等。根据膜形状的不同，可分为平板膜、管式膜、毛细管膜、中空纤维膜等。目前，市场上家用净水器用的膜基本上都是中空纤维膜。

（2）无机膜　以陶瓷超滤膜中应用比较多。陶瓷膜寿命长，耐腐蚀，但陶瓷膜易堵塞，清洗不易。

超滤膜是一种孔径规格一致，额定孔径范围为 $0.001 \sim 0.02\mu m$ 的微孔过滤膜。只要在膜的一侧施以适当压力，就能筛出小于孔径的溶质分子，以分离分子质量大于500u、粒径大于 $2 \sim 20nm$ 的颗粒。超滤膜的工业应用十分广泛，已成为新型化工单元操作之一。用于分离、浓缩、纯化生物制品、医药制品以及食品工业中；还用于血液处理、废水处理和超纯水制备中的终端处理装置。

2. 超滤和微滤

超滤和微滤都是以压力差为推动力的膜分离过程，超滤所用膜为不对称膜或复合膜。微滤所用膜为均匀的多孔膜，它们对大分子物质容易截留的机理是：一次吸附、阻塞、筛分。

影响截留率的因素除分子的大小外，还有分子的形状、吸附作用、吸附温度。液流方向及影响蛋白质的构象和形状的离子强度和 pH 等。发酵过程中超滤主要用于去除葡萄酒中热变性蛋白质，制造澄清、味美的葡萄酒；从悬浮的细胞或细胞碎片和其他的粒状或胶体状的杂质；用于对微生物的浓缩，去除粗酶液中无机盐和相对分子质量低的糖或氨基酸；去除酿造葡萄酒原料葡萄汁中的果胶和水溶性半纤维素等物质以及啤酒超滤除菌等。微滤一般用于除去水中的细菌和各种固体颗粒；用孔径小于 0.5μm 的微孔滤膜过滤啤酒、黄酒等各种酒类，除去其中的酵母、霉菌等；微滤还用于对发酵产品（如抗生素）的无菌检验。一般先用微滤膜过滤各种检样，微生物被截留在膜上，用相应的培养基在适宜培养条件下培养。

工业中超滤分单段间歇操作、单段连续操作和多段连续操作三种流程。由于超滤过程中，水渗过膜的同时，大分子溶质被截留，积聚在膜面造成浓差极化，使水渗透压增高，减少过程中的有效压差，最终导致渗透通量降低，所以在超滤过程中应避免浓差极化。

单段间歇操作中未减轻浓差极化，料液流速较高，则膜的通透量必然减少，所以料液要在膜组件中循环多次才能达到浓缩的要求。操作过程中，一批料液进入循环，必须达到要求浓度时，才能释放，再加上新料液进行下一批操作。此操作适于小规模间歇生产产品的处理。

单段连续操作与间歇操作比较，其特点是超滤过程始终处于接近浓缩液的浓度下进行，造成渗透量较低，因此需采用多段连续操作克服这个缺点。

多段连续操作的各段中循环液的浓度依次升高，最后一段引出达到要求的浓缩液，因此前几段循环液浓度较低，渗透量较大，适用于大规模生产。

微滤过程主要采用板框式膜器。为了减少浓差极化，可先对料液预处理，如在微滤膜组件中加一层预滤层，或用纤维一类物质构成的深层过滤器先除去大颗粒物质。

最后还应注意膜的清洗，超滤膜被污染后，一般用化学试剂清洗或采用反冲等机械清洗方法。在选用清洗剂时应视污染物的性质而定，如蛋白质沉淀可用相应的蛋白酶溶剂或磷酸盐为基础的碱性去垢剂清洗；无机盐沉淀可用 EDTA 之类的螯合剂或酸碱溶液来溶解。微滤膜的清洗多采用反冲的方法进行。

三、萃取与色谱分离

（一）萃取分离原理与设备

利用溶质在互不相容的两相之间分配系数的不同而使溶质得到纯化或浓缩的方法称为萃取。传统的有机溶剂萃取是在石化和冶金工业常用的分离提取技术，在生物产品中，可用于有机酸、氨基酸、抗生素、维生素、激素和生物碱等生物小分子的分离和纯化。在传统的有机溶剂萃取技术的基础上，20 世纪 60 年代末以来相继出现了萃取和反萃取同时进行的液膜萃取以及可应用于生物大分子如多肽、蛋白质、核酸等分离纯化的反胶团萃取等溶剂萃取法。20 世纪 70 年代以后，双水相萃取技术迅速发展，为蛋白质特别是胞内蛋白质的提取纯化提供了有效的手段。此外，利用超临界流体为萃取剂的超临界流体萃取法的出现，使萃取技术更趋全面，这种技术适用于各种生物产物的分离纯化。

萃取是一种初步分离纯化技术，如上所述，萃取法根据参与溶质分配的两相不同而分为多种，如液固萃取、溶媒萃取、双水相萃取、液膜萃取、反胶团萃取、超临界萃取等方法，每种方法具有不同的特点而适用于不同的产物的分离纯化。此部分以溶媒萃取为重点，同时阐述双水相萃取、反胶萃取、超临界萃取三种方法。

1. 溶媒萃取法的基本原理

溶媒萃取法是通常用于除杂质及分离混合物。它的原理是：欲从溶液中萃取某一成分，利用该物质在两种互不相容的溶剂中溶解度的不同，使之从一种溶剂转入另一种溶剂，从而使杂质得以去除。

萃取效率的高低是以分配定律为基础的。在恒温恒压下，一种物质在两种互不相容的溶剂（A 与 B）中的分配浓度之比是一常数，此常数称为分配系数 K，可用式（9-1）表示。

$$上层溶剂（A）中溶质的浓度/下层溶剂（B）中溶质的浓度 = c_A / c_B = K（分配系数）\qquad（9-1）$$

提取抗生素时，所用的有机溶媒的体积与有效成分的回收率直接相关。有机溶媒用量越多，回收率越高。为了尽量使有效成分从发酵液中完全提取，有机溶媒的用量不能太少。

2. 常用溶媒萃取的工艺

在溶媒萃取操作中按所处理物料的性质，以及要求分离程度的不同，可分为单次提炼、多次提炼及多级对流多次提炼等多种形式。某些生物萃取系统的 K 值如表 9-1 所示。

（1）单级提炼法 发酵液与溶剂混合以后，就把溶剂分出进行浓缩。

（2）多次提炼法 发酵液与溶媒分级接触。即发酵液经过第一次溶媒提取后，分离后的残余液再加入新鲜的溶媒加以抽提（萃取），这样经过多次抽提，可以把发酵液中抗生素的有效成分绝大部分提取出来，回收率可大大提高。

表 9-1 某些生物萃取系统的 K 值

生物类型	溶质	溶剂*	K**	参考条件
氨基酸	甘氨酸	正丁醇	0.01	25℃
	丙氨酸	正丁醇	0.02	
	赖氨酸	正丁醇	0.2	
	谷氨酸	正丁醇	0.07	
	α-氨基丁酸	正丁醇	0.02	
	α-氨基己酸	正丁醇	0.3	
抗生素	天青菌素	正丁醇	110	
	放线菌酮	二氯甲烷	23	
	红霉素	醋酸戊酯	120	
	林可霉素	正丁醇	0.7	pH4.2
	短杆菌肽	苯	0.6	
		三氯甲烷-甲醇	17	
	新生霉素	乙酸丁酯	100	pH7.0
			0.01	pH10.5
	青霉素 F	醋酸戊酯	32	pH4.0
			0.06	pH6.0
	青霉素 K	醋酸戊酯	12	pH4.0
			0.1	pH6.0

续表

生物类型	溶质	溶剂*	K^{**}	参考条件
蛋白质	葡萄糖异构酶	聚乙二醇/磷酸钾	3	
	延胡索酸酶	聚乙二醇/磷酸钾	3.2	
	过氧化氢酶	聚乙二醇/粗葡聚糖	3	

注：*除注明外，另一溶剂为水；**轻、重相的浓度用（mol/L）表示。

（3）多级对流萃取　对流提取法用来分离溶液中的各种溶质，以期得到单一纯净的溶质。其原理是：当两种溶质 A 和 B 同时存在于某一溶液中时，若用一种不相溶的溶剂反复提取此溶液中的两种溶质，那么，由于两种溶质在两种溶剂中的分配系数不同，因而在每次的提取液中它们的含量也不相同。有时在 n 次提取液中大部分为溶质 A，而溶质 B 较少，在 m 次提取液中，则可能完全为溶质 B，不含溶质 A。这样，就可以分离出纯净的溶质 A 和溶质 B。

（4）分流萃取　分流萃取是对多级逆流接触萃取的改进，料液从中间的某一级加入，萃取剂（L）从左端第一级加入，而从右端第 n 级加入纯重相（H）。此纯重相除不含溶质外，与进料的组成相同（如某种缓冲溶液），在进料（K）的右端起洗涤作用，使萃取相中目标溶质纯度增加（但浓度下降），因此第 K 级右侧称为洗涤段，重相 H 称为洗涤剂，在第 K 级的左侧，溶质从重相被萃取相，因此这段称为萃取段，与多级逆流萃取相比，分馏萃取可显著提高目标产物的纯度。

（5）微分萃取　除上述 4 种工艺外，还有微分萃取，又称为塔式萃取，也是一种广泛应用的溶媒萃取法。它采用塔式萃取操作，即原料和溶媒采取逆流萃取的形式。与多级逆流萃取不同之处在于，塔内溶质浓度随流动相连续变化，需要用微分方程描述塔内溶质的质量守恒规律。微分萃取设备包括喷淋塔、转盘塔、和脉冲板塔以及填料塔、往复振动板塔等。各种萃取塔的结构以及内部传质特性等详细内容可参考相关的化工类书籍。微分萃取比其他萃取方法具有更高的目的提取率和更高的产物纯度，在发酵工业尚未普遍应用，但是具有很好的应用价值和应用前景，例如，采用醋酸丁酯从澄清的发酵液重萃取青霉素 G，可得到 95% 以上的萃取收率。

3. 影响溶媒萃取的主要因素

（1）乳化与去乳化　在发酵产品萃取时，常发生乳化。乳化是液体分散在另一不相溶的液体中的分散体系。产生乳化后会使有机溶媒相分层困难，及时采用离心分离机也往往不能将两相完全分离，发酵液废液如夹带溶媒微滴，就意味着单位的损失。溶媒相中若夹带发酵液微滴，会给以后的精制造成困难。

乳浊液主要有两种形式：一种是以油滴散在水中，称为水包油型（或 O/W 型）乳浊液。另一种是水以水滴分散在油中，称为油包水型（或 W/O 型）乳浊液。但油与水是不相容的，两者混在一起，能很快分层，并不能形成乳浊液，一般要有表面活化性存在时，才容易发生乳化，所以表面活化性剂又称为乳化剂。表面活性剂能够起乳化剂的作用在于它是一种两性物质，具有亲水、亲油两种性质。

除了用表面活性剂去除乳浊液外，通常还有以下几种方法。

①过滤和离心分离：当乳化不严重时，可用过滤或离心的方法，分散相在中立或离心

力场中运动时，常可因气碰撞而沉淀。实验时用玻璃棒轻轻搅动乳浊液也可促其破坏。

②加热：加热能使黏度降低，破坏乳浊液。对稳定性好的发酵产品可考虑采用此法。

③稀释法：在乳浊液中加入连续相，可使乳化剂降低而减轻乳化。

④加电解质：离子型乳化剂所形成的乳浊液常因分散相带电荷和稳定，可加入电解质，以中和其电解而促使聚沉。

⑤吸附法：例如碳化钙易被水润湿，但不能被有机溶媒润湿，故将乳浊液通过碳化层时，其中水分被吸附。故红霉素生产上将其一次丁酯抽液通过碳化钙层，以除去微量水分，有利于以后的提取。

⑥顶替法：加入表面活性剂不能形成坚固的保护膜的物质，将原先的乳化剂从界面上顶替出来，但它本身由于不能形成坚固的保护膜，因而不能形成乳浊液。常用的顶替剂是戊醇，它的表面活性很大，但碳氢键很短，不能形成坚固的薄膜。

⑦转型法：在 O/W 型乳浊液中，加入亲油性活化剂，则乳浊液有从 O/W 型转变成 W/O 型的趋向，但条件还不允许形成 W/O 型乳浊液，因而在转变过程中，乳浊液被破坏。同样，在 W/O 型乳浊液中，加入亲水性乳化剂回使乳浊液破坏。

（2）pH　在萃取操作中正确选择 pH 有很重要的意义。一方面，pH 影响分配系数，因而对萃取收率影响较大。例如，红霉素在 pH9.8 时，在乙酸戊酯与水相（发酵液）间的分配系数等于 44.7；而在 pH5.5 时，红霉素在水相（缓冲剂）与乙酸戊酯间的分配系数等于 14.4。另一方面，pH 对选择性也有较大影响。如酸性抗生素一般在酸性下萃取到有机溶媒，而碱性杂质则成盐而留在水相。如为酸性杂质，则应根据其酸性之强弱，选择合适的 pH，以尽最大可能除去杂质。此外，pH 应尽量选择在使抗生素稳定的范围内。

（3）温度　温度对发酵产品的萃取也有较大影响。一般说来，抗生素在温度较高时都不稳定，故萃取应维持在室温或较低温度下进行。但在个别场合，如低温对萃取速度影响较大，此时为提高萃取速度可适当升高温度。

（4）盐析　加入盐析剂如硫酸铵、氯化钠等可使抗生素在水中溶解度降低，而易转入溶媒中去，同时也能减少有机溶媒在水中的溶解度。如在提取维生素 B_{12} 时加入硫酸铵，可使维生素 B_{12} 自水相转移到有机溶媒中，有利于提取；在青霉素提取时加入 NaCl，使青霉素从水相中转移到有机溶媒中，有利于提取。盐析剂的用量要适当，用量过多会使杂质也一起转入溶媒中。同时，当盐析剂用量大时，也应考虑其回收再利用。

（5）带溶剂　所谓带溶剂是指这样一种物质，它们能和抗生素形成复合物而易溶于溶媒中，形成的复合物在一定条件下又要容易分解。如抗生素的水溶性很强，在通常所用的有机溶媒中的溶解度很小，若要采用溶媒萃取法来提取，可借助于带溶剂。即使水溶性不强的抗生素，有时为提高其收率和选择性，也可考虑采用带溶剂。水溶性较强的碱如链霉素可与脂肪酸形成复合物而溶于丁醇、醋酸丁酯、异辛醇中。在酸性下（pH5.5~5.7）复合物分解成链霉素而可转入酸性。链霉素在中性下能与二异辛基磷酸酯相而结合，从而水相萃取到三氯乙烷中，然后在酸性下再萃取到水相。

青霉素作为一种酸，可用脂肪碱作为带溶剂，如能和正十二烷胺、四丁胺等形成复合物而溶于氯仿中，这样萃取收率能够提高，且可以在较有利的 pH 范围内操作，适用于青霉素的定量测定，这种正负离子结合成对的萃取又称为离子对萃取。

（6）溶媒的选择　所选择的溶媒除对抗生素有较大的溶解度外，还应有良好的选择性，即分离能力。选择性越大越好。根据类似物容易溶解类似物的原则，应选择与抗生素结构相近的溶媒。在工业生产上还特别要求溶媒价廉、毒性小、挥发性小等。

按毒性大小，溶媒可分为以下三类。

①低毒性：如乙醇、丙醇、丁醇、乙酸乙酯、乙酸丁酯、乙酸戊酯等。

②中等毒性：如甲苯、环己烷、甲醇等。

③强毒性：如苯、1，4-二氧杂环己烷（二氧六环）、氯仿、四氯化碳等。

在实际生产中应尽量避免采用强毒性溶媒，故在抗生素发酵工业中，最常用的溶媒是乙酸乙酯、乙酸丁酯和丁醇。

（二）色谱分离设备原理与操作

色谱法（Chromatography）又称层析法，是利用各组分的物理化学性质的差异，使各组分不同程度地分配在两相中。一相是固定相，另一相是流动相。由于各组分受到两相的作用力不同，从而使各组分以不同的速度移动，达到分离的目的。

根据流动相的状态，色谱法又可分为液相色谱法和气相色谱法。这里只简单介绍属于经典的液相色谱法的纸上色谱分离法、薄层色谱分离法和萃取色谱分离法。

1. 纸上色谱分离法

纸上色谱分离法是根据不同物质在固定相和流动相间的分配比不同而进行分离的。以层析滤纸为载体，滤纸纤维素吸附的水分构成纸色谱的固定相，由有机溶剂等组成的展开剂为流动相。样品组分在两相中作反复多次分配达到分离。此方法具有简单、分离效能较高、所需仪器设备价廉、应用范围广泛等特点。

操作过程具体为：取一大小适宜的滤纸条，在下端点上标准和样品，放在色谱筒中展开，取出后，标记前沿，晾干，着色，计算比移值。比移值相差越大的组分，分离效果越好。

2. 薄层色谱分离法

薄层色谱是把吸附剂铺在支撑体上，制成薄层作为固定相，以一定组成的溶剂作为流动相，进行色谱分离的方法。其吸附剂常为纤维素、硅胶、活性氧化铝等，支撑体常为铝板，塑料板、玻璃板等。它利用吸附剂对不同组分的吸附力的差异，试样沿着吸附层不断地发生"溶解—吸附—再溶解—再吸附……"的过程。造成它们在薄层上迁移速度的差别，从而得到分离，各组分比移值的计算同纸色谱。

3. 萃取色谱分离法

用有机相作为固定相、水相为流动相的萃取色谱分离法称为反相分配色谱分离法或反相萃取色谱分离法。

反相分配色谱分离法通常在柱上进行，用一种惰性的、不与待分离的组分发生作用的载体将有机萃取剂牢固地吸着作为固定相。将负载有固定相的载体装入柱中，把发酵液引入色谱柱时，各组分先集中在柱上层浓缩。当加入洗脱剂时，各组分就在两相之间进行"萃取—反萃取—萃取"多次重复的分配过程，特别是用含有络合剂的洗液，会使一些组分容易被反萃取而实现分离。反相分配色谱分离法将液-液萃取的高选择性与色谱的高效率性结合在一起，大大提高了分离效果，所以是一种有广泛应用的分离方法。

四、离子交换与吸附

(一) 离子交换剂类型与结构

离子交换技术是根据物质的酸碱度、极性和分子大小的差异而予以分离的技术。从使用天然的有机化合物——结晶硅铝酸钠（俗称泡沸石）作为离子交换剂时起，它已经历了半个世纪。20 世纪 40 年代末，由于高分子化学的发展，采用了不溶性高分子化合物作为离子交换树脂，使得这一技术迅速发展，除普遍应用于生物化学和分子生物学领域外，还广泛应用于发酵工业、化学工业及医药工业等部门。近年来，与其他技术相结合，制成了固相肽合成自动装置、氨基酸自动分析仪、核苷酸自动分析仪、气相色谱仪、蛋白质合成仪等，离子交换层析技术已经成为生化与发酵领域各个方面的基本技术之一。

在发酵工业中，利用离子交换树脂分离提纯蛋白质、氨基酸、核酸、酶及抗生素等生化活性代谢物质日益广泛，逐渐取代了其他较原始的方法。这是由于离子交换法分离提纯各种发酵成为具有成本低、工艺操作方便、提炼效率高、设备结构简单以及节约大量的有机溶液等优点，因而是许多发酵产物提炼的主要方法之一。

1. 离子交换剂的类型

离子交换树脂是离子交换剂的一种。凡是具有离子交换能力的物质，均称为离子交换剂。按离子交换剂组分可分为无机离子交换剂和有机离子交换剂两类。无机离子交换剂有海碌砂、沸石等。有机离子交换剂又可分为碳质离子交换剂和有机合成离子交换剂。碳质离子交换剂有磺化煤等，有机合成离子交换剂又分为离子交换树脂、离子交换纤维素、葡聚糖凝胶离子交换剂、离子交换膜、离子交换剂、离子交换液和离子交换块等。

目前主要根据离子交换剂的性能而分为阳离子交换剂、阴离子交换剂、两性离子交换剂、吸附性交换剂、选择性交换剂、氧化还原交换剂等。现将每一种分类分述如下。

（1）阳离子交换剂 这种交换剂可分为强酸型、中强酸型和弱酸型三类。强酸型含有磺酸基团（—R—SO$_3$H），中强酸型含有磷酸基（—PO$_3$H$_2$）、亚磷酸基（—HPO$_2$H），弱酸型含有羧基（—COOH）或者酚羟基（—OH）。

三者中以中强酸型使用较少。根据交换剂母体的成分，常用的阳离子交换剂有硫化煤、阳离子交换树脂、葡聚糖凝胶阳离子交换剂、阳离子交换纤维素、阳离子交换剂、阳离子交换膜等。

（2）阴离子交换剂 阴离子交换剂也可分为强碱性、中强碱性和弱碱性三类。阴离子交换剂都是含有氨基的。如含季铵盐为强碱性；叔胺、仲胺、伯胺类都属弱碱性；而含强碱性基团的交换剂便是中强碱性交换剂。

根据母体成分不同，常用的阴离子交换剂有阴离子交换树脂、阴离子交换纤维素、葡聚糖凝胶阴离子交换剂、阴离子交换剂、阴离子交换膜等。

（3）两性离子交换剂 两性离子交换剂树脂的本体上同时带有酸性基团和碱性基团。

2. 离子交换剂的结构

离子交换剂是不溶于酸、碱和有机溶媒，化学稳定性良好（具有网状交联结构），具有离子交换能力的固态高分子化合物。其具有巨大的分子，可分为两部分：一部分是不能转移的多价高分子基团，构成了树脂的骨架，使树脂具有不溶解性化学稳定的性能；另一部分是可移动的离子，构成了树脂的活性基团，活性基团可移动的离子在骨架中进进出出，就产生了离子交换现象。高分子的惰性基团和单分子的活性基团，带有相反的电荷，共处于一个统一体——离子交换树脂中。因此，从电化学观点来看，离子交换树脂是一种不溶解的多价离子，其周围包围着可移动的带有相反电荷的离子。从胶体化学观点来看，离子交换树脂是一种弹性亲液凝胶，活性离子是阳离子的称为阳离子交换树脂，活性离子是阴离子的称为阴离子交换树脂。

根据透过孔隙进入离子交换树脂内部离子交换过程的理化综合现象可以推断：离子交换树脂的结构必须是疏松的，多孔如海绵那样的结构，使带电离子能够容易扩散到内表面；离子交换树脂本身必须是不溶性的；离子交换树脂还必须含有相当数量的可交换离子。

为了获得上述特性的离子交换树脂，采用了相对分子质量大的高分子聚合物达到具有不溶性的化学稳定性的目的。这些大聚合物形成网状结构，具有疏松多孔的结构，网的每一空隙都带有足够量的可交换离子，例如，聚苯乙烯磺化型阳树脂便是由碳化苯乙烯和二乙烯苯聚合而成的。

苯乙烯形成网的直链，其上带有可解离的磺酸基，二乙烯苯把直链交联起来形成网状，既得到不易破碎的疏松的网状结构，又获得了许多可解离基团的特性。

值得指出的是，交联结构的多少会影响到离子交换树脂内部网状结构中孔隙的大小，交联结构多时，分子结构紧密，孔洞就小些。相对分子质量大的离子由于本身体积大就不能进入颗粒内发生交换作用。这种交联程度在分离物质上是重要的。各种离子交换树脂都附有"交联度"规格，例如"201×8"，意思是指强碱型阳离子交换树脂，交联度是8%，即制备树脂时，二乙酰苯的量占单位总量的8%。

另一种常用的离子交换树脂母体是聚酚甲醛。它是由对羟基苯磺酸和甲醛缩合而成。这种母体构成的树脂一般为黑色，交换量一般比苯乙烯树脂小，遇碱或氧化剂时，性能易变化。此外，在碱性溶液中酚的羟基也能进行交换，所以这种树脂在不同pH的溶液中粒子交换的作用不同。酚醛树脂都是块粒状的，而聚苯乙烯树脂都是圆球形的，二者易于区别。

离子交换剂的不溶母体除上述外，目前还使用纤维素和葡萄糖。离子交换纤维素和离子交换葡萄糖对分离蛋白质、核酸与抗生素这类不太稳定的生化物质效果尤为理想。近年来，以葡聚糖凝胶作为离子交换剂母体，再引入不同的活性基团制成了各种类型的离子交换葡萄糖大量采用，主要是它能引入大量活性基团而骨架不被破坏，交换容量很高；而且其外形呈球状，装柱后，流动相在柱内流动的阻力较小。

3. 离子交换原理与设备

离子交换树脂是具有一定孔隙度的高分子化合物。当树脂浸泡在水中或其他溶剂中时，孔隙度表现为膨胀程度。树脂的膨胀是和其分子中含有的酸性—碱性基团或其他亲水基团有关。这些化合物的亲水性质会使溶剂分子扩散到树脂颗粒内部，离子交换树脂具有酸性或碱性功能团，在溶液中能以离子状态存在，并能与树脂的活性功能团交换。离子交换的原理绝不是单纯的吸附作用，而是包括复杂的吸附、吸收、穿透、扩散、离子交换、离子亲和力等物理化学过程综合作用的结果。离子交换的过程是：①发酵醪中的离子经吸附或扩散到树脂的表面；②穿透树脂的表面，被吸收或扩散到树脂内部的活性中心；③这些离子与树脂中的原有自由离子互相交换；④交换出来的离子自树脂内部的活性中心扩散到树脂表面；⑤再从树脂表面扩散到溶液中去。

（1）物理吸附　离子交换法是利用人造的离子交换树脂作为吸附剂，将发酵醪中的发酵产物吸附在树脂上，然后在适宜的条件下洗脱下来，这样能使在第一步提取时，体积就缩小到几十分之一。利用对发酵产物有特殊选择的树脂，使纯度也同时提高。

固体的离子交换树脂和液体一样，具有一定的自由表面能，并力求将这一能量降低到最小值。固体的自由表面能由于吸附某些物质而降低，条件是被吸附的质点所具有的立场强度比吸附剂顶点的立场强度要小，具有吸附作用的物体称为吸附剂，被吸附的物体称为吸附物。最好的吸附剂必须具有极大的孔隙率以造成巨大的内表面。因此人造的离子交换树脂必须具有较大的孔隙率，吸附的最大特征就是被吸附的分子在吸附剂表面上的浓度大于它们在吸附剂内部的浓度。因为被吸附的离子具有动能，所以过一些时间以后它们能够脱离吸附剂的表面而转移到液相中去，把自己的位置让给别的分子。分子停留在吸附剂表面上时间的长短，表示该物质被吸附在表面上的能力大小，分子在吸附剂表面停留的时间越长，被吸附的能力就越大，在单位时间内扩散到吸附剂某一表面积上的分子和同一单位时间内离开此表面的分子之间可以建立动态平衡，称为吸附平衡。平衡时吸附作用的速度和解吸作用的速度相等，吸附平衡和其他的动态平衡一样，与温度及吸附物的浓度有关。

吸附作用是放热的过程。物质被吸附剂的表面吸附时随之放出热量，相反，物质从表面脱附时（即解吸作用）吸收热量，因此和一切可逆反应过程一样。随着温度的升高，吸附平衡移向解吸作用的方向。换句话说，被吸附的物质随着温度是升高而减少，随着温度的降低而增多，因此实际上常在离子交换树脂再生时加热甚至煮沸，而上柱最好低温进行。

吸附作用与吸附物浓度的关系是浓度越大，吸附物在单位时间内扩散到吸附剂表面上的数目必然随之增大。因此，浓度越大，吸附作用也就越大，反之亦然。

（2）晶格理论　由于晶格结构的特点，晶体的质点不同于液体和气体，它只能相当微弱地在固定点的附近做振动运动，这些点有秩序地排列在空间中，相当于某种晶格上的交点。这些交点的本质并不一致，有的是由原子组成，称为点阵，其晶体名为原子型，有的是由离子组成称为离子型。作为离子交换树脂的固体可视为离子型。

离子交换法中所应用的离子交换树脂固体，尽管许多是离子聚合物所组成，但其必须带有可解离的基团。例如聚苯乙烯磺酸性阳离子交换树脂组成中的聚苯乙烯只能是人为地造成的骨架，它们所带的磺酸基（$-SO_3H$）在水中同样地能解离为氢离子和磺酸根，且二者的电荷相平衡，犹如离子型晶体那样。所不同的是负根被苯乙烯所牢牢控制，不能自由移动，只有氢离子才可以与水中其他离子互相置换。此种交换反应是可逆的。

值得注意的是，虽然离子交换反应都是平衡反应，但在离子交换柱中进行时，由于连续添加新的交换溶液，平衡不断向正反应方向进行，直至完全。因而可以把离子交换树脂上原有的离子全部或大部分洗脱下来。同理，一定量的溶液通过交换柱时，由于溶液中的离子不被交换，其浓度逐渐减少，因而也可全部或大部分被交换而吸附在树脂上。如果有两种以上的成分被交换吸附在离子交换剂上，用洗脱液洗脱时，其被洗脱的能力则决定于各自洗脱反应的平衡常数。这也就是离子交换法使发酵产物分离提纯的基本原理。

（3）双电层理论　一切能被含有电解质的溶液润湿的固体表面，都可以吸附这种溶液中某一异性离子而形成双电层。内层（即吸附层）和固体粒子因是异性电荷，联系是牢固的，甚至固体粒子运动时此内层也随之运动。外层（即扩散层）距固体离子较远，能够和离子脱离而扩散。在扩散的外层中的离子浓度不断地随着外面溶液浓度和 pH 的变化而改变着，如果加入了另一种离子到外面溶液中，改变了外面溶液中离子的浓度时，平衡被破坏了，并重新建立新的平衡。某些新来的离子将进入扩散层以代替某一些原来存在于此层中的离子。

双电层理论解释了吸附的现象。重要的吸附层能随带点颗粒一起运动，而溶液中的离子浓度会影响双电层，使之厚度发生改变。当离子浓度增大时，由于离子向固体表面靠拢而双电层的厚度就减少。这是因为固体颗粒所显示电性是有一定数值的缘故。同理，溶液中离子价数越高，吸引力就加强，双电层厚度就减小，反之增大。也就是说，双电层越小外加离子要进入双电层就越困难。在实际应用中要设法扩大双电层，例如不断用水洗，随着溶液浓度的降低，双电层增大。

（二）吸附剂类型与设备

1. 吸附法特点

吸附法广泛应用于发酵产品的提取和精制过程，尤其是广泛应用于发酵产品的除杂、脱色、有毒物质（如热原）的分离提纯精制和抗生素的提取和精制方面。

吸附法是利用吸附剂与杂质、色素物质、有毒物质（如热原）、抗生素之间的分子引力而吸附在吸附剂上。

吸附的目的一方面是将发酵液中的发酵产品吸附并浓缩于吸附剂上，另一方面利用吸附剂除去发酵液中的杂质或色素物质、有毒物质（如热原）等。例如，抗生素的吸附提取，是在第一种情况下吸附剂把发酵液中的抗生素有效成分吸附，抗生素从发酵液中转入吸附剂，然后再以有机溶剂把有效成分从吸附剂上洗脱下来，再经浓缩后即可得到抗生素的粗制品；而在第二种情况则相反，杂质或色素、有毒物质被吸附剂吸附，抗生素转入新的吸附剂上。吸附剂通常在酸性情况下是吸附杂质或色素，而在中性的情况下则可把抗生素吸附，例如活性炭对链霉素的吸附。

吸附法具有操作简单，原料易解决的优点。但也有较多的缺点，如吸附剂吸附性能不稳定，即使由同一工厂生产的活性炭，也会随批号不同而改变；选择性不高，即许多其他杂质也会吸附上去，洗涤时有一定损失，并且纯度不易达到要求。一般吸附剂吸附容量有限，而洗脱剂用量一般不能太少，因而使洗脱液中抗生素浓度不高，须要浓缩加工。洗脱剂的性能及损失条件有很大影响，收率不稳定而且不高，且不能连续操作，劳动强度较大，炭粉还会影响环境卫生。由于这些原因，目前吸附法逐渐为其他方法所取代，尤其为离子交换树脂法所取代。只有当其他方法都不适用或对新抗生素，才考虑用吸附法，例如维生素 B_{12} 用弱酸 122 树脂吸附等。但是在许多发酵产品的提取和精制过程中，特别是在发酵产品除杂提纯、脱色和分离分有毒物质（如热原）等方面的提纯精制过程中，吸附法仍有一定意义和广泛的应用。

2. 吸附剂的种类

吸附剂的种类很多，只要它们不溶于吸附操作中所用的溶液，且不致使被吸附的化合物受破坏或分解即可。但吸附剂也必须有一定的化学组成，且具备一定的条件。条件如下。

①吸附剂本身是一种多细孔粉末状物质，其颗粒密度小，表面积大，但孔隙也不要太多，否则在孔隙中的溶质就不易被解吸下来。

②吸附剂必须颗粒大小均匀。

③吸附能力变大，但也要容易洗脱下来。

工业发酵常用的吸附剂主要可分为三种类型。

（1）疏水或非极性吸附剂　最好的是从极性溶媒尤其是从水溶液内吸附溶质看，这类的典型吸附剂是活性炭。作为分子吸附剂的活性炭，在工业发酵中许多发酵产品的提取、精制和分离过程中，应用较广泛，例如，谷氨酸钠（味精）等发酵产品的脱色和多种抗生素的提取和精制。活性炭是疏水性的物质，它最适宜从极性溶媒，尤其是水溶液中吸附非极性物质，因此此时溶质较溶媒易被吸附，它吸附芳香族化合物的能力大于无环化合物。

活性炭有碱性、酸性或中性的。提炼时，抗生素如不能被酸性或碱性的活性炭所吸附，或吸附后难于由炭中洗脱，则应把活性炭加以适当处理，使其具有相当的活性。例如，酸性的活性炭可用稀碱溶液洗涤，而碱性的活性炭则可用稀酸（H_2SO_4 或 HCl）溶液洗涤，然后再用无盐水冲洗到中性反应即可应用。在应用于抗生素的提炼过程中，要对活性炭进行必要的处理，如干燥去水，除去无机盐中钙、镁、铁离子等，其目的在于以各种方法去除吸着的物质，使吸附剂的活性表面活化。

由于活性炭作为吸附剂的选择性差，故应用抗生素的提取和精制时，单级吸附不能使抗生素纯度提高很多，只是用于抗生素的初步提炼，除去溶液中的色素。

（2）亲水或极性吸附剂　适用于非极性或极性较小的溶媒，如硅胶、氧化铝（用作吸附的氧化铝，其组成不是 Al_2O_3，而是氧化铝的部分去水物）、活性土皆属此类。

另外，吸附剂可以是中性、酸性或碱性。碳化钙、硫酸镁等属中性吸附剂。氧化铝、氧化镁等属碱性吸附剂。酸性硅胶、铝硅酸（活性土）属酸性吸附剂。碱性的吸附剂，适宜于吸附酸性的物质，而酸性的吸附剂适宜于吸附碱性的物质。应该指出，氧化铝及某些活性土为两性化合物，因为经酸或碱处理后很容易获得另外的物质。

（3）各种离子交换树脂吸附剂　各种有机离子交换树脂也是属于极性吸附剂，因为它是两性化合物，具有离子交换剂的性质，工业发酵中常用于发酵产品的脱色和分离杂质。常用于脱色的离子交换树脂有大孔的 717 强碱性季胺型树脂及多孔弱碱 390 苯乙烯伯胺型弱碱性阴离子交换树脂。

五、蒸馏、结晶与干燥

（一）蒸馏设备类型与操作

蒸馏是分离液体混合物的一种有效方法，精馏是使液体混合物达到较完善分离的一种蒸馏操作。由于蒸馏技术比较成熟，大小规模均能适用，在一般情况下分离费用较低，故在发酵工业、化学工业和石油工业等广泛应用。

在微生物发酵工业生产过程中，往往要将液体混合物进行分离，或者进一步提纯，或者从溶液中回收某种溶剂，常常应用蒸馏方法。

1. 酒精发酵生产过程中的蒸馏

常用于酒精发酵生产的原料有淀粉质原料、糖蜜原料和纤维质原料等，原料不同在发酵过程生成的杂质也有不同，发酵成熟醪的组成和杂质的性质也有不同。例如，淀粉质原料中如果蛋白质含量较多，则生成杂醇油较多，醛较少。薯类原料由于含有果胶，因而高压蒸煮和发酵生成的甲醇较多，木薯原料发酵生成的氰酸和甲醇较多，所以淀粉质原料酒精发酵生产的蒸馏和精馏过程要分离甲醇、氰酸和杂醇油等杂质。糖蜜原料酒精的发酵，特别是在通入空气培养酒母时，生成的醛则多，因此蒸馏时要特别注意醛酯馏分的分离。低纯度糖蜜的灰分多，也要注意蒸馏时由于灰渣的影响容易引起塔板上积垢。纤维质原料和亚硫酸盐纸浆废液除含有较多的甲醇、高级醇、有机酸和醛、酯等挥发物质外，还有已溶解的和呈悬浮状的非挥发性物质，如石膏、未发酵的糖、营养盐类、木质磺酸、木质素糖醇（呋喃甲醇）和其他杂质，发酵醪中含有游离有机酸和相当量的石膏，蒸馏时使蒸馏塔设备易腐蚀和形成石膏积垢。因此，纤维质原料和亚硫酸盐纸浆废液的酒精发酵过程中的蒸馏要特别注意发酵醪杂质含量多，特别是甲醇含量高，酒精浓度低，易形成积垢的特点，选用相适应的特殊精馏设备和具有较大的设备能力，同时要注意热的再生利用。

在实际生产中，糖蜜酒精发酵蒸馏多采用间接式液相过塔的双塔式蒸馏流程，为了提高产品质量，淀粉质原料酒精发酵生产多采用三塔式蒸馏流程，而纤维质原料和亚硫酸盐纸浆废液酒精发酵生产多采用多塔式蒸馏流程（三塔式或五塔式）。

在实际蒸馏和精馏过程中由于原料不同，各种杂质不同，各种杂质的挥发度不同，按不同的挥发度将其分别提取。例如，醛类的挥发度最大，可在酒精塔最后的冷暖器或醛塔提取；甲醇当浓度较低时，常混入头级酒中，当浓度高时，则混在尾级酒中，可在最终精馏塔提取；杂醇油在 $85 \sim 90 ℃$ 的塔板层含量最多，故在此板层的气相或液相提取；酸类和酯类则用 $0.1mol/L$ NaOH 混入少量 $KMnO_4$ 由精馏塔下部第 10 块塔板滴入，使酸类中和酯类皂化；酒精成品在精馏塔顶稍下几块塔板的液相提取，纯度高，杂质少，头级杂质多集中在冷凝液中，从冷凝器排出，中级杂质则在塔中间提取。

2. 白酒蒸馏

白酒蒸馏不仅要把酒醪中的酒精成分提取出来，使成品酒具有一定的酒精浓度，同时通过蒸馏还要把有害物质除掉，使白酒符合卫生指标。由此可见，白酒在蒸馏的任务与酒精蒸馏任务有所不同，酒精蒸馏要求尽可能完全分离所有杂质并得到高浓度的纯净乙醇，而白酒蒸馏不仅要求具有一定的酒精浓度，还要求提酸、提酯效率高，使成品酒具有独特的香味和风味。由于蒸馏任务不同，因为采用的蒸馏方法、设备和工艺操作均有所不同，例如固态白酒蒸馏和酒精蒸馏均有所不同。在白酒精馏中，乙醇在溶液中占的量较低，水占绝大部分，水分子有极强的氢键作用力，可以吸附其他分子，在对乙醇和异戊醇分子吸引时，由于异戊醇分子大，且具有侧链空间结构，妨碍它和水分子之间的氢键缔合，在这种情况下，异戊醇就比乙醇容易挥发。同样地，水分子对甲醇的缔合力比乙醇的缔合力强，因此异戊醇等一类高级醇在酒精精馏时是尾级杂质，而在分白酒精馏中成为头级杂质；甲醇在酒精精馏时头级杂质，而在白酒精馏时成为尾级杂质。说明影响组分在蒸馏时分离的决定因素不是组分的沸点，而是物质分子间的引力不同所表现出来的蒸馏系数大小。沸点高低在蒸馏过程中所引起的作用缺乏普遍意义。白酒中水分子对醇、酸、酯各种成分的氢键作用力，一般是酸>醇>酯。

白酒蒸馏过程中一些成分的分布情况大体如下：酒头中以乙醛、丙酮、甲酸乙酯、乙酸乙酯、杂醇油为多；酒身中除乙醇以外，较多地集中着乙酸乙酯类物质；酒尾中以甲醇、有机酸、糖醛及金属离子较多。

（二）结晶原理与设备

结晶是工业发酵生产中重要的操作单元之一，广泛应用于氨基酸发酵、有机酸发酵、核苷酸发酵、酶制剂发酵和抗生素发酵等的提取和精制过程中。结晶是制备纯物质的有效方法。结晶过程具有高度选择性，只有同类分子或离子才能结合成晶体，因此析出的晶体很纯粹。在工业发酵中许多发酵产品如柠檬酸、味精、核苷酸、酶制剂和抗生素等是纯净而又呈固体状态的，且具有一定结晶形状，结晶的目的就是为了获得更纯净的固体的发酵产品。

1. 结晶生产基本原理

结晶是使溶质呈晶态从溶液中析出的过程。晶体是化学性均一的固体，具有一定规则的晶形，是以分子（或离子、原子）在空间晶格的结点上的对称排列为特征。按照结晶化学的理论，一个晶体是由许多性质相同的单位粒子有规律地排列而成，在宏观上具有连续性、均匀性。区别一个物质是晶态或非晶态，最主要的特点在于晶体的许多性质（如电学性质和光学性质）具有方向性或向量性，也就是说在晶态同一方向上具有相同性质。而在不同方向上具有相异性质，称为晶态的各向异性。一切晶体都有各向异性。此外，晶态还具有对称性。晶体以上的特征都是由组成晶体的粒子排列具有空间点阵式周期性所引起的。因此，晶体的一般定义是许多性质相同的粒子（包括原子、离子、分子）在空间有规律地排列成格子状的固体。每个格子常称为晶胞，每个晶胞中所含原子或分子数可依据测量计算求出。结晶态物质一般是固体。水合作用对结晶操作过程有很大影响，由于水合作用，物质由溶液中成为具有一定晶形的晶体水合物中析出，晶体水合物含有一定数量的水分子，称为结晶水。例如：味精的晶体是带有一个结晶水的棱柱形八面体晶体。

为了进行结晶，必须先使溶液达到过饱和后，过量的溶质才会以固体态结晶出来。晶体的产生最初是形成极细小的晶核，然后这些晶核再成长为一定大小形状的晶体，溶质浓度达到饱和浓度时，溶质的溶解度与结晶速度相等，尚不能使晶体析出。当浓度超过饱和浓度达到一定的过饱和浓度时，才可能析出晶体。过饱和程度通常用过饱和溶液、晶核形成和晶体生长三个阶段，溶液达到过饱和是结晶的前提，过饱和率是结晶的推动力。

物质在溶解时一般吸收热量，在结晶使放出热量，称为结晶热。结晶是一个同时有质量和热量传递的过程。

2. 工业中发酵常用的结晶设备

工业发酵中常用的结晶设备可分间歇式与连续式结晶设备两类。间歇式结晶设备的优点是设备结构简单，操作方便，清洗、维修也较方便，投资小。连续式结晶设备的优点是设备小、生产能力大，但是不适宜于小批量产品的生产。实际大规模生产常用设备有：单效真空煮晶锅、中央循环管煮晶锅、搅拌结晶缸、搅拌冷却结晶缸、搅拌结晶箱、管式结晶器、喷雾沸腾床结晶设备、冷冻真空结晶干燥设备和混合分级型真空连续结晶器等。

（三）干燥设备类型与操作

干燥是发酵产品提炼过程中的最后一个环节。干燥的主要目的是除去发酵产品中的水分，使发酵产品能够长期保存而不变质，同时减少发酵产品的体积和重量，方便包装和运输。对于具有生理活性的、药用的和食用的发酵产品，例如酶制剂、维生素和抗生素等发酵产品，在干燥过程中必须注意保存其活性、营养价值和药效。宜采用低温干燥或冷冻升华干燥。

1. 干燥原理

干燥是将潮湿的固体、半固体或浓缩液中的水分（或溶剂）蒸发除去的过程。根据水分在固体中分布情况，可分为表面水分、毛细管水分和被膜包围的水分等三种。表面水分又称为自由水分，它是不与物料结合而附着于固体表面，蒸发时完全暴露于外界空气中，干燥最快，最均匀。毛细管水分是一种结合水分，如化学结合水和吸附结合水，存在于固体极细孔隙的毛细管中，水分子逸出比较困难，蒸发时间慢并需较高稳定。被膜包围的水分，如细胞中被细胞质膜包围的水分，需经缓慢扩散至膜外才能蒸发，最难除去。

被干燥的物质其温度与周围空气的湿度是一个动态平衡关系，暴露于大气中的物质是不会绝对干燥的。若使被干燥的物质所含水分低于周围空气中水分，则必须放在严密封盖的容器中进行干燥，用这种方法可以得到含水量极低的发酵产品。

干燥常常是发酵产品提炼过程中最后的单元操作，由于它要借加热汽化的方法来除去水分，因此就要消耗热而且耗费较大。实验表明，用于干燥方法排除 1kg 水分的费用比用过滤、压榨等机械方法排除 1kg 水分的费用高十余倍，故在干燥之前，通常都采用沉降、过滤、离心分离、压榨等机械方法先尽量使物料脱去水分。

干燥过程和蒸发过程相同之处是都要以加热水分使之汽化为手段，而不同点在于蒸发时是液态物料中的水分在沸腾状态下汽化，而进行干燥时，被处理的通常是含有水分的固态物料（有的是糊状物料，有时也可能是液态物料），并且是其中水分也不在沸腾状态下汽化，而是在其本身温度低于沸点的条件下进行汽化。既然被干燥的物料不一定是液态，水分的运动和汽化就可能受到物料层的影响。既然水分未达沸点，其蒸气压就比周围气体压强小，能否使蒸汽大量排出，就要受到周围气体条件的影响。综上所述，干燥过程实质是在不沸腾的状态下用加热汽化方法驱除湿物料中所含液态（水分）的过程。这个过程既受传热规律的影响，又受水分性质、物料与水分结合的特性、水气运动和转化规律的影响。当热空气流过固体物料表面时，传热与传质过程同时进行，空气将热量传给物料，物料表面的水分汽化进入空气中。由于空气与物料表面的温度相差很大，传热速率很快；又由于物料表面水分的蒸气压大大超过热空气中的水蒸气分压，故水分汽化速度也很快。物料表面的水分汽化后，物料内部与表面间形成湿度差，于是物料内部的水分不断地从中心向表面扩散，然后又在表面汽化。以后由于内部扩散速率减慢，微粒表面被蒸干，蒸发面向物料内部推移，一直进行到干燥过程结束。由此可见，干燥过程是传热与传质同时进行的过程。

2. 工业发酵中常用的干燥过程

（1）气流干燥　气流干燥就是利用热的空气与粉状或粒状的湿物料接触，使水分迅速汽化而获得干燥物料的方法。由于干燥时间很短，气流干燥时间一般为 1~5s，故又称为瞬间干燥或急骤干燥。

气流干燥器的类型很多，目前我国常用的可分为长管式气流干燥器，其长度在 10~20m；短管式气流干燥器，其长度为 4m 左右；旋风气流干燥器和短管旋风气流干燥器等。

气流干燥的特点：干燥强度大，干燥时间很短；气流干燥可采用较高温度的热空气来干燥物料，而物料均不会发生变化，甚至对热敏性物料也不会发生变化；设备简单，生产能力大；可以把干燥、粉碎、筛分、输送、包装合为一个工序。但也存在缺点：对于要求有一定形态的颗粒或非常黏稠的液体物料，气流干燥不太适用，热利用效率较低。一般如果保温良好，热气体温度在 450℃ 以上时，热利用效率在 60%~75%。目前国内多用间接蒸汽加热空气系统，其热利用效率仅为 30% 左右。

长管式气流干燥流程广泛应用在味精生产企业，其原理为：空气被鼓风机抽吸，经过过滤器、空气加热器后温度为 80~90℃，送入气流干燥管。含水分约 4% 的味精经料斗和分配器均匀地由干燥管下部送入，被热空气流送入干燥管脱水干燥后，经旋风分离器分离后进入振筛分级得含水约为 0.2% 味精产品。尾气经回收器回收味精粉末后经排气机排入大气。与产品接触的设备用不锈钢或陶瓷制作，均能保证产品的质量。设备的缺点是：采用列管式热交换器耗钢材较多，传热系数较低，由于器壁粉对味精的磨损，产品光亮度稍差。该流程干燥管的直径为 150mm，高位 7000mm，空气加热器传热面积为 11m²，加热蒸汽压力为 343~441kPa，鼓风机功率为 22kW，转速为 2900r/min，风量 1975~3840m³/h，风压 1245Pa，分配器功率为 0.6kW，变速后的转速为 16r/min，旋风分离器直径为 400mm，设备生产能力（以产品计）为 1.3~1.4t/8h。

短管式气流干燥则降低了设备及厂房的高度，减少了设备材料的消耗，提高了产品质量及产量。其干燥管长 4500mm，直径为 100mm，第一级旋风分离器直径为 400mm，第二级旋风分离器直径为 300mm，鼓风机风量为 619m³/h，压头 3413Pa，功率为 1.7kW，转速为 3000r/min。

旋风式气流干燥是利用流态化与壁传导热的原理，当热气流夹带飞粉颗粒以切线方向进入旋风干燥器，沿热壁产生旋流运动，使其有良好的传热。该干燥设备简单，占地面积小，干燥速度快，干燥时间短，降低了劳动强度，提高产品质量和收得率；缺点是热的利用效率较低。其原理是物料在气流中处于半悬浮及悬浮状态，故在雷诺数较低的情况下，颗粒周围的气体边界层处亦能呈高度湍流状态。另外，由于物料旋转碰撞运动而粉碎，使气固相的接触面积加大，强化了干燥，在负压下仅几秒钟就达干燥的目的。

如干燥四环素的旋风式气流干燥流程：气流管长 1500mm，直径为 200mm；旋风干燥器高 1370mm，直径为 400mm；一级旋风分离器高 1060mm，直径为 300mm；二级旋风分离器高 1100mm；直径为 300mm；袋滤器面积为 4.5m²；加热器加热面积为 40m²；鼓风机功率为 10kW，转速 200r/min；干燥室温度 75~80℃；物料在干燥室停留时间约 3s；生产能力有 40kg/h。

（2）沸腾干燥　沸腾干燥是利用热的空气流体使孔板上的粉粒状物料呈流化沸腾状态，使水分迅速汽化达到干燥的目的。干燥时，使气流速度与颗粒的沉降速度相等，脱水后的颗粒则浮动在上层，由溢流装置排出为干燥颗粒产品，这种干燥装置可以连续进料、出料。

在气固、气液、液固和溶液系统中，当质量较小的一相（气相或液体）以一定的速度自下而上通过较大的相层（固体颗粒或液体）时，即形成悬浮床又称为流态化床（沸腾床）。对于多相系统，悬浮床的原理几乎都是相同的。当气流速度较低时，固体颗粒在多孔板上，而气体则分成很多小流在颗粒之间上升；当气体速度增高时，气体与颗粒或液体之间的摩擦加剧；而当气流速度达到固体颗粒或液体的质量与上升气体的摩擦力相平衡时，就形成了沸腾床。在沸腾中固体颗粒或液体都实现脉动或湍动，使水分迅速气化挥发逸出，使固体物料获得干燥。

采用沸腾床可以强化相间的传质和传热过程，也可以大大强化反应物与器壁和沸腾床中热交换器之间的传热过程。如果与固定床相比，则沸腾床的压力降较低，传热系数大，干燥速度快，设备简单，易于自动化，产品质量好，所以沸腾干燥获得广泛的应用。

沸腾干燥一般适用于对 $6\mu m \sim 30mm$ 颗粒物料进行干燥，同时要求被干燥物料由于水分存在而产生结团现象不严重的场合。所以，沸腾干燥常作为经过气流干燥或喷雾干燥后的物料作进一步干燥之用，然而，它对溶液或悬浮液的液体物料要求干燥和造粒时也很合适。沸腾干燥的热容量系数很大，可达 $8370 \sim 25100kJ/$（$m^3 \cdot h \cdot ℃$），处理能力可在小至几千克每小时大到数百吨每小时范围内变动，物料的停留时间可以任意调整，所以沸腾干燥对产品含水量要求很低的产品特别合适。

优点体现在：传热效果好，热容量系数大，设备生产能力高，可以实现小设备大生产；物料在设备内停留时间短，适用于某些热敏性物料干燥；沸腾床温度分布均匀，对主要是表面水分的物料可以使用比较高的热温度；在同一设备中，可以进行连续操作，也可以进行间歇操作；对产品含水量要求有变化或原料含水量有波动的情况更适宜；设备简单，投资费用低廉，操作和维修方便。

其缺点体现在：对被干燥物料的颗粒度有一定的限制，一般要求不小于 $30\mu m$，不大于 $4 \sim 6mm$ 为合适；对易粘壁和结块的物料，容易发生设备的结壁和堵床现象；沸腾干燥的物料，纵向返混激烈，对单级性连续式沸腾干燥器、物料在设备内停留时间不均匀，有可能发生未经干燥的物料随着产品一起发排出床层；需要使用较高压头的鼓风机和除尘设备；需要注意静电荷的发生和除去。

沸腾干燥设备的种类很多，但是如果按照被干燥的物料来分，基本是可以分为三类：第一类是粒状物料；第二类是膏状物料；第三类是悬浮液和溶液等具有流动性的物料。但用于干燥这三类物料的设备本身，互相差别不大，主要差别在于加料器不同。按照操作条件来分又可分为连续的和间歇的沸腾操作两类。按照设备结构和形式来分，沸腾干燥设备基本上又可分为：单层沸腾干燥器，多层沸腾干燥器、卧式多室沸腾干燥器、喷动床干燥器、振动沸腾干燥器和脉动沸腾干燥器及喷雾沸腾造粒干燥器等。其中单层沸腾干燥器和喷雾沸腾造离干燥器在工业发酵中广泛使用。

（3）喷雾干燥　在工业发酵中对于某些悬浮液和黏滞液体，需要干燥而又不允许较高温度时，例如酶制剂粉、酵母粉、链霉素粉及其他药品或各种热敏性物料，多采用喷雾干燥方法。

喷雾干燥是利用不同的喷雾器，将悬浮液或黏滞的液体喷成雾状，使其在干燥室中与热空气接触，由于物料呈微粒状，表面积大，蒸发面积大，微粒中水分急速蒸发，在几秒或几十秒内获得干燥，干燥后的粉末状固体则沉降于干燥室底部，由卸料器排出而成为产品。

喷雾干燥的特点是：干燥速度快，干燥时间短，产品质量高，整个喷雾干燥过程进行非常迅速；喷雾干燥所得的产品为粉末状，可以简化工艺过程，如省去过滤、离心、研磨等操作，可以直接包装成品，且在接近无菌的情况下进行包装；也可以通过改变喷雾干燥的工艺条件而改变产品的质量指标；生产可连续进行，其干燥过程可实行机械化、连续化以及自动化生产，大大降低劳动强度。

但缺点是干燥强度较小，故干燥设备比较庞大，占地面积也较大，设备投资费用较大，热的利用率较低，功能消耗也较多，通常每蒸发 $1kg$ 水分要 $2 \sim 3kg$ 加热蒸汽。

喷雾干燥按方法不同，可分为以下三种。

①压力式喷雾干燥：又称机械喷雾法。是利用喷嘴在高压之下将物料喷成雾状，所用的压力为 5.1~20.3MPa，将物料用高压往复泵送至复喷嘴，由喷嘴喷出而获得均匀的雾滴。一般喷距的角度为 60°~80°，喷距长约 1m，喷孔的直径为 0.5~1.5mm，因此不适用于悬浮液的喷雾。

②气流式喷雾干燥：是利用压强 147~490kPa（表压）的压缩空气通过气流喷雾器而使液体喷成雾状，适用于各种料液的喷雾。

③离心喷雾干燥：是料液注于急速旋转的喷雾盆上，借离心力的作用使料液分散成雾状。离心喷雾盘的转速为 4000~20000r/min，其周速达 100~160m/s，一般分喷距的直径为 2~3m。这种方法适用于各种料液喷雾，应用较广，但功率的消耗较压力喷雾大。

按干燥空气流和溶液微粒运动情况不同，喷雾干燥可分为：溶液微粒和气流顺流操作的干燥、逆流操作干燥、错流操作干燥。

按干燥室内的压力不同，喷雾干燥分为：常压喷雾干燥、真空喷雾干燥。

工业发酵中常用的喷雾干燥有以下几种。

①压力喷雾干燥：压力喷雾干燥设备比较简单，电能消耗较少，在工厂中获得广泛的应用，如干燥酵母、乳粉以及洗涤剂等。常用的喷雾干燥设备有箱式干燥器及喷雾干燥塔。箱式干燥器容积较小，多应用于批量较小的产品生产。塔式设备较高大，塔的直径在 3.66~6.1m，高度在 18.3~36.6m，多用于较大批量产品的生产。

设备的适应范围除憎水大的悬浊液和粒度大的悬浮液不适宜外，其他类型溶液均适宜。设备简单易做，价廉，电能消耗较小，1t 溶液只需 4~10kW，管理维护容易，但是设备的生产能力不可调节，由于喷孔小，容易被杂质阻塞，且喷嘴要经常调换。

②离心喷雾干燥：这个流程的干燥装置是并流式。料液从发酵罐（或真空浓缩后）放到贮料槽，用泵运至高位槽，流入液位槽，在液位槽控制一定的液位，以保持进料均匀，料液经分配环进入离心盘，干燥后的粗粉粒从干燥塔底部排出，气流带走的细粉末从旋风分离器底部进入集粉室收集。

空气经过过滤器进入鼓风机，再经加热器加热至 148~150℃，从干燥塔顶部分内外两圈以斜向送入干燥塔。湿的空气从塔底的风管排出，经过旋风分离器、排风机、集尘室，由集尘室的顶部排入大气。

设备的缺点是：粘壁现象比较严重，产品的粉粒容易吸水。

③气流喷雾干燥：气流喷雾干燥多应用于抗生素产品的干燥，如链霉素、庆大霉素等的干燥。由于产品量较少，采用气流干燥设备比较简单，操作比较方便，产品质量好。在链霉素生产中通常采用此法。物料首先在罐内保压 69kPa，经料管送入喷雾器，喷雾器的另一管送入 177kPa 的压缩空气，使物料喷成雾状。125~135℃ 热空气（800~900m³/h）经过滤器及空气分配板均匀分布于干燥器中与雾粒接触，使其水分蒸发后，干燥的粉末落入产品中，空塔时的气流速度为 0.15~0.2m/s。废气沿回风管导入袋滤器，经回收粉末后排除。干燥时，干燥室中部压力为 5.3~9.3kPa，料液的流量为 8~10kg/h，干燥时间为 5~8s，回风管空气流速为 10~12m/s，温度要求大于 70℃，设备生产能力为 2.5kg/h，产品含水小于 1%。

（4）冷冻升华干燥　冷冻升华干燥过程是将湿物料在较低的温度（-50~-10℃）下，冻结成固态，然后在高度真空（0.133~133Pa）下，将其中水分不经液态而直接升华成气态的干燥过程。冷冻升华干燥特别适合于处理青霉素、链霉素等抗生素，人造血浆、精制酶、生化药品等热敏物料。

冷冻升华干燥也可以不事先将物料进行预冻结，而是利用高度真空时汽化吸热而将物料自行冻结，这种方法称为蒸发冻结，其优点为能量的消耗更为合理。但这种操作法易使溶液产生泡沫或飞溅的现象而导致物料损失，同时，不易获得均匀的多孔性干燥物。

冷冻升华干燥的优点有：可以有效地干燥热敏物料，而不致影响其生物活性或效价，在工业发酵中冷冻升华干燥除了用来干燥抗生素、精制酶、人造血浆等热敏性的发酵产品外，还常用来保藏菌种；物料在干燥时处于冻结状态，各个分子的位置固定，不会有收缩和移动现象，冷冻升华干燥后物料呈多孔的海绵状结构，保持完整的形态，完整的生物活性和溶解度，并可长期保存。

其缺点是冰的蒸气压低，冷冻干燥的速率较低；同时要求高度真空的条件和制冷的条件，均导致冷冻升华干燥设备复杂，消耗动力大，操作要求高，投资和管理耗费均大，因而影响成品的成本增高。

冷冻升华干燥的设备大致可由四个部分组成。

①冷冻部分：被处理物料应在−50～−10℃下预冻结，冻结可以在干燥室外，也可在干燥室内进行。

②真空部分：系统中的真空度是通过真空泵抽吸空气来维持的。真空泵从一切系统中预先排出空气，在操作开始前造成必需的真空度，以后则为排除由产品析出的、在器壁上吸入的以及从外界环境渗入的空气。

③水汽去除部分：通常水汽去除方法有4种方法：直接抽出法；冷凝法；使用化学吸水剂法；使用物理吸水剂法。

④加热部分：即干燥室部分，加热的目的是供给水分升华所需的热量，加热的方法有夹层加热板的传导加热和加热辐射面的辐射加热两种。

（5）真空干燥　除上述的气流干燥、沸腾干燥、喷雾干燥和冷冻升华干燥外，在工业发酵生产过程中还常采用真空干燥。真空干燥是在真空泵抽真空使系统形成负压的条件下，将固体或晶体等物料加热，使水分汽化除去，而获得干燥成品。其干燥温度较常压干燥低，其传热方式多为热传导。

真空干燥最大的特点是由于在负压条件下汽化，因此干燥温度远比常压干燥低。在低温条件下进行干燥，可以防止物料过热，避免物料分解。因此在工业发酵中热敏性物料多采用真空干燥。例如，α-淀粉酶的真空干燥可在40℃下进行。真空干燥的速度较常压干燥快。采用真空干燥可以回收物料中挥发性的溶剂，可以减少空气对物料的氧化，从而保证和提高了产品质量。

真空干燥可分为间歇式和连续式两种。间歇式真空干燥分为：真空干燥箱、橱式和隧道式的真空干燥设备等。连续式真空干燥可分为：滚筒式真空干燥器、转筒式真空干燥器和链带式真空干燥器。工业发酵中酶制剂厂和味精厂多采用真空干燥箱，酵母厂多采用滚筒式真空干燥器。

思考题

1. 发酵产物的类型有哪些？分离过程设计的原则有哪些？

2. 发酵产物分离的特点有哪些？工业生产针对不同产品如何选择分离方法？请举例分析。

3. 简述离心机工作原理及操作注意事项。

4. 膜的类型有哪些？如何选择膜分离设备？

5. 简述离子交换树脂的类型及离子交换原理。

参考文献

［1］郑裕国，薛亚平. 生物工程设备［M］. 北京：化学工业出版社，2007.

［2］华南工学院，等. 生物工程设备［M］. 北京：中国轻工业出版社，1983.

［3］陈国豪. 生物工程设备［M］. 北京：化学工业出版社，2006.

［4］梁世中. 生物工程设备［M］. 北京：中国轻工业出版社，2007.

［5］余龙江. 发酵工程原理与技术应用［M］. 北京：化学工业出版社，2008.

［6］顾国贤. 酿造酒工艺学［M］. 北京：中国轻工业出版社，1996.

［7］姚汝华，周世水. 微生物工程工艺原理［M］. 广州：华南理工大学出版社，2005.

［8］俞俊堂. 生物工艺学［M］. 北京：化学工业出版社，2003.

［9］谭天伟. 生物分离技术［M］. 北京：化学工业出版社，2007.

［10］曹学君. 现代生物分离工程［M］. 上海：华东理工大学出版社，2007.

第十章 发酵工业清洁生产技术

 **学习目标**

1. 掌握清洁生产的概念及主要研究方向。
2. 掌握发酵行业清洁生产的主要方法。
3. 全面了解清洁生产的重要性及必要性。

第一节 概述

由于工业生产规模的不断扩大，工业污染、资源锐减、生态环境破坏日趋严重。20世纪 70 年代人们开始广泛地关注由于工业飞速发展带来的一系列环境问题，并采取了一些措施治理污染。一般采用的都是传统的末端治理方法。企业虽然在污染源排放口安置了治理污染物的设施，但是常常因为人力的短缺和较高的操作管理成本影响设施的使用和治理效率，加之管理的力度不够、执法不严导致一些废弃物直接排入环境。这样进行的环境保护污染治理工作，投入了大量的人力、物力、财力，结果并不十分理想。此时，人们意识到仅单纯地依靠末端治理已经不能有效地遏制环境的恶化，不能从根本上解决工业污染问题。环境恶化的问题得不到有效的解决，在相当大的程度上制约了经济的进一步发展。

高消耗是造成工业污染严重的主要原因之一，也是工业生产经济效益低下的一个至关重要的因素。在工业生产过程中的原料、水、能源等过量使用导致的结果是产生更多的废弃物，它们以水、气、渣的其中一种形式排放环境，到了一定的程度就会造成对环境的污染。若是对废弃物进行末端处置，将要进行生产之外的投入，增加企业的生产成本。假如通过工业加工过程的转化，原料中的所有组分都能够变成我们需要的产品，那么就不会有废物排出，也就达到了原材料利用率的最佳化，达到经济效益和环境效益统一的目的。人们正在不断地努力缩小实际与理论最佳点的距离，同时考虑其他费用成本的最小化问题。从生产工艺的观点来看，原料、能源、工艺技术、运行管理是对特定生产过程的投入，它是影响和决定这一特定过程产品和工业废物产出的要素，改变过程的投入，可以影响和改变产出，即产品和工业废弃物的收率、组成、数量和质量，从而减少废弃物的产生量。

环境污染已严重威胁到人类的生存与发展。其中大气污染、水污染和有毒化学品污染危害尤为突出，而造成环境污染的重要来源是工业生产。人类经过多年的寻求探索，思考工业发展造成这些环境问题的根本原因，渴望寻求一条能够推进工业可持续发展的最佳途径：在发展工业的同时，削减有害物质的排放，减少人类健康和环境的风险，减少生产工艺过程中的原料和能源消耗，降低生产成本，使得经济与环境相互协调，经济效益与环境效益统一。走可持续发展道路就成为必然的选择，"清洁生产"是实施可持续发展战略的最佳模式。而人类科学技术进步为解决环境污染、降低消耗提供了新的技术手段，使"清洁生产"成为现实可能。

为了保证在获得最大经济效益的同时使工业的工艺生产过程、产品的消费、使用以及处理对社会、生态环境产生最小的影响，我国在20世纪70年代初提出了"预防为主，防治结合""综合利用，化害为利"的环境保护方针，该方针充分体现和概括了清洁生产的基本内容；20世纪80年代开始推行少废和无废的清洁生产过程；20世纪90年代提出了《中国环境与发展十大对策》，强调清洁生产的重要性；1993年10月第二次全国工业污染防治会议将大力推行清洁生产，把实现经济可持续发展作为实现工业污染防治的重要任务；2003年起，我国开始实施《中华人民共和国清洁生产促进法》，这部法律的实施，进一步表明清洁生产现已成为我国工业污染防治工作战略转变的重要内容，成为我国实现可持续发展战略的重要措施和手段。2004年11月，国家发展与改革委员会、国家环保总局联合发布了《清洁生产审核暂行办法》。该办法的颁布实施，有效地克服了清洁生产审核缺乏法律依据、服务体系不健全、审核行为不规范等问题，提出了排放污染物最小化，从污染源头进行减量，变末端治理为生产工艺全过程控制和发展高效低能耗治理技术的综合整治，通过推行排放最小化清洁生产技术提高工业企业整体素质，防治工业污染，保护环境，实施工业企业的可持续发展战略。面对环境的持续恶化，党的十八大报告首次将生态文明纳入其中，这对全面推行我国清洁生产工作将发挥重要作用。

《中华人民共和国清洁生产促进法》所指清洁生产，是指不断采取改进设计、使用清洁的能源和原料、采用先进的工艺技术与设备、改善管理、综合利用等措施，从源头削减污染，提高资源利用效率，减少或者避免生产、服务和产品使用过程中污染物的产生和排放，以减轻或者消除对人类健康和环境的危害。

清洁生产就发酵工业而言，其内容主要包含：对生产过程，要求节约原材料和能源，淘汰有毒原材料，减少、降低所有废弃物的数量和毒性；对产品，要求减少从原材料利用到产品最终处置的全生命周期的不利影响；对服务，要求将环境因素纳入设计和所提供的服务中。清洁生产不包括末端治理技术，如空气污染控制、废水处理、固体废弃物焚烧或填埋等处理。清洁生产是一种新的创造性思想，其意义是指将整体预防的环境战略持续应用于生产过程、产品使用和服务中，以增加生态效率和减少人类及环境的风险。它是通过专门技术、改进工艺过程和改变管理态度来实现的。

一、清洁生产的定义

清洁生产是在产品生产过程和产品预期消费中，既合理利用自然资源，把对人类和环境的危害减至最小，又充分满足人们的需要，使社会、经济效益最大的一种生产方式；将污染整体预防战略持续地应用于生产全过程，通过不断改善管理和技术进步，提高资源综合利用率，减少污染物排放以降低对环境和人类的危害；是一种新的创造性思想，该思想将整体预防的环境战略持续应用于生产过程/产品和服务中，以增加生态效率和减少人类及环境的风险。

废物最小量化是污染预防的初期表述，现一般已用污染预防一词所代替。污染预防的定义为：污染预防是在可能的最大限度内减少生产厂地所产生的废物量。它包括通过源削减（在进行再生利用、处理和处置以前，减少流入或释放到环境中的任何有害物质、污染物或污染成分的数量，减少与这些有害物质、污染物或组分相关的对公共健康与环境的危害）、提高能源效率、在生产中重复使用投入的原料以及降低水消耗量来合理利用资源。常用的两种源削减方法是改变产品和改进工艺（包括设备与技术更新、工艺与流程更新、产品的重组与设计更新、原材料的替代以及促进生产的科学管理、维护、培训或仓储控制）。污染预防不包括废物的厂外再生利用、废物处理、废物的浓缩和稀释减少其体积，或有害性、毒性成分从一种环境介质转移到另一种环境介质中的活动。

二、清洁生产的内容

清洁生产主要包括下面四方面内容。

1. 清洁的能源

清洁利用矿物燃料，加速以节能为重点的技术进步和技术改造，提高能源的利用效率。

2. 削减有毒有害原料的使用

削减有毒有害原料使用是清洁生产发展初期的主要活动，也是目前清洁生产中很重要的一部分。削减有毒有害原料的方法有以下几种。

（1）注重产品配方，重新设计产品，使得产品中的有毒品尽可能少。

（2）原料替代，用无毒或低毒的原材料替代生产工艺中的有毒或危险品。

（3）改变或重新设计生产工艺单元。

（4）改善工艺，实现现代化。利用新的技术和设备更替现有工艺和设备。

（5）改善工艺过程和管理维护，通过改善现有管理和方法高效处理有毒物品。

（6）工艺再循环，通过设计，采用一定方法再循环，重新利用和扩展利用有毒物品。

3. 清洁的生产过程

采用少废、无废的生产工艺技术和高效生产设备；减少生产过程中的各种危险因素和有毒有害的中间产品；组织物料的再循环；优化生产组织和实施科学的生产管理；进行必要的污染治理，实现清洁、高效的利用和生产。

4. 清洁的产品

清洁的产品要求节能、节约原料，产品在使用中、使用后不危害人体健康和生态环境，产品包装合理，易于回收、复用、再生、处置和降解。使用寿命和使用功能合理。

三、清洁生产的特点

清洁生产包含从原料选取、加工、提炼、产出、使用到报废处置及产品开发、规划、设计、建设生产到运营管理的全过程所产生污染的控制。执行清洁生产是现代科技和生产力发展的必然结果，是从资源和环境保护角度上要求工业企业一种新的现代化管理的手段，其特点有如下四点。

1. 是一项系统工程

推行清洁生产需企业建立一个预防污染、保护资源所必需的组织机构，要明确职责并进行科学的规划，制定发展战略、政策、法规。清洁生产是包括产品设计、能源与原材料的更新与替代、开发少废、无废清洁工艺、排放污染物处置及物料循环等的一项复杂系统工程。

2. 重在预防和有效性

清洁生产是对产品生产过程产生的污染进行综合预防，以预防为主，通过污染物产生源的削减和回收利用，使废物减至最少，以有效防止污染的产生。

3. 经济性良好

在技术可靠前提下执行清洁生产、预防污染的方案，进行社会、经济、环境效益分析，使生产体系运行最优化，即产品具备最佳的质量价格。

4. 与企业发展相适应

清洁生产结合企业产品特点和工艺生产要求，使其目标符合企业生产经营发展的需要。环境保护工作要考虑不同经济发展阶段的要求和企业经济的支撑能力，这样清洁生产不仅推进企业生产的发展而且保护了生态环境和自然资源。

第二节 清洁生产与可持续发展

一、资源

在工业生产中使用的基础原料（石油、矿石、化学制品）的费用，占产品成本的60%~70%，因而原料的选择和利用至关重要，而在生产过程中，仅利用了原料的"所需组分"，而其余大部分以废物弃掉，使资源浪费并污染了环境。随着社会、经济的发展，各种废物与日俱增，而如何使这些废物变为资源是工业持续发展的基础。应做到如下几点。

（1）对原料进行正确的鉴别，列出其一次利用和二次利用时的有用组分，制定全面的将原料转为产品的方案。

（2）充分合理地利用资源，组织跨行业的协作，做到企业间的横向联合，使一个工厂排的废料成为另一工厂的原料，从而降低了产品成本，减少了环境污染。

（3）资源的回收与利用在各种废弃物与日俱增的情况下，发达国家正逐步认识到废品回收利用的重要性和利用二次资源的紧迫性，把传统的开环式的"原料—生产—产品使用—废品—弃入环境"生产过程和消费过程转为"原料—生产—使用—废品—资源"的闭环过程。

二、能源

能量的来源称为能源。能源是国民经济发展的源动力，进行清洁生产必须使用清洁的能源。

在我国能源工业技术管理水平低，存在着能源短缺和不合理利用，能源结构不合理，以煤为主，导致了严重的大气污染。

能源使用的改进，为实现能源可持续发展和实行清洁生产创造了条件。应改进过去使用能源的不合理之处。改变能源生产、消费方式。综合利用能源，开发新能源和可再生能源。提高能源利用率，建立适应于社会主义市场经济体制的"能源—环境—经济综合发展"政策，通过技术改造，改善管理，调整产品结构和改革生产工艺，提高能源利用率。

我国有很大的节能潜力：我国单位产值能耗为发达国家3~4倍；主要工业能耗高于国外40%；能源平均利用率只有30%；节能潜力仅利用了57%。目前，若挖出全部潜力，通过节能可解决我国经济发展中所需的一半能源。

三、清洁能源

按利用方式，能源分为从自然界直接获得的一次能源和由一次能源经过加工转化成为新形态的二次能源。

一次能源又分为能再生并得到不断补充和循环使用的可再生能源和经过亿年形成而短期无法恢复的非再生能源，人类依靠这种能源生存、维持运转，总有一天会枯竭。

进行清洁生产，应首先使用清洁能源，清洁能源一是指可再生能源，消耗后可得到恢复，补充不产生或很少产生污染物；二是指非再生能源，如风能、水能、天然气等和经洁净技术处理过的能源，如洁净煤油等，清洁能源包括以下几种。

1. 水能

我国是世界上水能资源最丰富的国家，可供开发的水电总装机容量为 3.78 亿 kW，其中可开发利用的为 7200kW，位居世界第一。可开发水电资源年电能约为 1.92 万亿kW·h，约合 6 亿 t 标煤。其中小型水电可开发水电资源年电能约为 3000 亿 kW·h，约合1 亿 t 标煤。当我国成为中等发达国家时，如此巨大的水能资源可以满足我国约六分之一的能源需求和约五分之一的电力需求。目前，我国水电装机容量已达 2.8 亿 kW，占全国电力总装机的 22.5%；在保护好水环境的同时，水资源开发潜力很大。

2. 生物质能

全球生物质能消费次于石油、煤、天然气，居第四位。生物质能包括农作物秸秆、薪柴、水生植物和各种有机废物（酒糟）等一切由光合作用产生的有机物。

我国是农业国，每年产出大量生物质，因直接燃烧热效益低，生物质能占农村能源消费的 70%，近期生物质能开发利用与生态保护清洁生产的主要任务是：工业有机废物治理的开发、研究、推广；工业有机废物综合利用；大力推广沼气应用技术；城市生活垃圾气体、焚烧、热解技术。

3. 太阳能

太阳能是无所不在、取之不尽、用之不竭、无污染的绿色能源，主要用于热水器、太阳灶，用于农村能源。目前，光—电转换技术是人类大规模利用太阳能的主要途径，研制的钙钛矿太阳能电池转化效率已达 15.8%，可望建设大型太阳能电站，2019 年，我国太阳能发电量已经达到了 2681 万 kW。

4. 风能

我国是世界上最早利用风能的国家之一，我国风能资源丰富，总量为 16 亿 kW，目前风力发电装机容量达 20 万 kW，风能开发潜力巨大。

5. 地热能、海洋能

地热能和太阳能已被开发利用，并具有巨大利用前景和潜力。地热利用量在 80 万 t 标准煤以上。

发达国家在近 30 年中对环境污染与恶化认识历经了四个阶段。第一阶段：对环境保护没有认识，即没意识到要进行环境保护，对环境损害置若罔闻。第二阶段：利用大自然的自净能力，稀释或扩散污染物，使污染的影响不至于构成危害。第三阶段：污染事件发展，人们醒悟，不惜付出高的代价，进行污染的末端治理来控制污染物和废物的排放。第四阶段：实施清洁生产，在生产源头控制污染物的产生和在生产全过程进行污染预防。污染预防和清洁生产将环境保护推向了新的历史高度。

1992年联合国在巴西里约热内卢举行了"环境与发展大会"，有183个国家和地区、102位国家元首或政府首脑和70个国际组织出席，通过了《里约热内卢环境与发展宣言》《21世纪议程》。

在《里约热内卢环境与发展宣言》中，世界各国首次共同提出，人类应遵循可持续发展的方针。既符合当代人的要求，又不致损害后代人满足其需求能力的发展。

可持续发展有如下宗旨。

1. 追求公平性

应该承认，在满足人类需求方面存在着很多不公平的因素，种族、地域、经济、文化、贫富等，可持续发展则强调各类人都应满足其争取美好生活愿望的公平权利，不仅在同代人中应坚持公平性，还要实现后代公平，要给世世代代以公平享用自然资源的权利。

2. 强调可持续性

因为自然界的很多资源是有限的，而人类却持续不断地在地球上生存繁衍，可持续发展的核心就是要求人类经济和社会的发展不能超越环境与资源的承载力，只有不损害支持地球生命的自然系统（大气、水、土壤、生物），发展才有可能持续永久。

3. 坚持共同性

地球是全人类的共同家园，可持续发展必须是全人类的共同行动。尽管世界各国还存在着发展水平、文化、历史的差异，各国实施可持续发展战略的步骤和政策不可能完全一样，但必须坚持共同的认识、共同的目标和共同的责任感。在此基础上加强合作，缓解矛盾，减少冲突，促进和平。

工业是经济的主导力量，它代表一个国家的现代化进程。资源的持久利用是工业持续发展的保障。清洁生产是一个使工业实现可持续发展的战略。对政府部门来说，它是指导环境和经济发展政策制定的理论基点；对工业企业来说，它是一个实现经济效益和环境效益相统一的方针；对公众来说，清洁生产是一个衡量政府部门和工业企业的环境表现及可持续发展的尺度。

作为一个战略，清洁生产有其理论概念、技术内涵、实施工具和推广战略。清洁生产的概念是在多年污染管理实践的基础上，随着人们对工业和经济活动的环境影响的认识不断提高而形成的。接受这个概念，需要一个不断更新的思维方式，并认识到用末端治理污染的方式不但不经济、效益低，而且不可能完全解决工业污染问题。清洁生产引导人们脱离传统的思维方式，通过改变管理方式、产品设计及生产工艺等途径来减少资源消耗和污染物排放。

清洁生产是通过对生产过程控制达到废物量最小化，也就是如何满足在特定的生产条件下使其物料消耗最少而产品产出率最高的问题。实际上是在原材料的使用过程中对每一组分都需要建立物料平衡，掌握它们在生产过程中的流向，以便考察它们的利用效率、形成废物的情况。清洁生产是从生态经济大系统的整体出发，对物质转化的工业加工工艺的全过程不断地采取预防性、战略性、综合性措施，目的是提高物料和能源的利用率，减少以至消除废物的生成和排放，降低生产活动对资源的过度使用以及减少这些活动对人类和自然环境造成破坏性的冲击和风险，是实现社会经济的可持续发展、预防污染的一种环境保护策略。其概念正在不断地发展和充实，但是其目标是一致的，即在制造加工产品过程中提高资源、能源的利用率，减少废物的产生量，预防污染，保护环境。

对工业生产污染环境的过程进行分析，可看出工业性环境污染的主要来源：在原料及辅料开采及运输中的泄露、生产过程中的不完全反应和不完全分离造成的物料损失和中间体形成，以及产品运输、使用过程中的损失和产品废弃后对环境产生的不良影响。

强调末端治理的战略能够收到一定的成效，但需要很大的投资和运行费用，本身也要消耗能源和资源，因此并不符合可持续发展的方针。相反，可持续发展的方针正呼唤一场新的科技革命，要求工业彻底地改变其与环境的关系。新世纪的工业应该是保护环境而不损害环境，保护资源而不浪费资源，因而应是促进可持续发展的。清洁生产就是这样一种全新工业发展战略。

我国处在社会主义的初级阶段，人口多，经济增长速度过快，资源、能源的浪费、短缺加之落后的经济增长方式成为我国经济的障碍，只有推行清洁生产工艺才能保障我国经济沿着持续、协调、健康的道路发展。如果不顾经济发展的自身规律要求，盲目地扩大投资规模，乱铺摊子、滥用资源，即使取得了暂时的经济效益，但这种发展也必然是暂时的、短期的。因此，要实现经济持续良性的发展，必须遵循经济持续发展自身需要的清洁生产工艺，其原因有以下三点。

1. 经济发展的速度、质量、数量必须符合、服务于社会的长远利益

社会经济持续发展客观上要求经济发展的速度、质量、数量必须符合、服务于社会的长远利益的需要，靠落后、陈旧的生产工艺浪费大量的能源、资源从事生产经营活动，既难获取高质量的社会消费产品，又会造成资源、能源巨大消耗，最终导致环境效益和社会效益综合性矛盾的发生和发展。

2. 清洁生产工艺技术的进步

经济的持续发展除了社会生产力中的重要因素——技术进步标志的清洁生产工艺外，还必须有足够的资源、能源作保证，离开足够的资源、能源去实现经济的持续发展必然是无源之水、无本之木。而采用清洁生产工艺，不断增加生产经营中的科技含量，就会有效地发挥现有资源、能源的最佳效益，就能极大地减少和避免资源、能源的浪费，为实现经济的持续发展准备充足的、长期的、坚实的后备基础。

3. 经济持续发展的本身，要求其与环境、资源、能源高度统一和协调

有效地发展经济，提供丰富健康的环保社会产品，同时推行清洁生产，减少环境污染，优化环境，是人类幸福生存的重要组成部分。经济发展以改善人民的生活质量为目标。发展不仅表现为经济的增长，国民生产总值的提高，人民生活的改善，它还表现为文学、艺术、科学的昌盛，人民生活水平的提高，社会秩序的和谐，国民素质的改进等。所以在实现可持续发展战略的同时，强化清洁生产工艺的推行和使用，不断生产出高质量的社会消费产品，最大限度地保证人类自然生态环境的质量，才能实现清洁生产和可持续发展的有机协调和统一。

总之，清洁生产是实施可持续发展战略的重要组成部分，和国民经济整体发展规划应该是一致的。开展清洁生产活动，可以使发展规划更快、更好、更健康地得以实现。

发达国家和发展中国家同处一个地球生态系统，在世界经济的发展中，它们的发展是相互制约的。发展中国家为了解决温饱问题采用高投入、高消耗、低效益、低产出、追求数量、忽视质量的传统的经济增长模式，"贫困—浩劫资源—污染环境—恶化生存条件—

加剧贫困"的发展模式进入了恶性循环。这样的发展最终会使人类的家园遭到彻底的毁坏。

地球的资源是有限的，资源的可供给量随着资源的开采和使用数量的增加只会越来越少。人类必须有节制地使用资源，有节制地消费。发达国家消费需求过高是造成环境恶化的原因之一。美国、加拿大、西欧、日本等国，自己生产的汽油不到全球供应量的1/4，但是它们每年汽油的消费量却远远超过了全球汽油消费量的一半。

发展中国家已丧失了发达国家在工业化过程中曾拥有的资源优势——可利用的环境自净能力，不可能再走"先污染，后治理"的老路，只有开展清洁生产，才能在保持经济增长的前提下，实现资源的可持续利用、环境质量的不断提高。大自然不仅供给当代人所需资源，而且能供给后代人可持续利用的资源。发达国家可持续发展追求的目标，通过清洁生产、改变消费模式、减少单位产值中资源和能源消耗以及污染物排放量可以进一步提高人们生活质量，故清洁生产不管对发达国家还是发展中国家都是同等重要的选择。

第三节　发酵工业清洁生产的重要性

随着改革开放的不断深入，食品与发酵工业得到了持续快速的发展。近年来，食品与发酵工业总产值平均增长速度保持在10%以上。2019年12月，中国发酵酒精（约96%vol）产量（商品量）为74万千升，味精产量为205万t，赖氨酸产量为286.7万t以上，柠檬酸产量为139万t，啤酒产量为4902万千升，白酒产量为3524万千升，黄酒产量为353.1万千升，葡萄酒产量为45.1万千升，另有酵母、淀粉、蔗糖等产品。食品与发酵行业废水已成为中国水污染防治的重点行业之一。坚持优化产业结构、推动技术进步、强化工程措施，大幅度提高能源利用效率，减少污染物排放；进一步形成以政府为主导、以企业为主体、市场有效驱动、全社会共同参与的推进节能减排工作格局，确保实现"十四五"节能减排约束性目标，加快构建科技含量高、资源消耗低、环境污染少的绿色生产体系。同时，推进行业绿色发展，供给侧结构性改革、促进行业调结构、转方式，实现节能降耗、降本增效，增加绿色产品有效供给、补齐绿色发展短板。

为推进企业清洁生产，从源头减少废物的产生，实现由末端治理向污染预防和生产全过程控制转变，促进企业能源消费、工业固体废弃物、包装废弃物的减量化与资源化利用，控制和减少污染物排放，提高资源利用效率，国家制定了一系列清洁生产标准，就发酵行业而言，有《清洁生产标准　啤酒制造业》（HJ/T 183—2006）、《清洁生产标准　甘蔗制糖业》（HJ/T 186—2006）、《清洁生产标准　白酒制造业》（HJ/T 402—2007）、《清洁生产标准　味精工业》（HJ 444—2008）等众多工业清洁生产标准。因此，在发酵行业开展清洁生产具有十分重要的意义。

1. 清洁生产使社会、企业可持续发展

清洁生产可大幅度减少资源消耗和废物产生，通过努力可使被破坏的生态环境逐步得到缓解和恢复，使社会、企业走可持续发展之路。

2. 清洁生产开创污染防治新阶段

与末端治理不同，清洁生产改变了传统、落后的"先污染、后治理"的污染发展模式，强调在产品的整个生命周期提高资源、能源的利用率，减少污染物的产生，使其对环境的不利影响降低。

3. 清洁生产使企业赢得形象和品牌

清洁生产的实施，代表着新技术、新工艺的开发和应用，企业生产从原料选择、生产过程到产品都采用了无毒、无污染的原料和辅料，绿色产品的可信度高，代表着整个企业技术的先进和产品的优质化。

4. 清洁生产与末端治理

清洁生产是对产品和生产过程持续运用整体预防的环境保护战略，使污染物产生量、流失量和治理量达到最小，使资源充分利用。而末端治理把环境责任只放在环保研究、管理等人员身上，仅仅把注意力集中在对生产过程中已经产生的污染物的处理上。具体对企业来说，只有环保部门来处理这一问题，所以总是处于一种被动的、消极的地位。侧重末端治理的主要问题表现如下。

（1）污染控制与生产过程控制没有密切结合，资源和能源不能在生产过程中得到充分利用。任何一个生产过程中排放的污染物实际上都是未利用完全的物料。如，国外生产农药收率一般为70%，而我国只有50%~60%，也就是1t产品比国外多排放100~200kg的物料，导致严重浪费资源，污染环境。因此，改进生产工艺及控制，提高产品收率，可以大大削减污染物的产生，不但增加了经济效益，也减轻了末端治理的负担。

（2）污染物产生后再进行处理，处理设施基建投资大，运行费用高。"三废"处理与处置往往只有环境效益而无经济效益，因而给企业带来沉重的经济负担，使企业难以承受。

当然推行清洁生产还需要末端治理，因为工业生产无法完全避免污染的产生，最先进的生产工艺也不能避免产生污染物；用过的产品还必须进行最终处理。因此，虽然清洁生产和末端治理永远长期并存，但要将末端治理的比例降低到最低限度。只有实施生产全过程和治理污染过程的双控制才能保证环保最终目标的实现。

清洁生产，减少排污，在国际上已得到普遍响应和重视。在国内随着经济发展和生活水平的提高，人们对青山绿水更加渴望，国家每一位公民对环境污染问题也越来越重视，清洁生产的应用和发展是一种大趋势，生态文明建设首次列入"十八大"报告中，从国家层面关注工业生产活动，清洁生产的有效实施将是工业生产的一场新的革命，清洁生产将成为产业结构调整、能源结构调整、产品结构调整以及布局结构调整的核心思想。全面推行，有效地实施清洁生产，有助于打破一些发达国家的"绿色壁垒"，提高中国产品在国际市场上的竞争力。总之，低消耗、低污染，实现经济效益、社会效益和环境效益和谐可持续生产是21世纪的工业发展的基本模式。同时，清洁生产的理念和实践将会扩展到农业、建筑业、服务业、交通运输业、城建设施甚至金融产业等社会经济生活的各个领域。

第四节　实施清洁生产的过程及途径

一、清洁生产的推行

推行清洁生产、保护环境的最终目的是要不断满足人们日益增长的物质、文化生活的需要，使人们享有丰富的精神和物质财富。清洁生产与工业企业管理和技术改造密切相关。清洁生产是提高企业管理水平的重要措施和思想；企业管理是企业推行清洁生产的基本保证和手段。企业良好的管理可以减少原材料的浪费，降低废弃物的产生，从而在降低生产成本和提高产品质量的同时，减少了污染物的排放和对环境的危害。企业实现清洁生产的另一重要的手段，是企业的技术进步和生产设备的技术改造。同时，清洁生产也使技术改造更具针对性，更有利于技术改造的实施，并使技术改造获得更佳的经济效益和环境效益。

发达国家在 20 世纪 60 年代和 70 年代初，由于经济快速发展，忽视对工业污染的防治，致使环境污染问题日益严重。公害事件不断发生，对人体健康造成极大危害，生态环境受到严重破坏，社会反映非常强烈。环境问题逐渐引起各国政府的极大关注，并采取了相应的环保措施和对策。例如增大环保投资、建设污染控制和处理设施、制定污染物排放标准、实行环境立法等，以控制和改善环境污染问题，取得了一定的成绩。

但是通过十多年的实践发现，这种仅着眼于控制排污口（末端），使排放的污染物通过治理达标排放的办法，虽在一定时期内或在局部地区起到一定的作用，但并未从根本上解决工业污染问题。其原因有以下几点。

1. 治理费用的提高

随着生产的发展和产品品种的不断增加，以及人们环境意识的提高，对工业生产所排污染物的种类检测越来越多，规定控制的污染物（特别是有毒有害污染物）的排放标准也越来越严格，从而对污染治理与控制的要求也越来越高，为达到排放的要求，企业要花费大量的资金，大大提高了治理费用。即使如此，一些要求还难以达到。

2. 污染治理技术有限

很难达到彻底消除污染的目的。因为一般末端治理污染的办法是先通过必要的预处理，再进行生化处理后排放。而有些污染物是不能生物降解的污染物，只是稀释排放，不仅污染环境，甚至有的治理不当还会造成二次污染；有的治理只是将污染物转移，废气变废水，废水变废渣，废渣堆放填埋，污染土壤和地下水，形成恶性循环，破坏生态环境。

3. 原材料的消耗高

只着眼于末端处理的办法，不仅需要投资，而且使一些可以回收的资源（包含未反应的原料）得不到有效的回收利用而流失，致使企业原材料消耗增高，产品成本增加，经济效益下降，从而影响企业治理污染的积极性和主动性。

4. 预防优于治理

根据日本环境厅 1991 年的报告，从经济上计算，在污染前采取防治对策比在污染后采取措施治理更为节省。例如就整个日本的硫氧化物造成的大气污染而言，排放后不采取对策所产生的受害金额是现在预防这种危害所需费用的 10 倍。

据美国 EPA 统计，美国用于空气、水和土壤等环境介质污染控制的总费用（包括投资和运行费），1972 年为 260 亿美元（占 GNP 的 1%），1987 年猛增至 850 亿美元，80 年代末达到 1200 亿美元（占 GNP 的 2.8%）。如杜邦公司每磅废物的处理费用以每年 20% ~ 30% 的速率增加，焚烧一桶危险废物可能要花费 300 ~ 1500 美元。即使如此之高的经济代价仍未能达到预期的污染控制目标，末端处理在经济上已不堪重负。

因此，发达国家通过治理污染的实践，逐步认识到防治工业污染不能只依靠治理排污口（末端）的污染，要从根本上解决工业污染问题，必须"预防为主"，将污染物消除在生产过程之中，实行工业生产全过程控制。20 世纪 70 年代末期以来，不少发达国家的政府和各大企业集团（公司）都纷纷研究开发和采用清洁工艺（少废、无废技术），开辟污染预防的新途径，把推行清洁生产作为经济和环境协调发展的一项战略措施。

推行清洁生产要做到下面几点。

（1）在全社会广泛进行环境保护、防治污染的宣传教育，树立"保护环境光荣、污染环境可耻"的观念，把保护自然生态环境变成广大人民群众的自觉行动。

（2）建立严格的清洁生产工艺推广使用制度，加速、加快新型节能降耗环保产品的研制、开发和科技转化，坚决关掉、淘汰、改造那些"重点污染大户"，最大限度地满足人民群众对环保产品的需求量。

（3）推行清洁生产的同时，加强对在岗在职员工进行职业技术培训，提高他们熟练掌握新型技术的知识技能，在清洁生产各个工艺流程上，设立层层环保防线，使产品环保合格率大幅度提高。

（4）严格执行"三同时"建设方针，即建设项目的安全设施，必须与主体工程同时设计、同时施工、同时投入生产和使用。坚持实行环保第一审批权，大力推广清洁生产工艺技术，从而在源头上预防和削减污染。

（5）充分发挥企业现有的治理设备的作用，依法强力推行治理污染工作的开展，保证现有治污设备的正常运行，防止治污设备的闲置和转让。

（6）充分发挥企业环保部门的监督监理作用，依法保证企业推行清洁生产、治理污染必要的资金投入，确保限期治理和限产、限排目标的实现。

（7）充分发挥企业职工的主人翁作用，群策群力，集思广益，加强技术改造，加快清洁生产工艺在生产中的推广和使用，用良好的生产环境去改造人、塑造人，用先进的清洁生产工艺去引导人，从而焕发企业职工的积极进取精神，最终实现物质文明和精神文明建设的双丰收。

二、国外、国内清洁生产概况

在美国，与清洁生产相关的"污染预防"计划，早在 1974 年就由 3M 公司提出，其含义是：实施污染预防可以获得多方面的利益。基本观点为：污染物质就是未被利用的原料，污染物质加上创新技术就是有价值的资源。欧洲经济共同体在 1976 年提出了开发"低废、无废技术"要求。1984 年联合国欧洲经济委员会正式确认：无废技术是一种生产产品的方法，所有的原料与能源将在原料资源、生产、消费、二次原料资源的循环中得到最佳的、合理的综合利用，同时不至于污染环境。美国国会 1986 年通过了"资源保护及回收法"，在有关固体及有害废弃物修正案中规定制造者对其生产的废物要减量，也就是要求应用可行的技术，尽可能地削减或消除有害废物。之后美国环境保护署成立了"污染预防办公室"，1990 年公布了"污染预防法案"明确规定对污染发生源事先必须采取措施，进行预防和削减污染量，无法回收利用的尽量做好处理工作，最后的手段才是排放和末端处置。该法正式确认了污染控制由末端治理向污染防治转变，作为全国性的政策来实行。美国环境保护局关于废物减量或污染预防的定义是：在可行的范围内，减少产生的或随后处理、贮存、处置的有害废物量。它包括削减与回收再利用两方面的工作，这些工作可使有害废物的总量和体积减小，或者使有害废物的毒性降低，或者是两者兼而有之。

1989 年，联合国环境规划署的工业与环境计划活动中心制定了"清洁生产计划书"，提出了清洁生产的概念。这里给清洁生产下的定义是：对生产工艺过程与产品采取一体化的预防性环境策略，以减少其对人体及环境的可能的危害；对生产过程而言是节约原材料、能源，尽可能不使用有毒的原材料，尽可能地减少有害废物的排放和毒性；对产品而言是沿产品的整个生命周期，也就是从原材料的提取一直到产品的最终处置的整个过程都尽可能地减少对环境的影响。

德国、荷兰、丹麦也是推进清洁生产的先驱国家。德国在取代和回收有机溶剂和有害化学品方面进行了许多工作，对物品回收做了很严的规定。荷兰在利用税法条款推进清洁生产技术开发和利用方面做得比较成功。采用革新性的污染预防或污染控制技术的企业，其投资可按 1 年折旧（投资的折旧期通常为 10 年）。

我国在 20 世纪 70 年代提出"预防为主、防治结合"的工作原则，提出工业污染要防患于未然。80 年代在工业界对重点污染源进行治理取得了工业污染防治的决定性进展，90 年代以来强化环保执法，在工业界大力进行技术改造，调整不合理工业布局、产业结构和产品结构，对污染严重的企业推行"关、停、禁、改、转"的工作方针。

1992 年党中央和国务院批准外交部和国家环保局《关于联合国环境与发展大会的报告》中提出，新建、扩建、改建项目，技术起点要高，尽量采用能耗、物耗少，污染物排放少的清洁生产工艺。

1993 年，国家环保局与国家经贸委联合召开的第二次全国工业污染防治工作会议明确提出，工业污染防治必须从单纯的末端治理向生产全过程控制转变，实行清洁生产。并将其作为一项具体政策在全国推行。

1994 年，中国制定的《中国 21 世纪议程——中国 21 世纪人口、环境与发展白皮书》关于工业的可持续发展中，单独设立了"开展清洁生产和生产绿色产品"的领域。

1995 年修改并颁布的《中华人民共和国大气污染防治法（1995 年修正）》中增加了清洁生产方面的内容。修正案条款中规定"企业应当优先采用能源利用率高、污染物排放少的清洁生产工艺，减少污染物的产生"，并要求淘汰落后的工艺设备。

1996 年颁布并实施的《中华人民共和国污染防治法（1996 年修正）》中，要求"企业应当采用原材料利用率高，污染物排放量少的清洁生产工艺，并加强管理，减少污染物的排放"。同年，国务院颁布的《关于环境保护若干问题的决定》中，要求严格把关、坚决控制新污染，要求所有大、中、小型新建、扩建、改建和技术改造项目，要提高技术起点，采用能源消耗量小、污染物产生量少的清洁生产工艺，严禁采用国家明令禁止的设备和工艺。

1999 年，国家经贸委确定了 5 个行业（冶金、石化、化工、轻工、纺织）、10 个城市（北京、上海、天津、重庆、兰州、沈阳、济南、太原、昆明、阜阳）作为清洁生产试点；2000 年国家经贸委公布关于《国家重点行业清洁生产技术导向目录》（第一批）的通知。

在国际合作方面，原国家环保局和国家经贸委及地方政府，先后同世界银行、联合国环境规划署、联合国工业发展组织等多边组织及美国以及加拿大等国家开展了清洁生产合作。例如，1993 年世界银行批准了一项中国环境技术援助项目，其项目的宗旨是发展和实验一种系统的中国清洁生产方法，在行业企业中证明存在巨大的清洁生产潜力，制定清洁生产政策，在中国广大社会中尤其在行业企业传播清洁生产概念。

1996 年，由加拿大国际开发署按照《中国 21 世纪议程》优先项目要求资助了中加清洁生产合作项目。该项目的实施旨在增强中国的环境管理能力，促进可持续发展，其具体目标在于帮助在中国选定的行业（造纸、化肥、酿造）中实施清洁生产，加强国家经贸委和国家环保局清洁生产能力建设，促进清洁生产的实施，支持政府机构、行业企业实施清洁生产。

有关行业、地方省、市先后不同程度地进行了清洁生产试点，并对外开展了清洁生产合作项目，这些活动对促进中国清洁生产发展起了积极作用，清洁生产工作取得了可喜进展。据有关资料，截至 1999 年，我国有 19 个清洁生产机构，石化、化工、轻工、冶金 4 个行业成立了清洁生产审计中心；上海、天津、山东、内蒙古、新疆、陕西等 10 个省、市、自治区相继成立了清洁生产审计中心；呼和浩特市、太原市、本溪市成立了市级清洁生产机构。通过国家、地方政府对清洁生产工作的重视，及行业对清洁生产的具体指导和咨询服务，有力地推动了企业清洁生产进展。据不完全统计，目前已开展清洁生产的试点省、市有 20 多个，已开展清洁生产审核的企业 400 多个，这些企业实施审核所提出的清洁生产方案后，获得了明显的经济效益。环境效益也十分显著。据统计，全国约有 400 多家企业开展了清洁生产审计试点，不同程度地实施了清洁生产替代方案，取得了明显的经济效益和环境效益。

不同类型企业实施清洁生产全过程的实践表明，在我国实施清洁生产具有非常大的潜力。企业可以利用实施清洁生产的契机把环境管理与生产管理有机结合起来，将环境保护工作纳入生产管理系统，实现"节能、降耗、降低生产成本、减少污染物的排放"等目标。实践表明，清洁生产是实现经济和环境协调发展的最佳选择。它对推动企业转变工业经济增长方式和污染防治方式、提高资源和能源利用效益、减少污染物排放总量、建成现代工业生产模式、实现环境与经济可持续发展发挥着巨大的作用。

三、清洁生产的途径

清洁生产是一个系统工程，是对生产全过程以及产品的整个生命周期采取污染预防的综合措施。一项清洁生产技术要能够实施，首先必须技术上可行；其次要达到节能、降耗、减污的目标，满足环境保护法规的要求；第三是在经济上能够获利，充分体现经济效益、环境效益、社会效益的高度统一。它要求人们综合地考虑和分析问题，以发展经济和保护环境一体化的原则为出发点，既要了解有关的环境保护法律法规的要求，又要熟悉部门和行业本身的特点以及生产、消费等情况。对于每个实施清洁生产的企业来说，对其具体的情况、具体的问题、需要进行具体的分析。它涉及产品的研究开发、设计、生产、使用和最终处置全过程。工业生产过程千差万别，生产工艺繁简不一。因此，应该从各行业的特点出发，在产品设计、原料选择、工艺流程、工艺参数、生产设备、操作规程等方面分析生产过程中减少污染物产生的可能性，寻找清洁生产的机会和潜力，促进清洁生产的实施。实施清洁生产主要途径有如下几种。

1. 在产品设计和原料选择时以保护环境为目标

不生产有毒有害的产品，不使用有毒有害的原料，以防止原料及产品对环境的危害。

（1）产品设计和生产规模　产品的设计应该能够充分利用资源，有较高的原料利用率，产品无害于人体的健康和生态环境。反之，则要受到淘汰和限制。如含铅汽油作为汽车的动力油，因为在其使用过程中会产生对人体有害的含铅化合物而被淘汰；作为燃料的煤炭因为其燃烧会产生烟尘和硫化物而被限制使用。

产品设计中，工业生产的规模对原材料的利用率和污染物排放量的多寡以及经济效益有直接影响。例如制浆造纸企业碱回收的经济效益与制浆的规模密切相关，日产 50t 浆的草浆厂为碱回收的最小规模，日产 100t 浆和更大规模的草浆厂才有可能产生碱回收的经济效益。合理的工业生产规模在经济学称之为规模经济，它在投资、资源能源利用、生产管理、污染预防等方面较中小企业都有明显的优势。

（2）原材料选择　减少有毒有害物料使用，减少生产过程中的危险因素，使用可回收利用的包装材料，合理包装产品，采用可降解和易处置的原材料，合理利用产品功能，延长产品使用寿命。

原料准备是产品生产的第一步。原材料的选择与生产过程中污染物的产生量有很大相关性。对于某种特定产品的生产来说，原材料的选择由多种因素决定，但是不能以牺牲环境为代价，或者以高昂的费用来处理、处置生产过程产生的大量废弃物，来弥补原材料选择的缺陷。

原材料的质量对于工业生产也非常重要，直接影响生产的产出率和废弃物的产生量。如果原材料含有过多的杂质，生产过程中就会发生一些不期望的反应，产生一些不期望的产品，这样既加大了处理、处置废弃物的工作量和费用，同时增加了原材料和废弃物的运输成本。

2. 改革生产工艺，更新生产设备

尽最大可能提高每一道工序的原材料和能源的利用率，减少生产过程中资源的浪费和污染物的排放。

在工业生产工艺过程中最大限度地减少废弃物的产生量和毒性。检测生产过程、原料及生成物的情况，科学地分析研究物料流向及物料损失状况，找出物料损失的原因所在。调整生产计划，优化生产程序，合理安排生产进度，改进、完善、规范操作程序，采用先进的技术，改进生产工艺和流程，淘汰落后的生产设备和工艺路线，合理循环利用能源、原材料、水资源，提高生产自动化的管理水平，提高原材料和能源的利用率，减少废弃物的产生。

3. 建立生产闭合圈，废物循环利用

企业工业生产过程中物料输送、加热中的挥发、沉淀、跑冒滴漏、误操作等都会造成物料的流失——这就是工业中产生"三废"的来源。

实行清洁生产要求流失的物料必须加以回收，返回流程中或经适当的处理后作为原料回用，建立从原料投入到废物循环回收利用的生产闭合圈，使工业生产不对环境构成任何危害。

我国发酵行业主要原料利用率并不算高，有很大一部分都被废弃，大有用武之地。

厂内物料循环有下列几种形式：将回收流失物料作为原料，返回生产流程中；将生产过程中产生废料经适当处理后作为原料或替代物返回生产流程中；废料经处理后作为其他生产过程的原料应用或作为副产品回收。

4. 加强科学管理

经验表明，强化管理能削减 40% 污染物的产生，而实行清洁生产是一场新的革命，要转变传统的旧式生产观念，建立一套健全的环境管理体系，使人为的资源浪费和污染排放减至最小。

在实施过程中强化内部管理十分重要，对生产过程、原料贮存、设备维修及废物处置的各个环节都可以强化管理，这是一种花钱少、容易实施的做法。

（1）物料装卸、贮存与库存管理　检查评估原料、中间体、产品及废物的贮存和转运设施，采用适当程序可以避免化学品泄漏、火灾、爆炸和废物的产生。这些程序包括：

①对使用各种运输工具（铲车、拖车、运输机械等）的操作工人进行培训，使他们了解器械的性能和操作方式。

②在每排贮料桶之间留有适当、清晰空间，以便直观检查其腐蚀和泄漏情况，且防止交叉污染或者万一泄漏时发生化学反应。

③包装袋和容器的堆积应尽量减少翻裂、撕裂、戳破和破裂的机会。

④料桶应抬离地面，防止由于泄漏或混凝土"出汗"引起腐蚀。

⑤除转移物料时，应保持容器处于密闭状态。

实施库存管理，适当控制原材料、中间产品、成品以及相关的废物流已被工业部门看成是重要的废物削减技术。在很多情况下，废物就是过期的、不合规划的、污染了的或不需要的原料，以及泄漏残渣或损坏的制成品；这些废料的处置费用不仅包括实际处置费，而且包括原料或产品损失，这会给任何公司都造成很大的经济负担。

控制库存的方法可以从简单改变订货程序直到实施及时制造技术，这些技术的大部分都为企业所熟悉。但是，人们尚未认识到这些都是非常有用的废物削减技术。许多公司通过压缩现行的库存控制计划，帮助削减废物的生产量，这种方法将显著影响到三种主要的由于库存控制不当生产的废物源，即过量的、过期的和不再使用的原材料，如配制培养基所用的豆饼粉、麸皮、土豆等都易随着库存时间的延长而变质。

在许多生产装置中，一个容易被忽视的地方是物料控制，包括原料、产品和工艺废物的贮存及其在工艺和装置附近的输送。适当的物料控制程序将确保原料不会泄漏或受到污染后进入生产工艺中，以保证原料在生产过程中有效使用，防止残次品及废物的产生。

（2）改进操作方式，合理安排操作次序　不同生产方式对废物的产生有重要影响，如批量生产的量以及生产周期可显著影响废物产生量，设备清洗产生的废物与清洗次数直接相关，要减少设备清洗次数，应尽量保证每批都生产相同的产品或加大每批配料的数量，避免相邻两批配料之间的清洗。这种办法可能需要调整和安排生产操作次序和计划，确保清洁生产。

（3）改进设备设计和维护，预防泄漏的发生　化学品的泄漏会生产废物，冲洗和抹布擦抹都会额外生产废物，减少泄漏的最好办法是预防其发生，即改进设备的设计和制订操作维护预防泄漏计划。

预防泄漏计划的内容主要有：

①在装置设计时和试车以后进行危险性评价研究，以便对操作和设备设计提出改进意见，减少泄漏的可能性。

②对容器、贮罐（槽）、泵、压缩机和工艺设备以及管线适当进行设计并保持经常性维护保养。

③在贮槽上安装溢流报警器和动停泵装置，定期检查溢流报警器。

④保持贮罐（槽）和容器外形完好无损。

⑤对现有装料、卸料和运输作业制定安全操作规程。

⑥安装联锁装置，阻止物料流向已装满的贮罐（槽）或发生泄漏的装置。

（4）废物分流　在生产源进行清污分流可减少危险废物处置量，主要措施有三个方面：

①将危险废物与非危险废物分开：当将非危险废物与危险废物混在一起时，它们将都成为危险废物，因而应将两者分开，以便减少危险废物量，从而大大节省费用。

②将液体废物和固体废物分开：将液体废物和固体废物分开，可减少废物体积并简化废水处理。例如，含有较多固体物的废液可经过过滤，将滤液送去废水处理厂，滤饼可再生利用或填埋处置。

③清污分流：接触过物料的污水与未接触物料的清水应分开，清水可循环利用，而污水必须进行处理。

第五节　发酵行业清洁生产工艺技术

改革现有工艺技术是实现清洁生产的最有效方法之一，通过工艺改革可以预防废物产生，增加产品产量和收率，提高产品质量，减少原材料和能源消耗，但是工艺技术改革通常比强化内部管理需要投入更多的人力和资金，因而实施起来时间较长，通常只有在加强内部管理之后才进行研究。

工艺技术改革主要可采取以下四种方式：改变原料、改进工艺设备、改造生产工艺流程以及优化工艺控制过程。

一、改变原料

原料改变包括：①原材料替代（指用无毒或低毒原材料代替有毒原材料）；②原料提纯净化（即采用精料政策，使用高纯物料代替粗料）。

例如，某柠檬酸生产厂最初的原料主要是山芋干，存在带渣发酵，且杂质多、收率低、污染大等问题。通过对国内外柠檬酸生产工艺、设备、自动化控制、投资额等各项指标进行深入细致的比较分析，结合企业实际，选准以新原料进行生物发酵作为柠檬酸工艺优化的重大课题为突破口，全力以赴进行攻关。当该企业完成了以玉米粉直接发酵生产柠檬酸的工业化实验，打破了国内外长期认为玉米粉不能直接发酵生产柠檬酸的结论，使柠檬酸发酵水平实现了一次新的突破，并掀起了柠檬酸技术革命。玉米粉直接发酵生产柠檬酸技术在生产中应用，很快显示出极高的经济效益。企业生产能力在原设备的基础上提高了30%，产品质量大幅度提高，节能降耗，单位成本可降低1000元/t，并且含糖废水COD降低50%。

酒精生产的传统原料主要也为山芋干，后因经济转型，种植面积减少，原料价格上升，采用玉米半干法脱胚工艺，胚芽生产玉米油，将脱胚玉米粉生产酒精，从而提高了玉米原料利用率和发酵质量，减少了废渣水排放量。有些企业甚至采用小麦为原料，首先生产小麦面粉，麸皮是良好饲料，利用小麦面粉提取蛋白粉，废渣水蒸煮糖化发酵生产酒精，取得了良好的经济效益和社会效益。

二、改进工艺设备

改进工艺设备就是通过工艺设备改造或重新设计生产设备来提高生产效率，减少废物量。

啤酒生产中，麦汁两段冷却存在冷冻机负荷重、电耗高的缺点。啤酒厂电能有 50% 消耗在冷冻车间，而麦汁冷却又占其中的一半以上。麦汁一段冷却工艺比麦汁两段冷却工艺可节能 40%。该工艺用水作载冷剂，大幅度降低了酒精耗用量；合理设计薄板换热器，冷却水用量降低；经热交换后的水温升至 76~78℃，可直接用于洗糟或投料，耗费能量降低。

淀粉生产中，用针磨曲筛代替石磨、转筒筛，使工艺流程有较大改进，设备选型更加合理，干物质损失大为减少。麸质水的处理上，取消沉淀池浓缩、板框压滤机压滤的老工艺，而采用离心分离机浓缩、真空吸滤机脱水、管束干燥机干燥的新工艺。该工艺可以连续生产，使蛋白质粉收率提高，质量也大为提高。

"丰原生化"借鉴国外经验，采用了分离提取技术领域的膜分离、色谱分离、分子蒸馏等技术，并应用于生产实践获得突破。例如，在 L-乳酸生产中应用微滤膜、纳米滤膜技术和分子蒸馏技术，在酒精生产中采用联产系列酵母与汽化膜浓缩技术，在赖氨酸生产中应用纳米滤膜与 ISEP 连续离子交换技术，在大豆和玉米油生产中应用 CO_2 超临界萃取天然维生素 E 技术，在谷氨酸生产中应用低温一次连续等电结晶和副产品生产农用硫酸钾及氮、磷、钾三元复合肥技术等，使生产过程中酸、碱用量大为减少，生产成本大大降低。

维生素 C 生产中，原三足式离心分离设备为敞开式生产，酒精易挥发，不仅浪费原料，而且影响岗位操作环境；另外，三足式离心分离设备容积小，增加了停机装卸原料和清洗设备次数，影响生产效率及设备清洗带来的环境污染。改用电动吊装式离心机替代三足式离心机，并在维生素 C 车间经过半年运行，效果明显，酒精加料减少 15%，污染物产生量减少 15%。

三、改造生产工艺流程

酒精生产的传统蒸煮工艺是将淀粉质原料在高温（130~150℃）、高压（0.3~0.4MPa）下进行。采用中温蒸煮工艺（95~100℃）生产 1t 酒精节煤节电 15%，并可提高出酒率。采用高温、高浓度酒精发酵。使拌料水比达 1:2.5 左右，发酵温度可达 38℃ 左右，从而可节约大量冷却水，提高了设备利用率，降低了废水排放量。味精生产，一般应用双酶法制糖工艺替代酸法、酸酶法、酶酸法生产原料糖。双酶法工艺制糖，粉糖转化率可达 95% 以上，发酵残糖可进一步降至 0.5% 以下。粉糖转化率提高，残糖降低，可使发酵液残留的有机物量减少，从而使污染负荷降低，同时，降低了生产味精的能耗。采用冷冻等电点离子交换提取谷氨酸工艺替代冷冻等电点提取谷氨酸工艺，谷氨酸发酵液去菌体浓缩等电点提取谷氨酸，浓缩废母液生产有机复合肥料工艺替代发酵液等电点提取谷氨酸工艺。

新建、扩建啤酒厂采用低层糖化楼的设计，改糖化麦糟加水稀释后泵送或自流出糟为"干出糟"，大力推广酶法液化等，从而提高了原材料的利用率、能源利用率，减少了污染物的排放量。

改造生产工艺流程，减少废物生产是指开发和采用低废和无废生产工艺来替代落后的老工艺，提高反应收率和原料利用率，消除或减少废物。

如由无锡轻工大学（江南大学）生物工程学院发明的味精清洁生产工艺，当时（1997年）在青岛味精厂通过了部级鉴定。鉴定结论为工艺路线国内首创，技术指标国际领先，获得了经济效益、环境效益和社会效益的三同步。

发酵液以批次的方式进入闭路循环圈，先经等电结晶和晶体分离，获得主产品谷氨酸，母液去除菌体后，得到菌体蛋白（饲料蛋白），除去菌体后的清母液浓缩后，得到的冷凝水排出闭路循环圈；浓缩母液经过脱盐操作，获得硫酸铵（化肥）；硫酸铵结晶母液进行焦谷氨酸开环操作和过滤，滤渣（有机肥）排出闭路循环圈；最终得到的富含谷氨酸的酸性脱水液替代硫酸，调节下一批次发酵液等电结晶，物料主体构成闭路循环。依此类推，周而复始。

进入主体循环圈有发酵液、硫酸铵等；离开主体循环圈的是谷氨酸（主产品），谷氨酸发酵菌体（高蛋白饲料）、硫酸铵（化肥）、腐殖质（高品位有机肥）和蒸汽冷凝水，经过4次循环后，闭路循环圈内操作点的物料即可达到平衡或接近平衡，保持各操作点的操作在平衡点进行可无限循环。与老工艺相比有以下优点：

（1）革除离子交换工艺，没有离子交换成本。

（2）改冷冻结晶为常温结晶，节约大量的冷冻电耗。

（3）因为采用闭路循环工艺，除了副产品中夹带少量目标产物外，没有其他损失，故产品收得率很高，谷氨酸提取得率高达95%以上。

（4）实现物料主体闭路循环，无对环境造成很大污染的母液排除，达到经济、环境和社会效益的三者统一。

（5）冷凝水（60℃）可循环作为工艺用水，实现废水零排放。

经青岛味精厂预测，该技术在青岛味精厂工业化后，除根治味精工业废水污染外，当时年增经济效益600万~800万元人民币。

四、优化工艺控制过程

在不改变生产工艺或设备条件下，进行操作参数的调整，优化操作条件通常是最容易而且经济的减废方法。

大多数工艺设备都是使用最佳工艺参数（如温度、压力和加料量）设计，以获得最高的生产效率为目的，因而在最佳工艺参数下操作避免生产控制条件波动和非正常停产可大大减少废物量。如果采用自动控制系统监测调节工作操作参数，维持最佳反应条件，加强工艺控制，可增加其产量、减少废物和副产物的产生。例如，安装计算机控制系统监测和自动复原工艺操作参数，实施模拟结合自动设定调节，可使反应器、精馏塔及其他单元操作最佳化。在间歇操作中，使用自动化系统代替手工处理物料，通过减少操作失误，降低了产生废物及泄漏的可能性。

第六节　发酵工厂清洁生产的实例

发酵工业实现清洁生产很重要的一个方面是生产过程中废弃资源的综合利用。工业生产只是利用了原料中的一部分物质，如食品与生物工程行业采用玉米、薯干、大米等主要原料，但只是利用其中的淀粉，而对于其中蛋白质、脂肪、纤维等尚未加以很好利用，这些物质以废渣或以废液的形式排出生产系统。如果不对其进行综合利用，会给废液治理带来很大负担，也给企业带来很大的资源浪费。如果对这些废渣、废水进行合理的综合利用，不但可以减少污染，给进一步的废液治理带来方便，而且还能生产出一些有经济价值的副产物，提高企业的经济效益。现在对工业生产废渣、废水的综合利用有多种形式，如可以利用工业废液生产单细胞蛋白饲料，或对废渣液中的蛋白质及其他有价值的成分通过合理的工艺进行提取，也可以通过一定的加工工艺生产肥料，或直接对含有营养价值的废渣水进行干燥等处理生产饲料，等等。

20 世纪 80、90 年代，考虑到酒精、味精、制糖（甘蔗与甜菜）行业高浓度废水处理难度大，《污水综合排放标准》（GB 8978—1996）专门制定了三个行业较宽的排放标准和排水量。但随着玉米与糖蜜酒精糟、味精与糖蜜酵母发酵废母液浓缩干燥生产饲料与肥料；制糖废糖蜜生产酵母与酒精后，发酵废母液与酒精糟也采用浓缩干燥生产肥料；柠檬酸发酵废母液回用生产，高浓度废水治理得到基本解决。目前，就剩下酒精（包括燃料乙醇）因生产原料变化，引起高浓度废水（酒精糟）和综合废水的处理难度大幅度增加，成为食品工业难以处理的典型之一。现将有关情况进行介绍。

酒精（包括燃料乙醇）是以淀粉（玉米）、糖质（糖蜜、高粱茎秆糖汁）、生物质（红薯、木薯、粉葛、芭蕉芋、纤维质）为原料，经预处理、发酵、蒸馏制得的，如将酒精经脱水，再添加变性剂就成燃料乙醇。目前，部分酒精和燃料乙醇生产企业采用木薯等非粮原料，给酒精糟综合利用和废水处理带来了一定难度。

酒精生产的高浓度废水（酒精糟）综合利用和污水处理随原料不同而不同。

一、酒精糟（即高浓度废水）与综合废水

蒸馏发酵成熟醪生产酒精时，粗馏塔底部排出的醪液（属高浓度有机废液），是酒精生产的主要污染源，它的综合利用与治理是行业关心的。生产 1t 酒精（燃料乙醇）排出 8～12t 酒精糟，玉米与生物质原料酒精糟污染物浓度基本上为：COD 40000～70000mg/L、BOD 25000～40000mg/L、SS 25000～35000mg/L（即 1t 酒精糟含有 25～35kg 悬浮物）；糖蜜和高粱茎秆糖汁酒精糟污染物浓度分别为：COD 120000mg/L 和 55000mg/L、BOD 70000mg/L 和 33000mg/L、SS 10000mg/L 和 20000mg/L。同时，各种原料酒精糟还含有一定量的 NH_3-N（50～250mg/L）、TN（500～1000mg/L）、TP（50～200mg/L）。（注：COD、BOD·SS 等指标在第 12 章第二节有详细介绍）

酒精和燃料乙醇生产的综合废水，包括精馏塔蒸馏酒精时底部排出的余馏水（生产 1t 酒精排出 1.5～2.5t，COD 900～1200mg/L）、各种设备与生物质原料洗涤水和车间冲洗水（生产 1t 酒精排出 4～10t，COD 1500～2500mg/L）、综合利用产品洗涤水（生产 1t 酒精糟滤渣产品排出 0.5～2t，COD 1000～2000mg/L）。综合废水还包括生产二氧化碳洗涤水（1t

产品排出 0.5~1t，COD 3000~5000mg/L），少量的冷却水（生产 1t 酒精排出 1~3t，COD< 100mg/L），锅炉房与生活污水（少量）。可见，生产 1t 酒精，中低浓度废水排放应在 12t 左右。

二、酒精糟的综合利用与治理

酒精糟可以先进行固液分离，滤渣干燥生产燃料、饲料、肥料，滤液可以与综合废水（主要是洗涤水）混合进入厌氧段处理，综合废水还可以与滤液的第一级（或第二级）厌氧消化液混合进入好氧段或其他工艺处理；酒精糟也可以先不进行固液分离（所谓全糟厌氧发酵），直接进行第一级厌氧发酵，将厌氧消化液进行固液分离，滤渣（包括活性污泥）生产有机肥，第一级厌氧消化液滤液与中低浓度废水混合（即综合废水）再进入生化工艺（第二级厌氧和好氧）继续处理。可见，不管采用何种处理工艺，酒精糟的固液分离是必不可少的。

1. 酒精糟固液分离技术

玉米和生物质原料酒精糟的悬浮物含量为 2.5%~3.5%。固液分离是将悬浮物从酒精糟分离出来生产饲料或滤渣燃料，滤液悬浮物含量符合要求后，进行浓缩工艺或厌氧发酵。

由于玉米和生物质原料酒精、燃料乙醇生产的发酵液是含悬浮物发酵，因此，酒精糟的悬浮物颗粒小、黏度大、含量高，给固液分离带来很大困难：酒精糟固液分离可采用立式分离机（悬浮物去除率 30%~40%、滤渣含水分 85%~90%）、斜筛滤、板框压滤机（悬浮物去除率 70%~75%、滤渣含水分 60%~70%）、充气隔膜双向压榨离机（悬浮物去除率 75%~85%、滤渣含水分 50%~60%）、卧式螺旋离心机（悬浮物去除率 60%~70%、滤渣含水分 70%~80%）、凝聚沉降等工艺与设备，也可采用不同组合，如卧式螺旋离心机—板框压滤机、斜筛滤—卧式螺旋离心机、板框压滤机—凝聚沉降等。

2. 玉米酒精糟与综合废水处理工艺

20 世纪 90 年代以后，玉米酒精生产企业将玉米酒精糟先进行固液分离，滤液浓缩（多效蒸发装置），浓缩液（总固形物含量 40%）与滤渣混合干燥生产经济效益高的蛋白饲料（蛋白含量 27%），浓缩工艺产生的冷凝液和综合废水混合（COD 60000mg/L，生产 1t 玉米酒精排出 10t），采用生化（厌氧—好氧）工艺处理后即可达到国家一级排放标准排放。2001—2006 年，黑龙江、吉林、河南、安徽的四家燃料乙醇公司均采用玉米原料生产燃料乙醇，同时，将玉米酒精糟生产蛋白饲料，综合废水采用一级厌氧与一级好氧工艺处理，解决了环境污染。

3. 薯干酒精糟与综合废水处理工艺

（1）薯干酒精糟的综合利用工艺　2005—2017 年，酒精糟处理随着酒精生产原料变化遇到了新的问题，主要是有关部门认为大规模使用玉米原料生产燃料乙醇配制汽油将影响粮食安全。2006 年 12 月，有关部门下达的《关于加强生物燃料乙醇项目建设管理，促进产业健康发展的通知》，提出"坚持非粮为主，积极妥善推动生物燃料乙醇产业发展"。并在《生物燃料乙醇及车用乙醇汽油"十一五"发展专项规划》中指出"燃料乙醇"产业发展要以木薯、纤维素等非粮作物为原料了这些指示除关系到燃料乙醇生产原料外，也关系到食用酒精生产原料。

薯干酒精糟滤渣蛋白含量低（10%左右），生产蛋白饲料很不经济。因此，一般将酒精糟先进行固液分离，滤渣干燥后生产燃料薯干酒精糟滤液 COD 25000mg/L，SS 7000～10000mg/L（即 1t 酒精糟滤液含有 7～10kg 悬浮物），酒精糟滤液与综合废水污染负荷的比值 BOD/COD=0.5～0.6，可生化性尚好，因此可采用二级厌氧—二级好氧工艺为主的多级治理工艺。它可以采用传统的各种厌氧、好氧工艺与设施，但是，它污染负荷高、悬浮物含量高、温度高是要重视的。

（2）薯干酒精糟滤液与全糟厌氧发酵的两种治理工艺 从 2006 年 9 月至 2011 年 12月，环保部环境工程评估中心相继评估了 12 个燃料乙醇项目，其中，有四家生物质能源有限公司燃料乙醇项目已分别投产，其余尚未投产。综合通过环境评估的酒精糟综合利用和综合废水（主要是酒精糟滤液）治理项目，酒精糟拟应采用"固液分离和滤离后滤液以一级厌氧与两级好氧为主的多级治理工艺"。

酒精糟"固液分离和滤液以两级厌氧与两级好氧为主的多级治理工艺"是先将酒精糟进行固液分离，滤渣（含水分 75%）干燥生产燃料，滤液再进行二级厌氧与二级好氧处理；"全糟第一级厌氧和固液分离后滤液以一级厌氧与两级好氧为主的多级治理工艺"是将酒精糟先进行第一级好氧，消化液再进行固液分离，活性污泥滤渣生产肥料，滤液再进行第二级厌氧与二级好氧处理。两级（第一级高温、第二级中温）厌氧可以采用接触式厌氧发酵（CSTR，第一级厌氧工艺）、厌氧膨胀床（ANAEG）、上流式厌氧污泥床（UASB）、内循环厌氧反应器（IC）。应指出的是，厌氧工艺除采用接触式厌氧发酵（CSTR），可允许较高的污染负荷与悬浮物含量外，其他厌氧工艺要求酒精糟。

滤液污染负荷不能太高（COD 25000mg/L 以下），且悬浮物含量要求低，否则不能形成颗粒污泥，影响处理负荷和效果。第一级厌氧发酵（高温，55～58℃）时间为 4d（滤液）与 10d（全糟）、第二级厌氧发酵（中温，30～35℃）时间为 1d（滤液）与 3d（全糟），两级好氧工艺可以采用活性污泥（包括 SBR）、循环式活性污泥（CASS）、接触氧化等。还应指出的是，由于全糟处理工艺的第二级厌氧消化液污染物浓度较高（COD 1700～21000mg/L），因此好氧工艺的曝气时间要较长。"多级治理工艺"包括水解酸化、气浮、流化床曝气、混凝沉淀等，为达到《发酵酒精和白酒工业水污染物排放标准》（GB 27631—2011），经一定处理的废水可进入地方污水处理厂继续处理，这样处理可减少一级好氧工艺。

目前，生物质酒精糟的处理，大多采用"固液分离—滤渣生产燃料—滤液二级厌氧与二级好氧—达标排放"工艺。但也有采用"全糟第一级厌氧—消化液分离—滤液第二级厌氧与二级好氧—滤渣生产肥料—达标排放"工艺。两种处理工艺各有优缺点，以生产 1t 酒精或燃料乙醇排出 10t 酒精糟（COD 50000mg/L、SS 3.5%）为例，固液分离—滤液二级厌氧与二级好氧为主的处理工艺，酒精糟滤液（COD 25000mg/L）两次厌氧发酵生产沼气（1t 酒精产生 200m³ 沼气，有小部分纤维素转为化沼气），联产 300kg 滤渣燃料、饲料（均为干基），燃料与饲料的原含水量 70%，尚需经干燥成产品（2t 生物质燃料相当于 1t 煤），还产生 80kg 活性污泥（干基）；酒精糟全糟处理工艺是酒精糟第一级全糟厌氧、第一级全糟厌氧分离的滤液（消化液）进行第二次厌氧发酵，第二级厌氧消化液再进行二级好氧，1t 酒精产生的酒精糟两次厌氧共生产沼气 300m³，有部分纤维素转化为沼气，联产 380kg 滤渣肥料（干基），肥料也需经干燥成产品。由此可见，全糟厌氧发酵工艺同比酒精糟滤液厌氧工艺全流程都可达到排放标准，但厌氧发酵生产沼气量和联产污泥肥料量较高，然而全糟厌氧工艺主要设备体积较大、生物处理工艺停留时间较长。

4. 如何确定酒精糟处理工艺

应综合比较酒精糟处理工艺主要技术经济指标，然后确定采用的工艺。其中，应比较处理每吨酒精糟（包括综合废水）工艺的主要技术经济指标，综合利用与治理 1t 生物质酒精糟的投资，及其处理 1t 酒精糟、滤液、综合废水的运行费用，以及综合利用产品（酒精糟滤渣饲料与燃料、酒精糟活性污泥燃料、沼气）的经济效益，核算要包括滤渣饲料和酒精糟活性污泥燃料的干燥工艺费用。经综合比较后，即可确定酒精糟采用哪种处理工艺治理纤维质燃料乙醇酒精糟的治理比淀粉质、糖质难度更大，尚需注意。

思考题

1. 清洁生产的定义是什么？
2. 如何判断一个企业的生产过程是否属于清洁生产？有哪些判断依据？
3. 发酵行业实施清洁生产有何意义？
4. 简要分析清洁生产未来发展的方向。
5. 发酵行业清洁生产工艺改革在哪几种方式？请简要说明。

参考文献

［1］余龙江. 发酵工程原理与技术［M］. 北京：高等教育出版社，2016.

［2］秦人伟，程言君，等. 食品工业节能减排和清洁生产［M］. 北京：中国轻工业出版社，2018.

［3］李学如，涂俊铭. 发酵工艺原理与技术［M］. 武汉：华中科技大学出版社，2014.

［4］闫逊，冯晓翔. 清洁生产导论［M］. 北京：中央民族大学出版社，2018.

［5］欧阳平凯，曹竹安. 发酵工程关键技术及其应用［M］. 北京：化学工业出版社，2005.

［6］韦革宏，杨祥. 发酵工程［M］. 北京：科学出版社，2008.

第十一章　发酵经济学

 学习目标

1. 了解发酵成本的组成及影响发酵产品成本的主要因素。
2. 掌握降低原材料成本的方法，掌握不同发酵工艺方式的成本对比分析。
3. 熟悉发酵经济学评价的主要技术、经济指标。

第一节　概述

任何工业过程都面临着以低成本生产高价值产品的任务，发酵工业也是如此。对发酵过程中的经济因素进行研究，从中找到降低生产成本的有效途径，并建立一套经济学的评价体系是发酵工业所必需的。在竞争日益激烈的市场经济状态下，一个成功的发酵产品除了发酵产品的市场需求广泛外，产品性价比应具有很强的竞争力，也就是说用发酵方法生产产品时，所用的微生物其最终产物应是预期的产品，并且具有经济上的合理性和巨大的生产能力。

因此，一个成功而具有市场价值的发酵生产通常具有以下的基本条件：

（1）以最低的投资配置可靠的反应器及其附属设备，并且能应用于一定范围的产品种类的发酵过程。

（2）原料的价格尽可能低，利用率尽可能高。

（3）菌株的生产能力是最高的。

（4）在适当的过程中使用自动化操作，尽可能降低劳动力的使用。

（5）提高设备的使用效率，尽可能使用连续发酵、分批补料、连续灭菌等技术。

（6）简单而快速的产品提取和精制过程。

（7）废弃物的排放量最少。

（8）动力和热能的充分利用。

（9）厂房占地面积最小，但要留有可发展的余地。

以上要求表明对一个具体的工艺过程来说，要进行彼此间的协调，任何一个工艺过程的关键是成本分析，从而得到最大的节约潜力。市场需要是产品研发和生产的基础，它决定产品能否被市场接受和存在多大的市场规模，直接决定产品的利润空间和产品的前途。

第二节　影响发酵产品成本的主要因素

一、发酵成本的构成

（一）固定成本

不随或很少随产出的多少而变化的成本称为固定成本。也就是说，无论工厂是否开工，有没有产出产品；也不论开工程度多大，生产多少产品，它的数额差不多总是固定不变的。

固定成本主要包括以下项目：固定资产折旧、贷款利息、税金、保险金、广告与捐赠、研究与发展、固定工资、企业一般管理费（包括行政管理、财务管理、质量管理、安全保卫、消防、职工培训、生活服务、厂区清洁绿化等）。

（二）可变成本

可变成本是直接与生产过程直接关联的成本，也称为直接生产成本。它随产出的多少而变化。

可变成本主要项目有：原材料及贮运、动力消耗（电力、蒸汽、水等）、可变工资、维修、中间检验及化验、排污及废弃物处理、包装、储运和销售、直接生产管理费。

占发酵生产成本第一位的总是原料成本，其次是包括劳动力在内的固定成本，第三是公用事业。公用事业包括水、电、蒸汽、燃料和排污等。如果原料成本占总成本的主要比例时，培养基和菌种的改良，将是工作中的主要研究任务。

二、原材料的成本分析

（一）菌株选育对发酵成本的影响

菌种是影响发酵成本的最重要因素，其生产性能主要有以下几点。

（1）比生产率　发酵生产用菌种的最关键性能是它的比生产率，即单位质量菌体在单位时间内的生产能力。比生产率高的菌株能以较短的时间及较少的基质和能量消耗，获得较高的发酵产量，从而全面降低发酵生产成本。

（2）维持因数　维持因数是菌株维持基础代谢所需要消耗的基质和氧的指标。大量实验数据证明，微生物相对于基质或氧消耗的纯生长得率和纯产物得率都是比较稳定的参数，不因菌株改良或退化发生明显波动，而维持因数伴随着菌株变异常常出现某些程度的变化。维持因数的降低由于减少了用于呼吸的基质消耗，使基质或氧至菌体和产物的转化得率（实际生长得率和实际生产得率）都相应提高，从而降低发酵过程原材料和氧传递动力消耗。

（3）其他特性　影响发酵生产成本的菌种性能还有最大比生长率、基质饱和常数、菌体生长形态等。最大比生长率高的菌株可缩短生长期，提高发酵罐周转率；基质饱和常数小的菌株可在发酵液中维持较低的残留基质浓度，提高基质利用率；菌体形态影响发酵液的流变学性质，增加或者降低发酵过程中的搅拌功率消耗。

菌种性能对发酵影响极大，有时甚至是能否实现产业化的关键。因此，发酵生产过程中要考虑前期菌种的研究投入成本。针对不同发酵类型及菌种特性，可具体情况具体分析。一般来说，菌种选育占生产成本的 20%～60%，筛选具有优良性能的菌株和对菌株进行改良，是降低生产成本的有效途径。

1. 优良生产菌株的筛选

最初，许多有工业价值的菌株都是从土壤中分离得到的。但分离一株有产业化价值的菌株并非易事，通常要花费较长的时间和较多的经费，有时甚至花费了大量的精力仍一无所获，尤其是筛选新抗生素。如英国的 Pfizer 公司，为了筛选一个广谱抗生素而花费了 43 万英镑，结果只得到土霉素。

因此，要充分利用已经发展起来的各种菌种筛选方法，如选择性培养筛选、富集培养分离筛选等，以提高菌种的筛选效率，降低筛选风险。另外，应该尽量筛选发酵过程中费用低廉的优良菌种。如在单细胞蛋白质的生产研究中，可筛选嗜热放线菌，因为：①它的最适生长温度为 55℃，可以节省冷却费用；②在蛋白质中，甲硫氨酸含量较高，可以作为饲料蛋白质的添加剂；③菌体呈丝状，可以简化从发酵液中获得菌体的过滤技术。

此外，筛选菌株时，除了考虑所筛选到的菌株必须高产外，还应同时考虑影响菌株发酵过程经济效益的其他参数，主要包括：对培养基的同化能力、具体的生长速率、遗传稳定性、抗污染能力、耐热、培养基适应性等。例如，Aunstrup 在筛选产酶菌株时，确定了菌株必须达到的目标是：①酶的产量高、活力强；②遗传性能稳定；③不产或少产杂酶、杂蛋白；④能有效地利用培养基中的组成、同化培养基的能力强。

2. 生产菌株的改良

发酵生产的水平首先取决于生产用菌株的性能。菌株是发酵产品生产的关键，它直接影响产品的质量和成本，决定企业生产能否获利。因此，菌株是发酵产品生产成本的基础和控制的关键以降低原材料消耗为目标的菌种改良，就是要获得能以较少的基质投入生产出更多产物的优良菌株，提高基质的产物转化得率。菌种筛选除了注意高产量外，还应考虑提高发酵过程经济效益相关的其他性能因素口从野生型菌株或现用菌株出发，选育新的高产突变株，这是提高经济效益的有效途径。

以降低原材料消耗为目标的菌种改良，就是要获得能以较少的基质投入生产出更多产物的优良菌株，提高基质至产物的转化得率。生产菌株的改良目前已有一系列的方法，如诱变育种、杂交育种、基因工程育种、代谢工程育种等。

利用诱变和选育以改良菌种，对一个已成熟的发酵工艺过程而言，是提高经济效益的有效途径。例如利用诱变改良菌种，并结合培养基的改进，明显增加了青霉素的产量，它从 1940 年 100U/mL 上升到目前的 80000U/mL 左右。曾有人计算，只要突变株的青霉素生产单位数提高 10%，那么对于一个年产 450t 的青霉素工厂来说，其一年内增加的产值可超过菌种选育费用的 3 倍。因此，国外不少公司均设有专门的机构，从事菌种开发和培养基方面的研究工作。

我国的糖化酶生产株由米曲霉改为黑曲霉，特别是 1979 年在全国扩大了 UV-11 黑曲霉变异株以后，淀粉出酒率有了大幅度的提高，使糖化剂的生产株出现了新的飞跃。近年来，全国各地又在 UV-11 基础上选育了不少新的糖化酶生产株，其中以 UVB-11-1-3 形态回复突变株性能更为突出，它具有发酵单位高（达 10000U/mL），发酵周期短（为 80～90h），通气量小［1：（0.4～0.6）］，培养温度高（34～35℃，最高可达 37℃），酶系统纯，成本较低等优点，故每吨酒精消耗糖化酶成本可比使用 UV-11 酶时降低 50% 左右。

要注意的是，在诱变和选育工作上的时间和金钱的投资额，需视生成规模而定。例如：有一个发酵过程，其年产量为453600kg，每千克产值为23.5便士，如果使产量增加1%时只能增加1070英镑收入，因而不值得投资支持菌种选育计划。如果生成规模扩大10倍，即使也只提高1%产量，增加的产值就是10700英镑，这些收入足以支付菌种的研究费用。如果可提高10%产量，则可使产值增加到107000英镑，这时，经济效益就大大超过菌种选育的费用。另外一个例子是，发酵工厂的年产量为453600kg，假设产品的销售价格为每千克90便士。如果将产量提高10%，所提供的经济效益约为41000英镑，如果将其中的1/3投资作为研究费用是合理的。

近年来，利用基因工程、代谢工程等现代育种方法获得了大量的高产菌株，降低了发酵成本，使传统的发酵产业有了较大的发展。

（二）发酵培养基成本分析

生产培养基的成本，在总成本中占很大比重，可达38%~72%。有机碳源通常是发酵成本中的主要组成。Ratledge曾将可以用作碳源的主要品种的年度价格和产量做了详细的调查。天然物料的价格会比较低，但受到其他需求的竞争和收获量的影响。选择具体的原料时，宁可选用当地价格低廉者，而不用工艺上"最佳"底物。

不影响产率和产品质量前提下，尽量选用廉价原料。能用工业级不用试剂级；能用粗制品不用精制品。有时粗制原料比高价精制原料更利于发酵，因含有各种微量元素和生长刺激因子。同时注意某些粗制原料中含有一些有害杂质及色素，可能降低发酵产率或增加产品提炼工序的困难。原材料选用，不能只看绝对价格。对碳源来说，只有当价格/碳密度比或价格/能量密度较低时，才是真正的廉价。对氮源来说，以价格/氮含量比低者较为经济。

在选用原材料时，除了注重发酵效果、价格、有效成分含量、杂质影响等因素外，还应当考虑价格和供应的稳定性，运输、贮存、预处理费用及安全性，溶液的流变学性质及表面张力等。天然物料如果是季节性的，则需要贮存而大大增加了投资费用。例如，淀粉是一种比葡萄糖价廉的碳源，但贮运当中要求防爆，使用前须进行液化处理，液化后的溶液黏度偏高，因而综合成本性能未必优于葡萄糖。粉末状原料必须保存在干燥处，防止结块或呈黏胶状。大量的固体含量较高的液体，如玉米浆和葡萄糖则需要保温贮存以防止固化，但温度又不能过高以防分解。对于配制培养基的操作人员的培训是十分重要的。

在核算成本时，必须注意培养基中碳源的消耗量。如欲取得高产水平，可将碳源的碳水化合物换成其他的底物。如果这种改变在工艺上是可行的，则这类额外的增加费用必须低于改变底物所带来的收益。如果将价格低廉这一因素考虑在内，则实际上可用于工业规模的培养基组成的品种是有限的。甜菜糖、蔗糖和谷物等碳水化合物是大多数培养基的主要碳源和能源，可按照经济学的原则从中选择。

在确定培养基配方时，不仅要比较它们的单耗成本，而且还应同时考虑利用不同培养基的通气量和搅拌功率成本。因为有的培养基黏度较大，溶氧传递困难，通气量和搅拌功率便会相应增大，导致相应的动力费用增加。

近年来，热衷于用石油化工产物作为碳源的尝试。首先是作为单细胞蛋白质生产时的底物。但距工业实践还有一段距离，而甲烷和甲醇用于大规模发酵过程中是十分经济的。

为进一步降低成本，还可考虑采用工农业废物作为培养基。多种废弃物似乎也可以作为碳源，但是因为与其他适当的底物的价格上的竞争，以及能利用各种工业废料的高产微生物菌种不多见，使它的应用受到限制，再加上其他一系列的问题如物料的波动性、夹杂的杂质使工艺难以正常进行、含水量高的增加了运输费用、产地的地理位置、产量的不稳定性和季节性等，更增加其扩大使用的困难。对于工业废弃物利用的可能性，取决于所选择的处理方法的成本，或达到政府允许污染限度之内的可能性。

无机组分只占培养基总成本中较小的比例。如在单细胞蛋白质生产中，它只占制造成本的 $4\% \sim 14\%$。无机盐中价格较贵的是磷酸盐，而且供培养基用的磷酸盐要求是食用级而不是肥料级。虽然食用级比肥料级磷酸盐的价格贵得多，但不含铁、砷和氟化物等杂质，这些杂质的含量在制造食品和药物时，都受到严格的控制。此外，钾、镁、锰、锌和铁的氢氧化物和硫酸盐对不锈钢的腐蚀较氯化物小。所以，无机盐的质量应予以重视，相应地，无机盐占培养基总成本预算也应引起重视。

三、动力费的成本分析

（一）无菌空气制备成本分析

发酵生产是一种高耗能的过程。根据不同的发酵类型，能耗的成本占发酵总成本的 $10\% \sim 30\%$，其主要包括水、电、蒸汽等。以下介绍发酵生产中值得注意的几个能耗方面以及其相应的节能措施。

供应经济而大量的无菌空气，是好氧发酵时十分重要的问题。虽然可利用热灭菌技术，但操作费用过于昂贵。Richards 曾设计过利用热对空气进行灭菌的方案，既需要热量加热并且还需相同的冷却负荷，每小时的操作费用为 $5 \sim 10$ 英镑。目前进行空气除菌的最好方式是将压缩空气通过纤维或颗粒物质的过滤器过滤。

利用空气过滤器过滤空气，是工业生产中最常用、最经济的无菌空气制备方法。一般的工艺流程是：①利用空气压缩机将空气压入储气罐；②储气罐中的空气通过净化罐除去小颗粒物质；③再经过热空气冷却装置以及除水除油设备，除去空气中的水蒸气和油（采用无油压缩机，不需要除油）；④最后空气经过多级空气过滤器，除去空气中的微生物获得一定压力和流量的无菌空气，其温度和发酵温度基本一致。据估算，空气压缩后再经空气过滤器的最经济的生产规模是 $140 \sim 150 \mathrm{m^3/min}$。

降低此项成本的方法有如下两种。

（1）选用节能型空气压缩机　空气压缩机应当根据工厂供气的规模而定：小规模供气，一般选用螺旋式压缩机较为经济，特别是带有双速马达和恒压控制器的无油螺旋式压缩机，由于能根据空气消耗情况自动调节马达的出力，避免了放空，因而对小型工厂广泛适用；对于大型工厂，则应当采用大容量离心式压缩机，可以降低压缩空气制备成本。

（2）选用压力降较低的空气过滤器　空气通过过滤器要产生压力降。压力降随过滤介质的不同而异，并与介质的孔隙率成反比，与介质厚度及通过气流的流速成正比。如纤维膜和微孔膜过滤器能显著降低空气压力降。后者还具有绝对过滤性质，是现代发酵工厂首选的空气过滤装备。但是，空气压力降并不是越低越经济，会加大设备投资成本，应当在这两方面进行折中。

空气过滤器的总操作费还包括过滤介质的更换费和日常维修费，因此，如何选择性能优良的过滤介质也是一个不能忽略的成本因素。所以空气过滤器的一次性投资费与经常性消耗费之间的利弊关系要做全面权衡分析。

（二）通气搅拌设备运行成本

几乎所有的发酵都需要各种形式的混合，以保持培养环境的均一性；好氧发酵还需要通入空气。通气成本一般占好氧发酵动力成本的50%以上。

按照通气的情况，可以将发酵粗略地分为：①厌氧发酵，即在发酵时不宜有游离氧存在，如丁醇丙酮发酵；②发酵时只需要供应少量氧气，如乙醇发酵；③需氧发酵，发酵时需要大量氧，如抗生素、乙酸和单细胞蛋白质发酵。前两种发酵，通气费用不是经济上主要考虑的问题。

需氧量较高的发酵，必须有适当功率的搅拌以保持均一的发酵环境，并分散引入的空气流。在早期的资料中，酵母生产时，所需要的压缩空气能量支出占生产总成本的10%~20%。在这类发酵中，搅拌和氧传递费用只占生产总成本的1.9%。即使其费用只占生产总成本中一小部分，但研究人员普遍认为氧的供应是这类发酵的限制因素。

通气费与搅拌费相互关联，对于相同的氧传递量来说，增加通气量，搅拌功率可以减少，相反，加快搅拌转速时，通气量也可相应减小。因此，最佳的通气量和搅拌转速应在工艺允许的范围内，根据两者合计的动力费和设备维修费最低来确定。

按溶氧水平在发酵不同的阶段控制不同的通气量，对降低通气成本有一定的积极意义。分批发酵过程对氧的需要并不是自始至终一成不变的，而是随菌体浓度、生长速率和产物合成速率的变化而变化，其中菌体浓度的影响最明显。在发酵前期，当菌体浓度还比较低时，对氧的需要也相应较少，这时可适当降低通气量。

单细胞蛋白的发酵过程中，采用石油产品（甲烷、烃等）为原料时，基质得率系数远远高于碳水化合物，但在耗氧和冷却费用方面，前者却远远高于后者，因为前者的生产成本为后者的1.4~1.8倍。由于以烃类为原料发酵，需要很高的供氧量和热交换量，因而国外某些公司一直致力于大容量（1000m³）的空气喷射式发酵罐的研究开发。一个生产10万t的单细胞蛋白工厂，采用空气喷射式发酵罐的设备成本费（含通气、搅拌），可以控制到只占总生产成本的16%，英国ICI公司则致力于发展气升式发酵罐，估计其制造费约为总设备投资的14%。

通过提高设备利用率，可以有效降低成本。提高设备利用率可以在增产的同时，增加固定成本效益，减少产品成本中的固定成本含量，从而降低产品成本。对发酵工厂来言，设备利用率主要指发酵罐的利用率，它的提高可以通过缩短非运转时间、增加菌体浓度、加大放罐体积等方法来实现。

1. 缩短非运转时间

发酵罐的非运转时间，包括放罐、清洗、检修、配料、灭菌、冷却等项操作占用的时间。除了按一定计划进行检修外，其余各项操作占用的时间都可设法缩短主要措施有：尽量加大放料管径，或加装放料泵，以加快放料流速，缩短放罐时间；发酵罐内壁尽量抛光，清除不易清洗的死角，放罐后用高压水枪清洗，或在一段时间内不经清洗即投料；培养基采用连续灭菌方法，可缩短发酵罐配料、灭菌、冷却占用的时间；当发酵过程的产出/投入比未明显下降时，可尽量延长发酵周期，以缩短发酵罐总的非运转时间；当生产菌体或与菌体生长偶联的发酵物，可采用连续发酵方法，使发酵罐的非运转时间大大缩短。

2. 增加菌体浓度

在一定的比生产速率下，发酵产率随菌体浓度的增加而提高。虽然这种产率的提高是以相应增加原材料（采用丰富培养基及加大补料浓度）和搅拌、通气、冷却等动力消耗为代价，但由于发酵罐负载率及与之相应的固定成本效益的提高，发酵生产成本仍得以降低。

必须注意的是，菌体浓度的增加受发酵罐氧传递能力的限制。当随菌体浓度增加而上升的氧消耗速率超过发酵罐的氧传递速率时，溶氧将急剧下降，比生产率也随之下降，以致使产品成本上升。某些丝状真菌在生长成球时，可以显著降低发酵液黏度，提高传氧速率，从而在不改变搅拌、通气条件，不降低溶氧水平的前提下，能够达到较高的菌体浓度，并由此提高发酵产率。

3. 加大发酵液收获体积

发酵中间补料，特别是连续流加补料，在提高发酵单位的同时还显著增加收获的发酵液体积，使发酵产率大大提高，成本也相应降低。但受发酵罐容积的限制，要么将补料率或发酵周期限制在较低的限度内，要么减少初始发酵液体积，而影响发酵产率的进一步提高。

采用中间间歇放料的半连续发酵方法，可以加大初始发酵液体积的补料率，使发酵罐始终在满罐状态下运转，从而显著提高发酵罐的容积利用率和产率。持续的大量补料还能起到对黏稠的发酵液进行稀释、降低其黏度的作用，有利于保持较高的氧传递水平及微生物生长与产物合成活性。黏度低的发酵液滤速快，滤液澄清，又有利于产物回收得率的提高；可有效避免混合时间的延长，罐内出现滞流区而影响基质、氧和热量的传递，致使发酵产率下降等问题。但另一方面，大量补料对发酵液造成的稀释作用将降低发酵液中的产物浓度，增加回收工序的负荷和成本，故应当进行综合经济核算以确定合适的补料率。

连续发酵虽然能够进一步提高发酵罐容积利用率和产率，但由于存在回收的发酵液中产物浓度低以及基质至产物的得率低等缺点，故除了菌体与菌体生长偶联的产物这类产率提高幅度较大的物质生产过程外，其他发酵产品的生产并不经济而很少采用。

（三）加热与冷却成本

理想的发酵过程不需要加热和冷却，但这是不可能的。所以设计时要注意如何保存热量和最小的冷却量。发酵过程包括下列加热和冷却步骤。

①培养基的加热灭菌或淀粉质原料的蒸煮糊化和糖化，然后冷却到接种温度。

②发酵罐及辅助设备的加热、灭菌与冷却。

③发酵液的冷却，保持发酵过程恒温或维持所需的发酵温度。

④发酵产物提取与纯化过程的蒸发、蒸馏、结晶、干燥等，也都需要加热或冷却，有时还需要冷冻。

如何降低发酵生产中各工序加热与冷却过程的能耗，是发酵工作者所面临的一项长期而艰巨的任务。不同发酵产品和不同的生产工艺，节约能耗的方法各有不同，概括起来包括如下几个方面。

（1）选择合理先进的生产工艺，降低各工序的能耗　一般而言，有相变过程（如蒸发、蒸馏等）的能耗远大于无相变过程的能耗。因此，应尽量减少有相变过程的单元操作过程的液体体积。就操作流程而言，连续过程的能耗一般小于间歇操作的能耗，多级过程的能耗一般小于单级操作的能耗。在固－液分离中，离心分离的能耗远大于过滤分离的能耗。在干燥操作中，对流传热的能耗大于传导传热的能耗等。

（2）选择传热效果较好的设备 适当增加传热设备的传热面积，提高传热效果，以减少加热与冷却过程中的热量与冷却水的消耗。当然，提高传热效果的结果往往需增加设备投资和维修费用，这需在二者之间找到平衡点，使能耗费用与设备投资折合的固定成本之和达最小。

（3）注意热量和水的综合利用 在发酵生产中，在同一时间内，需要加热和冷却的地方很多。如设计合理，可将加热与冷却过程有机地结合起来，大大提高热量和水的综合利用效果，从而降低能耗成本。如酒精生产中的气相过塔、差压蒸馏、二次蒸汽利用、热泵节能等。

（4）菌种改良 从节能方面看，菌种改良包括耐高温发酵菌株的选育。通过提高发酵温度可大大降低发酵过程中冷却水的用量。

英国石油公司曾对一个用正烷烃为主要原料，年产量为 10 万 t 的单细胞蛋白质工厂的冷却量估计为 46 亿 kJ。用气升式发酵罐时，由于它的比能量输入量最小，因而减少了冷却的需要量。在单细胞蛋白质生产工厂的投资中，冷却设备费用占总投资数的 10%~15%。另一条减少冷却成本的途径，是尽可能选用最适温度较高的微生物。筛选并使用嗜热和耐热的微生物，能明显地节省冷却费用。还可以改变原料路线，少用烃类原料，以降低发酵产能。

在淀粉质原料的酒精生产中，能耗大是最突出的问题。其中能耗约为成品酒精燃烧热的 1.1~1.5 倍，尤以蒸煮和蒸馏两个工序的耗能最大，前者约占总蒸消耗量的 40%，后者则占 50%。淀粉质原料酒精发酵中的节能措施有：无蒸煮发酵或低温蒸煮发酵、浓醪发酵、高温发酵、蒸馏流程中的热泵节能和气相过塔，以及余热利用和沼气发酵回收燃烧值等。

四、发酵工艺方式不同的成本对比分析

发酵工艺对发酵产品的生产成本有一定的影响。合理的发酵工艺可使微生物菌种的生产能力得到充分发挥，原材料和动力消耗减少到最低限度，从而降低发酵成本。

工艺改进促使生产成本下降大致经历如下几个阶段。

（1）由固体发酵转向液体深层发酵 固体发酵技术由于发酵速度慢、产率低、劳动强度大、发酵过程不易控制、难以实现大规模化生产等缺点，在绝大多数工业发酵产品的生产中，已被现代液体深层发酵工艺所取代。深层发酵产率高，自动化程度高，节省劳动力，虽然装备成本和动力消耗较高，生产成本一般仍低于固体发酵，特别是大规模发酵生产过程。

（2）由简单分批发酵发展为补料分批发酵 简单分批发酵由于基质浓度前期高、后期低，使发酵过程处于不稳定的状态，并限制了可以加入的基质总量和发酵周期，影响生产能力的发挥。同时，简单分批发酵要求所用的基质必须能够缓慢地代谢，从而限制了选用的余地。补料分批发酵在一定程度上克服了以上缺点，使基质的利用和发酵产物的生成得以延续，因而能较大幅度地提高发酵产率，发酵成本相应地显著降低。

（3）由间歇补料改进成连续流加补料 连续流加补料按适当的生理变量进行控制，提

高了补料的适合度和精细度，可避免因基质加入不足造成的生物合成限制或基质加入过量引起的调控反应，强化基质的有效利用，在进一步增加产率的同时减少基质的消耗，从而全面地降低发酵生产各项成本。

采用不同的培养方式，对发酵过程的影响有所不同。必须根据发酵过程的具体情况选择合适的培养方式，不同培养方式之间的比较分析见表11-1，可以进一步分析比较不同培养方式对发酵成本的影响。

表 11-1　　　　　　　　　　　　　　　不同培养方式的比较

发酵工艺	分批发酵	补料分批发酵	连续发酵
辅助时间	较长	较长	短
辅助设备成本	低	较低	高
平均生产速率	低	中	高
设备利用率	很低	较低	高
产物浓度	较高	高	中
底物抑制	明显	无	可消除
产物抑制	较高	较高	较少
杂菌污染	易控制	较易控制	较难控制

（一）分批发酵

分批发酵（Batch Fermentation）是发酵生产最基本的操作之一，其优点是操作简单，技术容易掌握，易于控制杂菌污染。缺点是设备利用率较低，培养开始时较高的培养基浓度易造成底物抑制及副产物的形成。此外，发酵中后期营养物的消耗不利于发酵产品的积累。

采用分批发酵时，在整个操作周期中的菌体平均生产能力可用式（11-1）表示。

$$P = \frac{X_f}{\frac{1}{\mu_m}\ln\frac{X_f}{X_0} + t_L + t_{辅助}} \tag{11-1}$$

式中　P——生产效率，g/（L·h）

　　X_f——最终菌体浓度，g/L

　　X_0——初始菌体浓度，g/L

　　μ_m——最大比生长率，h^{-1}

　　t_L——生长迟缓期的时间，h

$t_{辅助}$——各种辅助操作时间（即清洗、空消、进料、实消、冷却、接种、出料等所占的时间），h

由上式可以看出，如果增加接种量，那么X_0增大，X_f与X_0的比值减少，平均生产能力便可提高，但这需要相应增加种子罐的容积。此外，接种时接入处于生产旺盛期的种子，可以有效地缩短t_L，也能提高发酵罐的生产能力。以菌种性能看，选育μ_m值较大的生产菌株或高产菌株，对于提高生产能力是十分有效的。至于辅助操作所占用时间的影响，对发酵周期较短的过程，如面包酵母生产周期为 14~24h 来说，影响是很大的。而对青霉素那样的长周期发酵产品，生产周期为 5~6d，其影响较小。

值得注意的是，设备处于最大生产能力时，并不一定意味着生产成本是最低的，成本的高低还受产品收得率的影响，一定要综合考虑。

（二）补料分批发酵

补料分批发酵（Fed-batch Fermentation）是在分批发酵的基础上发展而来的。与一般分批发酵相比较，补料分批发酵的优点是可将营养物浓度控制在最适合微生物生长与代谢的水平，从而消除发酵初期底物抑制，减少副产物的形成，延长产物发酵时间，提高产品的收得率。此外，碳源、氮源的流加可用来控制发酵过程的 RQ、DO 和 pH 变化，减少或免除酸碱的使用。采用补料分批发酵可以加大初始发酵体积和补料率，使发酵罐始终在满罐状态下运转，从而显著提高发酵罐的容积利用率和产率。同时补料分批发酵的过程中发酵液被稀释，发酵液黏度下降，既保证了较高的氧传递水平及微生物生长与产物合成活性，也因发酵液滤速快，滤液澄清而使产物回收得率提高。

不足之处是发酵开始时发酵设备的装料容积较少，设备利用率有所下降。此外，培养基成分的流加需要增加辅助设备，易造成杂菌污染。而且发酵液的稀释使发酵液产物浓度下降，导致回收工序的负荷和成本的上升，故应当进行综合经济核算以确定合适的补料率。因此，补料分批发酵特别适合于存在底物抑制的菌种，或因营养物浓度高而易导致副产品形成的菌种。在青霉素发酵时，葡萄糖过量会促使菌体产生较多的有机酸，使 pH 下降需加碱调节。如采用补料分批发酵，可根据代谢需要调节糖的供应，则 pH 较为稳定，不仅碱用量大大减少，同时由于副产物的减少，青霉素的产量可提高 25% 左右，而且后期分离成本也可大大减少。

（三）连续发酵

连续发酵（Continuous Fermentation）的优点是生产能力较高，设备利用率高，易于实现自动控制，劳动生产率高。不足之处是辅助设备多，成本较高，不易控制杂菌污染。因此连续发酵比较适合于菌体生长速率较高，遗传性状稳定以及不易污染杂菌的菌种，例如单细胞蛋白的生产等。所以至今为止，大规模的连续发酵工厂仍在运转的为数极少，而且只限于微生物细胞的生产。

将连续发酵和分批发酵的生产能力进行比较，可以得出关系式（11-2）。

$$\frac{连续发酵生产能力}{分批发酵生产能力} = \frac{\ln\frac{X_m}{X_0} + \mu_m t_{辅助}}{(X_m - X_0)/X_m} \times D_c Y_{X/S} \tag{11-2}$$

式中　X_m——最大细胞浓度，g/L

　　　X_0——起始细胞浓度，g/L

　　　μ_m——最大比生长率，h^{-1}

　　　$t_{辅助}$——各种辅助操作时间，h

　　　D_c——临界稀释速率，h^{-1}

　　　$Y_{X/S}$——细胞得率系数（对于限制性基质），g/g

例如，在微生物细胞的生产中，接种量为 5%（$X_0/X_m = 0.05$），辅助时间为 10h，细胞产量为每克底物产生 0.5g，细胞的最大浓度为 30g/L，从一系列最大比生长速率可计算出生产能力（表 11-2）。从这些数据中，可以清楚地看到生长较快的微生物更适宜于连续发酵。

表 11-2　　　　　　　　　　　分批发酵和连续发酵的生产能力比较

分批发酵时的最大比生长率/h^{-1}	生产能力比（连续发酵/分批发酵）
0.05	0.09
0.10	0.21
0.20	0.53
0.40	1.50
0.80	4.60
1.00	6.80
1.20	9.50

考虑采用连续发酵时必须首先了解单位体积的生产能力，培养基中价格最贵的组分的转化产量以及产物的浓度。在细胞的生产过程中，有些醇类和有机酸是发酵时的主要生产成本，其转化产量更为重要。如果是高的转化率，并有较高的生产能力时，则采用连续发酵较分批发酵更为经济。但是在连续发酵过程中放出的培养液中，最终产物浓度是低于分批发酵的。这就造成在提取和收集产品时需要更多的浓缩操作过程。

因此，三种发酵培养方式各有优点和缺点，在选择时要综合考虑。一般而言，当发酵采用的微生物不受底物抑制，具有较强的机制转化能力和生产效率，可采用分批发酵，因为分批发酵对设备的要求最低。某些发酵产品的生产成本主要决定于发酵阶段的生产能力和基质的转化率，如菌体蛋白、酒精及一些有机酸的发酵。如果发酵采用的微生物能高效地利用基质、菌体遗传性能稳定以及抗杂菌污染能力强，这时可采用连续发酵，因为其经济效益高于分批发酵。而以发酵后处理成本为主的发酵类型，不适于进行连续发酵，因为连续发酵的培养液中产物浓度较低，提取成本高，尽管其总生产率较高，但总成本费用会高很多。此时，可采用分批补料发酵，因为分批补料发酵的产物浓度最高，易于分离纯化，例如，在抗生素和其他次级代谢产物的生产中，提取和收集产品阶段的费用将成为生产成本中的主要部分，最终产物的浓缩费用在很大程度上影响产品的生产成本。所以从低浓度的发酵液中提取产物时成本较高，一般都采用分批补料发酵。

五、产品下游处理的成本分析

发酵生产中下游工艺、方法及纯度要求对产品的成本影响很大，工厂中影响这方面成本的因素有：①产物的损失，即使是提取收集过程中每一步中有些微小的损失；②过滤和离心设备的能量消耗和维修费用高；③在提取过程中是使用价格较高的溶剂和其他原料；

④设备投资大，有的占全厂设备总投资额的80%，或是发酵设备投资额的5~6倍，因而下游工艺的设备折旧费相当高。

Atkinson和Mavituna指出按照工艺流程提取柠檬酸将造成8%的损失，青霉素在转化成钾盐前就已经损失4%。所以要研究减少流程中的操作步骤，以尽可能地降低设备投资和操作成本。因此，提取收得率是后处理中判断工艺是否优越的关键指标。工艺简单、耗费低、纯度高且收得率高是最合理的工艺。

不论产物是用微生物合成或是用其他方法制备的，都会受到产物的提取与收集的成本限制。

（1）使用碳水化合物生产乙醇，培养液中乙醇含量在7%（体积分数）时，提取产物的费用应控制在销售价的18%以下。

（2）以石油为基本底物生产单细胞蛋白，转化产率为3%（体积分数）时，收集产物的费用应控制在销售价的33%以下。

（3）对有机酸或甘油，在碳水化合物培养基中产物浓度为10%（体积分数）时，提取收集产物的费用应控制在销售价的42%以下。

当生产高产值的最终产物时，可以考虑增加助滤剂的用量，使用在过程的初期就除去少量固体。在萃取时所使用的有机溶剂，则交由高能耗蒸馏工厂回收。这种情况，才能使制造工厂获得与其他发酵公司相似的经济效益。

目前，一些新的分离纯化技术的应用，对降低成本也起到积极作用，很多企业将膜技术应用于维生素C、乳酸等的分离纯化，获得较好的经济效益。

六、其他

（一）发酵规模的成本分析

一般情况下，发酵规模越大越经济。对于发酵工厂来说，增大生产规模就是要增加单台发酵罐容积。理论上设备越大，生产越经济，然而在成本与设备大小之间有个经验关系。按照这个关系，随着设备的增加，成本也随之增加。

在相同发酵工艺和同等发酵生产水平下，单位数量发酵产品的生产成本与发酵罐容积之间存在如式（11-3）所示经验关系式。

$$\frac{成本 I}{成本 II} = \left(\frac{规模 I}{规模 II}\right)^n \tag{11-3}$$

式中　成本 I ，规模 I ——使用小发酵罐的生产成本和小发酵罐的几何容积

　　　　成本 II ，规模 II ——使用大发酵罐的生产成本和大发酵罐的几何容积

　　　　　　　　 n ——规模系数

一般 $n = 0.6 \sim 0.8$ 。由此计算，发酵罐容积每增加10倍，生产成本将下降37%~60%。

发酵罐容积的增加受许多因素的限制，包括混合特性和冷却效率的限制，铁路、公路运输能力的限制等。主要体现在下面四个方面。

（1）在单位容积输入功率相同的情况下，机械搅拌发酵罐内液体的混合时间随发酵罐容积的增加而延长，从而影响基质、氧和热量的传递，致使发酵产率下降。

（2）发酵罐容积与直径的三次方成正比，而表面积与直径的二次方成正比，因而随着发酵容积的加大，依靠罐壁传热的发酵罐来说，意味着冷却面积的减少，所以，当发酵罐

容积超过一定值以后，就难以利用其表面积作充分的热交换以保持恒温培养。除非利用冷却管或外循环热交换器增加冷却能力。添置这类设施，必定会增加成本，或干扰发酵罐内的搅拌效果。故安装冷却管，这样既增加了制造成本，又干扰了罐内液体的混合，还造成清洗和灭菌的困难。

（3）铁路和公路都有最大运输件质量和尺寸的限制，特大设备只能在生产现场组装，否则就难以运送。例如1979年ICI公司花费600万英镑从法国定制了一台500m³的发酵罐，罐高80m，当时是通过驳船才运到安装现场的。超大型罐的设计力求减少设备投资费和操作费，致力于提高传氧效率，且结构简单，以节约成本。

（4）太大的发酵罐对风险的承受力弱，因染菌或其他故障造成的损失较大。因此目前理想的发酵罐容积为100~200m³，对于染菌风险较小的发酵产业，也有达到1000m³的。

在筹建或扩建一个发酵工厂时，除了应慎重考虑设备的放大方案、市场需求和原料来源等因素，还应注意水、电、汽的配套或供应问题。

（二）清洁费用的成本分析

发酵工厂一般水的消耗量都很大，往往由于单位体积产物所消耗的水太多，而使得一些生产工艺的成本增加。Bernstein等曾为奶酪发酵设计了一个闭路循环系统使水完全反复利用从而减少水的消耗。在大规模的单细胞蛋白质生产过程中，一个年产量10万t的工厂，将水重复利用，可使水的消耗量降低至每天10万吨。

此外还要综合考虑"三废"处理的成本，企业因"三废"处理成本过高而倒闭的例子屡见不鲜。大多数的发酵过程不可能将废弃物的处理费用降到零。不论是采用焚烧、在荒地上堆存，或倾倒入下水道、河流中，都必须为这些处理付出代价以保证环境受到最少的污染。在英国，允许直接倒入河流中的废弃物必须保证在5d内的生物需氧量低于20mg/L，固体含量低于30mg/L，而废弃物还要预先经过8倍的稀释。

Pape指出最廉价的处理方法是控制堆积量，随后再予以焚烧，或堆放在废弃的盐矿中。废水的生物降解是工厂中最昂贵的处理方法，但却是常用的方法。因为在废水中只含有少量的有机物，如将它分离、浓缩和焚烧，将是一笔更大的支出。

对于废弃物的处理现在很多工厂都开展了再利用的研究，以此来降低处理费用。减少废弃物的处理费用，就可以改善对营养物的利用和整个生产。

（三）市场潜力分析

分析市场的现状和估计所需要的数据，及时了解原材料和产品的市场行情，并收集、分析国内外的有关经济信息，预测今后的变化趋势，对市场的潜力做出估计，及早做好应变的准备，这是一项提高企业经济效益、增强产品竞争活力的极为重要的技术经济管理工作。

发酵产物生产可分为两大类，即"低产值—大体积"和"高产值—小体积"。只有少数产物的生产是属于"低产值—大体积"，如溶剂、有机酸和单细胞蛋白质。大约有100种十分重要的有机化合物是由微生物发酵生产的，例如：乙醇、正丁醇、丙酮、甘油和乙酸。利用微生物生产这些化合物都比化学合成法经济得多。一些化学分子结构复杂，或对热不稳定化合物利用微生物发酵进行生产，其全过程具有经济上的可行性。如采用多步骤化学合成法生产，则其成本是较昂贵的。抗生素、类固醇、L-氨基酸、维生素等都属于高产值-小体积的范畴。

Hepner 曾对大规模的乙醇发酵生产的可行性做过考察，他认为用发酵法生产乙醇与从原油合成乙醇法竞争时，只有在当地能供应廉价碳水化合物时才有竞争力。如以 1977 年的价格为基础，原油每吨为 100 美元，而初制蔗糖为 109 美元时，则发酵法几乎没有竞争力，想要使发酵法具有优势，则必须采用每吨 75 美元的糖蜜作原料。

淀粉质原料如薯干、玉米等的市场供应量，经常会随播种面积和气候等因素变化，如果原料市场供大于求，不仅价格低，而且还有积压，就在一定程度上影响了种植积极性，使第二年的产量减少。而发酵对原材料的需求，使其需求量日益上升，结果又出现了供应十分紧张的局面，使得不少酒精厂只能收购新鲜甘薯生产酒精，结果价格贵，劳务费用大，腐败变质多，造成经济效益大幅度下降，有的甚至出现亏本。

所以从技术管理角度讲，为了增加对原材料变动的应变能力，需要有能力用其他代用原料的备用菌种，或者为生产菌株筛选多个培养基配方，以便按照市场的供应情况随时更换菌种或配方。

第三节　发酵过程的经济学评价

一个新菌种、新工艺、新材料或新设备在发酵生产中有没有推广和应用价值，主要是看它的技术经济指标是否先进。不同类型的发酵生产，其技术经济指标有所不同，发酵过程经济学评价的主要技术、经济指标主要有下面四方面。

一、产物浓度

发酵液中的产物浓度一般以 g/L 或 kg/m³ 表示，或者用质量百分比表示。对抗生素和维生素等活性物质产品来说，一般采用活性单位，计发酵单位或发酵效价，以 U/mL 表示。其中，单位 U 随产品的不同有不同的定义。

发酵产物浓度在一般情况下可以代表发酵水平的高低和菌种的生产能力，故在很长时间内成为发酵过程追求的主要指标，如酶制剂、抗生素等产品。不同企业的投入成本往往相差不大，其最终发酵液的活力单位就代表了企业的生产技术水平，发酵产物浓度高有如下优点。

（1）发酵液产物浓度高，提取收得率也相应高，这样可以减轻产品提取与分离工序的操作负荷，节省能源。

（2）在萃取、沉淀、结晶、离子交换等分离操作单元工艺中，提取废液中产物的残余量往往是不变的，由具体的操作条件决定，在此情况下，较高的产物浓度将提高产物的回收率。假设某一提取过程中提取废液中残余的产物浓度为 1%，若发酵液的产物浓度为 5%，则提取过程的收率为 80%；若发酵液的产物浓度为 10%，则提取过程的收率为 90%。

但是要注意的是，这一指标没有体现发酵周期、物质和能量消耗以及发酵液的质量。因此，片面追求高产物浓度是不可取的。

二、生产效率

生产效率即发酵的速率，是单位操作时间、单位发酵罐容积生产的发酵产物量，有小时产率（又称发酵指数）和年产率两种表示方法。

（一）小时产率

小时产率是指每小时单位发酵罐容积所产生的发酵产物量，可用式（11-4）表示。

$$小时产率＝发酵产量／（发酵罐容积×发酵时间）\tag{11-4}$$

因此，小时产率的单位用 kg／（$m^3 \cdot h$）或 g／（$L \cdot h$）表示，如单细胞蛋白的小时产率是指每小时、每立方米发酵罐容积发酵产生的单细胞蛋白量，单位就是 kg／（$m^3 \cdot h$）。

对于连续发酵，其生产速率是不变的，但是对于分批发酵，其生产速率随时间而变，一般可用平均生产速率表示，如式（11-5）。

$$平均生产速率＝（最终产物浓度-初始产物浓度）／发酵周期\tag{11-5}$$

（二）年产率

年产率是指每年单位发酵罐容积所产生的发酵产物量，可用式（11-6）表示。

$$年产率＝年发酵累计产量／发酵罐总容积\tag{11-6}$$

因此，年产率的单位用 kg／（$m^3 \cdot a$）或 g／（$L \cdot a$）表示，年产率不仅包含有效运转时间，而且计入了辅助时间和维修时间，因而是更全面的代表生产效率的综合性产率的表示方法。

发酵产率关系到固定成本效益，在固定资产及投入的劳动力不变，即具有同等单位时间固定成本的情况下，发酵产率越高，固定成本效益也越高。通过筛选优良菌株、选择合理的生产工艺和设备，可以有效提高固定成本的经济效益。但是，如果发酵产率的提高是以投入更多的原材料和动力为代价的话，那么固定成本效益的提高有可能被可变成本效益的下降所抵消。

三、基质转化率

发酵使用的主要基质（一般指碳源或其他成本较高的基质）转化为发酵产物的得率，称为基质转化率。可用式（11-7）表示。

$$基质转化率＝发酵批产量／批基质消耗总量\tag{11-7}$$

基质转化率的单位一般为 g/kg 或%，基质转化率是原材料成本效益的指示值。对于微生物代谢产物的发酵，基质转化率通常是指发酵使用的碳源转化为目的产物的得率。对于细胞产品，例如像单细胞蛋白，则是指碳源合成细胞的得率。对于生物转化产品，基质转化率表示前体物质转化为产物的得率。对于活性物质产品，如抗生素类，基质转化率表示发酵使用的碳源转化为目的产物的活力单位。

由于发酵成本中一般以原材料占首位，故基质转化率高的发酵过程，发酵成本较低。因此，高基质转化率可有效降低发酵的生产成本。发酵过程当中基质的消耗可分为三部分：细胞生长、维持能耗、合成（包括目的产物）。

要提高基质转化率，首先要合理控制微生物细胞的生长水平，细胞生长过于旺盛会导致基质转化率下降，而细胞生长量过小则会引起发酵速率下降。

其次是要控制代谢副产物的形成，代谢副产物的大量形成，不仅直接影响基质转化率，同时还会严重影响产品的提取与分离纯化，特别是分子结构和理化性质与目的产物类似的副产物影响更大。控制代谢副产物形成的主要方法，一是通过菌种选育与改造，切断某些副产物的合成代谢途径，二是优化发酵过程，控制工艺条件使其不适合副产物的形成。

四、单位产品的能耗

单位产品的能耗包括水、电、汽的总消耗量，一般用生产每吨产品所消耗的水、电、汽来表示。水、电、汽三者之间的消耗指标是相互关联的，如蒸汽的用量大，电的用量就可能要小些；对于缺水的地区，发酵过程的冷却采用冷冻循环系统，这时水的消耗量减少，而电的消耗量将增加。由此可见，衡量某一发酵过程的水、电、汽的消耗量是以三者消耗的总费用作为最终评价指标。

在衡量发酵过程的经济性时，单位产量发酵成本这一指标更直接地反映了发酵，即发酵产生单位数量产物所投入的固定成本与可变成本之和。单位产量发酵成本越低，发酵产生的单位产品中包含的利润就越大。单位产量发酵成本可用式（11-8）表示。

单位产量发酵成本（元/kg）= 月（年）投入固定成本与可变成本之和/月（年）发酵累计产量

$$(11-8)$$

以上所有发酵过程必须首先考虑和弄清楚主要经济指标，以了解发酵产品的生产能力和市场竞争力，判断该发酵过程产业化方面是否真正可行。当然，实际上还涉及其他与经济学综合评价的相关指标，如投资利润率、内部收益率等。

思考题

1. 什么是固定成本及可变成本？
2. 简述如何降低通气成本。
3. 发酵过程的不同培养方式对发酵成本的影响有什么不同？
4. 影响发酵产品成本的主要因素有哪些？
5. 如何从分离纯化的角度降低发酵产品的生产成本？
6. 在发酵工业生产中，应如何选用廉价的发酵原材料？

参考文献

[1] 余龙江. 发酵工程原理与技术应用 [M]. 北京：化学工业出版社，2008.

[2] 顾国贤. 酿造酒工艺学 [M]. 北京：中国轻工业出版社，1996.

[3] 姚汝华，周世水. 微生物工程工艺原理 [M]. 广州：华南理工大学出版社，2005.

[4] 俞俊堂. 生物工艺学 [M]. 北京：化学工业出版社，2003.

[5] 沈萍. 微生物学 [M]. 北京：高等教育出版社，2000.

[6] 焦瑞声. 微生物工程 [M]. 北京：化学工业出版社，2003.

[7] 俞俊堂. 生物工艺学 [M]. 北京：化学工业出版社，2003.

[8] 谭天伟. 生物分离技术 [M]. 北京：化学工业出版社，2007.

[9] 曹学君. 现代生物分离工程 [M]. 上海：华东理工大学出版社，2007.

[10] 蔡功禄. 发酵工厂设计概论 [M]. 北京：中国轻工业出版社，2000.

[11] 熊宗贵. 发酵工艺原理 [M]. 北京：中国医药科技出版社，1995.

[12] 邱立友. 发酵工程与设备 [M]. 北京：中国农业出版社，2007.

第十二章 发酵工业与环境保护

 **学习目标**

1. 了解发酵工业"三废"污染处理原理，废水污染指标的衡量。
2. 掌握发酵废渣液综合利用以及各种生物法处理的原理。
3. 熟悉理解废渣液的常见生物处理技术。

第一节 概述

发酵工业涵盖了柠檬酸、味精、酵母、酶制剂、饲料、酒精、丙酮、丁醇、抗生素、核苷酸、维生素等多种产品，发酵工业涉及食品、农业、化工、制药等多个行业。在原料预处理、洗涤、菌体分离、精制等生产过程中都要排出大量的污水、废液。这类废水与食品、屠宰、皮革、淀粉、制糖等工业排放的废水大都属于高浓度的有机废水。这种高浓度有机废水若直接排放，会造成受纳水体的缺氧污染。使江河渠道中的水质发臭变黑，破坏水体中的正常生态循环；使渔业生产、水产养殖、淡水资源等遭受破坏；使地下水源和饮用水源受到污染，影响人类的生存环境。发酵工业废液若能科学处理和利用，将是一种丰富的饲料和能源资源。发酵废液的处理主要是采用水处理和环境工程等领域的技术，有趣的是，发酵废液处理中常用的生物工艺、厌氧/好氧生物反应器的设计、运行又离不开微生物发酵的基本原理。

环境是人类赖以生存和社会经济可持续发展的客观条件和空间。随着现代工业的高速发展，环境保护问题已引起人们的极大关注。从 20 世纪 50 年代起，一些国家因工业废弃物排放或化学品泄漏所造成的环境污染，一度发展成为严重的社会公害，甚至发生严重的环境污染事件。环境污染直接威胁人类的生命和安全，也影响经济的顺利发展，已成为严重的社会问题。随着人类对环境保护认识的不断深入，许多国家先后成立了环境保护管理机构，加强对环境污染的防治工作，并制定了一系列的环境保护法规。通过多年的努力，环境污染得到有效的控制，环境质量也有了很大改善。

持续发展的基本内容是社会持续、生态持续、经济持续这三个方面。生态持续是基础，经济持续是条件，社会持续是目的。三者相互依存、相互促进，最终目标是保证"生态—经济—社会"的复合系统的持续、稳定、健康发展。

在中国的持续发展战略上，与其说环境保护问题重要，不如说资源问题更重要。只有抓住资源这个主要矛盾，才能有效地解决环境、生态问题。资源的综合开发利用与可持续发展息息相关，因此，应尽可能减缓对自然资源的开采并最大程度地节约资源和能源，也必须最有效地开展二次资源的再生利用，扩大资源来源和保证人类社会可持续发展。

资源再生利用在合理开发利用资源、保护生态环境以及我国实施可持续发展战略中占突出地位。资源再生利用过程尽可能做到废弃物的综合回收和利用，就降低了需要治理的废弃物的总量，减少了环境治理的投资，为最终治理达标排放创造了条件。在环境工程中，单纯运用仅以消除污染为目的"三废"处理的基本方法和手段，往往不能奏效，其分离难度更大。还必须在治理污染的基础上针对被分离物有价组分的性质，采取特殊的手段，进行深层次加工处理，以便获得可再生利用的产品。

我国自 1973 年建立环境保护机构起，各级环境保护部门就开展了污染的治理和综合利用。几十年来，我国在治理污染方面不仅加强了立法，而且投入了大量的资金，相继建成了大批治理污染的设施，取得了比较明显的环境效益。但是，由于我国经济的持续高速发展和能源消费结构的不合理，加上人们对环境污染严重性的认识仍然不足，致使我国工业污染的治理远远落后于工业生产的发展。伴随着我国世界工厂地位的确立，环境压力同时也达到了高峰。当清新的空气、洁净的水源、蓝色的天空都成为民众的奢望之时，我国环境污染问题之严重就可想而知了。许多江河湖泊受到了不同程度的污染，城市河段尤为严重，有的几乎成为臭水沟。一些地区的地下水也受到污染，饮用水源受到威胁。废气污染导致空气的质量下降，一些工业城市居民某些疾病的患病率明显高于农村。工业污染不仅严重威胁人类的健康，而且给经济的可持续发展带来巨大的损害。面对日益严重的环境污染，传统的先污染后治理的治污方案往往难以奏效，必须采取切实可行的措施，走高科技、低污染的跨越式产业发展之路，治理和保护好环境，促进我国经济的可持续发展。

环境问题已经成为整个世界的一大危机，人类赖以生存和发展的环境受到了严峻挑战，资源的迅猛开发与滥采滥用，使其日益枯竭，生态环境遭到了严重破坏，造成了各种污染事故频频发生。发酵工程在环境保护中的应用，展望了其在环境保护中的应用前景。

工业废水是指工业生产过程中产生的废水、污水和废液，可能含有工业生产原料、中间产物、产品以及生产过程中产生的污染物。工业废水的分类如下。

（1）按工业企业的产品和加工对象分类，可分为冶金废水、造纸废水、焦化废水、金属酸洗废水、化学肥料废水、纺织印染废水、染料废水、制革废水、农药废水、电站废水等。

（2）按所含主要污染物的化学性质分类，可分为含无机污染物为主的为无机废水，如电镀废水和矿物加工过程的废水；含有机污染物为主的为有机废水，如食品或石油加工过程的废水。

（3）按废水中所含污染物的主要成分分类，可分为酸性废水、碱性废水、含氰废水、含铬废水、含镉废水、含汞废水、含酚废水、含醛废水、含油废水、含硫废水、含有机磷废水和放射性废水等。

自然界存在着丰富的微生物种群，在生物圈物质循环中着重充当分解者的角色。微生物通过发酵作用，可以对物质进行降解与转化，利用微生物发酵工程的原理与技术，处理环境污染物，可以实现废物的循环利用，提高整体工艺效益，达到减轻环境污染的目的。

发酵工业废液含有多种营养源，可以被自然界存在的各种好氧或厌氧的微生物种群分解利用，达到净化的作用，但不是每种发酵工业废液都能用生物厌氧消化方法治理。厌氧微生物容易受到各种抑制因子的影响而停止生长。如废液中含有过多的硫酸根就会在厌氧发酵过程中产生硫化氢，pH 中性条件下硫化氢溶于水中，从而抑制厌氧消化过程的进行，这就需要采取生物或化学的脱硫方法来解决。还有些制药发酵工业废液含有抑菌物质（如广谱抗生素发酵废液），有的在工艺中加入表面活性剂、卤代烃、重金属等，均会使厌氧消化受到抑制，这就需要采取针对性的前处理工艺（化学絮凝、微生物脱硫等）来去除这些抑制因子，才能使厌氧生物处理得以进行，这些都离不开微生物发酵的基本原理。

一般认为，厌氧消化法处理发酵工业废液比较经济，它具有省电、能处理高浓度废水、剩余污泥少，能生产沼气和沼肥等优点，符合环境的生态循环规律。经过厌氧消化处理后的废水，其有机物可除去 80%~90%，废水体积不增加；再进行好氧处理，可使水中的化学需氧量、生物需氧量指标达到排放标准并恢复水中一定的溶氧水平。

第二节　发酵工业"三废"处理

一、废水污染指标的衡量

工业所排放的污水情况较为复杂，其污染程度，常需要通过一些指标来检测。下面分别介绍衡量废水污染程度的最重要的几项指标，其中悬浮物和有机物是一般水污染控制必不可少的项目。

（一）化学性指标

1. 总固体（TS）

在 103~105℃ 下将废水烘干的残渣量即为总固体，包括漂浮物、悬浮物、胶体和溶解物，以烘干单位体积污水所得到的残渣量（mg/L）表示。

2. 悬浮物（SS）

SS 是指废水在沉淀设备中形成的浮渣和污泥，单位为 mg/L。悬浮物中包含漂浮物和可沉物（指 60min 内能在锥形瓶沉下的物质），它可能影响水体透光度，从而可妨碍水生植物生长，或堵塞土地的空隙，形成河底淤泥等现象。

3. 有机物

废水中有机物的组成很复杂，想分别测定废水中各种有机物的含量是非常困难的，一般采用生化需氧量（BOD）和化学需氧量（COD）两个指标表示有机物的含量。

（1）生化需氧量 BOD（Biochemical Oxygen Demand）

生化需氧量又称生物需氧量，表示在一定的温度、一定的时间内有机物由于微生物（主要是细菌）的活动降解所要耗用氧的量，常用单位体积污染水所消耗的氧量（mg/L）表示。

微生物消耗、分解有机物的能力与环境温度有关，并且有机物被氧化、合成的程度随微生物和有机物的种类而异，所以用 BOD 来衡量有机物，仅可作相对的比较。多数国家规定用 20℃ 作为测定的温度。当温度为 20℃ 时，一般的有机物至少需要 20d 左右才能基本完成第一阶段的氧化分解过程，这在实际应用中是有困难的，目前大多数国家都采用 5d 作为测定的标准时间，表示为 BOD_5。BOD_5 越高表示污水中可生物降解的有机物越多。生活污水的 BOD_5 一般在 70~250mg/L，工业废水的 BOD_5 则有较大差别，有的高达数千 mg/L。综合的城市污水 BOD_5 一般在 100~300mg/L。

（2）化学需氧量 COD（Chemical Oxygen Demand）

COD 表示利用化学氧化剂氧化有机物所需要的氧量，也是以单位体积污染水所消耗的氧量（mg/L）表示。COD 值越高，表示所含的有机物越多。目前测定时常用的氧化剂为重铬酸钾，测出的结果用 COD_{Cr} 表示。

废水若用生物法处理，还需要一个可生化性指标，其定义为 BOD/COD 的比值，其范围：BOD/COD<0.3，此废水不可用生化处理；BOD/COD>0.5，此废水可用生化处理；BOD/COD>0.7，此废水非常容易用生化处理。

废水不可用生化处理的主要原因是这种废水中可能含有抑制或杀死微生物的有毒物质，也可能所含物质虽对微生物无毒害作用，但不能被微生物分解氧化，这类废水要采用物理或化学法处理。

4. pH

水体的 pH 也是衡量水被污染程度的一个指标。对于某一水体，其 pH 几乎保持不变，这表明水体具有一定的缓冲能力，天然水体的 pH 一般在 6~9。

5. 细菌总数

废水中含细菌的总菌落数量的多少，可表明水质的有机污染程度。其单位为 CFU/mL。它的测量是将定量水样接种于营养琼脂培养基中，在 37℃下培养 24h 后，计数生长细菌菌落数，然后根据接种的水样数量，算出 1mL 水样中的菌落数，即得细菌总数。

6. 大肠菌群数

大肠菌群数是水质细菌检验的常用指标，以大肠菌群数/L 水样来表示。大肠菌群般包括大肠埃希杆菌、产气杆菌和副大肠杆菌，主要寄生在人和动物的肠道中，大量地存在于粪便中，废水中若检出大肠杆菌群，说明它已遭到粪便的污染。大肠菌群的测定方法目前常用发酵法和滤膜法。

7. 氨

氨是指水中以游离氨和铵离子形式存在的氮。氨态氮是水体中的营养素，可导致水产生富营养化现象，是水体中的主要耗氧污染物，对鱼类及某些水生生物有毒害。

8. 总氮

总氮是水中各种形态无机氮和有机氮的总量。包括 NO_3^-、NO_2^- 和 NH_4^+ 等无机氮和蛋白质、氨基酸和有机胺等有机氮，以每升水含氮毫克数计算。常被用来表示水体受营养物质污染的程度。

9. 总有机碳

总有机碳（TOC）是指水体中溶解性和悬浮性有机物含碳的总量。水中有机物的种类很多，目前还不能全部进行分离鉴定。TOC 是一个快速检定的综合指标，它以碳的数量表示水中含有机物的总量。但由于它不能反映水中有机物的种类和组成，因而不能反映总量相同的总有机碳所造成的不同污染后果。通常作为评价水体有机物污染程度的重要依据。

（二）生物学指标

废水中生物污染物是指污水中存在的致病微生物，以细菌和病毒为主。废水中微生物量因废水性质不同而变化较大，对于生活污水，细菌数在 $10^5 \sim 10^6$ CFU/mL 呈游离或团块状；病毒为 200~700CFU/L；此外还有一些寄生虫卵。处理前后微生物数量的变化是评价水质净化度的指标之一，部分生活污水处理厂以及所有医院污水处理系统排放的出水还应予以消毒，以杀灭处理后残存的病原微生物。

二、废渣液综合利用的原理

发酵废液的一般特征是：单位容量的产品排出的废液容量多，废液容量可达产品容量的数倍；有机物含量高，COD、BOD 高；不含重金属、割化物等有害物质；色度高；pH 近中性，多磷、氮。发酵工业废液的生物处理方法必须充分考虑具体的发酵工业废液的特征。

发酵工业废渣主要是指发酵液经过滤或提取产品后所产生的废菌渣。其数量通常占发酵液体积的 20% ~ 30%，含水量为 80% ~ 90%。干燥后的菌丝粉中含粗蛋白 20% ~ 30%，脂肪 5% ~ 10%，灰分约 15%，还含有少量的维生素、钙、磷等物质。有的菌丝中含有残留的抗生素及发酵液处理过程中加入的金属盐或絮凝剂等。

我国是抗生素生产、使用大国，年产抗生素原料约 19.6 万 t，按照 1t 抗生素产生 40t 湿菌渣（含水 70% 左右）计算，目前抗生素湿菌渣年产量达 800 万 t 左右。抗生素发酵企业大多未进行深度处理，仅将其作普通固体垃圾填埋处理；或简单处理后作为饲料或肥料供农村使用。一方面暴露在空气中的抗生素菌渣会发臭、液化造成大气污染直接影响到周围居民的日常生活；另一方面，菌渣中残留的抗生素会进入土壤中，并在土壤中发生迁移，进而加剧耐药性微生物的产生，影响动植物的生长，间接影响人类的健康。

抗生素菌渣虽含有未利用完的碳氮源和菌体等资源，但菌渣中的抗生素残留决定了其不能直接作为肥料使用。如果能通过一定的处理方法将抗生素菌渣中的有害物质去除，再将无害化的菌渣用作饲料或肥料，这将是抗生素菌渣资源化的有效途径。

对于生产有毒的抗癌药或抗生素产生的菌丝，或不能利用生化处理的有机废渣，则可以采取焚烧处理的办法。但焚烧设施的投资及运行成本较高。焚烧后排放废气的除臭及无害化处理需要考虑。

一些工厂由于设备条件和生产管理的问题，人为地将发酵废渣、菌丝排放于下水道，会堵塞下水管道，造成下水中悬浮物指标严重超标。菌丝进入下水后，由于细胞死亡而自溶，转变成水中可溶性有机物，使下水呈现出很高的 COD 和 BOD 污染指标，下水变黑发臭，形成厌氧发酵。所以生产车间要尽量避免菌丝流失进入下水道。抗生素菌渣的处理工艺主要有：气流干燥、厌氧消化、焚烧工艺，此外，还有特定微生物降解、堆肥化（Composting）技术等方法。

水体受到污染后，在没有人为干预的条件下，可借助水体自身的能力使之得到净化，这种现象称为水体自净。水体自净过程主要包括稀释、沉降、扩散等物理作用，氧化、还原、分解、絮凝等化学作用和生物降解作用，其中生物降解，即生物净化作用是水体自净作用的主要动力。

废水生物处理法是天然水体生物自净原理的人工强化和具体应用。该方法通过创造适宜的条件，使微生物高浓度地富集在特定的构筑物，即废水处理装置中，充分利用微生物的作用，高速度、高效率地分解、转化废水中的污染物，从而使水体得到净化。

根据处理过程中起作用的微生物对氧气要求的不同，可将废水生物处理分为好氧处理与厌氧处理两大类。

废水中的污染物具有成分复杂、可处理性差异大的特点。一种处理方法往往不能满足处理的要求，在实际工作中常采用物理、化学方法与生物处理相结合的组合工艺。由于生物处理具有投资少、成本低、工艺设备较简单、运行条件平和，特别是能彻底降解污染物而避免产生二次污染等特点，自 19 世纪末出现以来，即成为污水处理工艺的主要技术，现已广泛用于生活污水和工业废水的处理。

第三节　发酵工业废水废渣处理的方法

废水处理方法按照处理结果可分为两类：一类是把有害物从废水中分离出来，进行资源化控制；另一类是将有害物转化为无害物。根据所用技术的原理可分为三类：物理法、化学法、生物法。

一、物理法

物理法主要是利用物理作用分离废水中呈悬浮状态的污染物质，在处理过程中不改变污染物的化学性质。常用重力分离法、离心分离法、过滤等方法截留各类漂浮物、悬浮物等；利用沉淀、气浮和离心等方法分离相对密度不同的污染物质等。

二、化学法

化学法是利用化学反应的作用，通过改变污染物的性质，降低其危害性或使其有利于污染物的分离与除去的方法。包括向废水中投加各类絮凝剂，使之与水中的污染物发生化学反应，生成不溶于水或难溶于水的化合物，析出沉淀，使废水得到净化的化学沉淀法；利用中和作用处理酸性或碱性废水的中和法；利用液氮、臭氧等强氧化剂，氧化分解废水中污染物的化学氧化法。

三、生物法

天然水体受到污染后，在没有人为干预的条件下，可借助水体自身的能力使之得到净化，这种现象称为水体自净。水体自净过程主要包括稀释、沉降、扩散等物理作用，氧化、还原、分解、絮凝等化学作用和生物降解作用，其中生物降解，即生物净化作用是水体自净作用的主要动力。

生物法是利用微生物的代谢作用去除废水中有机污染物的一种方法，也称生物化学处理法。该方法具有成本低、处理量大、不加或少加化学药剂等优点，现已成为环境保护、污水处理过程中的主要工艺，生物处理方法一般适用于有机废水处理，特殊情况下也用于除去无机物。生物处理方法分为好氧生物处理、厌氧生物处理等。

（一）好氧生物处理

好氧生物处理技术是一种在好氧条件下，利用微生物将污水中的污染物质转化为稳定、无害物质的处理技术。目前，好氧生物法在污水处理中的研究已经较成熟，并且已经有了广泛的应用，但是随着生物法的继续发展，人们对其提出了更高的要求，如缩短其水力停留时间、有效处理难降解和有毒性物质、减小占地面积以及降低运行费用等。其中活性污泥和生物膜生物处理系统是当前污水处理领域应用广泛的两种处理技术。

根据好氧生物法处理污水的原理，从生物工艺上解决上述问题可从以下几个方面着手：①提高污水中溶解氧的含量；②保持高的微生物量，如通过在反应器中投加陶粒、粉末活性炭、无烟煤、多孔泡沫塑料、聚氨酯泡沫、多孔海绵、塑料网格、废弃轮胎颗粒或特制的一些填料来增加微生物浓度；③增强污水与微生物的碰接机会，加强传质速度；④延长难降解物质的停留时间。

基于上述观点，出现许多可处理难降解有机废水的高级氧化技术，如加压曝气、射流曝气、受限曝气、微孔曝气等强化曝气活性污泥法；UNITANK 工艺（一体化活性污泥系统）、氧化沟活性污泥法、CASS 工艺（循环式活性污泥系统）、AB 工艺（吸附-生物降解工艺）、LINPOR 工艺（悬浮载体生物膜反应器）、粉末活性炭活性污泥法、膜生物反应器等新型活性污泥法；以及序批式活性污泥生物膜法、附着生长污水稳定塘、生物流化床、流动床生物膜反应器、曝气生物滤池、移动床生物膜反应器、微孔生物膜反应器等新型生物膜反应器。同时，人们也开始考虑利用基因工程菌来强化生物反应器的运行效果。

废水的好氧生物处理又分为活性污泥法、生物膜法和稳定塘法。

1. 活性污泥法

活性污泥法是利用悬浮生物培养体来处理废水的一种生物化学工程方法，用于去除废水中溶解的以及胶体的有机物质。活性污泥法是一种通常所称的二级处理方法。它接纳从初次沉淀池的来水进行需氧生物氧化处理。活性污泥法基本流程如图 12-1 所示。共有六个组成部分，说明如下。

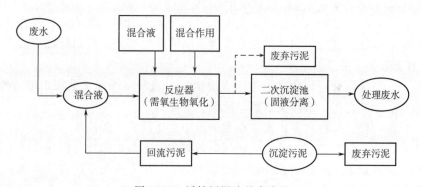

图 12-1　活性污泥法基本流程

①发生需氧生物氧化过程的反应器这是活性污泥法的核心部分，这个反应器也就是一般所称的曝气池。

②向反应器混合液中分散空气或纯氧的氧源空气或氧气以压力态或大气常压态进入混合液中。

③对反应器中液体进行混合的设备或手段。

④对混合液进行固液分离的沉淀池把混合液分成沉淀的生物固体与经处理后的废水两部分，这一沉淀池也称为二次沉淀池或二沉池。

⑤收集二次沉淀池的沉淀固体并回流到反应器的设备。

⑥从系统中废弃一部分生物固体的手段。

活性污泥法中起分解有机物作用的是分布在反应器的多种生物的混合培养体，包括细菌、原生动物、轮虫和真菌。细菌起同化废水中绝大部分有机物的作用，即把有机物转化成细胞物质的作用，而原生动物及轮虫吞食分散的细菌，使它们不在二沉池水中出现。

废水中所含的可溶性有机物，不能作为微小动物的营养源，因此，废水中的净化机能虽然可看作是利用直接接种的细菌或真菌等腐生动物营养型微生物的作用，但实际上，如果没有原生动物、袋形动物存在的话，则也达不到废水净化的目的。活性污泥为 300~1000m 的不定型细菌的凝集体，无数微小动物则附着在其中。将曝气池的混合液静置，通常 5~10min 内上清液就与污泥分离，约 30min 沉淀后，对良好的活性污泥，上清液会变透明。曝气池虽然也是一种完全的水环境，但由于通气和搅拌，对较大尺寸微生物的生存极为不利。因此，活性污泥中所出现的微生物，最大为 1mm 左右，主要以细菌和原生动物为主。但是随污泥种类的不同，也有真菌类和微小动物出现。

①细菌：废水中，直接摄取可溶性有机物者以细菌为主。构成活性污泥的细菌群中，有形成菌胶团的生枝动胶菌，形成丝状体的浮游球衣菌。动胶菌属因为是活性污泥菌胶团的主体而受到重视，其菌体以凝胶状物质包裹成手指状、树枝状、羽状形态而增殖。实际的活性污泥中出现典型的动胶菌属絮凝体的为数不多。一般而言，大多是以多种类细菌构成的絮凝胶团。球衣菌属形成如剑鞘并列状的透明丝状体，其丝状体中假分支较多。如果污泥中的球衣菌属异常增殖的话，则会引起污泥膨胀现象，导致终沉池中固液相不能分离。此外，根据培养实验的结果，污泥中常见细菌种类以无色杆菌属、产碱杆菌属、芽孢杆菌属、黄杆菌属为多。对于正常的城市污水的活性污泥，1mg 的 MLSS 中含 $2.0×10^7$~$1.6×10^8$ 个活菌（1mL 的活性污泥混合液中有 10^7~10^8 个）。

②原生动物：原生动物与细菌都是在废水中起净化作用的主要成员，并且是污水处理效率的重要指示生物。活性污泥中虽含有多种不同的原生动物，但以纤毛虫占多数，据报道约有 80 种之多。

③真菌类：有关活性污泥中真菌类的报道很少，通常出现在工业废水的活性污泥中，大多为藻菌类、半知菌类、酵母类的假丝酵母、红酵母等。

④微小后生动物：活性污泥中通常出现的微小后生动物有轮虫类与线虫类。而且，这些后生动物常摄食污泥中细菌、原生动物残骸的碎片。普通的活性污泥混合液 1mL 中的轮虫类个体数在 200 以上，不超过微小动物总数的 5%。贫毛虫类以优势种出现，一般仅限于长时间曝气法的情况，如果在 1mL 混合液中出现 500 个以上的话，活性污泥即呈赤褐色。线虫类的出现个数在 100~200 个，很难形成优势增殖。其他的后生动物如腹毛虫类和甲壳虫类等则仅仅是偶尔出现。不管任何场合，这些微小动物在 1mL 混合液中的个体数皆在 100 以下。

在反应器的需氧过程也类似于抗生素发酵过程，原理是相似的。只是起作用的生物体、底物、产物不同而已。

影响活性污泥净化废水的因素主要有以下几个方面。

①溶解氧活性：污泥法中，如果供氧不足，溶解氧浓度过低，会使活性污泥中微生物的生长繁殖受到影响，从而使净化功能下降，且易于滋生丝状菌，产生污泥膨胀现象。但若溶解氧过高，会降低氧的转移效率，从而增加所需的动力费用。因此应使活性污泥净化反应中的溶解氧浓度保持在 2mg/L 左右。

②水温温度：是影响微生物正常活动的重要因素之一，随着温度的升高，细胞中的生化反应速率加快，微生物生长繁殖速度也加快。但如果温度大幅度增高，会使细胞组织受到不可逆的破坏。活性污泥最适宜的温度范围是 15~30℃，水温低于 10℃时即可对活性污

泥的功能产生不利的影响。因此，在我国北方地区，小型活性污泥处理系统可考虑建在室内；水温过高的工业废水在进入活性污泥处理系统前，应采取降温措施。

③营养物质：废水中应含有足够的微生物细胞合成所需的各种营养物质，如碳、氧、氮、磷等，如没有或不够，必须考虑投加适量的氮、磷等物质，以保持废水中的营养平衡。

④pH：活性污泥最适宜的 pH 为 6.5~8.5；如 pH 降低至 4.5 以下，原生动物将全部消失；当 pH 超过 9.0 时，微生物的生长繁殖速度将受到影响。

经过一段时间的驯化，活性污泥系统也能够处理具有一定酸碱度的废水，但是，如果废水的 pH 突然急剧变化，将会破坏整个生物处理系统。因此，在处理 pH 变化幅度较大的工业废水时，应在生物处理之前先进行中和处理或设均质池。

⑤有毒物质：在抗生素的发酵废水中常含有残留抗生素，这是有毒物质，在抗生素发酵废水中的主要形式，抗生素浓度的高低，直接决定抗生素发酵废水的可生化性。

活性污泥法包括普通活性污泥法、渐减曝气法、逐步曝气法、吸附再生法、完全混合活性污泥法、批式活性污泥法、吸附-生物降解工艺（AB 法）、延时曝气法、氧化沟法等。其中批式活性污泥法（简称 SBR）是国内外近年来新开发的一种活性污泥法，尤其在抗生素发酵废水的生物处理中应用得较多。其工艺特点是将曝气池与沉淀池合二为一，是一种间歇运行方式。

批式活性污泥反应池去除有机物的机制在充氧时与普通活性污泥法相同，只不过是在运行时，按进水、反应、沉降、排水和闲置五个时期依次周期性运行。进水期是指从开始进水到结束进水的一段时间，污水进入反应池后，即与池内闲置期的污泥混合；在反应期中，反应器不再进水，并开始进行生化反应；沉降期为固液分离期，上清液在下一步的排水期进行外排；然后进入闲置期，活性污泥在此阶段进行内源呼吸。批式活性污泥法的构造简单、投资节省，特别适合于仅设白班工厂的废水处理。

（1）普通活性污泥法　普通活性污泥法是最早采用的活性污泥法，它有以下几个特点：曝气池为推流式（图 12-2），采用空气曝气且沿池长均匀曝气，F/M 值在 0.2~0.5kgBOD$_5$/（kgMLSS·d）。废水的 BOD 从曝气池的入水口到池的出水口逐渐下降，微生物类群的质和量不断变化，活性污泥的吸附、絮凝、稳定作用不断变化，其沉降—浓缩性能也不断变化。

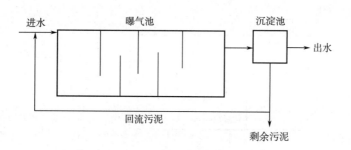

图 12-2　推流式曝气池废水处理工艺流程

活性污泥在曝气池内随着有机物浓度的降低，耗氧速度下降，最后微生物群体进入内源代谢期，需氧速率沿池长逐渐降低，混合液中溶氧浓度沿池长逐渐增高。

普通活性污泥法处理效果较好，BOD 去除率可达 90%～95%，适用于处理净化程度和稳定程度要求较高的废水，对废水的处理程度比较灵活。但是传统活性污泥法曝气池容积较大，占地面积大；在曝气池末端可能出现供氧速率高于需氧速率的现象，增加动力费用；并且对冲击负荷适应性较弱。在对这些缺点的改进过程中，出现了普通活性污泥法的变形工艺。

（2）完全混合活性污泥法　工艺流程见图 12-3。这种工艺是在传统工艺的基础上，将曝气池由推流式改成完全混合式，以便提高抗冲击负荷的能力，池内混合液能对废水起稀释作用，对高峰负荷起削弱作用。池内混合液的组成、F/M 值、微生物类群的质和量完全均匀一致。通过对 F/M 值的调整，可以将完全混合曝气池内的有机物降解反应控制在最佳状态。完全混合活性污泥法适于处理工业废水，特别是高浓度的有机废水，但该法容易产生污泥膨胀。

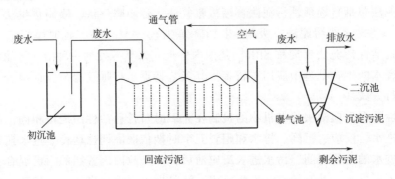

图 12-3　完全混合活性污泥法的工艺流程

（3）逐点进水工艺　逐点进水工艺又称为阶段曝气工艺，是在传统工艺的基础上将曝气池一端进水改成沿池长多点进水，如图 12-4 所示。传统工艺曝气池前段 F/M 值高，可能产生供氧不足；而后段 F/M 值很低，可能产生供氧过剩。逐点进水工艺能克服上述缺点，使全池 F/M 值基本一致，从而使全池曝气效果均匀。该工艺的另一个特点是污泥浓度沿池长逐渐降低，曝气池出口处排入二沉池的混合液 MLSS 浓度很低，有利于二沉池的固液沉降分离。另外，废水分段注入，提高了曝气池对冲击负荷的适应能力。

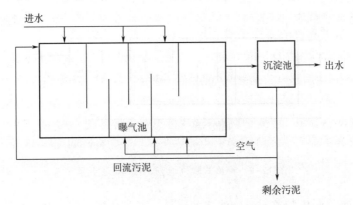

图 12-4　逐点进水工艺流程

（4）渐减曝气工艺　传统工艺曝气量沿池长均匀分布，但实际需氧量则沿长池逐渐降低，造成沿池长氧量供需的反差。所谓的渐减曝气工艺就是曝气量沿池长逐渐降低，与需氧量的变化相匹配，在保证供氧的前提下，降低能耗，如图 12-5 所示。实际上，新建的所有活性污泥工艺处理厂都设计成渐减曝气。

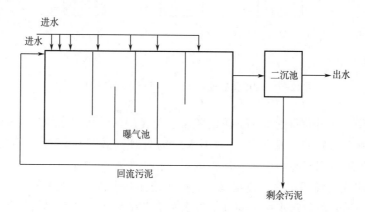

图 12-5　渐减曝气工艺流程

（5）吸附-生物降解工艺　吸附-生物降解工艺也称为 AB（Adsorption Biodegradation）工艺。与传统活性污泥法相比具有负荷高、节能、对水质变化适应能力强等特点。AB 工艺为两段活性污泥法，主要由 A 段曝气池、中间沉淀池、B 段曝气池和二次沉淀池等组成，两段活性污泥各自回流。A 段为生物吸附、B 段为生物降解，工艺流程如图 12-6 所示。

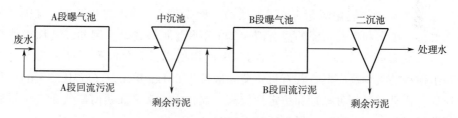

图 12-6　吸附-生物降解工艺的基本工艺流程

（6）序批式（间歇）活性污泥法　序批式（间歇）活性污泥法（Sequencing Batch Reactor Process），简称 SBR，是近年来在国内外引起广泛重视和研究日趋增多的一种废水处理工艺，且目前已有一些生产装置在运行中。SBR 工艺的运行包括进水、反应、沉淀、排水、静止 5 个工序（图 12-7）。

此法中反应器的运行特点为间歇操作，因此又称为间歇式活性污泥法。在 SBR 工艺中，因废水一次性投入反应器，有机物浓度随时间延长而减少，致使反应后期污染物浓度较低，这种变化能较好地抑制丝状细菌的生长，而有利于菌胶团形成菌的生长。另外，在 SBR 反应器中，通过控制曝气可实现厌氧与好氧的交替状态，可以抑制专性好氧丝状菌的过量繁殖。因此 SBR 工艺能有效地防止污泥膨胀现象的发生，从而提高污泥的沉降性。通过控制反应工序的曝气时间和其他工序的时间，在反应器内可以实现"厌氧—缺氧—好

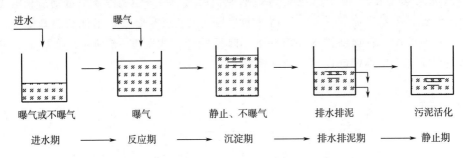

图 12-7 SBR 反应器在一个运行周期内的操作过程

氧"条件的交替,又可获得脱氮和除磷的效果。与传统活性污泥法相比,SBR 工艺具有投资少、处理效率高等特点,适用于中、小水量的处理,具有广阔的应用前景。在我国,SBR 工艺已成功地应用于啤酒废水、淀粉废水、化工废水等的处理。

(7)纯氧曝气活性污泥法 纯氧曝气活性污泥法是由传统工艺的空气供氧改为用氧气直接供氧。由于纯氧可使污水中的饱和溶解氧提高几倍以上,从而增大了扩散推动力,使曝气效果明显提高,电耗明显降低。另外,由于供氧速度不再成为微生物活性的限制因素,曝气池的 MLVSS 可以大幅度提高,从而降低 F/M,提高处理效果。纯氧曝气工艺总运转费用的高低主要取决于纯氧的来源。与鼓风曝气相比,纯氧曝气活性污泥法的纯氧分压比空气约高 5 倍,可大大提高氧气的转移效率,鼓风曝气时氧的转移率为 10% 左右,而纯氧曝气的转移率为 80%~90%。纯氧曝气能提高曝气池的容积负荷,处理效率高,废水所需的曝气时间短,剩余污泥量少,一般不会产生污泥膨胀现象。纯氧曝气系统有两种类型,工艺流程如图 12-8 所示。

(8)氧化沟装置 氧化沟是活性污泥法的一种改型,一般不需初沉池,其曝气池是呈封闭的沟渠型,废水和活性污泥的混合液在其中不断地循环流动,因此,又称为"环形曝气池"或"无终端曝气系统"(图 12-9)。更确切地说,氧化沟是一种无头无尾封闭形的、加强了搅拌的生物反应器。其有机负荷一般低于 0.1kg BOD$_5$/(kgMLSS·d),因此其出水水质好,而且其运行可靠性和稳定性较高。氧化沟通常是在延时曝气条件下进行,这时水力停留时间为(10~40h),属于延时曝气法。

2. 生物膜法

滤料或某种载体在污水中经过一段时间后,会在其表面形成一种膜状污泥,这种污泥称为生物膜。生物膜呈蓬松的絮状结构,表面积大,具有很强的吸附能力,生物膜是由多种微生物组成的,以吸附或沉积于膜上的有机物为营养物质,并在滤料表面不断生长繁殖。

随着微生物的不断繁殖增长,生物膜的厚度不断增加,当厚度增加到一定程度后,其内部较深处由于供氧不足而转变为厌氧状态,使生物膜的附着力减弱。此时,在水流的冲刷作用下,生物膜开始脱落,并随水流进入二沉池。随后在滤料或载体表面又会生长新的生物膜。

生物膜法与活性污泥土法的主要区别在于生物膜法是微生物以膜的形式或固定或附着生长于固体填料(或称载体)的表面,而活性污泥法则是活性污泥以絮体方式悬浮生长于

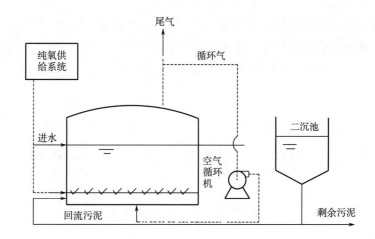

（1）普通曝气池改装为纯氧曝气循环示意图

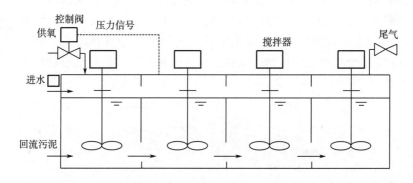

（2）多级串联曝气示意图

图 12-8　纯氧曝气活性污泥法流程图

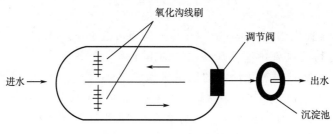

图 12-9　氧化沟处理流程

处理构筑物中。

　　与传统活性污泥法相比，生物膜法的运行稳定、抗冲击能力强、更为经济节能、无污泥膨胀问题、能够处理低浓度污水等。但生物膜法也存在着需要较多填料和支撑结构、出水常常携带较大的脱落生物膜片以及细小的悬浮物、启动时间长等缺点。

　　生物膜法基本流程如图 12-10 所示，废水经初次沉淀池进入生物膜反应器，废水在生物膜反应器中经需氧生物氧化去除有机物后，再通过二次沉淀池出水。初次沉淀池的作用是防止生物膜反应器受大块物质的堵塞，对孔隙小的填料是必要的，但对孔隙大的填料也可以省略。二次沉淀池的作用是去除从填料上脱落入废水中的生物膜。生物膜法系统中的回流并不是必不可少的，但回流可稀释进水中有机物浓度，提高生物膜反应器中水力负荷。

图 12-10　生物膜法基本流程

生物膜法有生物转盘、生物接触氧化法、生物滤池、生物流化床等多种形式。

（1）生物转盘（又称浸没式生物滤池）　它是由装配在水平横轴上的、间隔很近的一系列大圆盘所组成，如图 12-11 所示。圆盘的一半浸在污水槽中，一半暴露在空气中，污水在槽里流向与水平横轴垂直，与盘面平行。生物黏附在圆盘表面，厚 2～3mm，圆盘以 0.8～3r/min 速度缓慢转动，生物膜交替接触污水和空气，使污水得到净化。

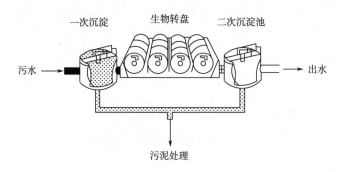

图 12-11　生物转盘示意图

（2）生物接触氧化法（Biological Contact Oxidation Process）其核心部分是生物接触氧化池，其基本结构由池体、支染、填料和曝气装置等。生物接触氧化池中的填料是固定不动的，生物膜就生长在其表面。填料的形式多种多样，早期填料主要是板状、波纹状和管状，它们由于比表面积小，容易堵塞，现已不再使用。目前较多采用半软性填料，也有采用弹性填料。半软性填料具有比表面积较大，不会堵塞，挂膜容易，运输方便等优点。

（3）生物滤池　污水通过表面布满生物膜的滤料，使之得到净化。空气由自然通风或人工通气提供。生物滤池由普通生物滤池和塔式生物滤池两种。

普通生物滤池是最早出现的一种生物处理方法，其特点是结构简单、管理方便。主要组成部分为：①滤料层（碎）石、

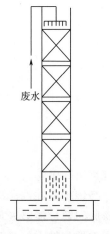

图 12-12　塔式生物滤池

炉渣（厚1.5~2m）；②配水与布水装置（使污水均匀洒向滤料）；③排水装置（在滤料底部）。

塔式生物滤池占地少、费用低、净化效果佳。构筑物一般高20m以上，径高比为1：（6~8），形似高塔，见图12-12。通常分几层，设隔栅以承受滤料。滤料：煤渣、炉渣、塑料波纹板、酚醛树脂浸泡过的蜂窝纸、泡沫玻璃块等。通常自然通风。

（4）生物流化床反应器（Fluidized Bed Reactor）　流化床是一种固体颗粒流态化技术，将此技术应用于污水生物处理，是生物膜挂在运动的颗粒上处理废水，称为流化床生物膜法。其结构主体是塔式或柱式反应器，里面装填一定的载体，微生物在载体上形成生物膜，构成"生物粒子"，反应器底部通入污水与空气，从而形成了气、液、固三相反应系统。当污水流速达到某一定值时，生物粒子可以在反应器内自由行动，此时整个反应器出现流化状态，形成了"流化床"（图12-13和图12-14）。流化床特点：高浓度生物量（MLVSS）通常为13~20g/L，高的可达40g/L，而活性污泥只有2~4g/L，高浓度生物量必然导致高净化率；高比表面积，一般为3000m^2/m^3，活性污泥为20~100m^2/m^3，生物转盘50m^2/m^3；高传质速率，耐负荷冲击能力强；设备小型化、化工化，占地面积小，易于管理和操作。

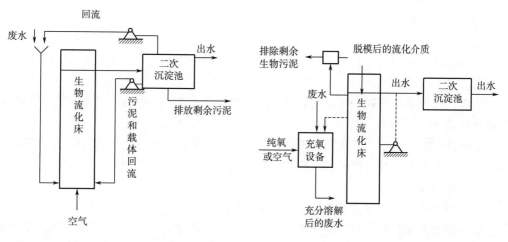

图12-13　固液两相生物流化床流程图　　图12-14　三相生物流化床工艺流程图

3. 稳定塘法

稳定塘又称氧化塘或生物塘，其对污水的净化过程与自然水体的自净过程相似，是一种利用天然净化能力处理污水的生物处理设施。

稳定塘的研究和应用始于20世纪初，50~60年代以后发展较迅速，目前已有50多个国家采用稳定塘技术处理城市污水和有机工业废水。我国有些城市也早在50年代开展了稳定塘的研究，到80年代才进展较快。目前，稳定塘多用于处理中、小城镇的污水，可用作一级处理、二级处理，也可以用作三级处理。

稳定塘的分类常按塘内的微生物类型、供氧方式和功能等进行划分，可分为如下几种。

（1）好氧塘　好氧塘的深度较浅，阳光能透至塘底，全部塘水都含有溶解氧，塘内菌藻共生,溶解氧主要是由藻类供给,好氧微生物起净化污水作用。

(2)兼性塘 兼性塘的深度较大,上层为好氧区,藻类的光合作用和大气复氧作用使其有较高的溶解氧,由好氧微生物起净化污水作用;中层的溶解氧逐渐减少,称兼性区(过渡区),由兼性微生物起净化作用;下层塘水无溶解氧,称厌氧区,沉淀污泥在塘底进行厌氧分解。

(3)厌氧塘 厌氧塘的塘深在2m左右,有机复负荷高,全部塘水均无溶解氧,呈厌氧状态,由厌氧微生物起净化作用,净化速度慢,污水在塘内停留时间长。

(4)曝气塘 曝气塘采用人工曝气供氧,塘深在2m以上,全部塘水有溶解氧,由好氧微生物起净化作用,污水停留时间较短。

(5)深度处理塘 深度处理塘又称三级处理塘或熟化塘,属于好氧塘。其进水有机污染物浓度很低,一般 $BOD_5 \leqslant 30mg/L$。常用于处理传统二级处理厂的出水,提高出水水质,以满足收纳水体或回用水的水质要求。

除上述几种常见的稳定塘以外,还有水生植物塘(塘内种植水葫芦、水花生等水生植物,以提高污水净化效果,特别是提高对磷、氮的净化效果)、生态塘(塘内养鱼、鸭、鹅等,通过食物链形成复杂的生态系统,以提高净化效果)、完全储存塘(完全蒸发塘)等,也正在被广泛研究、开发和应用。

稳定塘有下述优缺点。

(1)稳定塘的优点

①基建投资低:当有旧河道、沼泽地、谷地可利用作为稳定塘时,稳定塘系统的基建投资低。

②运行管理简单经济:稳定塘运行管理简单,动力消耗低,运行费用较低,为传统二级处理厂的 1/5~1/3。

③可进行综合利用:实现污水资源化,如将稳定塘出水用于农业灌溉,充分用污水的水肥资源;养殖水生动物和植物,组成多级食物链的复合生态系统。

(2)稳定塘的缺点

①占地面积大,没有空闲余地时不宜采用。

②处理效果受气候影响,如季节、气温、光照、降雨等自然因素都影响稳定塘的处理效果。

③设计运行不当时,可能形成二次污染,如污染地下水、产生臭气和滋生蚊蝇等。

虽然稳定塘存在着上述缺点,但是如果能进行合理的设计和科学的管理,利用稳定塘处理污水,可以有明显的环境效益、社会效益和经济效益。

(二)厌氧生物处理

1.废水厌氧生物处理技术的基本原理

厌氧生物处理过程又称厌氧消化,是在厌氧条件下由活性污泥中的多种微生物共同作用,使有机物分解并生成 CH_4 和 CO_2 的过程,这种过程广泛地存在于自然界。直至1881年法国报道了罗伊斯·莫拉斯(Louis Mouras)发明的"自动净化器",人类才开始了利用厌氧消化处理废水的历史,至今已100多年。

1979年布利安特(Bryant)等提出了厌氧消化的"三阶段理论",如图12-15所示。三阶段理论认为,厌氧消化过程是按以下步骤进行的。

第一阶段，称为水解、发酵阶段，复杂有机物在微生物作用下进行水解和发酵。例如，多糖先水解为单糖，再通过酵解途径进一步发酵成乙醇和脂肪酸，如丙酸、丁酸、乳酸等；蛋白质则先水解为氨基酸，再经脱氨基作用产生脂肪酸和氨。

第二阶段，称为产氢、产乙酸阶段，是由一类专门的细菌，称为产氢产乙酸菌，将丙酸、丁酸等脂肪酸和乙醇等转化为乙酸、H_2 和 CO_2。

第三阶段，称为产甲烷阶段，由产甲烷细菌利用乙酸和 H_2、CO_2 产生 CH_4。研究表明，厌氧生物处理过程中约有 70% CH_4 产自乙酸的分解，其余少量则产自 H_2 和 CO_2 的合成。

至今，三阶段理论已被公认为对厌氧生物处理过程较全面和较准确的描述。与好氧生物处理相比较，厌氧生物处理的主要特征如下。

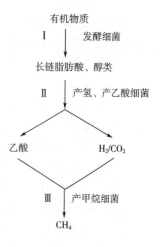

图 12-15　厌氧生物处理过程的三阶段

（1）能量需求大大降低，还可产生能量。这是因为厌氧生物处理不要求供给氧气，相反却能生产出含有 50%～70% 甲烷（CH_4）的沼气，含有较高的热值（21000～25000kJ/m³），可以用作能源。为去除 1kg 废水，好氧生物处理约需消耗 0.5～1.0kW·h 电能，而厌氧生物处理每去除 1kg COD 约能产生 3.5kW·h 电能。

（2）污泥产量极低。这是因为厌氧微生物的增殖速率比好氧微生物低得多。一般情况，厌氧消化中产酸细菌的产率 Y 为 0.15～0.34，产甲烷细菌为 0.03 左右，混合菌群的产率约为 0.17。而好氧微生物的产率为 0.25～0.6（Y 的单位为 kgVSS/kgCOD）。因此，好氧生物处理的污泥产量为 250～600gVSS/kgCOD（去除），而厌氧生物处理的污泥产量仅为 180～200gVSS/kgCOD（去除）。

（3）对温度、pH 等环境因素更为敏感。厌氧细菌可分为高温菌和中温菌两大类，其适宜的温度范围分别为 55℃左右和 35℃左右。

（4）处理后废水有机物浓度高于好氧处理。

（5）厌氧微生物可对好氧微生物所不能降解的一些有机物进行降解（或部分降解）。

（6）处理过程的反应较复杂。如前所述，厌氧消化是由多种不同性质、不同功能的微生物协同工作的一个连续的微生物学过程，远比好氧生物处理中的微生物过程复杂。

2. 废水厌氧生物处理中的微生物

（1）发酵细菌（产酸细菌）　主要包括梭菌属、拟杆菌属、丁酸弧菌属、真细菌属和双歧杆菌属等。这类细菌的主要功能是先通过胞外酶的作用将不溶性有机物水解成可溶性有机物，再将可溶性的大分子有机物转化成脂肪酸、醇类等。研究表明，该类细菌对有机物的水解过程相当缓慢，pH 和细胞平均停留时间等因素对水解速率的影响很大。不同有机物的水解速率也不同，如类脂的水解就很困难。因此，当处理的废水中含有大量类脂时，水解就会成为厌氧消化过程的限速步骤。但产酸的反应速率较快，并远高于产甲烷反应。

发酵细菌大多数为专性厌氧菌，但也有大量兼性厌氧菌。按照其代谢功能，发酵细菌可分为纤维素分解菌、半纤维素分解菌、淀粉分解菌、蛋白质分解菌和脂肪分解菌等。

除发酵细菌外，在厌氧消化的发酵阶段，也可发现真菌和为数不多的原生动物。

（2）产氢产乙酸菌　近10年来的研究所发现的产氢产乙酸菌包括互营单胞菌属、互营杆菌属、梭菌属和暗杆菌属等。

这类细菌能把各种挥发性脂肪酸降解为乙酸和H_2其反应如下：

对乙醇：$\qquad\qquad CH_3CH_2OH+H_2O \rightarrow CH_3COOH+2H_2$

对丙酸：$\qquad\qquad CH_3CH_2COOH+2H_2O \rightarrow CH_3COOH+3H_2+CO_2$

对丁酸：$\qquad\qquad CH_3CH_2CH_2COOH+2H_2O \rightarrow 2CH_3COOH+2H_2$

上述反应只在乙酸浓度低、液体中氢分压也很低时才能完成。

产氢产乙酸细菌可能是绝对厌氧菌或是兼性厌氧菌。

（3）产甲烷细菌　对绝对厌氧的产甲烷菌的分离和研究，是自20世纪60年代末Hungate开创了绝对厌氧微生物培养技术而得到迅速发展的。产甲烷菌大致可分为两类：一类主要利用乙酸产生甲烷；另一类数量较少，利用氢和CO_2的合成生成甲烷。也有极少量细菌，既能利用乙酸，也能利用氢。

以下是两个典型的产甲烷反应：

利用乙酸：$\qquad\qquad CH_3COOH \rightarrow CH_4+CO_2$

利用H_2和CO_2：$\qquad\qquad 4H_2+CO_2 \rightarrow CH_4+2H_2O$

按照产甲烷细菌的形态和生理生态特征，可将产甲烷菌分类，如图12-16所示。

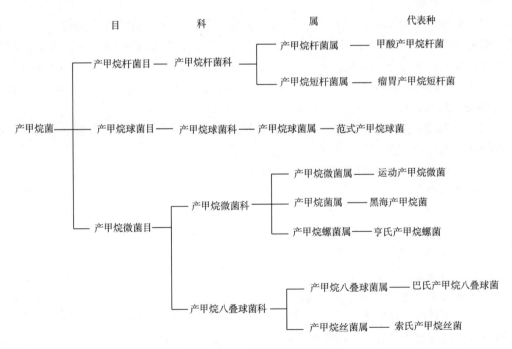

图 12-16　产甲烷菌的分类

由图12-16可见，产甲烷菌有各种不同的形态。最常见的是产甲烷杆菌、产甲烷球菌、产甲烷八叠球菌、产甲烷螺菌和产甲烷丝菌等。产甲烷菌的大小虽与一般细菌相似，但其细胞壁结构不同，在生物学分类上属于古细菌或称原始细菌。

产甲烷菌都是绝对厌氧细菌，要求生活环境的氢化还原电位在 $-400 \sim -150 \text{mV}$ 范围内。氧和氧化剂对产甲烷菌有很强的毒害作用。产甲烷的增殖速率慢，繁殖世代期长，甚至达 $4 \sim 6 \text{d}$，因此在一般情况下产甲烷反应是厌氧消化的控制阶段。

（4）厌氧微生物群体间的关系　在厌氧生物处理反应器中，不产甲烷菌和产甲烷菌相互依赖，互为对方创造与维持生命活动所需要的良好环境和条件，但又相互制约。厌氧微生物群体间的相互关系表现在以下几个方面：

①不产甲烷细菌为产甲烷细菌提供生长和产甲烷所需要的基质：不产甲烷细菌把各种复杂的有机物质，如碳水化合物、脂肪、蛋白质等进行厌氧降解，生成游离氢、二氧化碳、氨、乙酸、甲酸、丙酸、丁酸、甲醇、乙醇等产物，其中丙酸、丁酸、乙醇等又可被产氢产乙酸细菌转化为氢、二氧化碳、乙酸等。这样，不产甲烷细菌通过其生命活动为产甲烷细菌提供了合成细胞物质和产甲烷所需的碳前体和电子供体、氢供体和氮源。产甲烷细菌充当厌氧环境有机物分解中微生物食物链的最后一个生物体。

②不产甲烷细菌为产甲烷细菌创造适宜的氧化还原条件：厌氧发酵初期，由于加料时空气进入发酵池，原料、水本身也携带有空气，这显然对于产甲烷细菌是有害的。它的去除需要依赖不产甲烷细菌类群中那些需氧和兼性厌氧微生物的活动。各种厌氧微生物对氧化还原电位的适应也不相同，通过它们有顺序地交替生长和代谢活动，使发酵液氧化还原电位不断下降，逐步为产甲烷细菌生长和产甲烷创造适宜的氧化还原条件。

③不产甲烷细菌为产甲烷细菌清除有毒物质：在以工业废水或废弃物为发酵原料时，其中可能含有酚类、苯甲酸、氧化物、长链脂肪酸、重金属等对产甲烷细菌有毒害作用的物质。不产甲烷细菌中有许多种类能裂解苯环、降解硫化物等，并从中获得能源和碳源。这些作用不仅解除了对产甲烷细菌的毒害，而且给产甲烷细菌提供了养分。此外，不产甲烷细菌的产物硫化氢，可以与重金属离子作用生成不溶性的金属硫化物沉淀，从而解除一些重金属的毒害作用。

④产甲烷细菌为不产甲烷细菌的生化反应解除反馈抑制：不产甲烷细菌的发酵产物可以抑制其本身的不断形成。氢的积累可以抑制产氢细菌的继续产氢，酸的积累可以抑制产酸细菌继续产酸。在正常的厌氧发酵中，产甲烷细菌连续利用由不产甲烷细菌产生的氢、乙酸、二氧化碳等，使厌氧系统中不致有氢和酸的积累，就不会产生反馈抑制，不产甲烷细菌也就得以继续正常的生长和代谢。

⑤不产甲烷细菌和产甲烷细菌共同维持环境中适宜的 pH：在厌氧发酵初期，不产甲烷细菌首先降解原料中的糖类、淀粉等物，产生大量的有机酸，产生的二氧化碳也部分溶于水，使发酵液的 pH 明显下降。而此时，一方面不产甲烷细菌类群中的氨化细菌迅速进行氨化作用，产生的氨中和部分酸；另一方面，产甲烷细菌利用乙酸、甲酸、氢和二氧化碳形成甲烷，消耗酸和二氧化碳。两个类群的共同作用使 pH 稳定在一个适宜范围。

3. 废水厌氧生物处理的影响因素

由于产甲烷菌对环境因素的影响较非产甲烷菌（包括发酵细菌和产氢产乙酸细菌）敏感得多，产甲烷反应常是厌氧消化的控制阶段。因此，以下主要讨论对产甲烷菌有影响的各种环境因素。

（1）温度　温度是影响微生物生命活动最重要因素之一，其对厌氧微生物及厌氧消化的影响尤为显著。

图 12-17 为温度对厌氧消化期的影响，由图可见，厌氧消化速率随温度的升高变化比较复杂，在厌氧消化过程中存在着两个不同的最佳温度范围：55℃左右和35℃左右。根据不同的最佳温度范围，厌氧微生物分为嗜热菌（高温细菌）和嗜温菌（中温细菌）两大类，相应的厌氧消化则被称为高温消化（55℃左右）和中温消化（35℃左右）。高温消化的反应速率约为中温消化的 1.5~1.9 倍，产气率也高，但气体中甲烷所占百分率却较中温消化低。当处理含有病原菌和寄生虫卵的废水或污泥时，采用高温消化可取得较理想的卫生效果，消化后污泥的脱水性能也

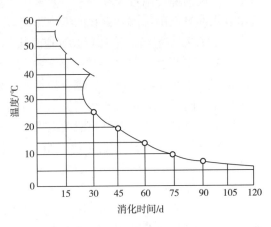

图 12-17　温度对厌氧消化期的影响

较好。在工程实践中，当然还应考虑经济因素，采用高温消化需要消耗较多的能量，当处理废水量很大时，往往不宜采用。

随着各种新型厌氧反应器的开发，温度对厌氧消化的影响由于生物量的增加而变得不再显著，因此处理废水的厌氧消化反应常在常温条件（20~25℃）下进行，以节省能量的消耗和运行费用。

（2）pH　产甲烷菌对 pH 变化的适应性很差，其最适 pH 范围为 6.8~7.2。在 pH6.5 以下或 8.2 以上的环境中，厌氧消化会受到严重的抑制，这主要是对产甲烷菌的抑制。水解细菌和产酸菌也不能承受低 pH 的环境。

厌氧发酵体系中的 pH 除受进水 pH 的影响外，还取决于代谢过程中自然建立的缓冲平衡。影响酸碱平衡的主要参数为挥发性脂肪酸、碱度和 CO_2 含量。系统中脂肪酸浓度的提高，将消耗 HCO_3^- 并增加 CO_2 浓度，使 pH 下降。但产甲烷细菌的作用会产生 HCO_3^-，使系统的 pH 回升。若系统中没有足够的 HCO_3^- 将使挥发酸积累，导致系统缓冲作用的破坏，即所谓的"酸化"。受破坏的厌氧消化体系需要很长的时间才能恢复。

（3）氧化还原电位　绝对的厌氧环境是产甲烷菌进行正常活动的基本条件，可以用氧化还原电位表示厌氧反应器中含氧浓度。研究表明，不产甲烷菌可以在氧化还原电位为 $-100~+100mV$ 的环境下进行正常的生理活动，而产甲烷菌的最适氧化还原电位为 $-400~-150mV$，培养产甲烷菌的初期，氧化还原电位不能高于 $-320mV$。

（4）营养　厌氧微生物对碳、氮等营养物质的要求略低于好氧微生物，但大多数厌氧菌不具有合成某些必要的维生素或氨基酸的功能。为了保证细菌的增殖和活动，还需要补充某些专门的营养，如钾、钠、钙等金属盐类是形成细胞或非细胞的金属络合物所必需的，而镍、铝、钴、钼等微量金属，则可提高若干酶系统的活性，使产气量增加。

（5）有毒物质　有毒物质会对厌氧微生物产生不同程度的抑制，使厌氧消化过程受到影响甚至遭到破坏。最常见的抑制性物质为硫化物、氨态氮、重金属、氧化物以及某些人工合成的有机物。

硫酸盐和其他硫的氧化物容易在厌氧消化过程中被还原为硫化物。可溶性的硫化物和 H_2S 气体在达到一定浓度时，都会对厌氧消化过程，主要是对产甲烷过程产生抑制。投加

某些金属如铁可去除 S^{2-}，而使硫化物的抑制作用有所缓解，通过从系统中吹脱 H_2S 的措施也可减轻硫化物的抑制作用。

氨是厌氧消化的缓冲剂，但高浓度的氨对厌氧消化有害，表现为挥发性脂肪酸的积累，系统的缓冲能力不能补偿 pH 的降低，最终甚至使反应器失效。

重金属常能使厌氧消化过程失效，表现为产气量降低和挥发酸的积累。其原因是细菌的代谢酶受到破坏而失活，是一种非竞争性抑制。不同重金属离子及其不同的存在形态，会产生不同的抑制作用，如有人报道 277mg/L 的硫酸镍不会引起消化过程的变化，而 30mg/L 的硝酸镍却能使产气量减少 80%。重金属的浓度也会显著影响其抑制作用，当氯化镍的浓度为 500mg/L 时，其对沼气产量的影响可以忽略不计，而 1000mg/L 的氯化镍会使产气量大大减少。

氰化物对厌氧消化的抑制作用决定于其浓度和接触时间，如浓度小于 10mg/L，接触时间为 1h，抑制作用不明显，浓度如增高到 100mg/L，气体产量会明显降低。

研究表明，厌氧微生物对很多在好氧条件下难以降解的合成有机物，如蒽醌类染料、偶氮染料、含氯的有机杀虫剂等，都具有降解的能力，但仍有相当一部分合成有机物对厌氧微生物有毒害作用，其作用大小与浓度相关。如 3-氧-1，2-丙二醇、2-氯丙酸、1-氯丙烷、2-氯丙烯、丙烯醛和甲醛等。

在厌氧条件下混合细菌种群对有毒性的合成有机物进行降解的速率要比单一菌种的速率快。对厌氧微生物的驯化也可提高其适应和降解合成有机物的能力。

4. 升流式厌氧污泥床反应器

升流式厌氧污泥床（UASB）反应器是荷兰学者莱廷格（Lettinga）等在 20 世纪 70 年代初开发的，图 12-18 为 UASB 反应器工作原理示意图，图 12-19 为 UASB 反应器的工作状态模型。

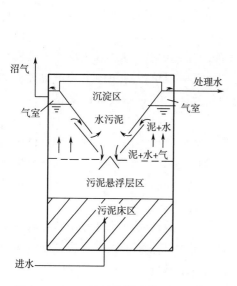 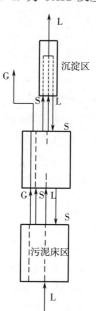

图 12-18　UASB 反应器工作原理示意图　　图 12-19　UASB 反应器的工作状态模型

L—液体　G—气体　S—固体

UASB 反应器由反应区和沉降区两部分组成。反应区又可根据污泥的情况分为污泥悬浮层区和污泥床区。污泥床主要由沉降性能良好的厌氧污泥组成，浓度可达 $50 \sim 100 gSS/L$ 或更高。污泥悬浮层主要靠反应过程中产生的气体的上升搅拌作用形成，污泥浓度较低，一般在 $5 \sim 40 gSS/L$。在反应器上部设有气（沼气）、固（污泥）、液（废水）三相分离器，分离器首先使生成的沼气气泡上升过程受偏折，然后穿过水层进入气室，由导管排出反应器。脱气后的混合液在沉降区进一步进行固、液分离，沉降下的污泥返回反应区，使反应区内积累大量的微生物。待处理的废水由底部布水系统进入，澄清后的处理水从沉淀区溢流排出。由于在 UASB 反应器中能够培养得到一种具有良好沉降性能和高产甲烷活性的颗粒厌氧污泥（Granular Anaerobic Sludge），因而相对于其他同类装置，颗粒污泥 UASB 反应器具有一定的优势。

食品工业废水或与其性质相似的其他工业废水，采用 UASB 反应器处理，在反应器内往往能够形成厌氧颗粒污泥。不同反应温度下的进水容积负荷可参考表 12-1 所列数据确定，CO_2 去除率一般可达 $80\% \sim 90\%$。

但如果反应器内不能形成厌氧颗粒污泥，而主要为絮状污泥，则反应器的容积负荷不可能很高，因为负荷高絮状污泥将会大量流失，所以进水容积负荷一般不超过 $5 kgCO_2 / (m^3 \cdot d)$。

表 12-1　　　　　　　　　　　不同反应温度下的进水设计容积负荷

温度/℃	设计容积负荷/ [kgCOD/ ($m^3 \cdot d$)]	温度/℃	设计容积负荷/ [kgCOD/ ($m^3 \cdot d$)]
高温（50~55）	20~30	常温（20~25）	5~10
中温（30~35）	10~20	低温（10~15）	2~5

5. 厌氧颗粒污泥膨胀床反应器

研究和实践表明，工业规模处理中等浓度废水时，采用 Uasb 反应器混合效果尚不够理想。新的厌氧颗粒污泥膨胀床（Expanded Granular Sludge Bed，EGSB）反应器具有如下特点：①颗粒污泥可以将微生物固定于反应器之中，反应器单位容积的生物量更高；②能承受更高的水力负荷，并具有较高的有机污染物净化效能；③具有较大的高径比，一般在 $5 \sim 10$ 以上；④占地面积小；⑤动力消耗小。

（1）厌氧颗粒污泥　颗粒污泥是 1974 年在荷兰 CSM 公司的用于处理甜菜制糖废水的 $6 m^3$ 反应器中首先发现的。它实际上是由菌体多样的自身固定化机制形成的一种生物聚体。颗粒污泥的出现不仅促进了第二代厌氧反应器（特别是 UASB 反应器）的应用和发展，而且还为第三代厌氧生物反应器的诞生奠定了基础。

颗粒污泥的出现大大改善了活性污泥的沉降性能，有效地减少了悬浮于消化液中的微生物个体数量，避免了微生物随消化液大量流失的可能性，保证了厌氧反应器中高浓度活性污泥的滞留量，进而为反应器的高效、稳定运行奠定了基础。

颗粒污泥可被认为是球状生物膜，污泥颗粒化过程与生物膜的形成有许多相似性。其形成过程可分为四个阶段：①将细胞运到惰性物质或其他细胞（以下称作基底）的表面；②通过物理化学作用力可逆吸附于基底上；③通过微生物表面的鞭毛、纤毛或胞外多聚物将细胞吸附于基底上；④细胞的倍增和颗粒污泥的形成。

厌氧污泥的主要聚集形式包括颗粒、团体、絮体、絮状污泥等。Dolfing 对颗粒、团体、絮体、絮状污泥的定义为：团体和颗粒是结构紧密的聚集体。这些聚集体沉降后呈现固定的形态。絮体和絮状污泥则是具有蓬松结构的聚集体，这些聚集体沉降后无固定形态。

（2）Egsb 反应器　20 世纪 90 年代初期，荷兰瓦赫·宁根农业大学开始了颗粒污泥厌氧膨胀床（Expanded Granular Sludge Blanket，EGSB）反应器的研究。1992 年，Lettinga 等在常温条件下，研究 0.12m³、6m³ 和 12m³ UASB 反应器用于处理剩余污泥时发现，0.12m³ UASB 反应器的处理效果明显高于 6m³ 和 12m³ UASB 反应器，其原因在于污泥中的悬浮性物质太多，而进水水力负荷较低，从而导致反应器中非活性固体累积。为了提高 UASB 反应器的处理效果，研究者开始考虑通过改变 UASB 反应器的结构设计和操作参数，以使反应器适合在高的液体表面上升流速条件下稳定运行，进而发展成为膨胀或流化状态的颗粒污泥床，由此形成了早期的 EGSB 反应器。图 12-20 为 EGSB 反应器结构示意图。

EGSB 反应器实质上是固体流态化技术。固体流态化技术是一种改善固体颗粒与流体间接触，并使其呈现流体性状的技术，这种技术已经广泛应用于石油、化工、冶金和环境等部门。

（3）EGSB 反应器的研究和应用　20 世纪 90 年代以来荷兰 Biothane System 公司推出了一系列工业规模的厌氧膨胀颗粒污泥床反应器，应用领域已涉及啤酒、食品、化工等行业。著名的荷兰喜力（Heineken）啤酒公司、丹麦嘉士伯（Carsberg）啤酒公司和中国深圳金威（Kingway）啤酒公司等都已是 EGSB 反应器的用户。实际运行结果表明，EGSB 反应器的处理能力可达到 UASB 反应器的 2~5 倍。从目前的世界厌氧反应器的工程实际来看，EGSB 反应器可以称得上是世界上处理效能最高的厌氧反应器。表 12-2 为几个典型的 EGSB 反应器处理不同类型废水运行情况的例子。

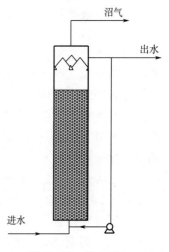

图 12-20　为 EGSB 反应器结构示意图

表 12-2　　　　　　　　　EGSB 反应器处理不同类型废水运行情况

反应器容积/m³	处理对象	温度	COD 负荷/ [gCOD/（L·d）]	水力负荷/ m³/（m²·h）	国家
4×290	制药废水	中温	30	7.5	荷兰
2×95	发酵废水	中温	44	10.5	法国
95	发酵废水	中温	40	8.0	德国
275	化工废水	中温	10.2	6.3	荷兰
780	啤酒废水	中温	19.2	5.5	荷兰
1750	淀粉废水	中温	15.5	2.8	美国

随着对 EGSB 反应器研究的不断深入，它将越来越多地替代 UASB 反应器。但是，由于 EGSB 反应器技术的研究主要集中在荷兰等国家，我国这一领域研究并不成熟，目前我国厌氧反应器的研究与应用现状是，第二代厌氧反应器（主要是 UASB）仍处于实践探索阶段。在第三代厌氧反应器迅速发展的今天，如何缩短与世界先进水平的差距是摆在我们面前的一个挑战性课题。

四、废渣微生物处理

固体废弃物具有两重性：一方面占用大量土地、污染环境；另一方面其含有多种有用物质，又是一种资源。20 世纪 70 年代以前，世界各国对固体废弃物的认识只停留在处理和防止污染上；70 年代以后，由于能源和资源的短缺，以及对环境问题认识的逐渐加深，人们已由消极的处理转向废物资源化。对可被微生物分解利用的有机废物，已越来越多地采用微生物方法处理。

微生物处理固体废弃物的途径主要有两条：①培养微生物，使废弃物转化成含蛋白质、氨基酸、糖类、维生素或抗生素等有益物质的产品；②制成有机肥料，增进农业生产。

堆肥法处理技术是固体有机废弃物处理的三大技术之一（卫生填埋、堆肥、焚烧），通过堆肥处理，将其中的有机可腐物转化为土壤可接受且迫切需要的有机营养土，不仅能有效地解决固体废弃物的出路，解决环境污染和垃圾无害化问题，同时也为农业生产提供了适用的腐殖土，从而维持自然界良性的物质循环。堆肥法就是依靠自然界广泛分布的细菌、放线菌、真菌等微生物，有控制地促进可被微生物降解的有机物向稳定的腐殖质转化的生物化学过程。

堆肥法是一种古老的微生物处理有机固体废弃物的方法，俗称"堆肥"。堆肥法虽然是 20 世纪才发展起来的科学技术，但原始的堆肥方式很早就出现了，在我国和印度等东方国家历史尤其悠久。根据处理过程中起作用的微生物对氧气要求的不同，堆肥可分为好氧堆肥法（高温堆肥）和厌氧堆肥法两种。

（一）好氧堆肥

好氧堆肥法是在有氧的条件下，通过好氧微生物的作用使有机废弃物达到稳定化，转变为有利于作物吸收生长的有机物的方法。在堆肥过程中，废弃物中的溶解性有机物透过微生物的细胞壁和细胞膜被微生物吸收，固体和胶体的有机物先附着在微生物体外，由生物所分泌的胞外酶分解为溶解性物质，再渗入细胞。微生物通过自身一系列的生命活动，把一部分被吸收的有机物氧化成简单的无机物质，并放出生物生长活动所需要的能量；而把另一部分有机物转化为生物体自身的细胞物质，用于微生物的生长繁殖，产生更多的微生物体。

1. 好氧堆肥原理和过程

好氧堆肥是在有氧条件下，好氧细菌对废物进行吸收、氧化、分解。微生物通过自身的生命活动，把一部分被吸收的有机物氧化成简单的无机物，同时释放出可供微生物生长活动所需的能量，而另一部分有机物则被合成新的细胞质，使微生物不断生长繁殖，产生出更多的生物体的过程。在有机物生化降解的同时，伴有热量产生，因堆肥工艺中该热能不会全部散发到环境中，就必然造成堆肥物料的温度升高，这样就会使一些不耐高温的微生物死亡，耐高温的细菌快速繁殖。生态动力学表明，好氧分解中发挥主要作用的是菌体硕大、性能活泼的嗜热细菌群。该菌群在大量氧分子存在下将有机物氧化分解，同时释放出大量的能量。据此好氧堆肥过程应伴随着两次升温，将其分成三个阶段：起始阶段、高温阶段和熟化阶段。

（1）起始阶段　不耐高温的细菌分解有机物中易降解的碳水化合物、脂肪等，同时放出热量使温度上升，温度可达 $15\sim40℃$。

（2）高温阶段　耐高温细菌迅速繁殖，在有氧条件下，大部分较难降解的蛋白质、纤维等继续被氧化分解，同时放出大量热能，使温度上升至 $60\sim70℃$。一般认为，堆温在 $50\sim60℃$，持续 $6\sim7d$，可达到较好的杀死虫卵和病原菌的效果。

（3）降温和腐熟保肥阶段　当高温持续一段时间以后，易于分解或较易分解的有机物（包括纤维素等）已大部分分解，剩下的是木质素等较难分解的有机物以及新形成的腐殖质。这时，好热性微生物活动减弱，产热量减少，温度逐渐下降，中温性微生物又渐渐成为优势菌群，残余物质进一步分解，腐殖质继续不断地积累，堆肥进入了腐熟阶段。为了保存腐殖质和氮素等植物养料，可采取压实肥堆的措施，造成其厌氧状态，使有机质矿化作用减弱，以免损失肥效。

2. 好氧堆肥工艺的控制参数

机械化好氧堆肥过程的关键，就是如何选择和控制堆肥条件，促使微生物降解的过程能快速顺利进行，一般来说好氧堆肥要求控制的参数如下。

（1）通风　对于好氧堆肥而言，氧气是微生物赖以生存的物质条件，供氧不足会造成大量微生物死亡，使分解速度减慢；但供冷空气量过大又会使温度降低，尤其不利于耐高温菌的氧化分解过程，因此供氧量要适当，一般为 $0.1\sim0.2m^3/min$，供氧方式是靠强制通风，因此保持物料间一定的空隙率很重要，物料颗粒太大使空隙率减小，颗粒太小其结构强度小，一旦受压会发生倾塌压缩而导致实际空隙减小。因此颗粒大小要适当，可视物料组成性质而定。

（2）湿度　在堆肥工艺中，堆肥原料的含水率对发酵过程影响很大，水的作用一是溶解有机物，参与微生物的新陈代谢；二是可以调节堆肥温度，当温度过高时可通过水分的蒸发，带走一部分热量。水分太低妨碍微生物的繁殖，使分解速度缓慢，甚至导致分解反应停止。水分过高则会导致原料内部空隙被水充满，使空气量减少，造成向有机物供氧不足，形成厌氧状态；同时因过多的水分蒸发，而带走大部分热量，使堆肥过程达不到要求的高温阶段，抑制了高温菌的降解活性，最终影响堆肥的效果。实践证明堆肥原料的水分在 $40\%\sim60\%$ 为宜。

（3）发酵温度　一般堆肥时，$2\sim3d$ 后温度可升至 $60℃$，最高温度可达 $73\sim75℃$，这样可以杀灭病原菌、寄生虫卵及苍蝇卵。堆肥发酵过程中，温度应维持 $50\sim70℃$。

（4）pH　整个发酵过程中 pH 范围为 $5.5\sim8.5$，能自身调节，好氧发酵的前几天由于产生有机酸，pH 为 $4.5\sim5.0$；随温度升高氨基酸分解产生氨，一次发酵完毕，pH 上升至 $8.0\sim8.5$；一次发酵氧化氨产生硝酸盐，pH 下降至 7.5 为中偏碱性肥料。由此看出，在整个发酵过程中，不需外加任何中和剂。

3. 好氧堆肥工艺

20 世纪 70 年代以前，我国废渣堆肥，主要采用的是一次性发酵工艺，80 年代开始，更多的城市采用二次性发酵工艺。这两种工艺是在静态条件下进行的发酵，称之为"静态发酵"。随着城市气化率的提高和人民生活水平的提高，废渣组成中有机质含量随之提高，导致含水率提高而影响通风的进行。因此，高有机质含量组成的废渣不能采用静态发酵，而必须采用动态发酵工艺，堆肥在连续翻动或间歇翻动的情况下，有利于孔隙形成和水分的蒸发、物料的均匀、发酵周期的缩短。我国在1987年前后开始了动态堆肥的研究。现在常用的堆肥工艺有：静态堆肥工艺、高温动态二次堆肥工艺、立仓式堆肥工艺、滚筒式堆肥工艺等。

（1）静态堆肥工艺　该工艺简单，设备少，处理成本低，但占用土地多。易滋生蝇蛆，产生恶臭。发酵周期50d。用人工翻动，在第2、7、12d各翻堆一次，过后35d的腐熟阶段每周翻动一次，在翻动的同时可喷洒适量水以补充蒸发的水分。

（2）高温动态二次堆肥工艺　高温动态二次堆肥分两个阶段。前5~7d为动态发酵机械搅拌。通入充足空气。好氧菌活性强。温度高，快速分解有机物。发酵7d绝大部分致病菌死亡。7d后用皮带将发酵半成品输送到另一车间进行静态二次发酵，垃圾进一步降解稳定，20~25d全腐熟。其工艺。

（3）滚筒式堆肥工艺　滚筒式堆肥工艺称达诺生物稳定法。滚筒直径2~4m。长度15~30m，滚筒转速0.4~2.0r/min。滚筒横卧稍倾斜。经分选、粉碎的垃圾送入滚筒，旋转滚筒垃圾随着翻动并向滚筒尾部移动。在旋转过程中完成有机物生物降解、升温、杀菌等过程。5~7d出料。

（4）立仓式堆肥工艺　立式发酵仓高11~15m，分隔6格。经分选、破碎后的废渣由皮带输送至仓顶一格。受自重力和栅板的控制，逐日下降至下一格。一周全下降至底部，出料运送到二次发酵车间继续发酵使之腐熟稳定。从顶部至以下五格均通入空气，从顶部补充适量水，温度高，发酵过程极迅速，24h温度上升到50℃以上，70℃可维持3d。之后温度逐渐下降。

立仓式堆肥工艺优点：占地少，升温快，垃圾分解彻底，运行费用低，缺点：水分分布不均匀。

（二）厌氧堆肥

厌氧堆肥是在不通气的条件下，将有机废弃物（包括城市垃圾、人畜粪便、植物秸秆、污水发酵工程处理厂的剩余污泥等）进行厌氧发酵，制成有机肥料，使固体废弃物无害化的过程。在厌氧堆肥过程中，主要经历了以下两个阶段：酸性发酵阶段和产气发酵阶段。在酸性发酵阶段中，产酸细菌分解有机物，产生有机酸、醇、CO_2、NH_3、H_2S等，使pH下降。产气发酵阶段中主要是由产甲烷细菌分解有机酸和醇，产生CH_4和CO_2，随着有机酸的下降，pH迅速上升。

堆肥方式与好氧堆肥法相同，但堆内不设通气系统，堆温低，腐熟及无害化所需时间较长。然而，厌氧堆肥法简便、省工，在不急需用肥或劳力紧张的情况下可以采用。一般厌氧堆肥要求封堆后1个月左右翻堆一次，以利于微生物活动使堆料腐熟。

第四节　废弃资源综合利用的实例

发酵废液的pH一般为4~9，含有N、P、K、Ca、Fe、Mg和Zn等元素以及大量有机物质，具有较高的肥效，回到土壤中能够直接促进植物的生长。同时，发酵废液也能够促进土壤中多种微生物的生长繁殖，这些微生物通过产生各种生理活性物质促进植物的生长。但是，由于发酵废液量相当大，运输困难，直接作为液体肥料受到地理区域的限制，因此，需要进一步加工制成固体颗粒的肥料。在生产过程中，首先通过多效蒸发器将发酵废液蒸发浓缩至一定浓度，再按照一定比例添加一些辅料，然后进行造粒、干燥，可制成颗粒状的复混肥。

例如，在味精行业中，从提取废液中回收硫酸铵较为普遍，同时，硫酸铵结晶母液可用于制备液体肥料，或进一步加工制备复混肥，其工艺流程如图 12-21 所示。如果对发酵液进行等电点提取时采用硫酸调节 pH，提取废液中的铵离子含量相对硫酸根离子含量少，需适当补充一定铵离子。整个过程可以连续进料、结晶、出料，然后连续热分离。

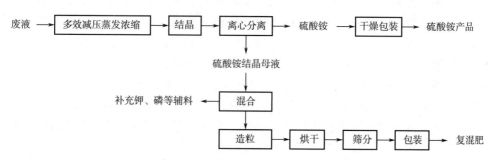

图 12-21　废液生产无机肥与复混肥的工艺流程

如果不从提取废液中提取硫酸铵，可直接利用废液制备复混肥，即首先将废液浓缩，然后采用喷雾干燥法或喷浆造粒法进行干燥，可得有机及无机多元复混肥。

一个年产量为 5 万 t 的啤酒厂一年所产生的废酵母泥约是 1000t。随着啤酒产量的提高，废酵母排放量也增加。许多啤酒厂将废酵母排掉或作为饲料，不但污染了环境，也造成了资源浪费。啤酒废酵母中含有丰富的蛋白质、维生素、矿物质等多种营养成分，而且蛋白质中含有大量的人和家畜必需的氨基酸，因此，啤酒废酵母粉作为人类食品和家畜饲料添加剂都具有很高的营养价值。啤酒废酵母生产饲料酵母粉工艺流程主要为：

啤酒废酵母→ 贮存 → 成浆 → 泵送 → 干燥 → 粉碎 →产品→ 装袋 。

用啤酒废酵母制取超鲜调味剂为啤酒酵母泥的综合利用开辟了新的途径。传统工艺用豆粕酿造酱油产品中只含有十几种氨基酸，而用啤酒废酵母泥作为原料研制出的酱油可含有 30 多种氨基酸和维生素。该技术采用生物技术，结合物理方法使酵母细胞壁破裂，将酵母菌中含有的蛋白质、核酸水解转化为氨基酸和呈味核苷酸，然后提取水解产物制成富含多种氨基酸、呈味核苷酸和 B 族维生素等物质，营养丰富，色香味俱佳的调味酱油。其生产工艺流程为：

酵母泥→ 洗涤 → 水解反应 → 一次灭菌 →半成品→ 二次灭菌 →成品→ 化验指标 → 包装 → 检验 → 入库 。

该技术的利用使废酵母的 CO_2 去除率大于 85%，有机氮去除率大于 85%，1t 酵母泥可产 3t 酱油，不仅具有可观的经济效益，而且回收了啤酒酵母泥资源，其环境效益和社会效益也相当可观。

对工业生产废渣的综合利用方法还有很多种，还可以利用现代先进的生物加工技术，从发酵工业生产废渣中提取高附加值产品。随着生物技术的发展，对发酵工业废渣液的综合利用会更好，处理会更彻底，产生更高的经济效益、环境效益和社会效益。

发酵工业清洁生产技术的研发工作目前尚属起步阶段，其生命力已开始显现，随着研究和应用的展开，结合必要的末端治理技术，人类将最终实现生产和环境协调发展的美好愿望。

一、沼气发酵

沼气（Biogas）是指有机物质（如作物秸秆、杂草、人畜粪便、垃圾、污泥及城市生活污水和工业有机废水等有机废弃物）在厌氧环境中，在一定的温度、湿度、酸碱度等条件下，通过种类繁多、数量庞大、功能不同的非产甲烷菌（Nonmethanogens）和产甲烷菌（Methanogen）共同发酵作用产生的一种可燃性气体。沼气产生的过程称为沼气发酵，国际通称厌氧消化。沼气由 $50\% \sim 80\%$ CH_4、$20\% \sim 40\%$ CO_2、$0 \sim 5\%$ N_2、小于 0.4% 的 O_2 与 $0.1\% \sim 3\%$ H_2S 等气体组成。由于沼气含有少量 H_2S，所以略带臭味。

沼气是一种可再生清洁能源，甲烷作为燃料，获得同等的热量燃烧过程放出的温室气体量最低。每立方米纯甲烷的发热量为 34000J，每立方米沼气的发热量为 $20800 \sim 23600J$，即 $1m^3$ 沼气完全燃烧后，能产生相当于 0.7kg 无烟煤提供的热量。可用于产业化供气、燃气发电、燃气汽车、火车和转化化工产品等。而以甲烷为主要成分的沼气生产又是消除环境中污染物的清洁过程。其原料来源主要是畜禽养殖场、农林废弃物、垃圾填埋场和工业、生活有机废水。通过沼气生产加工过程，能够最大限度地减少温室气体排放，控制臭气的释放，避免粪便流失造成的水资源污染，同时产生可利用的沼气能源和营养丰富的肥料。可以达到改变农村粪便、垃圾任意堆放的状况，减少污染物排放量，保护水源、改善农业生产环境和居民生活水平，减少疾病传播，减少温室气体排放等效。

（一）沼气发酵的机理

厌氧消化过程是一个非常复杂的由多种微生物共同作用的生化过程。不同的学者对其内部机理有着不同的解释。20 世纪 30~60 年代，被普遍接受的是"两阶段理论"，即将有机物消化过程分为酸性发酵和碱性发酵两个阶段。1979 年 M. P. Bryant 根据大量事实把甲烷的形成过程分为三阶段。他在二阶段理论的基础上，将第一阶段进一步分为两个阶段：水解-发酵阶段与产氢、产乙酸阶段，从而提出"三阶段理论"。几乎在 Bryant 提出三阶段理论的同时，又有人提出了厌氧消化过程的"四菌群"学说。实际上，是在上述三阶段理论的基础上，增加了一类细菌——同型产乙酸菌，其主要功能是可以将产氢产乙酸细菌产生的 H_2、CO_2 合成为乙酸。但研究表明，实际上这一部分由 H_2 和 CO_2 合成而来的乙酸的量较少，只占厌氧体系中总乙酸量的 5% 左右。下面主要介绍三阶段理论。

1967 年，Bryant 的研究表明，厌氧过程主要依靠三大主要类群的细菌，即水解产酸细菌、产氢产乙酸细菌和产甲烷细菌的联合作用完成。因而将沼气发酵过程分为三个连续的阶段即水解酸化阶段、产氢与产乙酸阶段、产甲烷阶段。

1. 水解酸化阶段

在该阶段，复杂的大分子、不溶性有机物在微生物胞外酶作用下水解成简单的可溶性小分子有机物，然后这些简单的有机物在产酸菌的作用下经过厌氧发酵和氧化转化成乙酸、丙酸、丁酸等挥发性有机酸和醇类、醛类等。

2. 产氢产乙酸阶段

在这一阶段，产氢产乙酸菌把除乙酸、甲酸、甲醇以外的第一阶段产生的中间产物，如丙酸、丁酸等脂肪酸和醇类等转化成乙酸和 CO_2 等。

在水解阶段和产氢产乙酸阶段，因有机酸的形成与积累，pH 可下降到 6 以下。伴随着有机酸和含氮化合物的分解，消化液的酸性逐渐减弱，pH 可回升至 6.5~6.8。

3. 产甲烷阶段

在该阶段，产甲烷细菌利用乙酸、乙酸盐、H_2 和 CO_2 产生 CH_4。此过程分别由生理类型不同的两种产甲烷细菌共同完成，其中一类把 H_2 和 CO_2 转化为甲烷，另一类则通过乙酸或乙酸盐的脱羧途径来产生甲烷。一般认为，在厌氧生物处理过程中约有 70% 的 CH_4，产自乙酸的分解，其余的则产自 H_2 和 CO_2。

实际上，在厌氧反应器的运行过程中，厌氧消化的三个阶段同时进行并保持一定程度的动态平衡。这一动态平衡一旦被外界因素如温度、pH、OLR（有机负荷）等所破坏，则产甲烷阶段往往出现停滞，其结果将导致低级脂肪酸的积累和厌氧消化进程的异常。

（二）影响沼气发酵的主要因素

沼气发酵是由多种微生物参加完成的，它们在沼气池中进行新陈代谢和生长繁殖过程中，需要一定的活动条件，只有人工为其创造适宜生产条件，才能使大量的微生物迅速繁殖，加快沼气池内的有机物分解。另外，控制沼气池内发酵过程的正常运行，也需要一定的条件。因此，只有满足微生物的生长条件和沼气池正常运行条件，才能获得产气率高的效果。

综合起来，人工制取沼气的基本条件是：沼气微生物、发酵原料、发酵浓度、pH、严格厌氧环境和适宜的温度。这些条件哪一个对沼气细菌不适应，都会使沼气发酵停止。

1. 适宜的温度

厌氧消化产沼气发酵过程是一个复杂的生化反应过程，温度是影响沼气发酵的重要因素。一般认为，产甲烷菌适宜的温度范围为 5~60℃，在 35℃ 和 53℃ 上下可以分别获得较高的消化效率。温度为 40~45℃ 时，厌氧消化的效率较低。根据产甲烷菌适宜温度条件的不同，厌氧消化可分为常温消化（15~20℃）、中温消化（30~35℃）和高温消化（50~55℃）三种类型。无论是高温消化还是中温消化，其系统中允许的温度波动范围为：±（1.5~2.0）℃。当温度波动超过 5℃ 时，系统即停止产气，并导致有机酸的大量积累而破坏了消化的进行。在中温消化时，由于其温度与人的体温接近，故对寄生虫卵和大肠菌的杀灭率低；而高温消化对它们的杀灭率可达到 90% 以上，出水能满足卫生要求。

近年来，国内外就温度对厌氧发酵产沼气的影响开展了大量卓有成效的研究工作。早在 20 世纪 30 年代，就有人开始研究厌氧微生物和产气条件之间的关系，并发现在厌氧消化过程中，温度对产沼气的影响极其重要。温度主要是通过对厌氧微生物细胞内某些酶的活性的影响而影响微生物的生长速率和微生物对基质的代谢速率，从而影响到厌氧生物处理工艺中污泥的产量，有机物的去除速率，反应器所能达到的处理负荷；温度还会影响有机物在生化反应中的流向和某些中间产物的形成以及各种物质在水中的溶解度，会影响到沼气的产量和成分等。

2. 适当的酸碱度

pH 对于废水的厌氧消化处理极其重要，是甲烷化厌氧消化过程是否正常的标志之一。产酸细菌和产甲烷细菌适应的 pH 范围是不同的，与产甲烷细菌相比，产酸细菌对 pH 的变化不太敏感，其适宜的 pH 范围在 4.5~8.0。有的甚至可以在 pH 为 5.0 以下的环境中生长繁殖。而产甲烷细菌对 pH 变化的适应性很差，中温产甲烷细菌的最适 pH 为 6.8~7.2。pH 低于 6.3 或高于 7.8，甲烷生成过程减弱甚至停止产甲烷。因此，pH 对厌氧消化产甲烷过程的影响主要是对产甲烷菌的限制，通常，厌氧发酵适宜的 pH 范围在 6.0~8.0，pH 过高或过低都会抑制厌氧微生物的生理活性，从而限制甲烷的产量。

3. 接种物

如果没有沼气细菌作用，沼气池内的有机物本身是不会转变成沼气，所以沼气发酵启动时要有足够数量含优良沼气菌种的接种物，这是制取沼气的重要条件。

在农村含有优良沼气菌种的接种物，普遍存在于粪坑底污泥、下水污泥、沼气发酵的渣水、沼气污泥、豆制品作坊下水沟中的污泥，这些含有大量沼气发酵细菌的污泥称为接种物。沼气发酵加入接种物的操作过程称为接种，新建沼气池头一次装料，如果不加入足够数量含有沼气菌的接种物，常常很难产气或产生率不高，甲烷含量低，无法燃烧。另外，加入适量的接种物可以避免沼气池发酵初期产酸过多而导致发酵受阻。

4. 足够的发酵原料

沼气发酵原料是产生沼气的物质基础，又是沼气发酵细菌赖以生存的营养来源。因为沼气细菌在沼气池内正常生长繁殖过程中，必须从发酵原料里吸取充足的营养物质，如水分、碳源、氮源、无机盐类和生长素等，用于生命活动，成倍繁殖细菌和产生沼气。

有机物中的碳水化合物如秸秆中的纤维素和淀粉是细菌的碳素营养，有机物中的有机氮如畜粪尿中的含氮物质是细菌的氮素营养。当有机物被细菌分解时，一部分有机物的碳源和氮源被同化成菌体细胞，以及组成其他新生物质，另一部分有机物则被产酸细菌分解为简单有机物，后经甲烷菌的作用产生甲烷。因此，沼气发酵时，原料不仅需要充足而且需要适当搭配。保持一定的碳、氮比例，这样才不会因缺碳元素或缺氮元素营养而影响沼气的产生和细菌正常繁殖。

大量的实验表明，在厌氧处理工艺中，C∶N∶P 的比例控制在 (200~300)∶5∶1 为宜，其中碳以 CO_2 计算，氮、磷以元素含量计算。虽然厌氧微生物对 N、P 的需求相对较少，但由于许多厌氧微生物自身缺乏合成必要的维生素与氨基酸的能力，因而必须进行人为的投加，以提高其酶活性。为了保证厌氧细菌的增殖，有时需要在消化系统中额外补充某些专门的营养，如钾、钠、钙等金属盐是形成细胞或非细胞的金属配合物所必需的；铁、钴、镍等微量元素可提高产甲烷菌酶系统的活性，增加产气量。

5. 严格的厌氧环境

沼气发酵中起主要作用的是厌氧分解菌和产甲烷菌。它们怕氧，在空气中暴露几秒钟就会死亡，就是说空气中的氧气对它们有毒害致死的作用。因此，严格的厌氧环境是沼气发酵的最主要条件之一，根据沼气细菌怕空气的特性，采用了树脂和 GRC 双封闭的池体，水汽封闭性能完全可以达到沼气发酵运行要求；在使用过程中，只要无硬性撞击和特殊的意外，在较长的时间内不存在漏气问题。

6. 发酵原料浓度

沼气池中的料液在发酵过程中需要保持一定的浓度，才能正常产气运行，如果发酵料液中含水量过少，发酵原料过多，发酵液的浓度过大，产甲烷菌又消耗不了那么多，就容易造成有机酸的大量积累，结果使发酵受到阻碍；如果水太多，发酵液的浓度过稀，有机物含量少，产气量就小。所以沼气池发酵液必须保持一定的浓度，根据多年实践，农村沼气池一般采用 6%~10% 的发酵料液浓度较适宜，在这个范围内，沼气的初始启动浓度要低一些便于启动。夏季和初秋池温高，原料分解快，浓度可适当低一些；冬季、初春池温低、原料分解慢，发酵料液浓度保持在 10% 为宜。

7. 有毒物质

在厌氧消化系统中，有毒物质的存在会对厌氧消化过程产生抑制和毒害作用。最常见的有毒物质如 S^{2-}（SO_2，蛋白质的分解是其主要来源）、NH_3、CN^-、有机氯化合物等。如当消化池 SO_2 浓度过高，会使硫酸盐还原细菌过度增殖，其还原 1 份 SO_2 时用去 8 个 H^+，从而使得 CH_4 的生成减少了两份。当池中 NH_3 浓度大于 150mg/L 时，将出现氨中毒现象。近年来，关于厌氧消化细菌对有毒物驯化去除的相关实验报道较多。在保证毒性有机物以较低的浓度以及缓慢的速度进入反应器的条件下，厌氧微生物可慢慢对其适应并最终将其降解。

8. 混合和搅拌

通过搅拌可使得各种物质相互混合，以利于微生物充分接触，使反应有效进行，还能均衡消化池中的 pH，防止局部有机酸积累，也利于沼气的释放。搅拌方式通常有：机械搅拌、水力搅拌和沼气搅拌。

（1）原料的收集　充足而稳定的原料供应是厌氧消化工艺的基础。原料的收集方式又直接影响原料的质量。收集到的原料一般要进入调节池储存。因为原料收集时间往往比较集中，而消化器的进料常需花 1d 内均匀分配。所以，调节池的大小一般要能储存 24h 废物量。在温暖季节，调节池常可兼有酸化作用，这对改善原料性能和加速厌氧消化有好处。

（2）原料的预处理　原料常混杂有各种杂物，为便于用泵输送及防止发酵过程中出现故障，或为了减少原料中的悬浮固体含量，有的在进入消化器前还要进行升温或降温等，因而要对原料进行预处理。在预处理时，应将牛粪和猪粪中较长的草、鸡粪中的鸡毛去除，否则极易引起管道堵塞。再配用切割泵进一步切短残留的较长纤维和杂草，可有效地防止管路堵塞。鸡粪中还含有较多贝壳粉和沙砾等，必须沉淀清除，否则会很快大量沉积于消化器底部并且难以排除。乙醇和丙酮-丁醇废醪因加热蒸馏，排出温度高达 100℃，因此需要降温后才能进入消化器，有条件时还可采用各种固液分离机械将固体残渣分出用作饲料，有较好的经济效益。有些高强度的无机酸碱废水在进料前还应进行中和，最好采用酸性和碱性废水混合处理，如将酸性的味精废水和碱性的造纸废水加以混合即可收到良好效果。农业固体废弃物如秸秆等经过揉碎机处理后效果更好。

（3）消化器（沼气池）　消化器（或称沼气池）是沼气发酵的核心设备。微生物的繁殖、有机物的分解转化、沼气的生成都是在消化器里进行的，因此，消化器的结构和运行情况是沼气工程设计的重点。首先要根据发酵原料或处理污水的性质以及发酵条件选择适宜的工艺类型和消化器结构。目前应用较多的，工艺类型及消化器结构有三类。

（4）出料的后处理　出料的后处理为大型沼气工程所不可缺少的构成部分，过去有些工程未考虑出料的后处理问题，造成出料的二次污染。出料后处理的方式多种多样，最简便的是直接用作肥料施入土壤或鱼塘，但施用有季节性，不能保证连续的后处理。可靠的方法是将出料进行沉淀后再将沉渣进行固液分离，固体残渣用作肥料或配合适量化肥做成适用于各种花果的复合肥料；清液部分可经曝气池、氧化塘等好氧处理后排放，也可用于灌溉或再回用为生产用水。目前采用的固液分离方式有沙滤式干化槽、卧螺式离心机、水力筛、带式压滤机和螺旋挤压式固液分离机等。

（5）沼气的净化、储存和输配　沼气发酵时会有水分蒸发进入沼气，由于微生物对蛋白质的分解或硫酸盐的还原作用也会有一定量 H_2S 气体生成并进入沼气。大型沼气工程，特别是用来进行集中供气的工程必须设法脱除沼气中的水和 H_2S 水的冷凝会造成管路堵塞，有时气体流量计中也充满了水，脱水通常采用脱水装置进行。H_2S 是一种腐蚀性很强的气体，它可引起管道及仪表的快速腐蚀。H_2S 本身及燃烧时生成的 SO_2，对人也有毒害作用。沼气中的 H_2S 含量在 $1 \sim 12g/m^3$，蛋白质或硫酸盐含量高的原料，发酵时沼气中的 H_2S 含量就较高。硫化氢的脱除通常采用脱硫塔，内装脱硫剂进行脱硫。

沼气的储存通常用浮罩式储气柜，以调节产气和用气的时间差别，以便稳定供应用气。沼气的输配是指将沼气输送分配至各用气户（点），输送管道通常采用金属管，近年来采用高压聚乙烯塑料管。

（三）发酵废物产沼气的实例

吉林省梨树县酒精厂年加工玉米 7 万 t，年产食用酒精 2 万 t，日排放酒精糟液 900m³。该厂于 1993 年建成处理酒精糟液的沼气工程，以减轻糟液污染并获得沼气、高蛋白饲料为目的。

酒精糟液经过套管换热器冷却后，进行固液分离，湿干糟一部分经烘干处理，获得安全水分的高蛋白饲料，作为商品饲料出售；另一部分就地卖给养猪专业户。分离后的稀糟液一般为 60℃ 上下，经过调质配料，泵进厌氧消化器。该系统采用高温（54℃）运行，日产沼气近 1830m³。沼气供给锅炉助燃和供给职工食堂作炊事燃气。厌氧消化器排出的消化液经沉淀后，流入储气罐作储气的水封液，同时又进行 D 级厌氧消化，之后经地下管道排入厂区外的氧化塘，进行自然曝气处理。沉淀罐的浓缩液回流到配料罐，供调节进料的 pH。

（四）沼气发酵与新农村建设

我国的沼气建设取得了举世公认的成绩，为解决农民生活燃料、改善农村生态环境、繁荣农村经济做出了贡献。随着中国农业进入新的发展阶段，农村沼气建设对促进农业结构调整、农业增收和生态建设所起作用日益突出，产生了良好的综合效益。2019 年中国农村户用沼气池数量为 3380.27 万个，沼气工程数量为 10.27 万个。

大力推广沼气能源开发和利用具有重大的生态、经济、社会效益。主要表现在以下几个方面。

①解决农村能源问题。

②改善生态环境：首先，由于利用生物能源所产生的 CO_2 可被新生长的植物所固定，所以只要及时植树造林，使生物质的消耗量与生长量持平，从理论上讲，利用生物能将不会导致大气中 CO_2 的增加，有利于减缓地球气候变暖的趋势。其次，用焚烧、热分解、填埋等物理化学方法处理工农业及民用废弃物，会对大气、地下水造成二次污染，采用生物

处理方法，既可以避免和防止污染，又可以获得生物能，可谓一举两得。第三，当今常规能源——煤和石油在燃烧后，都会产生对人体有害的 CO、氧化氮以及含硫、铅等有毒物质的化合物。而生物能源——酒精和沼气等在燃烧后不会产生这样多的有毒化合物。

③促进农村经济的可持续发展：生物能源的开发利用不仅能够大大加快村镇居民实现能源现代化进程，满足农民富裕后对优质能源的迫切需求，同时也可在乡镇企业等生产领域中得到应用。沼气发酵能增加有机肥料资源，提高质量和增加肥效，从而提高农作物产量，改良土壤；使用沼气，能大量节省秸秆、干草等有机物，以便用来生产牲畜饲料和作为造纸原料及手工业原材料；兴办沼气可以减少乱砍树木和乱铲草皮的现象，保护植被，使农业生产系统逐步向良性循环发展；兴办沼气，有利于净化环境和减少疾病的发生。这是因为在沼气池发酵处理过程中，人畜粪便中的病菌大量死亡，使环境卫生条件得到改善；用沼气煮饭照明，既节约家庭经济开支，又节约家庭主妇的劳作时间，降低劳动强度；使用沼肥，提高农产品质量和品质，增加经济收入，降低农业污染，为无公害农产品生产奠定基础。常用的物质循环利用型生态系统主要有种植业-养殖业-沼气工程三结合、养殖业-渔业-种植业三结合及养殖业-渔业-林业三结合的生态工程等类型。其中种植业-养殖业-沼气工程三结合的物质循环利用型生态工程应用最为普遍，效果最好。

二、利用废渣液生产单细胞蛋白

单细胞蛋白（Single Cell Protein，SCP）是指通过培养单细胞蛋白生物而获得的菌体蛋白质。用于生产 SCP 的单细胞生物有微型藻类、非病原细菌、酵母菌类和真菌等，这些单细胞生物可利用各种基质，如糖类、碳氢化合物、石油副产物及有机废水等在适宜的培养条件下生产单细胞蛋白。菌体中的蛋白含量随所采用菌种的类别及培养基质而异。20世纪初，就已经开始利用发酵工业废渣水生产 SCP，我国于 1922 年在上海建立第一个酵母厂就对 SCP 开展研究。20 世纪 80 年代以来，我国一直重视 SCP 的开发工作，更加重视在生产 SCP 中综合利用工业废渣水。

例如，利用味精废水生产热带假丝酵母 SCP，含蛋白达 60%，其产品用作饲料，效果与鱼粉相同；已经成功地在生产中采用柠檬酸发酵生产废液培养光合细菌等。

1. 味精工业废弃物生产 SCP

江苏如东生物化学总厂在国内建成了第一个以味精废液为原料生产饲料级 SCP 的车间。废液不经过滤，只需加少量废氨水，用热带假丝酵母直接发酵，30P、1∶1 通气条件下培养 12h 后，菌体干物质达 20g/L 左右。利用味精废水通过酵母培养，直接蒸发浓缩全干燥成菌体蛋白的全废液饲料化工艺。该工艺能把废水中的可溶性物质全部回收，废水经发酵后，CO_2 去除率可达 97% 以上，只有蒸汽冷凝水排放，做到生产工艺用水闭路循环无废水排放。

2. 用啤酒糟生产 SCP

啤酒糟是啤酒工业的主要副产品，是以大麦为原料，经发酵提取籽粒中可溶性碳水化合物后的残渣。在国外，啤酒糟的综合利用很受重视，已广泛应用于饲料、医药、食品等工业。我国的起步较晚。长期以来，我国的啤酒糟主要直接用作农家饲料，用量有限，利用率低。过剩的啤酒糟由于含水量高，难以储存，极易霉变，作为废弃物排放，污染环境，浪费严重。近年来，啤酒糟做饲料成为酿酒企业和饲料工业共同关注的焦点。它约含干物质 91.7%，粗蛋白 22.2%，粗脂肪 7.9%，粗纤维 14.9%，粗灰分 4.2%，无氮浸出物

42.5%。啤酒糟生产 SCP 的特点是蛋白质含量大大提高，可达 30%～60%，富含生物活性物质，粗纤维含量降低，消化利用率大幅度提高。湖南益阳微生物所开发的啤酒糟 SCP 含蛋白质 50% 以上，富含 18 种氨基酸，氨基酸总量占蛋白质总量的 90% 以上。

湿啤酒糟含水 80% 左右，由于有大麦壳等杂质，很粗糙，必须通过蒸汽处理 10min 后再加入其他配料才能发酵。对于干啤酒糟，粉碎过 1mm 筛孔是必经工艺，否则发酵就不好。

3. 用甜菜渣原料生产 SCP

甜菜渣是甜菜制糖后的渣粕，是一种污染环境的废物。近年来有人利用它作原料生产有机酸，也有不少厂家把它烘干后当作磁疗原料出售。由于这些渣粕产量很大，长期又集中，往往出现处理不及时等现象，致使很多厂家为此付出大量环保处理费。因此，寻求多途径处理甜菜渣变废为宝的课题引人注目。

甜菜渣产地不同，成分也不同。一般干渣含粗纤维 20%～30%，粗脂肪 0.6% 左右，粗蛋白 7%～10%，无氮浸出物 54%～65%。从成分看，它还是一种粗饲料资源，多用于喂养猪、牛、羊等。由于甜菜渣含有较多游离氨基酸，大量饲喂易引起腹泻，所以要适量添加。在甜菜产地，单靠农户消化甜菜渣是不够的。为了充分利用此资源，可以用微生物固体发酵手段使其转化增殖，其中一项就是把原属粗饲料的甜菜渣转化为较高档的属蛋白精料范畴的菌体蛋白饲料。

甜菜渣不管是干料还是湿料都很粗糙，若以此料发酵，效果极差。甜菜渣只有经磨碎后其可用成分才较易被水解和酶解出来，其纤维素也只有在细粒状时才较易被微生物分解，因此磨碎是甜菜渣发酵成功与否的重要环节。在甜菜产地可考虑用打浆机把甜菜渣打成浓浆使用，也可晒干、粉碎过 0.1mm 筛孔备用。

实验发现，配料加水后经蒸汽处理 10min 有助于发酵，但这需要增加设备和生产成本，在能源充足、人力资源丰富的地方用这种处理手段可能有效。

思考题

1. 简述好氧生物处理的原理和常见的工艺。
2. 简述厌氧生物处理的原理和常见的工艺。
3. 采用活性污泥法的基本要求是什么？简述其组成和功能。
4. 废水的水质指标有哪些？
5. 简述好氧堆肥法的工艺要求及特点。
6. 废水厌氧生物处理的影响因素有哪些？

参考文献

[1] 夏焕章. 发酵工艺学 [M]. 北京：中国医药科技出版社，2015.

[2] 韩德权. 发酵工程 [M]. 哈尔滨：黑龙江大学出版社，2008.

[3] 彭志英. 食品生物技术导论 [M]. 北京：中国轻工业出版社，2006.

[4] 刘冬. 食品生物技术 [M]. 北京：中国轻工业出版社，2008.

[5] 余龙江. 发酵工程原理与技术 [M]. 北京：高等教育出版社，2016.

[6] 杨春平，罗胜连. 废水处理原理 [M]. 长沙：湖南大学出版社，2011.

[7] 郭宇杰，修光利，李国亭. 工业废水处理工程 [M]. 上海：华东理工大学出版社，2016.